普通高等院校计算机专业（本科）实用教程系列

数据结构实用教程

（第二版）

徐孝凯　编著

清 华 大 学 出 版 社

北 京

内容简介

本书是为全国高等院校计算机及相关专业开设数据结构课程而精心组织和编著的一本实用教材。它从1999年出版以来，一直深受广大读者和专家的好评，相继被许多高校选定为教科书和考研参考书，并被列选为国家级“十一五”规划教材。这次对本书进行了认真和全面的修订，形成第2版，相信会得到更广泛的认可，对数据结构学科的教学和发展产生积极的影响。

本书从计算机学科发展和应用的实际需要出发，对各种常用的数据结构，从逻辑结构、存储结构、运算种类、运算方法和算法等各个方面进行了深入细致的解剖和分析，使读者更容易理解基本概念和知识，能够轻松地进行算法设计和上机操作的训练，大大提高软件开发与设计的专业能力。

另外，与本书配套的习题参考解答也一并被修订和出版，为广大自学读者提供方便。

图书在版编目(CIP)数据

数据结构实用教程 / 徐孝凯编著. —2版. —北京：清华大学出版社，2006（2023.1重印）
（普通高等院校计算机专业（本科）实用教程系列）
ISBN 978-7-302-13397-1

Ⅰ. 数… Ⅱ. 徐… Ⅲ. 数据结构 – 高等学校：技术学校 – 教材 Ⅳ. TP311.12

中国版本图书馆CIP数据核字（2007）第001247号

责任编辑： 郑寅堃
责任印制： 丛怀宇

出版发行： 清华大学出版社
网　　址：http://www.tup.com.cn，http://www.wqbook.com
地　　址：北京清华大学学研大厦A座　　邮　　编：100084
社 总 机：010-83470000　　邮　　购：010-62786544
投稿与读者服务：010-62776969，c-service@tup.tsinghua.edu.cn
质 量 反 馈：010-62772015，zhiliang@tup.tsinghua.edu.cn
印 装 者：三河市少明印务有限公司
经　　销：全国新华书店
开　　本：185mm×260mm　　印　　张：24.5　　字　　数：605千字
版　　次：2006年9月第2版　　印　　次：2023年1月第19次印刷
印　　数：53501～54300
定　　价：65.00元

产品编号：019836-03

序　言

时光更迭、历史嬗递。中国经济以她足以令世人惊叹的持续高速发展驶入了一个新的世纪，一个新的千年。世纪之初，以微电子、计算机、软件和通信技术为主导的信息技术革命给我们生存的社会所带来的变化令人目不暇接。软件是优化我国产业结构、加速传统产业改造和用信息化带动工业化的基础产业，是体现国家竞争力的战略性产业，是从事知识的提炼、总结、深化和应用的高智型产业；软件关系到国家的安全，是保证我国政治独立、文化不受侵蚀的重要因素；软件也是促进其他学科发展和提升的基础学科；软件作为20世纪人类文明进步的最伟大成果之一，代表了先进文化的前进方向。美国政府早在1992年“国家关键技术”一文中提出“美国在软件开发和应用上所处的传统领先地位是信息技术及其他重要领域竞争能力的一个关键因素”，“一个成熟的软件制造工业的发展是满足商业与国防对复杂程序日益增长的要求所必需的”，“在很多国家关键技术中，软件是关键的、起推动作用（或阻碍作用）的因素”。在1999年1月美国总统信息技术顾问委员会的报告“21世纪的信息技术”中指出“从台式计算机、电话系统到股市，我们的经济与社会越来越依赖于软件”，“软件研究为基础研究方面最优先发展的领域。”而软件人才的缺乏和激烈竞争是当前国际的共性问题。各国、各企业都对培养、引进软件人才采取了特殊政策与措施。

为了满足社会对软件人才的需要，为了让更多的人可以更快地学到实用的软件理论、技术与方法，我们编著了《普通高等院校计算机专业（本科）实用教程系列》。本套丛书面向普通高等院校学生，以培养面向21世纪计算机专业应用人才（以软件工程师为主）为目标，以简明实用、便于自学、反映计算机技术最新发展和应用为特色，具体归纳为以下几点：

1．进透基本理论、基本原理、方法和技术，在写法上力求叙述详细，算法具体，通俗易懂，便于自学。

2．理论结合实际。计算机是一门实践性很强的科学，丛书贯彻从实践中来到实践中去的原则，许多技术理论结合实例讲解，以便于学习理解。

3．本丛书形成完整的体系，每本教材既有相对独立性，又有相互衔接和呼应，为总的培养目标服务。

4．每本教材都配以习题和实验，在各教学阶段安排课程设计或大作业，培养学生的实战能力与创新精神。习题和实验可以制作成光盘。

为了适应计算机科学技术的发展，本系列教材将本着与时俱进的精神不断修订更新，及时推出第二版、第三版……

新世纪曙光激人向上，催人奋进。江泽民同志在十五届五中全会上的讲话：“大力推进国民经济和社会信息化，是覆盖现代化建设全局的战略举措。以信息化带动工业化，发挥后发优势，实现社会生产力的跨越式发展”，指明了我国信息界前进的方向。21世纪日趋开放的国策与更加迅速发展的科技会托起祖国更加辉煌灿烂的明天。

孙家广

2004年1月

第二版前言

本书第一版出版至今已近 7 年，随着计算机数据结构学科的不断发展和教学的改革需要，在第一版的基础上，整理和加工形成了第二版。

第一版教材深受读者的喜爱，连续 14 次印刷，发行 7 万余册，被许多高校选定为教材和考研参考书。有许多读者在网站上发表评论，赞扬本书的风格和特色。

第二版对第一版的内容进行了优化和适当增删，并对一些章节进行了调整，由第 1 版中的 8 章修订为 10 章。原来的第 5 章“树”，改为第 5 章的“树和二叉树”和第 6 章的“特殊二叉树”两章，原来的第 6 章“图”，改为第 7 章“图”和第 8 章“图的应用”两章。

在第二版教材中，增加了“堆”结构的内容、集合结构的内容、线性表应用的内容、栈与队列应用的内容等；扩充了栈与递归应用的实例、二叉树和树查找运算的算法、生成哈夫曼树的算法、对 B_树的插入算法等；修改了从二叉搜索树中删除结点的算法、对外存文件进行排序的算法等。当然还对许多内容进行了修改，力争反映该学科的先进性和科学性，反映作为教材的系统性、实用性和可读性。

第二版的内容较丰富，在目录、例题或习题中带星号“*”的内容可以不作为讲授内容和教学要求，留给学生自学。

书中所有算法和程序都在 Visual C++ 6.0 开发环境下调试运行通过，使得其正确性和有效性得到了进一步验证。

数据结构教材的内容包括两个层面：逻辑层面和实现层面。在逻辑层面上，介绍的是各种数据结构的特点，在每种数据结构上进行插入、删除、查找、遍历等相应运算的方法，不涉及在计算机上实现运算的算法；在实现层面上，讨论的是如何把对数据结构进行运算的方法和步骤转换为用一种计算机程序设计语言描述的算法，并能够实际运行和得到验证。逻辑层面的学习是基本的和必需的，实现层面的学习是进一步的，对于计算机及信息类专业的学生，这两步都要学，而且都要学好，对于经管农林等类的学生，则应侧重第 1 步。

数据结构课程是一门理论性和实践性都很强的课程，只有通过亲自编写算法、上机运行和调试程序，才能够加深理解和掌握所学的知识，提高程序设计和软件研发能力。

使用此教材，最好具有 C++语言的基础，因为书中描述的数据类型和算法都是按照 C++语言的规则编写的。当然，若是只具有其他计算机语言的基础，则使用该书时应同时自学 C++语言。对于一般读者来说，只要有任一种计算机语言的基础，再自学任何其他计算机语言都是不困难的。

与本书配套的《数据结构实用教程习题参考解答》也同时改版，将同此主教材一并出版发行。与本书配套的《数据结构课程实验》一书暂时不需改版，仍可继续与这本第二版主教材配套使用。

在由清华大学出版社组织的此套系列教材中，本人还编著了《C++语言基础教程》一书，该书已重印十多次，便于自学，读者反映较好，并被列选为国家“十一五”规划教材，不妨推荐给读者参考。

衷心希望通过这次改版，使《数据结构实用教程》一书更加受到读者的爱戴和好评，也同时希望读者继续给予批评指正，本人深表谢意！

作者电子邮箱：xuxk@crtvu.edu.cn，联系电话：010-64910302。

徐孝凯

2006 年 8 月

第一版前言

数据结构是普通高校计算机专业和信息管理专业一门必修的核心课程。它的主要任务是讨论现实世界中数据（即事物的抽象描述）的各种逻辑结构、在计算机中的存储结构以及进行各种非数值运算的算法，目的是使学生掌握数据组织、存储和处理的常用方法，为以后进行软件开发和学习后续专业课程打下基础。

数据的逻辑结构分为集合结构、线性结构、树结构和图结构 4 种。数据的存储结构分为顺序结构、链接结构、索引结构和散列结构 4 种。对数据进行的非数值运算主要包括插入、删除、查找、排序、输入和输出等。需要特别指出：数据的存储结构既适用于内存，也适用于外存，不仅要学会对内存数据操作的算法，而且要学会对外存数据（文件）操作的算法，这样才能够解决实际软件开发的问题，达到学以致用的目的。

在已经出版的众多数据结构教材中，对每一种数据结构类型进行相应运算的算法描述通常是粗略的，离真正用一种计算机语言上机实现还有相当的距离，特别在外存文件的操作上更是如此。本套教材在这方面做了彻底的改变，所给出的每一算法都利用 C/C++语言给出了具体的实现，算法的正确性和有效性得到了实际的检验，这样就突出了实用性，使教材更便于教学，特别是自学，克服了以往同类教材只重视理论而轻视算法具体实现的缺陷。

本套教材包含 3 本，第一本为主教材《数据结构实用教程》，第二本为实验教材《数据结构课程实验》，第三本为辅助教材《数据结构实用教程习题参考解答》。主教材共分为 8 章，依次为绪论、线性表、稀疏矩阵和广义表、栈和队列、树、图、查找和排序。在第 1 章的绪论中，1.2 节为算法描述，对于 C++语言比较熟悉的教学班和读者，此内容可作为自学阅读内容。主教材没有专门给出文件一章，这是因为，可把文件（这里只讨论磁盘文件）看作存储在外存上的数组，通过文件流操作函数既可顺序存取文件内容，也可随机存取文件中任何位置上的信息块，如何使用文件已经在 C/C++语言中学习过，在数据结构课程中只是应用问题，所以不必单列一章介绍。实验教材给出了 10 个数据结构应用的典型例题，并给出了相应的参考程序。辅助教材给出了主教材中每章习题的大部分参考解答，最后附加了两个综合题，它们是针对不同文件的插入、删除和查找操作的，目的是培养学生对所学知识的实际应用能力。

本人一直从事数据结构的教学和研究工作，编著过多本教材，清华大学出版社已经出版的《数据结构简明教程》一书就是其代表作。现在这套教材是本人多年教学经验的结晶，是对以往教材的继承、丰富和发展，希望能够对数据结构课程的教学起到良好的作用，使读者能够得到满意的收获。

本套教材是根据计算机专业和信息管理专业本科培养目标，对数据结构课程教学的要求编写的。由于内容叙述细致，算法描述具体，便于自学，所以删除部分内容后可作为相应专科学生的教材。具体如何删减，应由办学单位和任课教师定夺。

学习本套教材应具有 C 语言或 C++语言的基础。若只学习过 C 语言，则应在学习本课程的过程中补充 C++语言的输入/输出操作、文件流操作、运算符重载等有关内容。

本课程总学时应安排在 80～100 学时之间，其中讲授与上机学时之比应为 2∶1 左右，有条件的学生要尽量多上机。

承蒙北京大学计算机系许卓群教授和北京石油大学计算机系陈明教授认真审阅了本套教材的全部书稿，提出了宝贵的意见，在此谨向他们表示衷心感谢。

尽管本人做了很大的努力，但由于水平有限，加之时间仓促，错误和不足之处在所难免，敬请授课教师和广大读者批评指正。

电子邮箱地址：xuxk@crtvu.edu.cn，联系电话：010-64910302。

徐孝凯

1999 年 10 月

目　录

第1章 绪　论

数据结构是计算机科学与技术、软件开发与应用、网络安全、信息管理、电子商务等相关专业的一门专业基础课程，它专门研究从解决现实问题中抽象出来的数据如何在计算机系统中很好地表示、存取和处理的方法。这里所说的数据是广义的，它不仅包括数值数据、字符数据、逻辑数据等简单数据，而且还包括带有一定结构的各种复杂数据，如字符串、记录、向量、矩阵、表格、图形、音频、视频等数据。

用计算机存储数据不仅要存储数据的值，而且要存储数据之间的相互联系。如何存储它们之间的联系将出现各种不同的存储方法，总体上有顺序、链接、索引、散列等4种。

对数据进行处理的方法是根据数据处理的要求和目标而决定的，现在人们已经总结出了比较常用和有效的、解决相应问题的各种数据处理方法。掌握这些方法是进行各种软件开发和设计的基础。有了正确和有效的数据处理方法，还需要转换为在计算机上能够依次执行的一系列步骤，才能够得到运行结果，达到目标。为此，必须事先掌握一种计算机语言，如C或C++语言，用它来对数据处理方法和过程加以描述，即编写出程序代码，从而在计算机上调试和运行，实现设计要求。

1.1 常用术语

这一节，将对本教材中使用的一些常用术语给予大致的定义和说明。

数据(data)是人们利用便于书写、记忆和交流的符号对现实世界的事物及其活动所做的记录。如一个数值、一个单词、一句话、一篇文章、一幅图画等都被称为数据。当然，若要利用计算机存储、处理和加工数据，则必须按照一定规则对其进行二进制信息编码，变为二进制形式的数据。

数据元素(data element)简称**元素**，它是一个数据整体中相对独立的单位。如对于一个二维表格数据来说，每行信息就是它的数据元素；对于一个字符串数据来说，每个字符就是它的数据元素；对于一维数组数据来说，每个下标位置所存储的值就是它的数据元素。数据和数据元素是相对而言的。如对于一条记录信息来说，它是所属文件的一个数据元素，而它相对于所含的数据项而言又可看成数据。因此，在本书中，对数据和数据元素这两个术语的使用并不加以严格区别。

数据记录(data record)简称**记录**，它是数据处理领域组织数据的基本单位，数据中的每个数据元素在许多应用场合都被组织成记录的结构。一个数据记录由一个或多个**数据项**(item)所组成，每个数据项可以是简单数据项，即不可再分，如一个数值、字符等；也可以是组合数据项，如一个字符串、数组、记录、对象等。如表1-1所示的人事管理数据文件，每个记录表示一个职工的有关信息，它由职工号、姓名、性别、出生年月、本单位工龄、学历、职级等 7 个数据项所组成。表中的第 1 行为表目行或目录行，它给出了该表中每条记录的结构。从表目行向下的每一行为一条记录，它给出了每个职工的具体信息。

表 1-1 人事管理数据文件

职工号	姓 名	性 别	出生年月	本单位工龄	学 历	职 级
11001	张金雨	男	1965/05	20	大专	正科
11002	刘洪水	男	1952/07	15	本科	正处
11003	赵书琴	女	1973/12	12	研究生	副处
12001	尚 明	男	1958/03	25	本科	副处
12002	沈 芬	女	1964/06	20	中专	科员
13001	刘江河	男	1982/07	3	本科	科员
14001	胡 丽	女	1977/10	4	研究生	副科

在一个表或文件中，若所有记录的某个数据项的对应值均不同，则每个值就能够唯一地标识一个记录，把这个数据项称为表或文件的关键数据项，简称**关键项**（key item），把关键项中的每个值称为所在记录的**关键字**（key word 或 key）。在表 1-1 中，职工号数据项的值均不同，所以可把职工号作为关键项，该项中的每个值就是所在记录的关键字，如 11001 就是第 1 条职工记录的关键字，12002 就是第 5 条记录的关键字。

在一个表或文件中，能作为关键项的数据项可能没有，可能只有一个，也可能多于一个。当没有时，可把多个有关的数据项联合起来，构成一个组合关键项，用组合关键项中的每一个组合值来唯一地标识一个记录，该组合值就是所在记录的关键字。

引入了关键项和关键字后，在以后的讨论中，经常利用关键项中的所有值来代替所有记录，利用每个关键字来代替所在的记录，而忽略其他非关键数据项。如表1-1中的数据可以简记为（11001,11002,11003,12001,12002,13001,14001），第 2 条记录可以简记为 11002。

数据处理（data processing）是指利用计算机对数据进行存储、检索、插入、删除、合并、拆分、排序、统计、计算、转换、输入、输出等的处理过程。学习程序设计语言和数据结构知识是进行计算机数据处理及各种应用开发的软件基础。

数据结构（data structure）是指数据以及相互之间的联系。它是根据人们解决实际问题的需要和问题本身所含数据之间的内在联系而抽象出来的。这种数据结构与如何利用计算机存储和处理无关，所以被称为数据的**逻辑结构**。数据的逻辑结构包括集合、线、树、图等基本结构，由它们的组合和嵌套可以形成较复杂的结构。一种数据结构必须被存储到计算机的存储器中才能够利用计算机处理。存储数据结构有各种不同的方法，大体上有顺序、链接、索引、散列等基本方法，由它们不同的组合和嵌套可以形成各种更为复杂的方法。每种存储方法都使数据在存储器中表现出相应的结构，称此为数据的**存储结构**或**物理结构**。数据的存储结构与其存储方法相对应，同样被分为顺序、链接、索引、散列等基本形式。一种数据的逻辑结构可以根据处理问题的需要选用任一种甚至几种存储结构进行存储。数据的逻辑结构和存储结构分别在现实世界层面和计算机世界层面上反映了数据的结构，有时统称它们为数据结构，但一般所说的数据结构是指数据的逻辑结构，不包含存储结构的含义。

为了更确切地描述一种数据结构，通常采用二元组表示：

$$B = (K, R)$$

B 代表一种数据结构，它由数据元素的集合 K 和 K 上二元关系的集合 R 所组成。其中

$$K=\{k_i \mid 1\le i\le n, n\ge 0\}$$

$$R=\{r_j \mid 1\le j\le m, m\ge 0\}$$

其中，k_i 表示集合 K 中的第 i 个数据元素，n 为 K 中数据元素的个数，特殊情况下，若 n=0，则 K 是一个空集，此时 B 无结构，也可以说它具有任何结构；r_j 表示集合 R 中的第 j 个二元关系（以后均简称关系），m 为 R 中关系的个数，特殊情况下，若 m=0，则 R 是一个空集，表明不考虑集合 K 中的元素之间存在着任何关系，彼此是独立的，就像数学中集合里的元素一样。在本书所讨论的数据结构中，一般只讨论 m=1 的情况，即 R 中只包含一个关系($R=\{r\}$)的情况。对于包含有多个关系的数据结构，可分别对每一个关系进行讨论。

K 上的一个关系 r（以后直接用大写 R 表示）是序偶的集合。对于 R 中的任一序偶 $<x,y>(x,y\in K)$，把 x 叫做序偶的第一元素，把 y 叫做序偶的第二元素，又称序偶的第一元素为第二元素的直接**前驱**（简称前驱），称第二元素为第一元素的直接**后继**（简称后继）。如在$<x,y>$的序偶中，x 为 y 的前驱，而 y 为 x 的后继。

一种数据结构还能够利用图形形象地表示出来，图形中的每个结点（又叫顶点）对应着一个数据元素，两结点之间带箭头的连线（又称为有向边或弧）对应着关系中的一个序偶，其中序偶的第一元素为有向边的起始结点，第二元素为有向边的终止结点，即箭头所指向的结点。

根据某公司人事简表，如表 1-2 所示，构造出一些典型的数据结构。

表 1-2 某公司人事简表

职工号	姓　名	性别	出生日期	职务	部门
01	万明华	男	1962-03-20	经理	
02	赵　宁	男	1968-06-14	主管	销售部
03	张　利	女	1964-12-07	主管	财务部
04	赵书芳	女	1972-08-05	主任	办公室
05	刘永年	男	1959-08-15	科员	销售部
06	王明理	女	1975-04-01	科员	销售部
07	王　敏	女	1972-06-28	科员	财务部
08	张　才	男	1967-03-17	科员	财务部
09	马立仁	男	1975-10-12	科员	财务部
10	邢怀常	男	1976-07-05	科员	办公室

表 1-2 中共有 10 条记录，每条记录都由 6 个数据项所组成，由于每条记录的职工号各不相同，所以可把每条记录的职工号作为该记录的关键字，并在下面的例子中，用记录的关键字来代表整个记录。

【例 1-1】 一种数据结构 set=(K, R)，其中

$$K=\{01,02,03,04,05,06,07,08,09,10\}$$

$$R=\{\}$$

在数据结构 set 中，只存在元素的集合，不存在关系的集合，或者说关系为空，这表

明只考虑表 1-2 中的每条记录，而不考虑它们之间的任何联系。具有这种特点的数据结构被称为**集合结构**，简称**集合**。对于集合结构，也可以看作按元素任一种次序（如先后位置有序）排列的线性结构，在存储空间中可以根据需要按任一种存储方法进行存储。

【例 1-2】　一种数据结构 linearity= (*K*, *R*)，其中

K={01,02,03,04,05,06,07,08,09,10}

R={<05,01>,<01,03>,<03,08>,<08,02>,<02,07>,<07,04>,<04,06>,<06,09>,<09,10>}

对应的图形如图 1-1 所示。

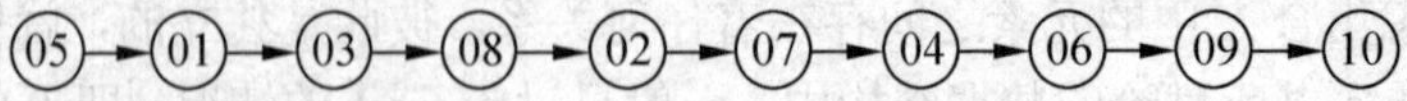

图 1-1　数据的线性结构示意图

结合表 1-2，可以看出：*R* 是按职工年龄从大到小排列的关系。

在 linearity 中，每个数据元素有且仅有一个直接前驱元素（除结构中第 1 个元素 05 外），有且仅有一个直接后继元素（除结构中最后一个元素 10 外）。这种数据结构的特点是数据元素之间的 1 对 1（1∶1）联系，即**线性关系**。将具有这种特点的数据结构叫做**线性结构**，简称**线**。

【例 1-3】　一种数据结构 tree=(*K*, *R*)，其中

K={01,02,03,04,05,06,07,08,09,10}

R={<01,02>,<01,03>,<01,04>,<02,05>,<02,06>,<03,07>,<03,08>,<03,09>,<04,10>}

对应的图形如图 1-2 所示。

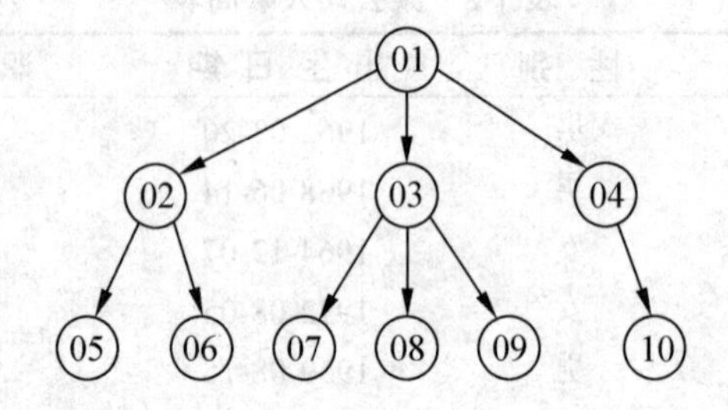

图 1-2　数据的树形结构示意图

结合表 1-2 可以看出：*R* 是人员之间领导与被领导的关系。

图 1-2 像倒着画的一棵树，最上面的一个没有前驱只有后继的结点叫做树根结点，最下面一层的只有前驱没有后继的结点叫做树叶结点，除树根和树叶之外的结点叫做树枝结点（实际上，树根结点是一种特殊的树枝结点）。在一棵树中，每个结点有且只有一个前驱结点（除树根结点外），但可以有任意多个后继结点（树叶结点可看做具有 0 个后继结点）。这种数据结构的特点是数据元素之间的 1 对 *N*（1∶*N*）联系（*N*≥0），即**层次关系**。将具有这种特点的数据结构叫做**树形结构**，简称**树**。

【例 1-4】　一种数据结构 graph=(*K*, *R*)，其中

K={01,02,03,04,05,06,07}

R={<01,02>,<02,01>,<01,04>,<04,01>,<02,03>,<03,02>,<02,06>,<06,02>,

<02,07>,<07,02>,<03,07>,<07,03>,<04,06>,<06,04>,<05,07>,<07,05>}

对应的图形如图 1-3 所示。

从图 1-3 可以看出，*R* 是 *K* 上的对称关系，即若存在<*x*, *y*>，则必存在<*y*, *x*>与之对应。为了简化起见，把<*x*, *y*>和<*y*, *x*>这两个对称序偶用一个无序对（*x*, *y*）或（*y*, *x*）来代替；在图形表示中，把 *x* 结点和 *y* 结点之间两条相反的有向边用一条无向边来代替。这样 *R* 关系可改写为：

$$R=\{(01,02),(01,04),(02,03),(02,06),(02,07),(03,07),(04,06),(05,07)\}$$

对应的图形如图 1-4 所示。

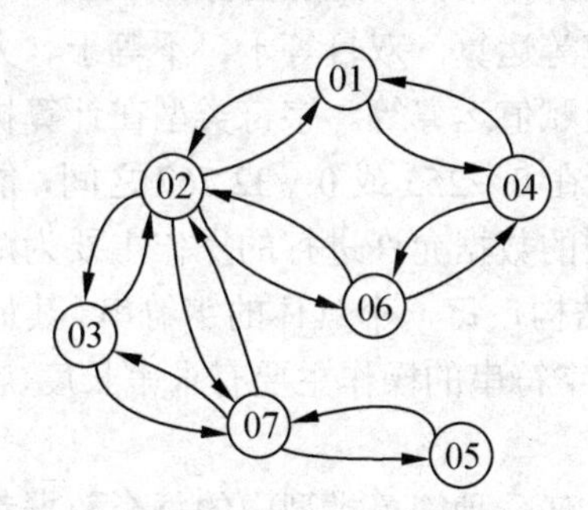

图 1-3 数据的图形结构示意图

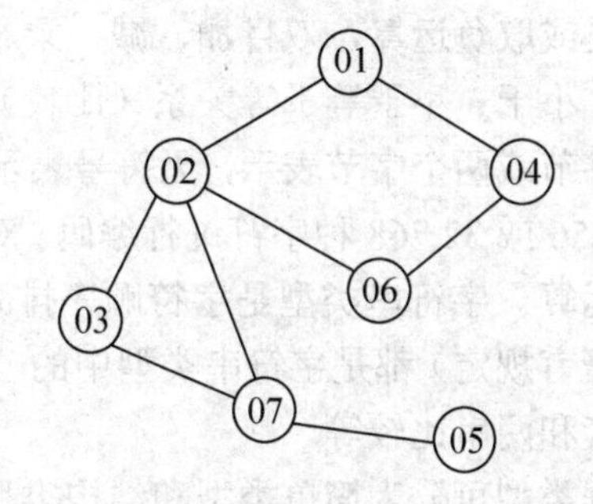

图 1-4 数据图形结构的等价表示

如果说 *R* 中每个序偶里的两个元素所代表的人员是好友的话，那么 *r* 关系就是人员之间的好友关系。

从图 1-3 或图 1-4 可以看出，结点之间的联系是 *M* 对 *N*（*M*∶*N*）联系（*M*≥0，*N*≥0），即**网状关系**。也就是说，每个结点可以有任意多个前驱结点和任意多个后继结点。将具有这种特点的数据结构叫做**图形结构**，简称**图**。

从图形结构、树形结构和线性结构的定义可知，树形结构是图形结构的特殊情况（即 *M*=1 的情况），线性结构是树形结构的特殊情况（即 *N*=1 的情况）。为了区别于线性结构，将树形结构和图形结构统称为**非线性结构**。

【例 1-5】 一种数据结构 $B = (K, R)$，其中

$K=\{k_1, k_2, k_3, k_4, k_5, k_6\}$

$R=\{r_1, r_2\}$

$r_1=\{<k_3, k_2>, <k_3, k_5>, <k_2, k_1>, <k_5, k_4>, <k_5, k_6>\}$

$r_2=\{<k_1, k_2>, <k_2, k_3>, <k_3, k_4>, <k_4, k_5>, <k_5, k_6>\}$

若用实线表示关系 r_1，虚线表示关系 r_2，则对应的图形如图 1-5 所示。

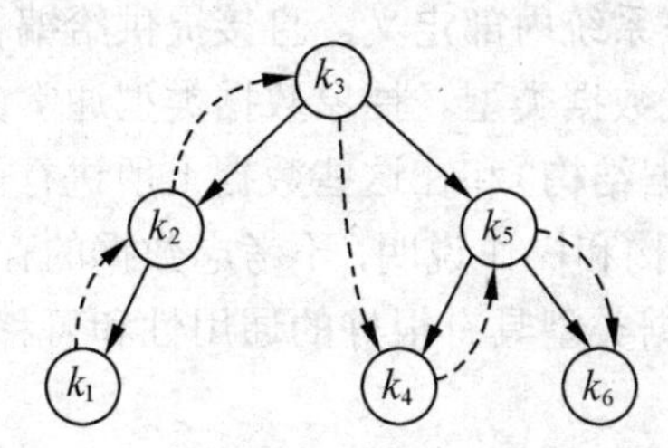

图 1-5 带有两个关系的一种数据结构示意图

从图 1-5 可以看出：数据结构 B 是一种非线性的图形结构。但是，若只考虑关系 r_1 则为树形结构，若只考虑关系 r_2 则为线性结构。

数据类型（data type）是对数据的取值范围、数据元素之间的结构以及允许施加操作的一种总体描述。每一种计算机程序设计语言都定义有自己的数据类型，一般有整数、实数（浮点数）、枚举、字符、字符串、指针、数组、记录、类、文件等数据类型。如整数类型在计算机系统中通常用两个字节或 4 个字节表示，若采用两个字节，则整数表示范围在 -2^{15}～$2^{15}-1$，即–32 768～32 767 之间；若采用 4 个字节，则整数表示范围在 -2^{31}～$2^{31}-1$，即–2 147 483 648～2 147 483 647 之间。对整数类型的数据允许施加的操作（运算）通常有：单目取正或取负运算，双目加、减、乘、除、取模等运算，双目等于、不等于、大于、大于等于、小于、小于等于等关系（比较）运算以及赋值运算等。字符类型在计算机中通常用一个字节或两个字节表示，无符号表示范围分别在 0～255 或 0～32 767 之间，能够分别至多对 256 或 32 768 种字符进行编码。对字符类型的数据允许进行的操作主要为赋值和各种关系运算。字符串类型是字符顺序排列的线性结构，每一个具体的字符串（其最大长度由具体语言规定）都是字符串类型中的一个值，对字符串的操作主要有求串长度、串复制、两串连接和两串比较等。

数据类型可分为简单类型和结构类型两大类。任一种简单类型中的每个数据都是无法再分割的整体，如一个整数、实数、字符、指针、枚举值、逻辑值等都是无法再分割的整体。任一种结构类型都是由简单类型数据按照一定的规则构造而成的，并且结构类型仍可以包含结构类型，所以一种结构类型中的数据（即结构数据）可以分解为若干个简单数据或结构数据，每个结构数据仍可再分。如数组就是一种结构类型，它由固定个数的同一元素类型的数据按线性结构排列而成，数组类型中的每一个数组值包含有固定个数的同一类型数据，每个数据（元素）都可以通过下标运算符直接访问。记录也是一种结构类型，它由固定个数的不同（也可以相同）类型的数据按线性结构排列而成，记录型中的每一个记录值包含有固定个数的不同类型数据，每个数据（域）都可以通过成员运算符直接访问。

无论是简单类型还是结构类型都有“型”和“值”的概念，一种数据类型中的任一数据称为该类型中的一个值（又称为实例），该值（实例）与所属数据类型具有完全相同的结构，数据类型所规定的操作就是在值上进行的。所以在一般的叙述中，并不明确指出是“型”还是“值”，应根据实际情况加以理解，如提到记录时，当讨论的是记录结构则认为是记录型，当讨论的是具体一条记录则认为是记录值。

抽象数据类型（Abstract Data Type，ADT）由一种数据结构和在其上的所有操作（运算）所组成。抽象数据类型包含有一般数据类型的概念，但含义比一般数据类型更广、更抽象。一般数据类型通常由具体语言系统内部定义，直接提供给编程者定义数据并进行相应的运算，因此称它们为系统预定义数据类型。抽象数据类型通常由编程者根据已有数据类型定义，包括定义其所含数据（数据结构）和在这些数据上所进行的操作。在定义抽象数据类型时，就是定义其数据的逻辑结构和操作说明，不考虑数据的存储结构和操作的具体实现（即具体操作代码），使得抽象数据类型具有很好的通用性和可移植性，便于用任何一种语言，特别是面向对象的语言实现。

抽象数据类型在 C++语言中是通过“类”类型来实现的，其数据部分通常定义为类的私有（private）或保护（protected）的数据成员，它只允许给该类或派生类直接使用，操作部分通常定义为类的公共(public)的成员函数，它既可以提供给该类或派生类使用也可以提供给其他的类或函数使用，操作部分只给出操作说明（即函数声明），操作的具体实现通常在一个单独文件中给出，使它与类的定义（即声明）相分离，当然在编译时将被连接在一起，类的声明通常被存放在一个专门的头文件（其扩展名为.h）中，这样能够较好地实现信息的隐藏和封装，符合面向对象程序设计（Object-Oriented Programming，OOP）的思想。

在本书中，为了更好地理解数据结构和相应运算的实现（即函数编程代码），采用传统的记录结构类型来定义抽象数据类型中的数据（或称数据结构）部分，采用普通函数格式来定义抽象数据类型中的每个操作的实现。虽然本书通常没有直接采用“类”类型来实现抽象数据类型，但读者通过学习后很容易做到，并且在相配套的实验教材《数据结构课程实验》中，给出了用类类型实现的程序，有兴趣的读者可以参考。

在本书中，描述每一种抽象数据类型将采用如下格式。

```
ADT <抽象数据类型名> is
    Data:
        <数据描述>
    Operations:
        <操作声明>
end <抽象数据类型名>
```

【例1-6】 把矩形定义及其运算设计成一种抽象数据类型，其数据部分包括矩形的长度和宽度，操作部分包括初始化矩形的尺寸、求矩形的周长和面积。

假定该抽象数据类型名用 REctangle(矩形)表示，定义矩形长度和宽度的数据用 length 和 width 表示，并假定其类型为单精度浮点型（float），初始化矩形数据的函数名用 InitRectangle 表示，求矩形周长的函数名用 Circumference（周长）表示，求矩形面积的函数名用 Area（面积）表示，则矩形的 ADT 描述如下。

```
ADT REctangle is
    Data:
        float length, width;
    Operations:
        void InitRectangle(struct Rectangle& r, float len, float wid);
        float Circumference(struct Rectangle& r);
        float Area(struct Rectangle& r);
end REctangle
```

其中参数 r 的类型名 struct Rectangle 表示一个用户定义的记录（结构）类型，其保留字 struct 在 C 语言中必须使用，而在 C++语言中则可被省略不写。该类型包括矩形的长度和宽度两个域，用来统一描述此抽象数据类型所含的数据部分，用 C/C++语言定义如下。

```
struct Rectangle{
    float length, width;
};
```

初始化矩形数据的函数定义如下。

```
void InitRectangle(struct Rectangle& r, float len, float wid) {
    r.length=len;  /*把 len 值赋给 r 的 length 域*/
    r.width=wid;  /*把 wid 值赋给 r 的 width 域*/
}
```

该函数把两个值参数 len 和 wid 的值分别赋给引用参数 r 的 length 域和 width 域，实现对一个矩形 r 的初始化。求矩形周长和求矩形面积的函数分别定义如下。

```
float Circumference(struct Rectangle& r) {
    return 2*(r.length+r.width);
}

float Area(struct Rectangle& r) {
    return r.length*r.width;
}
```

这两个函数分别具有一个矩形引用参数（也可采用值参），调用执行后分别计算并返回被引用矩形的周长和面积。

在函数参数中，有引用参数和值参数之分，若在参数类型和参数名之间使用&符号，则就定义该参数为引用参数，否则为值参数。对于引用参数，函数被调用时，它被看成对应的调用参数（即实参）的别名，函数中访问它就是访问对应的实参；对于值参数，当函数被调用时，将为它分配存储空间，并用对应实参的值初始化，在函数体中对值参数的访问与对应的实参无关，当函数调用结束后将自动释放掉为值参数所分配的存储空间。在 C 语言中不能使用引用参数，它是在 C++语言中增加的。通过在 C 语言中使用指针参数可以实现引用的功能。如可将上面求矩形面积的函数修改如下。

```
float Area(struct Rectangle* r) {
    return r->length*r->width;
}
```

若采用 C++类来描述抽象数据类型 RECtangle，则如下所示。

```
class RECtangle {
    private:
        float length, width;
    public:
        RECtangle(float len, float wid) {
            length=len; width=wid;
        }
        float Circumference(void) {
            return 2*(length+width);
        }
        float Area(void) {
            return length*width;
```

```
    }
};
```

用C++语言编写出完整的程序如下。

```
/*程序1-1.cpp*/
#include<iostream.h>  /*在C语言中用#include<stdio.h>代替*/
struct Rectangle {
    float length, width;
};

void InitRectangle(Rectangle& r, float len, float wid);    /*函数声明*/
float Circumference(Rectangle& r);                         /*函数声明*/
float Area(Rectangle& r);                                  /*函数声明*/

void main(void) {
    float x, y;                              //用于从键盘上输入一个矩形的长和宽
    float p, s;                              //用于保存矩形的周长和面积
    Rectangle a;                             //定义一个矩形变量
    cout<<"请输入一个矩形的长和宽!"<<endl;    //输出提示信息
    cin>>x>>y;                               //输入矩形的长和宽
    InitRectangle(a,x,y);                    //对矩形a进行初始化
    p=Circumference(a);                      //计算矩形a的周长
    s=Area(a);                               //计算矩形a的面积
    cout<<endl;
    cout<<"矩形的周长为:"<<p<<endl;           //输出矩形周长
    cout<<"矩形的面积为:"<<s<<endl;           //输出矩形面积
}

void InitRectangle(Rectangle& r, float len, float wid) {
    r.length=len;
    r.width=wid;
}

float Circumference(Rectangle& r) {
    return 2*(r.length+r.width);
}

float Area(Rectangle& r) {
    return r.length*r.width;
}
```

在C语言中只能使用一种注释形式“/*……*/”，而在C++语言中若注释在行尾或者单独占据一行，则还可用双斜线“//”引出注释。

C++语言能够兼容C语言，也就是说，用C语言书写的程序可以原封不动地在C++语

言环境下运行，而C++语言对C语言做了许多改进和增强，如在输入、输出、参数定义、函数重载、运算符重载、模板、类等方面，所以用C++语言编写的程序不能在C语言环境下运行。

对于上面的程序，若要在C语言环境下运行，除了修改输入、输出等语句外，还要把引用参数修改为指针参数，把对应的实参修改为取地址的表达式，以及把结构类型加上struct保留字。改写后得到的C语言程序如下。

```
#include<stdio.h>
struct Rectangle {
    float length, width;
};

void InitRectangle(struct Rectangle* r, float len, float wid);
float Circumference(struct Rectangle* r);
float Area(struct Rectangle* r);

void main() {
    float x, y;
    float p, s;
    struct Rectangle a;
    printf("请输入一个矩形的长和宽!");
    scanf("%f%f",&x,&y);
    InitRectangle(&a,x,y);
    p=Circumference(&a);
    s=Area(&a);
    printf("\n");
    printf("矩形的周长为:%f\n",p);
    printf("矩形的面积为:%f\n",s);
}

void InitRectangle(struct Rectangle* r, float len, float wid) {
    r->length=len;
    r->width=wid;
}

float Circumference(struct Rectangle* r) {
    return 2*(r->length+r->width);
}

float Area(struct Rectangle* r) {
    return r->length*r->width;
}
```

以后为简便起见，一般使用C++语言进行算法描述，若读者只会使用C语言，则掌握上面所述差别后，不难把每个算法转换为相应的C语言算法。

数据对象（data object）简称**对象**，它属于一种数据类型中的特定实例，该数据类型既可以是一般数据类型，也可以是抽象数据类型。如 25 为一个整型数据对象，'A'为一个字符数据对象，语句 char* p 定义 p 为一个字符指针对象，可以用来指向一个字符串，int a[10] 定义 a 为一个含有 10 个整型数的数组对象，struct Rectangle r1 定义 r1 为一个 Rectangle 结构类型的对象，RECtangle rec 定义 rec 为一个具有 RECtangle 抽象数据类型的对象。

算法（algorithm）就是解决特定问题的方法。描述一个算法可以采用文字叙述，也可以采用传统流程图、N-S 图或 PAD 图等，但要在计算机上实现，则最终必须采用一种程序设计语言编写为程序。作为一个算法应具备如下 5 个特性。

（1）有穷性。一个算法必须在执行有穷步之后结束。

（2）确定性。算法中的每一步都必须具有确切的含义，无二义性。

（3）可行性。算法中的每一步都必须是可行的，也就是说，每一步都能够通过手工或机器可以接受的有限次操作在有限时间内实现。

（4）输入。一个算法可以有 0 个、1 个或多个输入量，在算法被执行之前提供给算法。

（5）输出。一个算法执行结束后至少要有一个输出量，它是利用算法对输入量进行运算和处理的结果。

需要人们解决的特定问题可分为数值的和非数值的两类。解决数值问题的算法叫做数值算法，科学和工程计算方面的算法大都属于数值算法，如求解数值积分、求解线性方程组、求解代数方程和求解微分方程等。解决非数值问题的算法叫做非数值算法，数据处理方面的算法大都属于非数值算法，如在各种数据结构上进行的排序算法、查找算法、插入算法、删除算法和遍历算法等。数值算法和非数值算法并没有严格的区别，一般说来，在数值算法中主要进行算术运算，而在非数值算法中，则主要进行比较和逻辑运算。另一方面，特定的问题可能是递归的，也可能是非递归的，因而解决它们的算法就有递归算法和非递归算法之分。当然，从理论上讲，任何递归算法都可以通过使用循环、堆栈等技术转化为非递归算法。

在计算机领域，一个算法实质上是针对所处理问题的需要，在数据的逻辑结构和存储结构的基础上施加的一种运算。由于数据的逻辑结构和存储结构不是唯一的，在很大程度上可以由用户自行选择和设计，所以处理同一个问题的算法也不是唯一的。另外，即使对于具有相同的逻辑结构和存储结构而言，其算法的设计思想和技巧不同，编写出的算法也大不相同。学习数据结构课程的目的，就是学会根据数据处理问题的需要，为待处理的数据选择合适的逻辑结构和存储结构，进而按照结构化、模块化以及面向对象的程序设计方法设计出比较满意的算法（程序）。

1.2 算法描述

算法就是解决特定问题的方法，该方法可以借助各种工具描述出来。如从 n 个整数元素中查找出最大值，用流程图描述则如图 1-6 所示。

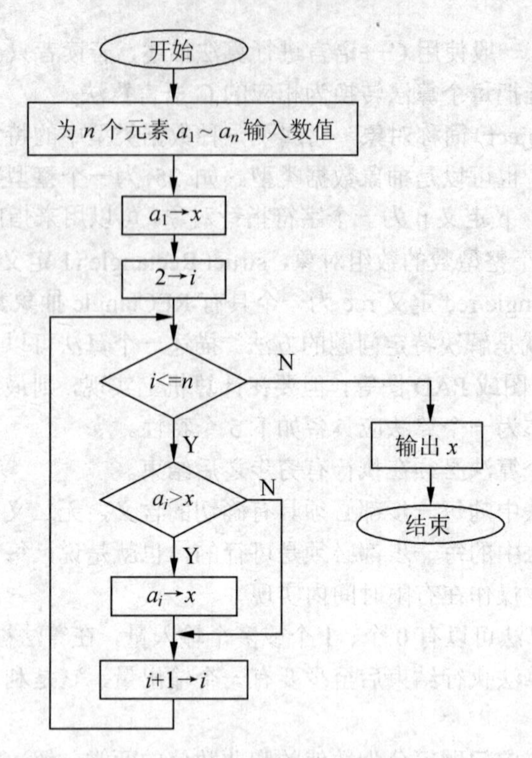

图 1-6 求 n 个元素中的最大值

若采用文字描述，则如下列步骤所示。

(1) 给 n 个元素 a_1～a_n 输入数值。

(2) 把第 1 个元素 a_1 赋给用于保存最大值元素的变量 x。

(3) 把表示下标的变量 i 赋初值 2。

(4) 如果 $i<=n$，则需要向下执行来处理当前数据元素 a_i，否则输出最大值 x 后结束算法。

(5) 如果 $a_i>x$，则将 a_i 赋给 x，否则不改变 x 的值，这使得 x 始终保存着当前比较过的所有元素的最大值。

(6) 使下标 i 增 1，以指示下一个元素。

(7) 转向第(4)步继续执行下一次的循环处理过程。

若要在计算机上实现一个算法，则最终必须采用一种程序设计语言进行描述。对于上述算法，采用 C++语言描述如下。

```
//程序 1-2.cpp
#include<iostream.h>
const int n=10;                     //假定 n 等于 10
void main(void)
{
    int i, x, a[n];                 //用 a[0]～a[n-1]保存 a1～an 元素
    cout<<"请输入 10 个整数：";
    for(i=0; i<n; i++)
        cin>>a[i];
```

```
    x=a[0]; i=1;
    while(i<n){
        if(a[i]>x) x=a[i];
        i++;
    }
    cout<<"10 个整数中的最大值为: "<<x<<endl;
}
```

本书对所有算法一般采用文字和C++语言两种描述，文字描述给出算法的思路和执行步骤，C++语言描述给出在机器上实现的代码。

1.3　算法评价

对于解决同一个问题，往往能够编写出许多不同的算法。例如，对于数组排序问题，就能够根据不同的排序方法对应编写出各不相同的多种算法。进行算法评价的目的，既在于从解决同一问题的不同算法中选择出较为合适的一种，也在于知道如何对现有算法进行改进或者独立创新，从而设计出更好的算法。一般从如下5个方面对算法进行评价。

1．正确性

正确性(correctness)是设计和评价一个算法的首要条件，如果一个算法不正确，即不能完成或不能较好地完成所要求的任务，其他方面也就无从谈起。一个正确的算法是指在合理的数据输入下，能够在有限的运行时间内得出正确的结果。通过采用各种典型的输入数据上机反复调试算法，使得算法中的每段代码都被测试过，若发现错误及时修正，最终可以验证出算法的正确性。当然，要从理论上证明一个算法的正确性，并不是一件容易的事，也不属于本课程所研究的范围，故不进行讨论。

2．稳健性

稳健性(robustness)是指一个算法对不合理（又称不正确、非法、错误等）数据输入的反应和处理能力。一个好的算法应该能够识别错误数据并进行相应的处理。对错误数据的处理一般包括打印错误信息、调用错误处理程序、返回标识错误的特定信息、中止程序运行等。

3．可读性

可读性(readability)是指一个算法供人们阅读的容易程度。一个可读性好的算法，应该使用便于识别和记忆的、与描述的事物或实现的功能相一致的标识符，应该符合结构化和模块化的程序设计思想，应该对其中的每个功能模块、重要数据类型或语句加以注释，应该建立有相应的文档，对整个算法的功能、结构、使用及有关事项进行说明。

4．时间复杂度

时间复杂度（time complexity）或称时间复杂性，又称**计算复杂度**（computational

complexity)，它是算法**有效性**的量度之一，量度有效性的另一个指标是空间复杂度。时间复杂度是一个算法运行时间的相对量度。一个算法的运行时间是指在计算机上从开始到结束运行所花费的时间长短，它大致等于计算机执行一种简单操作（如赋值、比较、计算、转向、返回、输入和输出等）所需的时间与算法中进行简单操作次数的乘积。因为执行一种简单操作所需的时间随机器而异，它是由机器本身硬软件环境决定的，与算法无关，所以只讨论影响运行时间的另一个因素——算法中进行简单操作次数的多少。

不管一个算法是简单还是复杂，最终都是被编译后分解成简单操作再通过 CPU 来具体执行的。因此，每个算法都对应着一定的简单操作的次数。显然，在一个算法中，进行简单操作的次数越少，其运行时间也就相对的越短；次数越多，其运行时间也就相对的越长。所以，通常把算法中包含简单操作次数的多少叫做该算法的时间复杂度，用它来衡量一个算法的运行时间性能（或称计算性能）。

若解决一个问题的规模为 n，即所处理的数据中包含有 n 个元素，则算法的时间复杂度通常是 n 的一个函数，假定记为 $f(n)$。下面通过例子来分析算法的时间复杂度。

【算法 1-1】 累加求和。

```
int Sum(int b[],int n)
{
    int i,s=0;
    for(i=0;i<n;i++)
        s+=b[i];
    return s;
}
```

计算机执行这个算法时，函数体中第 1 条定义并赋初值语句和第 3 条返回语句都各执行一次简单操作，第 2 条 for 循环语句所包含的简单操作的次数可进行如下分解计算。

```
        i=0;                            //1 次
mark1: if(i>=n) goto mark2;             //n+1 次
         s+=b[i];                       //n 次
         i++;                           //n 次
         goto mark1;                    //n 次
mark2: return s;
```

把第 2 条语句分解后的每一条简单语句的执行次数加起来，就得到了它包含的简单操作的次数，即为 $4n+2$。因此，算法 1-1 的时间复杂度为：

$$f(n)=4n+4$$

【算法 1-2】 矩阵相加。

```
void MatrixAdd(int a[MS][MS], int b[MS][MS], int c[MS][MS], int n)
     //实现矩阵 a[n,n]和 b[n,n]的加法,其和存入 c[n,n]中
     //MS 为大于等于 n 的常量
{
    int i,j;
    for(i=0;i<n;i++)
        for(j=0;j<n;j++)
```

```
        c[i][j]=a[i][j]+b[i][j];
}
```

运行此算法需要执行的简单操作的次数就等于双重 for 循环语句所包含的简单操作的次数，对该语句可进行如下分解计算。

```
       i=0;                          //1 次
mark1: if(i>=n) goto mark4;          //n+1 次
        j=0;                         //n 次
mark2:  if(j>=n) goto mark3;         //n(n+1)次
        c[i][j]=a[i][j]+b[i][j];     //n*n 次
        j++;                         //n*n 次
        goto mark2;                  //n*n 次
mark3: i++;                          //n 次
       goto mark1;                   //n 次
mark4:  ;
```

把分解后的每一条简单语句的执行次数加起来，就得到了它所包含的简单操作的次数。因此，算法 1-2 的时间复杂度为：

$$f(n)=4n^2+5n+2$$

【算法 1-3】 简单选择排序。

```
void SelectSort(int b[],int n)
{
    int i,j,k,x;
    for(i=0;i<n-1;i++)
    {
        k=i;
        for(j=i+1;j<n;j++)
             if(b[j]<b[k]) k=j;
        x=b[i];
        b[i]=b[k];
        b[k]=x;
    }
}
```

此算法包含有双重 for 循环，外层 for 循环的循环变量为 i，它从 0 取值到 $n-2$，对于 i 的每一取值，首先通过 $k=i$ 赋值语句和内层 for 循环语句，在 b[i]～b[$n-1$]之间顺序查找出具有最小值的元素 b[k]，然后通过 3 条赋值语句交换 b[i]和 b[k]的值，使得 b[i]为 b[i]～b[$n-1$]之间的最小值。这样，当算法执行结束后，数组 b 中的 n 个元素就按照其值从小到大的次序排列好了。

要计算出该算法包含的简单操作的次数，可将双重 for 循环语句分解如下：

```
       i=0;                            //1 次
mark1: if(i>=n-1) goto mark4;          //n 次
        k=i;                           //n-1 次
        j=i+1;                         //n-1 次
```

```
mark2:  if(j>=n) goto mark3;             //∑(i=0..n-2) (n-i)=(n+2)(n-1)/2 次
        if(b[j]<b[k]) k=j;               //∑(i=0..n-2) (n-i-1)=n(n-1)/2 次
        j++;                             //n(n-1)/2 次
        goto mark2;                      //n(n-1)/2 次
mark3:  x=b[i];                          //n-1 次
        b[i]=b[k];                       //n-1 次
        b[k]=x;                          //n-1 次
        i++;                             //n-1 次
        goto mark1;                      //n-1 次
mark4:  ;
```

把分解后的每一条简单语句的执行次数加起来，就得到了它所包含的简单操作的次数。算法 1-3 的时间复杂度为：

$$f(n)=2n^2+7n-7$$

从以上分析可以看出，一个算法的时间复杂度的计算是相当繁琐的，特别对于较复杂的算法更是如此。实际上，一般也没有必要精确地计算出算法的时间复杂度，只要大致计算出相应的数量级(order)即可。下面接着讨论时间复杂度 $f(n)$的数量级表示。

设 $f(n)$的一个辅助函数为 $g(n)$，定义为当 n 大于等于某一足够大的正整数 n_0 时，存在着两个正的常数 A 和 B（其中 A≤B），使得 $A\le\frac{f(n)}{g(n)}\le B$ 均成立，则称 $g(n)$是 $f(n)$的同数量级函数。把 $f(n)$表示成数量级的形式为：

$$f(n)=O(g(n))$$

其中，大写字母 O 为英文 order（即数量级）一词的第 1 个字母。这种表示的意思是指 $g(n)$同 $f(n)$只相差一个常数倍。

例如，在算法 1-1 中，当 $n\ge1$(即取 n_0 为 1)时，$4\le\frac{4n+4}{n}\le8$ 均成立，则 $g(n)=n$；在算法 1-2 中，当 $n\ge2$（即取 n_0 为 2）时，$4\le\frac{4n^2+5n+2}{n^2}\le7$ 均成立，则 $g(n)=n^2$；对于算法 1-3，当 $n\ge3$（即取 n_0 为 3）时，$2\le\frac{2n^2+7n-7}{n^2}\le4$ 均成立，则 $g(n)$也等于 n^2。由此不难发现，当 $f(n)$是 n 的多项式时，$g(n)$则为 $f(n)$的最高次幂，它与 $f(n)$中的其余项和最高次幂的系数都无关。若把算法 1-1、算法 1-2 和算法 1-3 的时间复杂度分别用数量级的形式表示，则分别为 $O(n)$、$O(n^2)$和 $O(n^2)$。

算法的时间复杂度采用数量级的形式表示后，将给求一个算法的 $f(n)$带来很大方便，这时只需要分析影响一个算法时间复杂度的主要部分即可，不必对每一步都进行详细的分析；同时，对主要部分的分析也可简化，一般只要分析清楚循环体内简单操作的执行次数或递归函数的调用次数即可。例如，对于算法 1-1，只要根据 for 循环中的循环体被执行的次数 n，就可求出其时间复杂度为 $O(n)$；对于算法 1-2，只要弄清楚双重循环内赋值操作的执行次数为 n^2，就可求出其时间复杂度为 $O(n^2)$；对于算法 1-3，只要能够求出内层 for 循环体的执行次数为$\sum_{i=0}^{n-2}(n-i-1)=\frac{1}{2}n(n-1)=\frac{1}{2}n^2-\frac{1}{2}n$，就可得到其时间复杂度为$O(n^2)$。

算法的时间复杂度通常具有$O(1)$、$O(\sqrt{n})$、$O(n)$、$O(\text{lb}n)$、$O(n\times\text{lb}n)$、$O(n^2)$、$O(n^3)$、$O(2^n)$和$O(n!)$等形式。$O(1)$表示算法的时间复杂度为常量，它不随数据量n的改变而改变，如访问一个数据表中第1个元素时，无论该表的大小如何，其时间复杂度均为$O(1)$。$O(\sqrt{n})$表示算法的时间复杂度与数据量大小n的平方根成正比，如计算满足不等式$\sum_{k=1}^{i}k\le n$中的最大i值时，其算法的时间复杂度就是$O(\sqrt{n})$。这是因为计算i的时间复杂度的$f(n)$为$\sqrt{2n+\frac{1}{4}}-\frac{1}{2}$，对应的$g(n)$为$\sqrt{n}$。具有$O(n)$数量级的算法被称为线性算法，其运行时间与$n$成正比，如对一个表进行顺序查找时，其时间复杂度就是$O(n)$。有一些算法的时间复杂度为$O(\text{lb}n)$，即与n的对数成正比，如在有序表上进行二分查找的算法就是如此。对数组进行排序的各种简单算法为$O(n^2)$数量级的，当n加倍时，其运行时间将增长4倍；对数组进行排序的各种改进算法为$O(n\times\text{lb}n)$数量级的，当n加倍时，其运行时间只是原来的$2\left(1+\frac{1}{\text{lb}\,n}\right)$倍。做两个$n$阶矩阵的乘法运算时，其时间复杂度为$O(n^3)$。求具有$n$个元素集合的所有子集的算法，其时间复杂度应为$O(2^n)$，因为对于含有$n$个元素的集合来说，共有$2^n$个不同的子集。求具有$n$个元素的全排列的算法的时间复杂度为$O(n!)$，因为它共含有$n!$种不同的排列。

对于不同的n值，各种典型的数量级所对应的值如表1-3所示。可以看出，当n较大时，若时间复杂度为指数或阶乘数量级，则相应的算法是无效的，即不能实际运行的。如假定一台计算机每秒能做1亿次简单操作，则对于一个n值为32的具有阶乘数量级的算法，则至少要运行8.34×10^{17}个世纪才能完成，这显然是不可能实现的，是一个无效的算法。从表中还可以看出，当n大于一定的值后，随着n值的增大，各种数量级对应的值的增长速度是大不相同的，对数的值的增长速度最慢，平方根稍快，线性值较快，其余依次为线性与对数的乘积、平方、立方、指数和阶乘，即阶乘的增长速度最快。例如，当n从16增长到两倍时，$\text{lb}n$增长到1.25倍，$\sqrt{n}$增长到约1.4倍，$n\times\text{lb}n$增长到2.5倍，n^2增长到4倍，n^3增长到8倍，2^n增长到2^n倍，$n!$增长的倍数更大。因此，当n大于一定的值后，各种不同数量级对应的值存在着如下关系：

$$O(\text{lb}n)<O(\sqrt{n})<O(n)<O(n\times\text{lb}n)<O(n^2)<O(n^3)<O(2^n)<O(n!)$$

表1-3　算法复杂度的不同数量级变化对照表

n	$\text{lb}n$	$\sqrt{n}$	$n\times\text{lb}n$	n^2	n^3	2^n	$n!$
4	2	2	8	16	64	16	24
8	3	2.83	24	64	512	256	80 320
10	3.32	3.16	33.2	100	1000	1024	3 628 800
16	4	4	64	256	4096	65 536	2.1×10^{13}
32	5	5.66	160	1024	32 768	4.3×10^{9}	2.6×10^{35}
128	7	11.31	896	16 384	2 097 152	3.4×10^{38}	∞
1024	10	32	10 240	1 048 576	1.07×10^{9}	∞	∞
10 000	13.29	100	132 877	10^{8}	10^{12}	∞	∞

一个算法的时间复杂度还可以具体分为最好、最差（又称最坏）和平均 3 种情况讨论。下面结合从一维数组 a[n]中顺序查找其值等于给定值 item 的元素的算法进行说明。

```
int SequenceSearch(int a[], int n, int item)
      //若查找成功则返回元素的下标,否则返回-1
{
   for(int i=0; i<n; i++)
      if(a[i]==key) return i;
   return -1;
}
```

此算法的时间复杂度主要取决于 for 循环体被反复执行的次数。最好情况是第 1 个元素 a[0]的值就等于 item，此时只需要进行元素的一次比较就查找成功，相应的时间复杂度为 $O(1)$；最差情况是最后一个元素 a[n–1]的值等于 item，此时需要进行同全部 n 个元素的比较才能查找成功，相应的时间复杂度为 $O(n)$；平均情况是：每一个元素都有相同的概率 $\left(\text{即均为}\frac{1}{n}\right)$ 等于给定值 item，则查找成功需要同元素进行比较的平均次数为 $\frac{1}{n}\sum_{i=1}^{n} i=\frac{1}{2}(n+1)$，相应的时间复杂度为 $O(n)$，它同最坏情况具有相同的数量级，因为它们之间的比较次数只在系数项和常数项上有差别，而在 n 的指数上没有差别。

当在数组 a 上顺序比较 n 个全部元素后仍找不到等于给定值 item 的元素，则表明查找失败，这种情况所对应的时间复杂度也为 $O(n)$。

在一个算法中，最好情况的时间复杂度最容易求出，但它通常没有多大的实际意义，因为数据一般都是随意分布的，出现最好情况分布的概率极小；最差情况的时间复杂度也容易求出，它比最好情况有实际意义，通过它可以估计到算法运行时所需要的相对最长时间，并且能够使用户知道如何设法改变数据的排列次序，尽量避免或减少最差情况的发生；平均情况下的时间复杂度的计算要困难一些，因为它往往需要概率统计等方面的数学知识，有时还需要经过严格的理论推导才能求出，但平均情况的时间复杂度最有实际意义，它确切地反映了运行一个算法的平均快慢程度，通常就用它来表示一个算法的时间复杂度。对于大多数算法来说，平均和最差这两种情况下的时间复杂度的数量级形式往往是相同的，它们主要是差别在最高次幂的系数上。另外有一些算法，其最好、最差和平均情况下的时间复杂度或相应的数量级都是相同的，如对于介绍过的算法 1-1、算法 1-2 和算法 1-3 就是如此。

5. 空间复杂度

空间复杂度（space complexity）或称空间复杂性是对一个算法在运行过程中临时占用存储空间大小的量度，它也是衡量算法有效性的一个指标。一个算法在计算机存储器上所占用的存储空间，包括存储算法本身所占用的存储空间、算法的输入/输出数据所占用的存储空间和算法在运行过程中临时占用的存储空间等 3 个方面。

算法的输入/输出数据所占用的存储空间是由要解决的问题所决定的，是通过参数表由调用函数传递而来的，对于引用参数将不占有这方面的空间，而对于值参数将占有这方面的空间。所以在允许的情况下，尽量采用引用参数或指针参数，减少使用值参数，对于数据类型长度较大的参数更应如此。

存储算法本身所占用的存储空间与算法书写的长短成正比，要压缩这方面的存储空间，就必须编写出较短的算法，如编写成递归算法通常就比相应的非递归算法要短。

算法在运行过程中临时占用的存储空间随算法的不同而异，有的算法只需要占用少量的临时工作单元，而且不随问题规模的大小而改变，称这种算法是“就地”进行的，是节省存储的算法，如本节中介绍过的几个算法都是如此。有的算法需要占用的临时工作单元数与解决问题的规模 n 有关，它随着 n 的增大而增大，当 n 较大时，将占用较多的存储单元，将在第 10 章中介绍的快速排序和归并排序算法就属于这种情况。

分析一个算法所占用的存储空间要从各方面综合考虑。如对于递归算法来说，一般都比较简短，算法本身所占用的存储空间较少，但运行时需要一个附加的工作栈，从而占用较多的临时工作单元；若写成非递归算法，一般可能比较长，算法本身占用的存储空间较多，但运行时将可能需要较少的存储单元。

一个算法的空间复杂度通常只是考虑在运行过程中为局部变量分配的存储空间的大小，它包括为参数表中值参变量分配的存储空间和为在函数体中定义的局部变量分配的存储空间两个部分。若一个算法为递归算法，其空间复杂度为递归所使用的工作栈空间的大小，它等于一次调用所分配的临时存储空间的大小乘以被调用的次数（即为递归调用的次数加 1，这个 1 表示开始进行的一次非递归调用）。算法的空间复杂度一般也以数量级的形式给出。如当一个算法的空间复杂度为一个常量，即不随被处理数据量 n 的大小而改变时，则表示为 $O(1)$，当一个算法的空间复杂度与以 2 为底的 n 的对数成正比时，则表示为 $O(\mathrm{lb}n)$，当一个算法的空间复杂度与 n 成线性比例关系时，则表示为 $O(n)$。

注意：若形参为数组，则它实质上为一个指针值参数，只需要为它分配一个存储由实参传送来的一个地址指针的空间，即一个机器字长空间，通常为 2 或 4 个字节。

对于一个算法，其时间复杂度和空间复杂度往往是相互影响的，当追求一个较好的时间复杂度时，可能会使空间复杂度的性能变差，即可能导致占用较多的存储空间；反之，当追求一个较好的空间复杂度时，可能会使时间复杂度的性能变差，即可能导致占用较长的运行时间。另外，算法的所有性能之间都存在着或多或少的相互影响。因此，当设计一个算法（特别是大型算法）时，要综合考虑算法的各项性能、算法的使用频率、算法处理的数据量的大小、算法描述语言的特性、算法运行的机器系统环境等诸多因素，通过权衡利弊才能够设计出比较满意的算法。

*1.4 与算法描述有关的 C++知识

下面对 C++语言的有关内容做简要说明，为以后各章分析和编写算法做准备，此部分可不作为教学讲授内容，而留做学生自学。

1.4.1 包含文件语句

包含文件语句以关键字#include 开头，后跟用尖括号或双引号括起来的头文件名，行末尾不需要使用分号。下面介绍几个常用的系统头文件的作用。

1. #include<iostream.h>

在程序的开始使用该语句后，在其后的每一个函数中，都可以使用标准输入设备（键盘）流对象 cin、标准输出设备（屏幕）流对象 cout 和标准错误输出设备（屏幕）流对象 cerr，以及使用用于输入的提取操作符“>>”和用于输出的插入操作符“<<”进行数据输入/输出操作。对于基本类型为 char、short、int、long、char *（字符串型）、float、double、long double 的数据能够直接进行输入和输出；对于非字符指针类型的指针型数据能够直接输出指针（即操作数地址）；对于其他类型的数据，只有通过对“>>”和“<<”操作符重载后才能直接输入和输出，当然若数据中的元素为基本数据类型，则可对其元素直接输入和输出。例如，一种记录结构类型如下。

```
struct worker {
   int id;
   char name[20];
   float wage;
}
```

若要对该记录类型的一个对象（用 wk 表示）输入或输出数据，可使用如下输入或输出语句。

```
cin>>wk.id>>wk.name>>wk.wage;
cout<<wk.id<<" "<<wk.name<<" "<<wk.wage<<endl;
```

若要对记录整体进行输入或输出，则必须对该类型进行提取或插入操作符的重载，它们的重载函数定义如下。

```
istream& operator>>(istream& istr, worker& x)
{
        istr>>x.id>>x.name>>x.wage;
        return istr;
}
ostream& operator<<(ostream& ostr, const worker& x)
{
        ostr<<x.id<<" "<<x.name<<" "<<x.wage<<endl;
        return ostr;
}
```

按照上述定义后，可使用如下语句对 worker 类型的对象 wk 进行输入或输出。

```
cin>>wk;
```

```
cout<<wk;
```

执行第1条语句时将把实际参数cin和wk引用（即按址）传送给被调用函数中的istr和x形参，使得istr和x分别被取代（或称换名）为cin和wk，函数中对istr和x的操作实际上就是对cin和wk的操作。该函数返回istr（即cin），以便能够在同一条输入语句中连续使用“>>”操作符对多个对象进行输入。

注意：当在同一行上输入多个数据时，从键盘上输入的数据之间必须用空格相隔开。

执行第2条语句时将把实际参数cout和wk引用（即按址）传送给被调用函数中的ostr和x形参，使得ostr和x分别被取代为cout和wk，函数中对ostr和x的操作实际上就是对cout和wk的操作。该函数返回ostr（即cout），以便能够在同一条输出语句中连续使用“<<”操作符对多个数据进行输出。

另外，在使用#include<iostream.h>语句之后的函数中，允许使用换行符常量endl和空指针常量NULL，它们分别表示换行符'\n'和数值0（即空指针值'\0'）。

2. #include<stdlib.h>

在stdlib.h头文件中含有void exit(int)、int rand(void)、void srand(unsigned)等函数的原型。exit(int)函数的作用是结束程序的执行，一般用整数值0调用该函数表示正常结束，用整数值1调用该函数表示非正常结束。如利用new操作符没有分配到所需要的存储块时，应输出“存储分配失败！”错误信息并调用 exit(1)函数终止程序运行。rand( )函数的作用是返回0～32 767之间的一个随机整数。利用rand( )%n可以产生0～*n*–1范围内的一个随机整数。srand(unsigned)函数的作用是初始化随机数发生器，当参数不同时，接着由rand( )函数所产生的随机数序列也不同。若在rand( )函数前没有执行过srand函数，则产生的是参数值为1的随机数序列，即相当于调用了一次srand(1)函数。下面是一个产生随机数的程序。

```
//程序1-3.cpp
#include<iostream.h>
#include<stdlib.h>
void main(void)
{
   int i;
   for(i=0;i<10;i++)
      cout<<rand()%100<<" ";
   cout<<endl;
   srand(2);
   for(i=0;i<10;i++)
      cout<<rand()%100<<" ";
   cout<<endl;
   srand(1);
   for(i=0;i<10;i++)
      cout<<rand()%100<<" ";
```

```
    cout<<endl;
}
```

该程序运行后的显示结果如下。

```
41 67 34 0  69 24 78 58  62 64
45 16 98 95 84 50 90 31  5  16
41 67 34 0  69 24 78 58  62 64
```

下面程序在每次运行时，将会得到完全不同的运行结果。因为在 srand 函数的参数中使用了 time(0)函数，此函数原型定义在 time.h 头文件中，它返回从 1970 年 1 月 1 日零时算起至当前时间为止的秒数。由于当前时间是时刻变化的，所以可以使每次运行程序时调用 srand 函数的实参值均不同，从而使系统生成每次均不同的随机数序列。

```
//程序 1-4.cpp
#include<iostream.h>    //支持输入/输出函数
#include<stdlib.h>      //支持随机数函数
#include<time.h>        //支持时间函数
void main()
{
    int i,x;
    srand(time(0));
    for(i=0; i<10; i++) {
        x=rand()%100;
        cout<<x<<"  ";
    }
    cout<<endl;
}
```

在 stdlib.h 头文件中还包含有 void* calloc(unsigned int n, unsigned int size)、void* malloc(unsigned int size)、void* realloc(void* p, unsigned int size)、void free(void* p)等函数的原型。calloc 函数用来动态分配 *n* 个连续存储位置，每个位置含有存储一个数据元素的 size 个字节，整个动态存储空间的大小为 *n*×size 个字节，用来最多存储 *n* 个数据元素。malloc 函数用来动态分配大小为 size 个字节的存储空间。realloc 函数用来动态分配大小为 size 个字节的新存储空间，并把 p 所指向的原动态存储空间的内容复制到新分配得到的动态存储空间中，同时自动释放掉 p 所指向的原动态存储空间。上述 3 个函数都返回新分配的动态存储空间的首地址，通常需要将它转换为每个存储位置所存数据的指针类型，若动态存储分配失败，则都将返回 NULL 表示失败。free 函数释放由参数 p 所指向的动态存储空间。以上 4 个函数在 C 语言或 C++语言环境中都可以使用。另外，在 C++语言中还能够使用 new 和 delete 运算符来非常方便地进行动态存储空间的分配和释放。

下面程序给出了上述函数应用的例子，其中定义指针 p 下的 3 行语句具有相同功能。

```
//程序 1-5.cpp
#include<iostream.h>
#include<stdlib.h>
```

```
void main(void)
{
    int* p;
    //p=(int*)malloc(8*sizeof(int));
    //p=(int*)calloc(8,sizeof(int));
    p=new int[8];
    for(int i=0; i<8; i++)
        p[i]=i*i;
    p=(int*)realloc(p,12*sizeof(int));
    for(i=8; i<12; i++)
        p[i]=2*i;
    for(i=0; i<12; i++)
        cout<<p[i]<<"  ";
    cout<<endl;
    free(p);
}
```

该程序的运行结果为：

```
0 1 4 9 16 25 36 49 16 18 20 22
```

3. #include<fstream.h>

fstream.h 为使用文件流类的头文件，其中定义有输入文件流类 ifstream、输出文件流类 ofstream 和输入/输出文件流类 fstream，利用它们可以为编程者定义相应的文件流对象，从而对外存上的文件进行输入/输出操作。例如：

```
ifstream input("xxk1.dat",ios::in|ios::nocreate);
ofstream output1("d:\\xxk\\xxk21.dat",ios::out);
ofstream output2("xxk22.dat",ios::app);
fstream inout("a:\\xxk3.dat",ios::in|ios::out);
```

在以上每一条语句中都定义了一个相应的文件流对象，其中的第 1 个参数给出要打开的实际文件，它为一个字符指针类型，第 2 个参数给出文件的打开方式。执行上述任一条语句后，若相应的文件被打开，则由文件流对象返回一个非 0 值，否则返回一个 0 值。当打开一个文件后，将在内存中开辟出一个相应的文件缓冲区，通过文件流对象访问缓冲区，实现对文件的读写操作。

上述第 1 条语句定义了输入文件流对象为 input，要打开的文件为当前目录下的 xxk1.dat，并由 ios::in 参数规定按输入（即由文件到内存）方式打开，此参数可以省，由 ios::nocreate 参数规定若指定文件不存在则不应去建立它，否则将建立它。打开一个用于输入的文件后，文件指针被自动指向文件内容的开始位置。

第 2 条语句定义了输出文件流对象为 output1，要打开的文件为 d 盘 xxk 子目录下的 xxk21.dat，并由 ios::out 参数规定按输出（即由内存到文件）方式打开，此参数可以缺省，若指定文件不存在，则自动在指定目录下建立文件名为 xxk21.dat 的空文件。打开一个用于输出的文件后，文件中的原有内容自动被清除掉。

第 3 条语句定义了输出文件流对象为 output2，要打开的文件为当前目录下的 xxk22.dat，并由 ios::app 参数规定按追加输出方式打开，同样若文件不存在则自动建立它。打开一个用于追加输出的文件后，文件中的原有内容保持不变，文件指针被自动移到文件的末尾。

第 4 条语句定义了输入/输出文件流对象为 inout，对应的文件为 A 盘根目录下的 xxk3.dat，并规定既可对该文件进行输入操作，也可对该文件进行输出操作。打开一个同时用于输入和输出的文件后，文件中的原有内容不变，文件指针被自动移到文件内容的开始位置。

当一个文件被打开后，可以按字符方式（又称 ASCII 码方式）或字节方式（又称二进制方式）进行访问。若向文件写入数据时采用的是字符方式，则从该文件中读出数据时也应该采用字符方式；同样，若写入数据是按字节方式进行的，则读出数据时也应按字节方式进行。数据按字符方式读出或写入，是通过使用文件流对象和提取操作符“>>”或插入操作符“<<”来实现的，就如同对标准输入/输出设备进行读写操作一样。值得注意的是：当以字符方式向文件写入数据时，数据之间必须以空格或回车换行符隔开，因为读取每一个数据时都是以这些符号作为结束标志的。

数据按字节方式写入文件时，是把内存中由指定字符指针所指向的若干个字节的内容直接写入到文件中；数据按字节方式从文件读出时，是把从文件中读出的若干个字节的内容，直接地存入到内存中由指定字符指针所指开始位置的存储区里。按字节方式读写文件比按字符方式读写文件要快，因为它不需要在读写过程中进行数据格式的转换。按字节方式读写文件若通过事先移动文件指针，还能够随机读写文件中从任何位置开始的内容，而对于按字符方式读写的文件，则一般只能进行顺序访问。利用文件流对象调用文件流类中的成员函数 read(char *, int)或 write(char *, int)，能够对文件按字节方式进行读出或写入操作，当不能够从文件中读出所规定的字节数时，read 函数返回 0 值，否则返回非 0 值，若返回 0 值，则利用文件流对象调用文件流类中的成员函数 gcount( )可得到实际读取的字节数。

下面列举一些简单的文件操作的例子。

```
//程序 1-6.cpp
#include<iostream.h>
#include<stdlib.h>
#include<fstream.h>
void main(void)
{
    ofstream f1("wr1.dat");
    if (!f1) {
        cerr<<"wr1.dat not open!";
        exit(1);
    }
    for(int i=0;i<20;i++)
        f1<<i<<" ";
    f1.close();
}
```

该程序主函数中的第 1 条语句建立输出文件流 f1，并使之与当前目录下的 wr1.dat 文件相联系，若该文件存在则打开并清空，否则在当前目录下建立它；若第 1 条语句执行时没有打开或建立 wr1.dat 文件，则第 2 条语句中的条件为真，显示出错误信息后终止程序执行；第 3 条语句把 0～19 之间的整数按字符方式顺序写入到文件流 f1 所对应的文件中，在写入每个整数之后同时写入一个空格作为分隔符；第 4 条语句关闭与 f1 相联系的文件 wr1.dat，即把相应的文件缓冲区归还给系统。

```
//程序 1-7.cpp
#include<iostream.h>
#include<stdlib.h>
#include<fstream.h>
void main(void)
{
    ifstream f1("wr1.dat",ios::in|ios::nocreate);
    if (!f1) {
        cerr<<"Files 'wr1.dat' not found!";
        exit(1);
    }
    int i;
    while(!f1.eof())
        if(f1>>i) cout<<i<<" ";
    cout<<endl;
    f1.close();
}
```

该程序主函数中的第 1 条语句建立输入文件流 f1，并使之与当前目录下的文件 wr1.dat 相联系；若该文件没有被打开，则执行第 2 条语句时将显示出错误信息并退出程序的执行；第 4 条语句是一个 while 循环，当文件指针没有指向文件的末尾时，则 f1.eof( )的值为假（即为 0 值），否则为真（即为非 0 值），若每次利用 f1>>i 表达式从文件中读出一个整数到变量 i 时，则该表达式的值为真，否则为假，该循环的作用是从 f1 流所对应的文件开头，顺序读出每一个整数到变量 i 中，并把它输出到屏幕上，直到文件指针被移到文件结尾为止（每读出一个数据后，文件指针就向后移动一个数据位置）；第 6 条语句关闭 f1 对应的 wr1.dat 文件。

```
//程序 1-8.cpp
#include<iostream.h>
#include<stdlib.h>
#include<fstream.h>
struct worker{
    int id;
    char name[20];
    float wage;
};
void main(void)
```

```
{
    fstream f1("wr2.dat",ios::in|ios::out);
    worker a[5]={{111,"xuxiaokai ",567.00},{123,"weirong   ",524.00},
        {240,"hexiaoxin ",620},{360,"yuanwei   ",445.00},
        {378,"ningchen  ",486.00}
    };
    for (int i=0; i<5; i++)
         f1.write((char*)&a[i], sizeof(worker));
    f1.seekg(0);  //把文件指针移到文件的开始位置
    worker x;
    while(!f1.eof())
        if(f1.read((char*)&x, sizeof(worker)))
           cout<<x.id<<" "<<x.name<<" "<<x.wage<<endl;
    cout<<"读出和显示文件中第 4 条记录："<<endl;
    f1.clear();  //清除 f1 流中所有状态位,即恢复为 0
    f1.seekg(3*sizeof(worker));  //使文件指针指向
           //第 3 个位置上的记录,文件开始为第 0 位置
    f1.read((char*)&x, sizeof(worker));
    cout<<x.id<<" "<<x.name<<" "<<x.wage<<endl;
    f1.close();
}
```

该程序首先把数组 a 中的 5 个记录按字节方式依次写入到输入/输出流对象 f1 所对应的文件 wr2.dat 中，接着从文件开始位置（即第 0 字节）起顺序读出每条记录并按行显示出来，最后重新读出和显示文件中的第 4 条记录。该程序运行后的显示结果如下。

```
111 xuxiaokai  567
123 weirong    524
240 hexiaoxin  620
360 yuanwei    445
378 ningchen   486
```

读出和显示文件中第 4 条记录：

```
360 yuanwei    445
```

4．#include<string.h>

string.h 为进行字符串操作的头函数，其中定义有一些字符串函数的原型。用户可以在程序中直接调用这些函数处理字符串。常用的字符串函数如下。

（1）求串长度。

```
int strlen(const char* s);
```

返回 s 指针所指字符串的长度，字符串的空结束符（'\0'）不计算在内。

（2）串复制。

```
char* strcpy(char* dest, const char* src);
```

把 src 所指字符串复制到 dest 指针所指的存储空间中，该函数返回 dest 指针。

（3）串连接。

```
char* strcat(char* dest, const char* src);
```

把 src 所指字符串复制到 dest 所指字符串后面的存储空间中，连接后 dest 所指串的长度等于 dest 串原有长度与 src 串长度之和，该函数返回 dest 指针。注意，在 dest 所指字符串的后面要有足够的存储空间用于存储待连接的字符串。

（4）串比较。

```
int strcmp(const char* s1, const char* s2);
```

把 s1 所指字符串同 s2 所指字符串比较，若 s1 串大于 s2 串则返回值大于 0（通常为 1），若 s1 串小于 s2 串则返回值小于 0（通常为–1）；若 s1 串等于 s2 串则返回值等于 0。

（5）串定位。

```
char* strchr(const char* s, int c);
```

从 s 所指字符串的开始顺序查找 ASCII 码为 c 值的字符（也可以把一个字符传递给参数 c，实际上是传递该字符的 ASCII 码），若查找成功则返回指向该字符的指针，否则返回 NULL。

（6）串右定位。

```
char* strrchr(const char* s, int c);
```

它与串定位函数功能相似，唯一区别是它从 s 串的最后顺序向前查找。

（7）查找子串。

```
char* strstr(const char* s1, const char* s2);
```

从 s1 串中开始位置起顺序查找 s2 串的第 1 次出现，若查找成功则返回 s1 串中指向该子串开始位置的指针，否则返回 NULL。

下面是使用字符串函数的实例。

```
//程序 1-9.cpp
#include<iostream.h>
#include<string.h>
void main()
{
    char a[20], *str1="hello", *str2="wang", *str3;
    strcpy(a, str1);
    strcat(a, " ");  //在 a 串最后添加一个空格字符
    strcat(a,str2);
    cout<<strlen(str1)<<" "<<strlen(a)<<endl;
    cout<<strcmp(a, str1)<<" "<<strcmp(a+6, str2)
        <<" "<<strcmp(str1,str2)<<endl;
    str3=strchr(str1, 'l');
```

```
    cout<<str3-str1<<" ";  //输出 str3 指针所对应的下标位置
    str3=strrchr(str1, 'l');
    cout<<str3-str1<<endl;
    str3=strstr(str2, "an");
    cout<<str2<<" "<<str3<<endl;
}
```

该程序运行后的显示结果如下，请读者结合程序分析其正确性。

```
5 10
1 0 -1
2 3
wang ang
```

1.4.2 数据类型

1. 简单类型

在 C++语言中，简单类型包括整数类型、字符类型、布尔类型、浮点类型、指针类型、枚举类型和 void 类型。整数类型又分为短整型(short int 或 short)、整型(int)和长整型(long int 或 long)3 种，它们分别表示不同范围内的整数。字符类型的表示范围是 ASCII 字符集和汉字区位码字符集（每一个汉字为两个 ASCII 字符，现在国际上统一使用一种编码，叫做 unicode 编码，它对所有国家的字符统一采用双字节编码）。字符类型和每一种整数类型都可以使用前缀关键字 signed 或 unsigned，使之成为相应的有符号或无符号数据类型，默认为 signed 类型。布尔类型也称为逻辑类型，它只有两个值 0 和 1，分别用符号常量 false 和 true 表示，即为逻辑值“假”和“真”。浮点类型包括 float 类型、double 类型和 long double 类型，用它们表示带小数点的数。指针类型用来表示内存中存储单元（字节）的位置（地址），它的基类型可以为任何类型，一个指针类型用一个类型标识符后缀一个星号（*）表示。枚举类型是用户自定义类型。void 为一种特殊类型，它不取任何值，通常用它定义不返回值的函数类型，若带上“*”后缀则定义指向任何类型的指针。

字符类型也可以被看作任一种整数类型，每个字符的 ASCII 码被看作其中的一个整数值。每一种类型的数据可以根据需要被强制转换为另一种类型的数据，其转换格式为：

(<类型标识符>)<表达式>

或

<类型标识符>(<表达式>)

例如，假定 x 和 y 分别为 int 和 float 型，则 int(y)的值为 int 型，其值为 y 值的整数部分，(char*)&x 的值为字符指针类型，其值为整型对象 x 的地址。

2. 结构类型

在 C++语言中，结构类型包括数组、字符串、记录和文件等。

（1）数组。

数组是数目固定的具有同一类型的数据元素的顺序组合，按照数组中每个元素的下标位置可认为数组具有线性结构，用二元组描述如下：

array = (A,R)，其中

$A = \{a[i] \mid 0\le i\le n-1，n\ge 1\}$

$R = \{<a[i],a[i+1]> \mid 0\le i\le n-2\}$

$a[i]$为数组中的下标为 i 的元素，n 为大于等于 1 的整数，用来表明数组中元素的个数，数组元素的下标从 0 到 $n-1$，数组中前后相邻位置上的两个元素为一个序偶，其前一元素 $a[i]$是后一元素 $a[i+1]$的前驱，而 $a[i+1]$是 $a[i]$的后继，第 1 个元素 a[0]无前驱元素，最后一个元素 $a[n-1]$无后继元素。

按数组下标的个数，可把数组分为一维、二维、三维等。

一维数组中的每个元素只包含有一个下标，二维数组中的每个元素包含有两个下标，第 1 个称为行下标，第 2 个称为列下标。

二维数组可看为是一维数组的推广或嵌套，即首先把它看作是按行下标顺序排列的一维数组，该数组中的每个元素又都是按列下标顺序排列的一维数组。如对于一个二维数组 $b[m][n]$，可看为一维数组 $b[m]$，所含元素依次为 $b[0],b[1],\cdots,b[m-1]$，其中每一个元素 $b[i]$（$0\le i\le m-1$）又都是一个含有 n 个元素的一维数组，所含元素依次为 $b[i][0],b[i][1],\cdots, b[i][n-1]$。

同样，三维数组包含有 3 个下标，每个元素的位置由一组 3 个下标值唯一确定。三维数组是一维数组的 3 层嵌套结构。如对于一个三维数组 $c[p][m][n]$，首先可看为是一维数组 $c[p]$，所含元素依次为 $c[0],c[1],\cdots,c[p-1]$，其中每一个元素 $c[k]$（$0\le k\le p-1$）又都是一个含有 m 个元素的一维数组，所含元素依次为 $c[k][0],c[k][1],\cdots,c[k][m-1]$，这里的每一个元素 $c[k][i]$（$0\le i\le m-1$）也都是一个含有 n 个元素的一维数组，所含元素依次为 $c[k][i][0]$，$c[k][i][1],\cdots,c[k][i][n-1]$。

数组的存储结构是顺序结构，即数组中第 $i+1$ 个元素紧接着存储在第 i 个元素的存储位置的后面。如对于一维数组 $a[n]$，则每个元素 $a[i]$的存储位置的首字节地址为：

$$\text{Address}(a[i])=\text{Loc}(a)+i*L \qquad (0\le i\le n-1)$$

其中 Loc(a)表示数组 a 的存储空间的首地址，L 表示数组 a 中元素类型的大小，即每个元素所占用的字节数，可用 sizeof(a[i])计算。由上述公式可知：元素 a[0]的存储地址为 Loc(a)，它就是整个数组的开始地址，a[1]的存储地址为 Loc(a)+1∗L，a[2]的存储地址为 Loc(a)+2∗L,⋯,$a[n-1]$的存储地址为 $\text{Loc}(a)+(n-1)*L$。

对于一个二维数组 $b[m][n]$，每一行元素 $b[i]$的存储位置（即存储该行 n 个元素的首字节地址）为：

$$\text{Address}(b[i])=\text{Loc}(b)+i*RS \qquad (0\le i\le m-1)$$

其中 Loc(b)表示二维数组 b 的存储空间的首地址，RS 表示顺序存储一行 n 个元素所占用存储空间的大小，它等于每个元素所占用的字节数 L 与一行上元素的个数 n 的乘积。因此上述计算公式可改写为：

$$\text{Address}(b[i])=\text{Loc}(b)+i*n*L \qquad (0\le i\le m-1)$$

对于二维数组 b 中的第 i 行（即下标为 i 的行），其中下标为 j 的元素 $b[i][j]$的存储位置为：

$$\text{Address}(b[i][j])=\text{Loc}(b)+i*n*L+j*L \qquad (0\le i\le m-1,0\le j\le n-1)$$

对于三维或更高维数组，其每个元素的存储位置（即首字节地址）也容易计算出来。如对于三维数组 c[p][m][n]，其相应的一维数组元素、二维数组元素和三维数组元素的存储位置的计算公式分别如下：

Address(c[k])=Loc(c)+k*m*n*L （$0\le k\le p-1$）

Address(c[k][i])=Loc(c)+k*m*n*L+i*n*L （$0\le k\le p-1, 0\le i\le m-1$）

Address(c[k][i][j])=Loc(c)+k*m*n*L+i*n*L+j*L （$0\le k\le p-1, 0\le i\le m-1, 0\le j\le n-1$）

上面对多维数组的存储空间的分配是按照行序为主进行的，即第 i 行元素所占用的存储空间的后面紧接着保存第 i+1 行的元素。C、C++、BASIC、PASCAL、Java 等大多数计算机语言对数组的存储空间分配都是按此方法进行的。但也有的计算机语言，如 FORTRAN 语言是采用列序为主进行的，即第 i 列元素所占用的存储空间的后面紧接着保存第 i+1 列的元素。如对于一个二维数组 a[m][n]，若采用列序为主分配存储空间，则元素 a[i][j]的存储位置为：

Address(a[i][j])=Loc(a)+j*m*L+i*L （$0\le i\le m-1, 0\le j\le n-1$）

对于以列序为主进行存储空间分配的三维数组，有兴趣的读者可进行类似的分析。

（2）字符串。

字符串类型是一种特殊的一维字符数组类型，该类型中的每一个值，从下标 0 位置保存的字符起到下标 i 位置（$0\le i\le n-1$，n 为一维下标上界）保存的 ASCII 码为 0 的空字符'\0'止，连续 i 个字符（不含'\0'字符在内）称为一个字符串。

一个字符串常量是用双引号括起来的一串字符，当把它作为初值赋给一个字符数组时，是把该常量中的每个字符依次写入到字符数组中从下标 0 开始的对应位置上，并在最后写入一个'\0'字符作为字符串的结束标志。若一个字符串的长度为 len，则它占据字符数组中 0～len 位置，其中每个位置为一个字节，用来保存一个字符，0～len–1 位置保存字符串本身的字符，len 位置保存空字符'\0'。

在字符数组定义时，允许把一个字符串常量作为初值赋给字符数组，而在其他地方，要把一个字符串常量或一个字符数组中保存的字符串赋给一个字符数组时，则必须使用串复制函数 strcpy。保存字符串的字符数组的数组名是一个字符指针常量，它不能作为左值使用，但在其他地方可以像字符指针变量一样使用。如当出现在输出语句时，不是输出数组名指针的值，而是输出以数组名指针为开始地址的、在字符数组中保存的一个字符串；当使用在输入语句时，不是把输入的一个字符串常量的存储地址赋给数组名指针，而是把该字符串保存到字符数组中，并在其后保存一个'\0'字符。

注意：在键盘上输入的一个字符串常量，两边不要使用双引号作为起止符，它自动以非空格和非回车符作为字符串的第 1 个字符，以空格或回车符作为结束符，即其前一个字符是字符串的最后一个字符。

对字符串的运算操作主要有求串的长度、把一个串复制到另一个字符指针所指的字符数组空间中、比较两个串的大小、串输入和输出等。

注意：当把一个字符串赋值或复制到另一个字符串时，目的字符串的存储空间要大于等于源字符串的长度加 1。

利用一维数组能够保存一个字符串，若要依次保存多个字符串，则需要定义一个二维数组，其中每一行对应的一维字符数组空间用来保存一个字符串。程序清单如下。

```
//程序 1-10.cpp
#include<iostream.h>
#include<string.h>
void main()
{
    char a[4][20]={"Beijing","Shanghai","Tianjin","Guangzhou"};
    char p[20];
    for(int i=0;i<4;i++)
      cout<<&a[i][0]<<endl;
    strcpy(p,&a[0][0]);
    for(i=1;i<4;i++)
        if(strcmp(p,&a[i][0])<0)
            strcpy(p,&a[i][0]);
    cout<<endl<<p<<endl;
}
```

在该程序的主函数中，第 1 条语句定义了一个二维数组 a[4][20]，该数组的行下标范围为 0～3，列下标范围为 0～19，每一行元素 a[*i*]（$0 \le i \le 3$）能够存储一个字符串，其字符串的最大长度应小于等于 19，该语句同时对数组 a 进行初始化。第 2 条语句定义了一个一维字符数组 p[20]。第 3 条语句显示出数组 a 中保存的每个字符串，其中&a[i][0]可以改写为 a[i]。第 4 和第 5 条语句通过顺序比较查找出数组 a 中其值最大的字符串，字符数组 p 用做在比较过程中保存当前最大值的字符串，其初值为数组 a 中第 1 个字符串 a[0]（即&a[0][0]）。最后一条语句显示出已经在 p 中保存的最大值。该程序的运行结果如下。

```
Beijing
Shanghai
Tianjin
Guangzhou

Tianjin
```

（3）记录。

记录类型是多个不同数据类型（当然也可以相同）的组合体。记录类型中的每一个值（即具体记录）是记录类型中的一个实例，它由多个不同类型的具体数据所组成。一个记录中的所有数据成员逻辑上是集合结构，即成员之间没有任何次序，但物理存储上是顺序结构，它是按照记录类型定义中各成员定义的顺序存储的。一个记录所占用存储空间的大小等于各成员所占用存储空间的大小之和，此值可以通过 sizeof 运算符计算。

在 C/C++语言中，记录被称为结构，通过使用 struct 关键字定义用户需要的记录（结构）类型。在 struct 关键字后要给出一个标识符作为记录类型名，在其后的大括号中要给出所含的每一个数据类型及其数据域名。访问记录中的某个数据域是通过成员选择操作符(.)或（->）来实现的，前者称为直接成员选择符，后者称为间接成员选择符。直接成员选择符左面的操作数应为一个记录类型的对象（记录变量），而间接成员选择符左面的操作数应为一个指向记录类型对象的指针，它们右面的操作数均应为记录中的一个要访问的域名。通过“.”或“->”操作符能够读取记录中的任一个域的值，或者向记录中的任一个域写入数据。

在定义一个记录类型的对象时，可以同时对它进行初始化，用于初始化的记录值要用大括号括起来，各个域值按记录中对应类型定义的顺序给出，其前后域值之间要用逗号分开，若域值是一个字符串，则必须用双引号括起来，若是一个字符则必须用单引号括起来，若是一个数组或另一个记录则必须用大括号括起来。记录类型的对象还可以同简单类型的对象那样，允许使用赋值号把一个对象赋给另一个同一类型的对象。

下面定义了一个学生记录类型（student），它包含有4个域，分别为学号（num）、姓名（name）、性别（sex）和用于保存学生5门课程成绩及平均成绩的数组（result）。

```
struct student{
    char num[8];            //每个学号不能超过7个字符
    char name[10];          //姓名不能超过9个字符
    char sex;               //假定用字符m和f分别表示男性和女性
    double result[6];       //前5个元素保存5门课成绩,最后一个保存平均成绩
};
```

为了使用上述类型，下面给出了3条语句：第1条语句定义了一个student对象s1并赋予初值，第2条语句计算出s1记录中5门课程的平均成绩，第3条语句显示出s1的学号、姓名、性别和平均成绩。其显示结果为：980413 左明华 m 77.6。

```
student s1={"980413","左明华",'m',{76,83,64,90,75,0}};
for(int i=0;i<5;i++)
    s1.result[5]+=s1.result[i]/5;
cout<<s1.num<<" "<<s1.name<<" "<<s1.sex<<" "<<s1.result[5]<<endl;
```

下面的程序定义了一个记录类型person，其大小为24个字节，它带有指向自身类型的指针next，另外两个域为字符串域name和整数域age。通过next域可以把该类型的结点（对象）链接起来，形成一个单链表。该程序把r1、r2和r3这3个结点依次链接起来，并使p指向这个单链表的头结点r1。程序最后通过while循环依次按左对齐显示出每个结点的name域和age域的值，其显示宽度分别为15和5。

```
//程序1-11.cpp
#include<iostream.h>
#include<iomanip.h>     //该头文件包含iostream.h的全部内容,并包含
    //更多的输入/输出格式控制功能,使用此条命令时可省略其上一条命令
struct person{
    char name[15];
    int age;
    person* next;
};
void main()
{
```

```
    person r1={"shiliang",38}, r2={"zhangtongwen",34},
        r3={"panweidong",42};
    person* p;
    r1.next=&r2; r2.next=&r3; r3.next=NULL;
    p=&r1;
    cout.setf(ios::left);    //使显示数据在规定范围内左对齐,
                             //若把 left 改为 right 则为右对齐,默认设置为右对齐
    while(p!=NULL){
        cout<<setw(15)<<p->name<<setw(5)<<p->age<<endl;
        p=p->next;
    };
}
```

该程序运行后的显示结果如下：

```
shiliang       38
zhangtongwen   34
panweidong     42
```

（4）文件。

文件是按位置有序的数据集合。如一篇文章，可看做按位置有序的字符集合；一个统计表，可看做按行位置有序的记录集合；一个二维数值矩阵，可看做先按行位置有序、对于同一行再按列位置有序的数值集合；一个具有树结构的图表，可看做先按从上到下的层次有序、在同一层次上再按从左到右的位置有序的数据（结点）集合。它们均可看做相应文件。单从文件中数据的先后排列位置考虑，可以认为它具有线性结构。

在计算机中文件被存储在外存上，其存储结构由操作系统自动实现。在 C++语言中，用户使用文件是通过定义与之相对应的文件流对象来实现的。通过输入文件流对象使文件中的数据按照其位置从前到后的次序依次流入到内存文件缓冲区中，从而被读取到指定的内存变量中；通过输出文件流对象，使输出到文件中的数据首先写入到文件缓冲区中，然后操作系统再把文件缓冲区中的内容写入到外存上相应文件的末尾。当然，对于字节文件，可以从任何指定位置读出信息，也可以把信息写入到任何指定位置开始的存储空间中。

对于一个字符文件，通过输入文件流类或输入/输出文件流类的对象打开后，主要采用以下 4 种操作方法从文件中读取数据。

① 流类对象>>变量。

② 流类对象.get（字符变量）。

③ 流类对象.get( )。

④ 流类对象.getline（字符指针变量，整数量）。

第 1 种操作方法从流类对象所对应的文件中顺序读出一个数据（数据以空格或换行符隔开）到指定的内存变量中。第 2 种操作方法从流类对象所对应的文件中顺序读出一个字符到内存字符变量中。第 3 种操作方法同第 2 种类似，区别仅在于把读到的一个字符作为函数值返回。第 4 种操作方法从流类对象所对应的文件中顺序读出一行字符（以换行符或文件结束符作为行结束符，或者读到给定的第 2 个参数“整数量”的值减 1 个字符也作为

一行结束），并把它保存到以第 1 个参数给定的字符指针变量所指定的内存空间中，该内存空间最多只允许存储长度等于给定整数量值减 1 的一个字符串，并且其后自动存储一个字符串结束符'\0'，通常所给的整数量的大小为字符指针变量所指定的存储空间的大小。当然这里的各种指定的变量可以为单独定义的变量或数组，也可以为数组中的元素或记录中的域。

上述第 1、2、4 种操作方法（或称函数调用、操作表达式等）都返回相应的流类对象的值，当读取成功时，其返回值为非 0，读取失败（即遇到文件结束符，系统用符号常量 EOF 表示，其值为–1）时，其返回值为 0。另外，其流类对象可以是文件流对象，也可以是标准输入流对象 cin。若是 cin，则表示从键盘输入数据，而不是从外存文件中输入数据。

对于一个字符文件，通过输出文件流类或输入/输出文件流类的对象打开后，主要采用以下两种操作方法向文件中写入数据。

① 流类对象<<数据。

② 流类对象.put（字符量）。

第 1 种操作方法向流类对象所对应的文件中顺序写入一个数据（常量、变量或表达式），每写入一个数据后，都要写入一个空格或换行符作为数据之间的分隔符。第 2 种操作方法向流类对象所对应的文件中顺序写入一个字符量。同样，其流类对象可以是文件流对象，也可以是标准输出流对象 cout。若是 cout，则将把数据输出到显示器屏幕上。

对于一个字节文件，通过输入文件流类、输出文件流类或输入/输出文件流类的对象打开后，主要采用以下两种操作方法从当前文件指针所指位置起读出或写入一定字节数的信息。

① 流类对象.read（字符指针，读出字节数）。

② 流类对象.write（字符指针，写入字节数）。

第 1 种操作方法是从流类对象所对应的文件中当前文件指针所指的字节位置起顺序读出一定字节数的内容送入到由字符指针所指定的内存空间中，若读取成功则返回非 0 值，否则返回 0 值。第 2 种操作方法是向流类对象所对应的文件中当前文件指针所指的字节位置起顺序写入由内存字符指针所指向的一定字节数的内容。

从文件中读出或向文件中写入一个数据、一个字符或一定字节数的内容后，文件指针将自动后移一个数据、一个字符或一定字节数的位置。若需要随机地读写文件中从任何字节位置（文件中的字节从 0 开始编号）开始的信息，则首先必须使文件指针移动到那里。用于移动文件指针的函数如下。

① 流类对象.seekg（pos, origin）。

② 流类对象.seekp（pos, origin）。

第 1 种函数用于移动输入文件或输入/输出文件中的文件指针，第 2 种函数用于移动输出文件中的文件指针。参数 origin 给出移动文件指针的参考位置，它为下列 3 种情况之一：ios::beg、ios::cur 和 ios::end，它们表示的参考位置分别为文件开始（即第 0 字节位置）、文件指针当前位置和文件结尾（即最后一个字节后的位置）。参数 origin 可以省略，默认为文件开始位置。参数 pos 为一个整数，当为正时表示从参考位置起向右（即向后）移动的字节数，当为负时表示从参考位置起向左（即向前）移动的字节数。使用下面两个函数可以分别从输入或输出文件中返回文件指针的当前位置。

① 流类对象.tellg( )。

② 流类对象.tellp( )。

程序 1-12 是把从键盘上输入的文本原封不动地写入到 A 盘上 wr1.dat 文件中。当按 Ctrl+Z 键时表示输入的是文件结束符 EOF，文本输入到此结束。

```
//程序 1-12.cpp
#include<iostream.h>
#include<stdlib.h>
#include<fstream.h>
void main()
{
    char ch;
    ofstream of1("a:wr1.dat");
    ch=cin.get();
    while (ch!=EOF){
        of1.put(ch);
        ch=cin.get();
    }
    of1.close();
}
```

将上面程序中的第 9 行赋值语句和第 10 至 13 行的 while 循环语句改写为下面一行语句也是正确的。

```
while (cin.get(ch))  of1.put(ch);
```

程序 1-13 以输入方式打开刚刚在 A 盘上建立的 wr1.dat 文件，把文件中的全部内容输出到屏幕，统计出文件中所含文本的行数，最后显示出文件长度（即所含字符数，向文件写入一个换行符时，实际上是同时写入回车和换行两个控制字符）和行数。

```
//程序 1-13.cpp
#include<iostream.h>
#include<stdlib.h>
#include<fstream.h>
void main()
{
    ifstream if1("a:wr1.dat",ios::nocreate);
    if (!if1){
        cout<<"file not open!";
        exit(1);
    }
    char ch;
    int i=0;
    if1.get(ch);
    while(ch!=EOF){
        cout<<ch;
```

```
        if (ch=='\n') i=i+1;
        if1.get(ch);
    }
    cout<<endl<<if1.tellg()<<endl;
    if1.close();
    cout<<i+1<<endl;  //加 1 表示文件结束符所在的行
}
```

在程序中，表达式 if1.get(ch)可替换为 ch=if1.get( )，表达式 ch!=EOF 可替换为!if1.eof( )。

1.4.3 函数

在 C/C++语言中，一个程序由若干个功能相对独立的函数模块所组成，其中必有一个定名为 main 的主函数模块，程序执行时将自动从主函数模块开始，其余为一般函数模块。主函数模块可以调用其他函数模块，其他函数模块之间也可以相互调用。允许一个函数（除主函数外）直接或间接地调用自身，这种情况称为直接或间接递归调用。

一个函数可以不返回任何值，此时函数类型被定义为 void，对这种函数的调用只能作为函数语句使用。一个函数也可以返回一个简单或记录类型的值，此时函数类型被定义为一种简单类型（如 int、int*、char、char* 等）或记录类型（如 student、person 等），对这种函数的调用不能作为左值使用，只能作为右值使用。一个函数还可以返回一个简单类型或记录类型的引用，此时函数类型被定义为一种类型后缀引用说明符&（如 int&、student&等），对这种函数的调用既可以作为左值使用，也可以作为右值使用。

程序 1-14 包含有一个主函数和 3 个重载的 find 函数，为了使它们在具有相同参数个数和类型的情况下重载，改变了参数之间的次序，使其各不相同。这 3 个 find 重载函数都是从数组 b[n]中顺序查找出 pnum 域的值为 k（即 k 所指向的字符串）的元素，但返回值各不相同。int 型的 find 函数返回其元素的下标，若查找失败则返回 n 值；pupil*型的 find 函数返回其元素的指针（即存储地址），若查找失败则返回空值 NULL；pupil&型的 find 函数返回其元素的引用，这样可对被返回的变量赋值，若查找失败则显示错误信息后结束运行。

在主函数中，首先定义数组 a[PN]，并为其赋初值，每个元素值为 pupil 类型的学生记录，包括学号和分数，如第 1 个学生的学号为 010203，分数为 78；接着按行显示出数组 a 中每个元素的值；再接着定义一个待修改的学生记录 x，其学号为 020101，其分数修改值为 98；然后根据从键盘上输入的数字 1、2 和 3 决定调用哪一个 find 函数查找与 x 记录的学号相同的元素，从而对该元素进行修改；主函数最后又显示出数组 a 中每个元素的值，从显示结果可以看到，a[2]元素被修改了。

```
//程序 1-14.cpp
#include<iostream.h>
#include<string.h>
#include<stdlib.h>
const int PN=5;
struct pupil{char pnum[8]; int grade;};       //定义 pupil 记录类型
int find(pupil b[], int n, char* k);          //此 3 行为函数原型
```

```
pupil* find(int n, pupil b[], char* k);
pupil& find(char* k, pupil b[], int n);
void main()
{
    pupil a[PN]={{"010203",78},{"010204",92},{"020101",85},
            {"020301",63},{"040502",87}};
    int i;
    for(i=0;i<PN;i++)
        cout<<a[i].pnum<<"  "<<a[i].grade<<endl;
    pupil x={"020101",98};
    cout<<"请输入你的选择(1,2,3)?";
    cin>>i;
    switch (i){
        case 1:
            i=find(a,PN,x.pnum);
            if (i<PN) a[i]=x;
            else cout<<x.pnum<<" not found!"<<endl;
            break;
        case 2:
            pupil* p;
            p=find(PN,a,x.pnum);
            if(p!=NULL) *p=x;
            else cout<<x.pnum<<" not found!"<<endl;
            break;
        case 3:
            find(x.pnum,a,PN)=x;
    }
    for(i=0;i<PN;i++)
        cout<<a[i].pnum<<"  "<<a[i].grade<<endl;
}

int find(pupil b[], int n, char* k)
{
    for(int i=0;i<n;i++)
        if(strcmp(b[i].pnum,k)==0) return i;
    return i;
}

pupil* find(int n, pupil b[], char* k)
{
    for(int i=0;i<n;i++)
        if(strcmp(b[i].pnum,k)==0) return &b[i];
    return NULL;
}
```

```
pupil& find(char* k, pupil b[], int n)
{
    for(int i=0;i<n;i++)
        if(strcmp(b[i].pnum,k)==0) return b[i];
    cerr<<k<<" not found!"<<endl;
    exit(1);
}
```

该程序运行结果如下。

```
010203  78
010204  92
020101  85
020301  63
040502  87
请输入你的选择(1,2,3)?1
010203  78
010204  92
020101  98
020301  63
040502  87
```

一个C++语言函数可以不带任何参数，此时函数名后的圆括号内为空，或使用void关键字表示；也可以带有一个或多个参数，它们被依次列到函数名后的圆括号内。函数中所带的每一个形式参数可分为值参数和引用参数两种方式，当在说明一个形参的类型说明符后带有引用说明符“&”时，则该形参被说明为引用参数，不带有引用说明符“&”时则被说明为值参数。对于函数中的值参数，它可以被说明为任何一种类型、包括任一种简单类型、任一种结构类型，还可以为一种函数类型，而对于引用参数，则可以被说明为除了数组类型和函数类型之外的任何类型。

函数中的值参数从调用该函数的实际参数中得到相应的值，值参数具有自己的存储空间，其内容的改变不会影响到对应的实际参数；引用参数从调用该函数的实际变量参数中得到其存储位置，这样引用参数和实际变量参数具有同一存储位置用于存储其内容，在函数执行过程中对引用参数的读写操作实际上就是对相应实参变量的读写操作，所以说对引用参数的改变将反映给对应的实参变量。

注意：当值参数为一个指针变量时，虽然对指针变量的值的改变不会影响对应的实参变量，但对指针变量所指存储位置中的内容的修改将影响到实参变量所指存储位置中的内容，因为形参指针变量和实参指针变量所指向的存储位置相同。例如，对于数组就是采用按值传送的，即传送实参的数组名的值（它是数组存储空间的首地址）给形参的数组名，这样对形参数组中元素的访问就是对实参数组中对应元素的访问。

程序1-15中的主函数依次调用了3个函数，其中fun1函数中的参数均为int型值参数，fun2函数中的参数均为int型引用参数，fun3函数中的参数均为int指针型值参数。根据程序和运行结果进行分析，从中体会参数的不同传送方式的作用。

```
//程序 1-15
#include<iostream.h>
#include<iomanip.h>
void fun1(int a, int b);
void fun2(int& a, int& b);
void fun3(int* p1, int* p2);
void main()
{
    int x=5,y=10;
    cout<<"按值传送情况:"<<endl;
    cout<<"main: "<<setw(10)<<"x="<<setw(3)<<x
        <<setw(10)<<"y="<<setw(3)<<y<<endl;
    fun1(x,y);
    cout<<"main: "<<setw(10)<<"x="<<setw(3)<<x
        <<setw(10)<<"y="<<setw(3)<<y<<endl;
    cout<<endl;
    cout<<"引用传送情况:"<<endl;
    cout<<"main: "<<setw(10)<<"x="<<setw(3)<<x
        <<setw(10)<<"y="<<setw(3)<<y<<endl;
    fun2(x,y);
    cout<<"main: "<<setw(10)<<"x="<<setw(3)<<x
        <<setw(10)<<"y="<<setw(3)<<y<<endl;
    cout<<endl;
    cout<<"按值传送指针的情况:"<<endl;
    cout<<"main: "<<setw(10)<<"x="<<setw(3)<<x
        <<setw(10)<<"y="<<setw(3)<<y<<endl;
    fun3(&x,&y);
    cout<<"main: "<<setw(10)<<"x="<<setw(3)<<x
        <<setw(10)<<"y="<<setw(3)<<y<<endl;
}

void fun1(int a, int b)
{
    a=a+b;
    b=2*a+3*b;
    cout<<"fun1: "<<setw(10)<<"a="<<setw(3)<<a
        <<setw(10)<<"b="<<setw(3)<<b<<endl;
}

void fun2(int& a, int& b)
{
    a=a+b;
    b=2*a+3*b;
    cout<<"fun2: "<<setw(10)<<"a="<<setw(3)<<a
       <<setw(10)<<"b="<<setw(3)<<b<<endl;
```

```
}

void fun3(int* p1, int* p2)
{
    *p1+=*p2;
    *p2-=1;
    cout<<"fun3: "<<setw(10)<<"*P1="<<setw(3)<<*p1
        <<setw(10)<<"*p2="<<setw(3)<<*p2<<endl;
}
```

该程序运行结果如下。

```
按值传送情况:
main:        x=5         y=10
fun1:        a=15        b=60
main:        x=5         y=10

引用传送情况:
main:        x=5         y=10
fun2:        a=15        b=60
main:        x=15        y=60

按值传送指针的情况:
main:        x=15        y=60
fun3:      *P1=75      *p2=59
main:        x=75        y=59
```

在程序 1-16 的 swap 函数中，使用了函数参数，该函数的函数名为 p，不返回值，并带有两个整型值参。当调用 swap 函数时，其实参表中与函数形参对应的应是一个实际的函数名，并且该函数的原型应当与形参函数说明完全相同。在该程序的主函数中调用了 swap 函数，其实参函数名 print 的值（即为该函数代码区的首址）将被传送给对应的形参函数名 p，这样在 swap 函数执行中对 p 函数的调用实际上就是对 print 函数的调用，因为执行的是 print 函数的代码。

```
//程序 1-16
#include<iostream.h>
void swap(int& x, int& y, void p(int,int));
void print(int a, int b);
void main()
{
    int x=5,y=10;
    swap(x,y,print);
    print(x,y);
}
void swap(int& x, int& y, void p(int,int)){
    int temp;
```

```
    p(x,y);
    temp=x; x=y; y=temp;
    p(x,y);
}
void print(int a, int b)
{
    cout<<a<<"  "<<b<<endl;
}
```

该程序的运行结果如下。

```
5  10
10  5
10  5
```

1.4.4 运算符重载

在C++语言中，为满足应用的需要，允许对大多数运算符进行重载。经常需要使用的是在自定义的记录类型上对关系运算符进行重载，使得记录同记录之间、记录同其中一个域类型的数据之间也能够进行比较。假定一种记录类型为：

```
struct pupil{ char pnum[8]; int grade;};
```

下面是对具有pupil类型的两个记录进行相等运算符（==）重载的函数，通过比较两个记录中的pnum域的值是否相等来判断这两个记录是否相等，若相等则返回true，否则返回false。

```
bool operator==(pupil r1, pupil r2){
    if (strcmp(r1.pnum, r2.pnum)==0) return true;
    else return false;
}
```

下面是对具有pupil类型的一个记录和一个字符串进行相等运算符(==)重载的函数，若记录中的pnum域的值等于一个给定的字符串，则认为它们相等，应返回true，否则认为它们不等，应返回false。

```
bool operator==(pupil r, char * key){
    if (strcmp(r.pnum, key)==0) return true;
    else return false;
}
```

对于pupil类型的两个记录，若要由grade域的大小来决定这两个记录的大小，则进行大于运算符（>）重载的函数如下。

```
int operator>(pupil r1, pupil r2){
    return r1.grade>r2.grade;
}
```

当r1记录的grade域的值大于r2记录的grade域的值时则返回1，表示r1>r2，否则返回0，表示r1<=r2。

在上面进行的大于运算符重载中，若一个参数为记录，另一个参数为整型数时，则重载函数如下：

```
int operator>(pupil r, int key){
    return r.grade>key;
}
```

在一个程序中使用以上运算符重载函数后，下面的各表达式都是合法的，其中假定ra和rb为pupil类型的对象，key为char*或int类型的对象。

```
ra= =rb;     //若ra和rb的pnum域相等则返回真（1），否则返回假（0）
ra= =key;    //若ra的pnum域等于key则返回真，否则返回假
ra>rb;      //若ra的grade域值大于rb的grade域值则返1，否返0
ra>key;     //若ra的grade域值大于key值则返回1，否则返回0
```

程序1-17是从pupil类型的数组a[5]中分别查找出学号为020301的记录和分数为最大的记录。

```
//程序1-17.cpp
#include<iostream.h>
#include<string.h>
struct pupil{char pnum[8]; int grade;};
bool operator= =(pupil r1, pupil r2){
    if (strcmp(r1.pnum, r2.pnum)= =0) return true;
    else return false;
}

bool operator==(pupil r, char* key){
    if (strcmp(r.pnum, key)= =0) return true;
    else return false;
}

int operator>(pupil r1, pupil r2){
    return r1.grade>r2.grade;
}

int operator>(pupil r, int key){
    return r.grade>key;
}

void main()
{
    pupil a[5]={{"010203",78},{"010204",92},{"020101",85},
            {"020301",63},{"040502",87}};
```

```
    int i;
    cout<<"查找出学号为020301的学生记录:"<<endl;
    char* p="020301";
    for(i=0; i<5; i++)
       if(a[i]==p) break;
    if(i<5) cout<<a[i].pnum<<"  "<<a[i].grade<<endl;
    else cout<<p<<" 对应的记录没找到!"<<endl;
    cout<<"求出分数最高的学生记录:"<<endl;
    pupil b=a[0];
    for(i=1; i<5; i++)
       if(a[i]>b)b=a[i];
    cout<<b.pnum<<"  "<<b.grade<<endl;
}
```

该程序运行后的打印结果为：

```
查找出学号为020301的学生记录:
020301 63
求出分数最高的学生记录:
010204  92
```

习　题　1

【习题1-1】 根据二元组表示分析其数据结构。

下列几种用二元组表示的数据结构，试画出它们分别对应的图形表示（当出现多个关系时，对每个关系画出相应的结构图），并指出它们分别属于何种结构。

1．*A*=(*K*, *R*)，其中

　　K={a_1, a_2, a_3, Λ, a_n}

　　R={}

2．*B*=(*K*, *R*)，其中

　　K={a, b, c, d, e, f, g, h}

　　R={r}

　　r ={<a, b>,<b, c>,<c, d>,<d, e>,<e, f>,<f, g>,<g, h>}

3．*C*=(*K*, *R*)，其中

　　K={a, b, c, d, e, f, g, h}

　　R={<d, b>,<d, g>,<b,a>,<b,c>,<g,e>,<g,h>,<e,f>}

4．*D*=(*K*, *R*)，其中

　　K={1,2,3,4,5,6}

　　R={(1,2),(2,3),(2,4),(3,4),(3,5),(3,6),(4,5),(4,6)}

5．*E*=(*K*, *R*)，其中

　　K={48,25,64,57,82,36,75,43}

　　R={r1,r2,r3}

　　*r*1={<48,25>,<25,64>,<64,57>,<57,82>,<82,36>,<36,75>,<75,43>}

　　*r*2={<48,25>,<48,64>,<64,57>,<64,82>,<25,36>,<82,75>,<36,43>}

　　*r*3={<25,36>,<36,43>,<43,48>,<48,57>,<57,64>,<64,75>,<75,82>}

【习题 1-2】 按要求设计抽象数据类型。

设计二次多项式 ax^2+bx+c 的一种抽象数据类型为 QUAdratic，该类型的数据部分为 3 个系数项 a、b 和 c，操作部分如下。

1．初始化数据成员 a, b 和 c（假定用记录类型 Quadratic 定义数据成员），每个数据成员的默认值为 0。

```
void InitQuadratic(Quadratic& q, float aa=0, float bb=0, float cc=0);
```

2．做两个多项式加法，即使对应的系数相加，返回相加结果。

```
Quadratic Add(Quadratic& q1, Quadratic& q2);
```

3．根据给定 x 的值，计算多项式的值并返回。

```
float Eval(Quadratic& q, float x);
```

4．计算方程 $ax^2+bx+c=0$ 的两个实数根并引用返回，对于有实根、无实根和不是二次方程（即 $a==0$）这 3 种情况都要返回不同的整数值，以便调用函数做不同的处理。

```
int Root(Quadratic& q, float& r1, float& r2);
```

5．按照 $ax**2+bx+c$ 的格式（x^2 用 $x**2$ 表示）输出二次多项式，在输出时要注意去掉系数为 0 的项，并且当 b 和 c 的值为负时，其前不能出现加号。

```
void Print(Quadratic& q);
```

请写出上面每一个操作的具体实现。作为选择，有兴趣的读者还可以给出该抽象数据类型所对应的 C++语言的描述。

【习题 1-3】 用 C++函数描述算法并求出其时间复杂度。

1．比较同一简单类型的两个数据 x_1 和 x_2 的大小，对于 $x_1>x_2$、$x_1==x_2$ 和 $x_1<x_2$ 这 3 种不同情况应分别返回“>”、“=”和“<”字符。假定简单类型用 SimpleType 表示，它可通过 typedef 语句定义为任一简单类型。

2．将一个字符串中的所有字符按相反的次序重新放置。

3．求一维 double 型数组 a[n]中的所有元素之乘积。

4．计算 $\sum_{i=0}^{n}\frac{x^i}{i+1}$ 的值。

5．假定一维整型数组 a[n]中的每个元素值均在［0,200］区间内，分别统计出落在［0,20），［20,50），［50,80］，［80,130］，［130,200］等各区间内的元素个数。

6．从二维整型数组 a[m][n]中查找出最大元素所在的行、列下标。

【习题 1-4】 指出下列各算法的功能并求出其时间复杂度。

```
1. int Prime(int n)
   {
      int i=2;
      int x=(int)sqrt(n);
      while(i<=x){
         if(n%i==0) break;
         i++;
      }
      if(i>x) return 1;
      else return 0;
   }
```

2.
```
int sum1(int n)
{
    int p=1, s=0;
    for(int i=1; i<=n; i++){
        p*=i;
        s+=p;
    }
    return s;
}
```

3.
```
int sum2(int n)
{
    int s=0;
    for(int i=1; i<=n; i++){
        int p=1;
        for(int j=1; j<=i; j++) p*=j;
        s+=p;
    }
    return s;
}
```

4.
```
int fun(int n)
{
    int i=1,s=1;
    while(s<n) s+=++i;
    return i;
}
```

5.
```
void UseFile(ifstream& inp, int c[10])
        //假定 inp 所对应的文件中保存有 n 个整数
{
    for(int i=0; i<10; i++) c[i]=0;
    int x;
    while(inp>>x){
        i=x%10;
        c[i]++;
    }
}
```

6.
```
void mtable(int n)
{
    for(int i=1; i<=n; i++){
        for(int j=i; j<=n; j++)
            cout<<i<<"*"<<j<<"="<<setw(2)<<i*j<<" ";
        cout<<endl;
    }
}
```

```
7. void cmatrix(int a[M][N], int d)    //M和N为全局整型常量
   {
      for(int i=0; i<M; i++)
          for(int j=0; j<N; j++)
               a[i][j]*=d;
   }

8. void matrimult(int a[M][N], int b[N][L], int c[M][L])
           //M、N和L均为全局整型常量
   {
      int i,j,k;
      for(i=0;i<M;i++)
          for(j=0;j<L;j++)
             c[i][j]=0;
      for(i=0;i<M;i++)
           for(j=0;j<L;j++)
                for(k=0;k<N;k++)
                     c[i][j]+=a[i][k]*b[k][j];
   }
```

*【习题 1-5】 设计集合的一种抽象数据类型。

集合是由若干个同一类型元素组成的、元素之间不存在任何关系的一种数据结构。通常，一个集合用一对大括号括起来，元素之间用逗号分隔。一个集合中的元素来自于一个数据集，并且不允许出现重复的元素。如对于 1～n 之间的整数集，它共包含有 2^n 个不同的集合，其中{}表示空集，$\{1,2,\cdots,n\}$表示全集。假定一个整数集为 1~3，则在它之上可以构成的 8（2^3）个集合为：

{}, {1}, {2}, {3}, {1,2}, {1,3}, {2,3}, {1,2,3}

在 C++语言中，可用一个整型数组来表示一个集合，若一个数组元素的值为 0，则表示相应元素不在集合中，若为 1 则表示相应元素存在于集合中。如对于整数集 1～6 之上的一个集合{1,4,5}，则用整型数组 a[7]表示（a[0]元素未用）为：

0	1	2	3	4	5	6
	1	0	0	1	1	0

对于集合运算通常有并（∪）、交（∩）和属于（∈）等。两个集合并的结果仍为一个集合，它包含有两个集合中的所有元素，当然不允许出现重复。两个集合交的结果也仍为一个集合，其中的每一个元素同时属于两个集合。属于运算是判断一个元素是否存在于一个集合之中，若存在则返回真（true），否则返回假（false）。若 $x=\{1,4,5\}$，$y=\{2,4\}$，则 $x\cup y=\{1,2,4,5\}$，$x\cap y=\{4\}$，$1\in x$ 为真，$2\in x$ 为假。

假定在 1～SETSIZE 整数集（SETSIZE 为一个整型全局常量）上建立集合，抽象数据类型名用 SET 表示，该类型的数据部分为一个整型数组 m[SETSIZE+1]，用于保存一个集合，操作部分如下。

1. 对一个集合中的所有元素清 0，假定用记录类型 Set 定义数据成员，即 Set 类型的定义为：struct Set{int m[SETSIZE+1];}。该操作就是对 Set 类型的一个对象初始化，使其数组 m 域中的每个元素被置为 0。

```
void InitSet(Set& s);
```

2. 利用整型数组 a[n]初始化数据成员，即置一个集合中的 m[a[i]]为 1（$0\le i\le n-1$），如 a[3]={1,3,6}，则相应集合中的 m[1]、m[3]和 m[6]元素应被置为 1。

```
void InitSet(Set& s, int a[], int n);
```

3. 重载加法运算符实现两个集合的并运算。

```
Set operator +(Set& s1, Set& s2);
```

4. 重载乘法运算符实现两个集合的交运算。

```
Set operator *(Set& s1, Set& s2);
```

5. 重载按位异或（^）运算符实现属于（∈）运算。

```
bool operator ^(Set& s, int k);
```

6. 向一个集合中加入一个元素，若插入成功则返回真，否则返回假。

```
bool Insert(Set& s, int k);
```

7. 从一个集合中删除一个元素，若删除成功则返回真，否则返回假。

```
bool Delete(Set& s, int k);
```

8. 重载流插入操作符（<<），用于输出一个集合。

```
ostream& operator <<(ostream& ostr, Set& s);
```

请写出上述每一个操作的具体实现，并上机调试，检查其正确性。若要深入研究，可以把整个集合及运算用C++语言类来定义。

第 2 章　线　性　表

2.1　线性表的定义和抽象数据类型

2.1.1　线性表的定义

线性表（linear list）是具有相同属性的数据元素的一个有限序列。该序列中所含元素的个数称为线性表的**长度**，用 n 表示，$n \geq 0$。当 n=0 时，表示线性表是一个**空表**，即表中不包含任何元素。设序列中第 i 个元素为 a_i $(1 \leq i \leq n)$，则线性表的一般表示为：

$$(a_1, a_2, \cdots, a_i, a_{i+1}, \cdots, a_n)$$

其中 a_1 为第 1 个元素，又称作**表头元素**，a_2 为第 2 个元素，a_n 为最后一个元素，又称作**表尾元素**。

一个线性表可以用一个标识符来命名，如用 A 命名上面的线性表，则

$$A=(a_1, a_2, \cdots, a_i, a_{i+1}, \cdots, a_n)$$

线性表中的元素通常是按照元素值或关键字有序排列的。也就是说，线性表中的元素是按照前后位置线性有序的，即第 i 个元素 a_i 在逻辑上是第 i–1 个元素 a_{i-1} 的后继，是第 i+1 个元素 a_{i+1} 的前驱，其中第 1 个元素 a_1 没有前驱，最后一个元素 a_n 没有后继。线性表是一种线性结构，用二元组表示为：

$$\text{linear\_list}=(A,R)$$

其中，

$$A=\{a_i|1 \leq i \leq n, n \geq 0, a_i \in \text{ElemType}\}$$

$$R=\{r\}$$

$$r=\{<a_i,a_{i+1}>|1 \leq i \leq n-1\}$$

对应的逻辑图如图 2-1 所示。

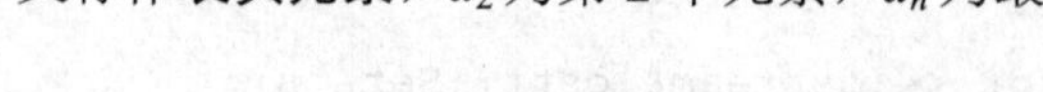

$$a_1 \rightarrow a_2 \rightarrow \cdots \rightarrow a_i \rightarrow a_{i+1} \rightarrow \cdots \rightarrow a_n$$

图 2-1　线性表的逻辑结构示意图

线性表中使用的元素类型 ElemType 是一种通用数据类型标识符，可以通过 typedef 语句在使用前把它定义为任何一种具体类型。若把它定义为整数类型，则为：

```
typedef int ElemType;
```

由线性表的定义可知，线性表的长度是可变的，当向线性表中插入一个元素时，其长度就增加 1，当从线性表中删除一个元素时，其长度就减少 1。

线性表是一种线性结构，反过来，任何线性数据结构都可以用线性表的形式表示出来，

这只要按照元素之间的逻辑关系把它们顺序排列即可。如对于第1章中列举的线性数据结构 linearity 可用线性表表示为：

(05, 01, 03, 08, 02, 07, 04, 06, 09, 10)

因此，以后对线性表的讨论就代表了对任何线性数据结构的讨论。

在日常生活中所见到的各种各样的表都是线性表，如人事档案表、职工工资表、学生成绩表、图书目录表和列车时刻表等。这些表通常都是以关键字段（又称域或属性）的值的升序排列，如职工工资表按职工号字段的升序排列，学生成绩表按学生号字段的升序排列，列车时刻表按开出时间字段的升序排列。在一个线性表中若存在着按值的升序或降序排列的字段，则称该字段为**有序字段**，该线性表为**有序表**，否则若不存在任何有序字段，则为**无序表**。如对于一个字符串或由一篇文章所建立的文本文件，它也是一个线性表，其元素类型为字符，它们只是按照前后位置有序，而不是按照每个字符的 ASCII 码有序，所以为无序表。

下面给出几个线性表的具体例子：

```
B=('a','b,'c,'4,'7','+','-','*','/')
C=(25,38,12,49,63,54,20,18,34,47)
D=("BASIC","PASCAL","FORTRAN","COBOL","VC++","JAVA")
E=("序号","姓名","性别","年龄","单位","职称","联系电话","E-mail")
F=(a,b,c,d,e,f,g,h,i,j,k,x,y,z)
```

其中 B 中的元素为字符型；C 中的元素为整型；D 中的元素为字符串型；E 中的元素也为字符串型；F 中的元素可为任何类型，它同上面线性表 A 中的元素一样，每个元素都是用标识符抽象表示的，其目的是便于做一般性的讨论。

再如，对于第1章表 1-1 和表 1-2，若只考虑各记录之间位置上的前后关系，即按职工号的升序排列次序，则均为一个线性表，每个线性表中的元素均为相应的记录类型。

2.1.2　线性表的抽象数据类型

线性表的抽象数据类型包括数据和操作两个部分。数据部分为一个线性表，假定用标识符 L 表示，它可以采用顺序、链接、散列、索引等任一种方法存储到计算机中，其存储类型用标识符 ListType 表示。操作部分为对线性表所做的各种操作（运算），包括：向线性表插入一个元素、从线性表中删除一个元素、求线性表长度、判断线性表是否为空等。在下面定义的线性表抽象数据类型中，只给出了对线性表的一些基本的和典型的操作，因为线性表的实际应用是丰富和广泛的，所以不可能也没有必要给出其所有操作。

```
ADT LinearList is
  Data:
    一个具有 ListType 类型的线性表 L
  Operation:
      void InitList(ListType &L);          //初始化 L 为空
      void ClearList(ListType &L);         //清除 L 中的所有元素
      int LenthList (ListType &L);         //返回 L 的长度
```

```
    bool EmptyList(ListType &L);                   //判断L是否为空
    ElemType GetList(ListType &L, int pos);        //返回L中第pos个元素的值
    void TraverseList(ListType &L);                //遍历输出L中的所有元素
    bool FindList(ListType &L,ElemType& item);//从L中查找并返回元素
    bool UpdateList(ListType &L, const ElemType& item);  //修改L中元素
    bool InsertList(ListType &L, ElemType item, int pos); //向L插入元素
    bool DeleteList(ListType &L, ElemType& item, int pos);  //从L删除元素
    void SortList(ListType &L);  //对L中的所有元素重新按给定条件排序
end LinearList
```

在上面对线性表 L 的运算中，第 3～7 种运算不需要改变线性表的状态，所以在其参数说明前可以使用 const 保留字，拒绝在函数体中对线性表的修改，以保证数据的安全性，其余运算需要在函数体中改变线性表，所以不能使用此保留字。在插入运算中，item 参数用来保存待插入的元素，pos 参数用来给定插入条件，人为约定当 pos ≥ 1 同时 pos ≤ n+1 时，则把 item 插入到线性表中第 pos 个位置上，其中 n 表示线性表长度；当 pos = = −1 时，则把 item 插入到线性表的末尾位置，即最后一个元素的后面位置；当 pos = = 0 时，则把线性表看作有序表，item 被插入后仍保持有序。在删除运算中，item 参数用来保存待删除元素的值或某个域的值，并保存和返回被删除元素的完整值，pos 参数用来给定删除条件，人为约定当 pos ≥ 1 同时 pos ≤ n 时，则删除线性表中第 pos 个位置上的元素并通过 item 参数返回值；当 pos = = −1 时，则删除线性表中的表尾元素，即最后一个元素并通过 item 参数返回值；当 pos = = 0 时，则删除线性表中第一个值或某个域的值等于 item 的元素并通过 item 参数返回值。

2.1.3 操作举例

【例 2-1】 设线性表 L1=(25,38,19,42,33), i=2, x=60, y=42，则对 L1 的一组操作及结果如下。

```
LenthList(L1);          //返回L1的长度5
EmptyList(L1);          //L1非空，返回false
GetList(L1,i);          //返回L1中第i个元素的值，因i=2，所以返回值38
InsertList(L1,x,6);     //向L1末尾插入x，L1变为(25,38,19,42,33,60)
InsertList(L1,54,1);    //向L1表头插入元素54，L1变为(54,25,38,19,42,33,60)
DeleteList(L1,y,0);     //删除L1中值为y的元素，L1变为(54,25,38,19,33,60)
DeleteList(L1,y,3);     //删除L1中第3个元素，L1变为(54,25,19,33,60)
SortList(L1);           //L1被改变为(19,25,33,54,60)
InsertList(L1,35,0);    //插入35后L1变为(19,25,33,35,54,60)
```

【例 2-2】 课程（course）记录的结构为：

```
struct course {
   char Cname[20];      //课程名称
   int Chour;           //开课学时
   int Cterm;           //开课学期
}
```

以课程记录为元素类型的一个线性表 L2，如表 2-1 所示。

表 2-1　课程计划安排表

课程名称	开课学时	开课学期	课程名称	开课学时	开课学期
高等数学	90	1	计算机组成原理	90	2
离散数学	72	2	程序设计基础	63	3
英语	72	1			

对 L2 进行的一组操作如下，首先定义具有 course 记录结构的 x、y、z 和 w 对象并对其赋初值。

```
course x={" ",72};              //给 x 的 Chour 域赋初值 72
course y={"程序设计基础"};       //给 y 的 Cname 域赋初值"程序设计基础"
course z={"英语",80,1};          //给 z 赋初值{"英语",80,1}
course w={"数据结构",72,4};      //给 w 赋初值{"数据结构",72,4}
GetList(L2,3);                  //返回值为{"英语",72,1}
FindList(L2,x);                 //查找与 x 值中开课学时相等的第一个元素并由 x 返回
                                //为了实现课程记录之间的直接比较，需要事先重载等
                                //于号运算符，使其实际上是在 Chour 域上进行比较
FindList(L2,y);                 //查找与 y 值中课程名称相等的第一个元素并由 y 返回
                                //为了实现课程记录之间的直接比较，也需要重载等于
                                //号运算符，使其实际上是在 Cname 域上进行比较
UpdateList(L2,z);               //用 z 更新 L2 中课程名称为"英语"的第一个元素，使
                                //得该元素被修改为{"英语",80,1}。在此函数体中若进行
                                //记录之间的直接比较，则也需要事先重载等于号运算符，
                                //使其实际上是进行课程名称之间的比较
InsertList(L2,w,6);             //在 L2 末尾添加了一条 w 记录
DeleteList(L2,y,0);             //从 L2 中删除与 y 的 Cname 域值相等的第一条记录，
                                //即删除 L2 中的第 5 条记录{"程序设计基础",63,3}
SortList(L2);                   //假定按开课学时的升序排列，则排序后的结果如表 2-2 所示
```

表 2-2　对 L2 操作后的结果

课程名称	开课学时	开课学期	课程名称	开课学时	开课学期
离散数学	72	2	高等数学	90	1
数据结构	72	4	计算机组成原理	90	2
英语	80	1			

2.2　线性表的顺序存储和操作实现

2.2.1　线性表的顺序存储结构

线性表的存储结构有顺序、链接、索引、散列等多种方式，顺序存储结构是其中最简单、最常见的一种。线性表的顺序存储结构可叙述为：将线性表中的所有元素按照其逻辑

顺序依次存储到计算机存储器中的从指定存储位置开始的一块连续的存储空间中，线性表中的第一个元素的存储位置就是被指定存储空间中的开始存储位置，第 i 个元素（$2 \le i \le n$）被紧接着存储在第 $i–1$ 个元素的存储位置的后面。

设线性表的元素类型为 ElemType，则每个元素所占用存储空间的大小（即字节数）为 sizeof(ElemType)，整个线性表所占用存储空间的大小为 n×sizeof(ElemType)，第 i 个元素的存储位置为 a+(i–1)×sizeof(ElemType)，其中 n 表示线性表的长度，$1 \le i \le n$，a 为整个线性表占用的存储空间的开始位置。

在 C/C++语言中，定义了一个数组就定义了一块可供用户使用的连续存储空间，该存储空间的起始位置就是由数组名表示的地址常量。因此，线性表的顺序存储结构是利用数组来实现的，数组的基本类型就是线性表中元素的类型，数组的大小（又称数组长度，它等于数组中包含的元素个数，亦即存储元素的位置数）要大于等于线性表的长度。线性表中的第 1 个元素被存储在数组的起始位置，即下标为 0 的位置上，第 2 个元素被存储在下标为 1 的位置上，以此类推，第 n 个元素（即最后表尾元素）被存储在下标为 n–1 的位置上。用具有 ElemType 类型的数组 list[MaxSize]存储线性表 $A=(a_1, a_2,\cdots, a_i, a_{i+1},\cdots, a_n)$，则 A 所对应的顺序存储结构如图 2-2 所示。

下标位置	数组（线性表）存储空间
0	a_1
1	a_2
⋮	⋮
i–1	a_i
i	a_{i+1}
⋮	⋮
n–1	a_n
⋮	
MaxSize–1	

图 2-2　线性表的顺序存储结构示意图

数组 list 下标的上界 MaxSize 决定了所存线性表的最大长度，当线性表的长度大于 MaxSize 时，其尾部多余的元素将无法被存储，发生这种情况时需要重新分配存储空间，使得 MaxSize 的值更大一些。

在定义一个线性表的顺序存储类型时，需要定义一个数组来存储线性表中的所有元素和定义一个整型变量来存储线性表的长度。假定数组用 list[MaxSize]表示，整型变量用 size 表示，则元素类型为 ElemType 的线性表的顺序存储类型可描述为：

```
ElemType list[MaxSize];
int size;
```

为了便于进行线性表的操作，可以把用于存储线性表元素的数组和存储线性表长度的变量统一说明在一个记录类型中，设该记录类型用 List 表示，则定义如下。

```
struct List {
    ElemType list[MaxSize];
```

```
    int size;
};
```

若要对存储线性表的数组空间采用动态分配，并且其数组长度能够按需要增加，则可以定义出如下的 List 类型：

```
struct List {
    ElemType *list;           //存线性表元素的动态存储空间的指针
    int size;                 //存线性表长度
    int MaxSize;              //规定 list 数组的长度
};
```

当初始化此类型的一个线性表时，要使 list 指针指向大小为 MaxSize 的动态数组空间。

2.2.2　顺序存储下的线性表操作的实现

在顺序存储方式下，在线性表抽象数据类型中所列出的每一个操作的具体实现如下。

1．初始化线性表

初始化线性表需要完成动态存储空间的初始分配，并且把线性表置为空。

```
void InitList(List &L)
{
  //初始定义数组长度为 10，以后可增减，或者附加一个形参给定初始数组长度
    L.MaxSize=10;
  //动态存储空间分配
    L.list=new ElemType[L.MaxSize];
    if(L.list==NULL) {
        cout<<"动态可分配的存储空间用完，退出运行！"<<endl;
        exit(1);
    }
  //置线性表长度为 0，即为空表
    L.size=0;
}
```

此算法中的 if 语句用于判断动态分配是否成功，若成功 L.list 指针非空，若分配失败，即系统中没有存储空间可供动态分配，则 L.list 指针值为空。当分配失败时通过执行此语句退出程序运行。现在计算机系统中，操作系统的功能强大，内存和外存空间都能够用于动态存储分配，所以通常不会出现动态存储分配失败的情况。所以，在编程时通常省略对动态存储分配失败情况的处理语句。在此情况下，若出现动态存储分配失败，系统会自动停止运行程序。

2．删除线性表中的所有元素，使之成为一个空表

此操作需要释放动态存储空间，并且把线性表的长度置 0。

```
void ClearList(List &L)
{
    if(L.list!=NULL) {
        delete []L.list;
        L.list=NULL;
    }
    L.MaxSize=0;
    L.size=0;
}
```

3．得到线性表的长度

```
int LenthList(List &L)
{
    return L.size;
}
```

4．检查线性表是否为空

```
bool EmptyList(List &L)
{
    return L.size==0;
}
```

若线性表 L 为空，则返回真，否则返回假。

5．得到线性表中指定序号为 pos 的元素

```
ElemType GetList(List &L, int pos)
{
    if(pos<1 || pos>L.size)      //若pos越界则退出程序
    {
        cerr<<"pos is out range!"<<endl;
        exit(1);
    }
    return L.list[pos-1];           //返回线性表中第pos个元素的值
}
```

若所给的 pos 值不存在越界问题，则可直接使用表达式 L.list[pos–1]从线性表 L 中取出第 pos 个元素。如要取出线性表 L 中第 5 个元素，则表示为 L.list[4]。

6．遍历一个线性表

遍历一个线性表就是从线性表的第 1 个元素起，按照元素之间的逻辑顺序，依次访问每一个元素，并且每个元素只被访问一次，直到访问完所有元素为止。在顺序存储方式下，线性表中元素之间的存储顺序与其逻辑顺序相同，因为一个元素的后继元素被紧接着存储在该元素所在位置的下一个存储位置上。若一个元素在数组存储空间中的存储位置为下标

i，则它的后继元素的存储位置必为下标 i+1。所以遍历一个线性表就是依次访问 list[0]～list[n–1]中的每一个元素，并且每个元素仅被访问一次。当访问一个元素时，可根据需要作任意处理，在我们的算法中且以打印该元素的值代之。若线性表中的元素类型为记录类型，则打印元素的值需要有对该类型重载插入操作符（<<）函数的支持。

```
void TraverseList(List &L)
{
    for(int i=0; i<L.size; i++)
        cout<<L.list[i]<<' ';
    cout<<endl;
}
```

当然，对于记录类型，若在此函数的 cout 输出语句中是依次输出元素的每一个域的值，而不是把元素作为整体输出，则不需要重载插入操作符。

7. 从线性表中查找具有给定值的第 1 个元素

```
bool FindList(List &L,ElemType& item)
{
    for(int i=0; i<L.size; i++)
        if(L.list[i]==item){
            item=L.list[i];
            return true;
        }
        return false;
}
```

当从线性表 L 中查找到与 item 的值或某个域的值相等的元素时，则由 item 返回该元素的整体值，并由该函数返回真，表明查找成功，否则由函数返回假，表明查找失败。

当元素类型 ElemType 为记录类型时，调用此函数必须要有对该类型进行等于号（==）重载的支持，若没有，则应该修改 if 条件表达式，使比较在相应的域上进行，并且此域必须为简单数据类型。另外，若用于比较的元素类型或某个域的类型为字符串，则需要使用字符串比较函数 strcmp，因为使用等于号直接比较的是指针的值，而不是比较所指的字符串。如当 ElemType 为字符串类型（char*）时，if 条件表达式应修改为：

```
(strcmp(L.list[i],item)==0)
```

8. 更新线性表中具有给定值的第 1 个元素

```
bool UpdateList(List &L, const ElemType& item)
{
    for(int i=0; i<L.size; i++)
        if(L.list[i]==item){
            L.list[i]=item;  //进行修改（更新）赋值操作
            return true;
        }
```

```
        return false;
    }
```

该函数与 FindList 函数的定义类似，FindList 函数是在查找成功后由 item 带回元素的值，而 UpdateList 函数是在查找成功后，用 item 的值修改元素的值。

在线性表查找和更新算法中，运行时间主要取决于比较元素的次数，当第 1 个元素 list[0] 等于待查找或更新的元素时，则只需要比较一次就结束操作，对应的时间复杂度为 $O(1)$，这是最好的情况；当同前 n–1 元素比较均不成立，只有比较到最后一个元素 list[n–1]（n 为线性表的长度 L.size）才等于待查找或更新的元素时，则需要经过 n 次比较完成操作，对应的时间复杂度为 $O(n)$，这是最差的情况；当元素值互不相同，并且都有相同的概率$\left(\text{即平均概率}\frac{1}{n}\right)$等于待查找或更新的元素时，则需要比较元素的平均次数为$\frac{1}{n}\sum_{i=1}^{n} i = \frac{n+1}{2}$，对应的时间复杂度为 $O(n)$，这是平均情况。当经过依次同线性表中所有 n 个元素比较后，仍找不到与给定值相等的元素，则表明查找失败，算法执行 return false 语句后结束，此种情况下的时间复杂度同样为 $O(n)$。所以无论查找成功或失败，顺序查找线性表的时间复杂度均为 $O(n)$。

9．向线性表中按给定条件插入一个元素

当该函数的 pos 参数为 0 时，则需要实现在有序表上的插入，并且要保证插入新元素后仍为一个有序表。在有序表上查找插入位置最简单和常用的方法是顺序比较法，它从第 1 个元素起，依次取出每一个元素同待插入的元素 item 进行比较，当 item 小于某一个元素的值时比较结束，此元素位置就是 item 的插入位置。若比较到表尾后仍满足不了条件，表明 item 大于所有元素，则应把 item 插入到表尾，成为新的表尾元素。另外，当元素类型为记录时，则必须对该类型进行小于号重载后才能实现 item<L.list[i]的直接比较。

例如，一个有序表为 A =（25,36,40,48,55,72,83），当向其中插入 16 时，其插入位置为表头，即第 1 个元素 25 的位置；当向其中插入 50 时，其插入位置为 55 元素的位置；当向其中插入 92 时，其插入位置在表尾，即最后一个元素 83 的后面位置。

当该函数的 pos 参数等于–1，要求把 item 插入到线性表的表尾，即第 L.size+1 个元素的位置上。

当该函数的 pos 参数为大于等于 1，同时小于等于线性表长度加 1 时，则直接把 item 插入到线性表的第 pos 个元素的位置上。

在线性表的第 pos 个元素的位置插入一个新元素前，还要检查存储线性表的动态数组空间是否具有空闲位置，若没有，则要扩大原有的空间。

为了实现在第 pos 个元素的位置插入新元素，还要把从该位置开始的其后所有元素均后移一个位置，以便空出第 pos 个元素的位置，用于写入新元素。

完成插入后，要使线性表的长度域增 1，然后返回真结束算法。

根据以上分析编写出此算法如下。

```
bool InsertList(List &L, ElemType item, int pos)
{
```

```
  //检查pos值是否有效，若无效则无法插入，返回假
    if(pos<-1 || pos>L.size+1) {
        cout<<"pos值无效!"<<endl; return false;
    }
  //求出按值有序插入时item的插入位置，使之保存到pos中
    int i;
    if(pos==0) {
        for(i=0; i<L.size; i++)
            if(item<L.list[i]) break;
        pos=i+1; //pos中保存新插入的元素的序号
    }
  //得到表尾插入位置，被保存在pos中
    else if(pos==-1) pos=L.size+1;
  //若线性表存储空间用完，则重新分配大一倍的存储空间
    if(L.size==L.MaxSize) {
        int k=sizeof(ElemType);  //计算每个元素存储空间的长度
        L.list=(ElemType*)realloc(L.list, 2*L.MaxSize*k);
            //线性表动态存储空间扩展为原来的2倍，原内容不变
        if(L.list==NULL) {
            cout<<"动态可分配的存储空间用完，退出运行!"<<endl;
            exit(1);
        }
        L.MaxSize=2*L.MaxSize; //把线性表空间大小修改为新的长度
    }
  //待插入位置及所有后续位置元素，从后向前依次后移一个位置
    for(i=L.size-1; i>=pos-1; i--)
        L.list[i+1]=L.list[i];
  //把item的值赋给已空出的、下标为pos-1的位置，它为第pos个元素位置
    L.list[pos-1]=item;
  //线性表长度增1
    L.size++;
  //返回真表示插入成功
    return true;
}
```

在这个算法中，运行时间主要花费在第2步为寻找插入位置所需的比较元素的次数和第5步为空出插入位置所需的移动元素的次数。新元素插入的下标位置为 i，则元素的比较次数为 $i+1$ 次，元素的移动次数为 $n-i$ 次（n 为线性表的长度 L.size），两者相加为 $n+1$ 次。也就是说，当进行有序插入时，不管新元素插入在什么位置上，进行元素比较和移动的总次数不变，均为 $n+1$，当进行按位置插入时，只需要考虑移动元素的次数，在插入所有位置概率相等情况下，平均移动次数为 $\frac{1}{n+1}\sum_{i=0}^{n}(n-i)=\frac{n}{2}$，所以此算法的时间复杂度为 $O(n)$。特殊地，当规定在表尾插入时，其时间复杂度为 $O(1)$。

10．从线性表中删除符合给定条件的第1个元素

此算法同插入元素的算法类似，具体描述如下。

```
bool DeleteList(List &L, ElemType& item, int pos)
{
  //检查线性表是否为空，若是则无法删除，返回假
    if(L.size==0) {
        cout<<"线性表为空，删除无效!"<<endl;
        return false;
    }
  //检查pos值是否有效，若无效则无法删除，返回假
    if(pos<-1 || pos>L.size) {
        cout<<"pos值无效!"<<endl; return false;
    }
  //求出按值删除时item的删除位置，使之保存到pos中
    int i;
    if(pos==0) {
        for(i=0; i<L.size; i++)
            if(item==L.list[i]) break;
        if(i==L.size) return false; //无元素可删返回假
        pos=i+1;
    }
  //得到表尾元素的序号，被保存在pos中
    else if(pos==-1) pos=L.size;
  //把被删除元素的值赋给变参item带回
    item=L.list[pos-1];
  //将待删除元素位置后面的所有元素，从前向后依次前移一个位置
    for(i=pos; i<L.size; i++)
        L.list[i-1]=L.list[i];
  //线性表长度减1
    L.size--;
  //若线性表存储空间空余太多，则进行适当削减
    if(float(L.size)/L.MaxSize<0.4 && L.MaxSize>10) {
        int k=sizeof(ElemType);       //计算每个元素存储空间的长度
        L.list=(ElemType*)realloc(L.list, L.MaxSize*k/2);
            //线性表动态存储空间缩减为原来的一半
        L.MaxSize=L.MaxSize/2;        //把线性表空间大小修改为新的长度
    }
  //返回真表示删除成功
    return true;
}
```

在这个算法中，运行时间主要花费在第3步为寻找删除元素位置所需的比较元素的次数和第6步为填补删除元素位置所需的移动元素的次数上。被删除元素的下标位置为 i，

则元素的比较次数为 $i+1$ 次，元素的移动次数为 $n-i-1$ 次（n 为线性表的长度 L.size），两者相加为 n 次。也就是说，当进行按值删除时，不管删除什么位置上的元素，进行元素比较和移动的总次数不变，均为 n，当进行按位置删除元素时，只需要考虑移动元素的次数，在删除所有位置上元素概率相等情况下，平均移动次数为 $\frac{1}{n}\sum_{i=0}^{n-1}(n-i-1)=\frac{n-1}{2}$，所以此算法的时间复杂度为 $O(n)$。特殊地，当规定删除表尾元素时，其时间复杂度为 $O(1)$。

11．对线性表进行排序

对线性表进行排序就是按照元素的值或某个域的值的升序（或降序）排列元素，使之成为一个有序表。对顺序存储的线性表（数组）进行排序的方法很多，本小节只介绍一种简单的插入排序方法，其他方法将在第 10 章中专门讨论。

插入排序的方法是：把线性表 list[0]～list[$n-1$]中共 n 个元素看作一个有序表和一个无序表，开始时有序表中只有一个元素 list[0]（一个元素总认为是有序的），无序表中包含有 $n-1$ 个元素 list[1]～list[$n-1$]，以后每次从无序表中取出第 1 个元素，把它插入到前面有序表中的合适位置，使之成为一个新的有序表，这样有序表就增加了一个元素，无序表就减少了一个元素，经过 $n-1$ 次后，有序表中包含有 n 个元素，无序表变为一个空表，整个线性表就成为了一个有序表。

如何在第 i 次（$1\le i\le n-1$）把无序表中的第1个元素 list[i]插入到前面有序表 list[0]~list[$i-1$]中呢？一种方法是：从有序表表尾元素 list[$i-1$]开始，依次向前使每一个元素 list[j]（$0\le j\le i-1$）同 x（用来临时保存 list[i]的值）进行比较，若 x<list[j]，则把 list[j]后移一个位置，直到 x>=list[j]或 j<0 为止，此时已空出的下标为 $j+1$ 的位置就是 x 的插入位置，把 x 的值插入到 list[$j+1$]即可。

假定一个线性表为(42,65,80,74,28,44,36,65)，则插入排序的过程，如图 2-3 所示，其中中括号内表示每次排序后得到的有序表，中括号后面为待排序的无序表。

	0	1	2	3	4	5	6	7
	42	65	80	74	28	44	36	65
(1)	[42	65]	80	74	28	44	36	65
(2)	[42	65	80]	74	28	44	36	65
(3)	[42	65	74	80]	28	44	36	65
(4)	[28	42	65	74	80]	44	36	65
(5)	[28	42	44	65	74	80]	36	65
(6)	[28	36	42	44	65	74	80]	65
(7)	[28	36	42	44	65	65	74	80]

图 2-3　线性表插入排序过程

用 C++语言描述插入排序算法如下。

```
void SortList(List &L)             //对 L 中的所有元素重新按给定条件排序
{
    int i, j;
```

```
    ElemType x;
    for(i=1; i<L.size; i++)              //共循环 n-1 次
    {
        x=L.list[i];                     //把无序表中的第 1 个元素暂存 x
        for(j=i-1; j>=0; j--)            //向前顺序进行比较和移动
            if(x<L.list[j]) L.list[j+1]=L.list[j];
            else break;
        L.list[j+1]=x;                   //把 x 写入到已经空出的 j+1 位置
    }
}
```

在插入排序中，共需要进行 $n-1$ 次元素的插入，每次插入最少需比较一次和移动两次元素，最多需比较 i 次和移动 $i+2$ 次元素，平均需比较 $\frac{i+1}{2}$ 次和移动 $\frac{i}{2}+2$ 次元素。若分别用 C_{min}、C_{max} 和 C_{ave} 表示元素的总比较次数的最小值、最大值和平均值，用 M_{min}、M_{max} 和 M_{ave} 表示元素的总移动次数的最小值、最大值和平均值，则它们的值分别为：

$$C_{min}=\sum_{i=1}^{n-1}1=n-1 \qquad M_{min}=\sum_{i=1}^{n-1}2=2(n-1)$$

$$C_{max}=\sum_{i=1}^{n-1}i=\frac{1}{2}n(n-1) \qquad M_{max}=\sum_{i=1}^{n-1}(i+2)=\frac{1}{2}(n^2+3n-4)$$

$$C_{ave}=\sum_{i=1}^{n-1}\frac{i+1}{2}=\frac{1}{4}(n^2+n-2) \qquad M_{ave}=\sum_{i=1}^{n-1}\left(\frac{i}{2}+2\right)=\frac{1}{4}(n^2+7n-8)$$

所以插入排序算法在最好情况下的时间复杂度为 $O(n)$，在平均和最差情况下的时间均为 $O(n^2)$。

利用现成的向线性表插入元素的 InsertList 算法，也可以很方便地编写出 SortList 排序算法。该算法需要首先定义一个临时线性表并进行初始化，接着将形参线性表 L 中的每一个元素通过 InsertList 算法依次插入到临时线性表中，最后把临时线性表赋给 L。用 C++语言描述如下。

```
void SortList(List& L)
{
    List a;
    InitList(a);
    for(int i=0; i<L.size; i++)
        InsertList(a, L.list[i],0);
    ClearList(L);
    L=a;
}
```

该算法的时间复杂度同上面插入排序算法相同，均为 $O(n^2)$。

调试上述算法的程序如下。

```
#include<iostream.h>
#include<stdlib.h>
typedef int ElemType;
```

```
struct List {
    ElemType *list;          //存线性表元素的动态存储空间的指针
    int size;                //存线性表长度
    int MaxSize;             //规定 list 数组的长度
};

//添加上面介绍的 11 个算法

void main()
{
    int a[12]={3,6,9,12,15,18,21,24,27,30,33,36};
    int i; ElemType x;
    List t;
    InitList(t);
    for(i=0;i<12;i++) InsertList(t,a[i],i+1);
    InsertList(t,48,13);InsertList(t,40,0);
    cout<<GetList(t,4)<<' '<<GetList(t,9)<<endl;
    TraverseList(t);
    cout<<"输入待查找的元素值:";
    cin>>x;
    if(FindList(t,x)) cout<<"查找成功!"<<endl;
    else cout<<"查找失败!"<<endl;
    cout<<"输入待删除元素的值:";
    cin>>x;
    if(DeleteList(t,x,0)) cout<<"删除成功!"<<endl;
    else cout<<"删除失败!"<<endl;
    for(i=0; i<6; i++)
        DeleteList(t,x,i+1);
    TraverseList(t);
    cout<<"按值插入，输入待插入元素的值:";
    cin>>x;
    if(InsertList(t,x,0)) cout<<"插入成功!"<<endl;
    else cout<<"插入失败!"<<endl;
    TraverseList(t);
    cout<<"线性表长度:"<<LenthList(t)<<endl;
    if(EmptyList(t)) cout<<"线性表为空!"<<endl;
    else cout<<"线性表不空!"<<endl;
    ClearList(t);
}
```

运行这个程序，得到的一次运行结果如下。

```
12 27
3 6 9 12 15 18 21 24 27 30 33 36 40 48
输入待查找的元素值:21
查找成功!
```

```
输入待删除元素的值:15
删除成功!
6 12 21 27 33 40 48
按值插入，输入待插入元素的值:8
插入成功!
6 8 12 21 27 33 40 48
线性表长度:8
线性表不空!
```

仔细分析此结果，增强对算法的理解。

*2.3 线性表应用举例

用线性表来管理一个商品库存表。商品库存表已经保存在文本文件 a:goods.dat 中，每个商品记录包含有 4 项内容：商品代号、商品名称、最低库存量和当前库存量。商品库存表中的具体内容如表 2-3 所示。

表 2-3　商品库存表

商品代号	商品名称	最低库存量	当前库存量
Y-12	toothbrush	10	25
F-13	soap	20	48
W-01	toiletpaper	10	36
M-48	towel	15	90
C-24	chinacup	10	52
S-05	schoolbag	5	20

可以事先通过调用下面函数在 A 盘上建立库存表文件。

```
void SetupGoodsFile(char* fname)
{
    ofstream ofstr(fname);          //定义输出文件流对象ofstr
    if(!ofstr) {                    //文件建立失败退出运行
        cerr<<"File 'goods' no create!"<<endl;
        exit(1);
    }
    char a[30];
    for(int i=0; i<6;i++) {
        cin.getline(a,30);
        ofstr<<a<<endl;
    }
    ofstr.close();
}
```

在此函数中，for 循环体每循环一次，要求从键盘上输入一条商品记录，每个域值之间用空格分开，最后以按下回车键结束，该条记录被存入到字符数组 a 中，然后被写入到文件中。

根据商品库存表中商品记录的结构，可定义记录类型如下。

```
struct goods                    //商品记录类型
{
    char code[5];               //商品代号
    char name[15];              //商品名称
    int minq;                   //最低库存量
    int curq;                   //当前库存量
};
```

通过 typedef 语句将该类型定义为线性表的通用元素类型 ElemType。

```
typedef goods ElemType;
```

在商品库存表中，以商品代号域作为查找字段域，则对应的重载等于号运算符的函数定义为：

```
bool operator ==(const ElemType& e1, const ElemType& e2)
{
    return (strcmp(e1.code,e2.code)==0);
}
```

同样，在插入和排序算法中使用的小于号运算符需如下的重载函数支持：

```
bool operator <(const ElemType& e1, const ElemType& e2)
{
    return (strcmp(e1.code,e2.code)==-1);
}
```

用于打印输出使用的插入操作符也需要进行重载，定义如下：

```
ostream& operator <<(ostream& ostr, const ElemType& x)
{
    ostr.setf(ios::left);  //设置每个区域内按左对齐显示
    ostr<<setw(6)<<x.code<<setw(12)<<x.name;
    ostr<<setw(4)<<x.minq<<setw(4)<<x.curq<<endl;
    return ostr;
}
```

对商品库存表的管理就是首先把它读入到内存线性表中，接着对它进行必要的处理，然后再把处理后的结果写回到文件中。对商品库存表的处理假定包括如下选项。

（1）打印（遍历）库存表。

（2）按商品代号修改记录的当前库存量，若查找到对应的记录，则从键盘上输入其修正量，把它累加到当前库存量域后，再把该记录写回原有位置，若没有查找到对应的记录，则表明是一条新记录，应接着从键盘上输入该记录的商品名称、最低库存量和当前库存量的值，然后把该记录追加到库存表中。

(3)按商品代号删除指定记录。

(4)按商品代号对库存表中的记录排序。

在顺序存储方式下对线性表的各种操作函数假定包含在 list.cpp 程序文件中,则实现库存表管理的完整程序如下。

```
//程序 2-1.cpp
#include<iostream.h>
#include<stdlib.h>
#include<iomanip.h>
#include<string.h>
#include<fstream.h>

struct goods  //商品记录类型
{
   char code[5];         //商品代号
   char name[15];        //商品名称
   int minq;             //最低库存量
   int curq;             //当前库存量
};

typedef goods ElemType;

struct List {
   ElemType *list;       //存线性表元素的动态存储空间的指针
   int size;             //存线性表长度
   int MaxSize;          //规定 list 数组的长度
};

bool operator ==(const ElemType& e1, const ElemType& e2)
{
   return (strcmp(e1.code,e2.code)==0);
}

bool operator <(const ElemType& e1, const ElemType& e2)
{
   return (strcmp(e1.code,e2.code)==-1);
}

ostream& operator <<(ostream& ostr, const ElemType& x)
{
   ostr.setf(ios::left);  //设置每个区域内按左对齐显示
   ostr<<setw(6)<<x.code<<setw(12)<<x.name;
   ostr<<setw(4)<<x.minq<<setw(4)<<x.curq<<endl;
   return ostr;
}
```

```
#include"list.cpp"

void SetupGoodsList(List& L, char* fname)
{  //把文件中所存商品表顺序读入内存线性表中以便处理
   ifstream ifstr(fname,ios::in|ios::nocreate);
   if(!ifstr) {
      cerr<<"File 'goods'not found!"<<endl;
      exit(1);
   }
   goods g;
   int i=1;
   while(ifstr>>g.code) {
      ifstr>>g.name>>g.minq>>g.curq;
      InsertList(L,g,i++);
   }
   ifstr.close();
}

void WriteGoodsFile(char* fname, List& L)
{  //把线性表中所存的商品表重新写回到文件中
   ofstream ofstr(fname);
   if(!ofstr) {
      cerr<<"File 'goods' no create!"<<endl;
      exit(1);
   }
   goods g;
   int n=LenthList(L);
   for(int i=1; i<=n; i++){
      g=GetList(L,i);
      ofstr<<g.code<<" "<<g.name<<" "
           <<g.minq<<" "<<g.curq<<endl;
   }
   ofstr.close();
}

void main()
{
   List L2;                              //说明一个线性表 L2
   InitList(L2);                         //初始化 L2
   SetupGoodsList(L2,"a:goods.dat");     //读文件到线性表
   int i,flag=1;
   while(flag)                           //当 flag 为真时执行循环
   {
      cout<<"1 打印整个库存表"<<endl;
      cout<<"2 修改库存表中的记录"<<endl;
```

```
cout<<"3 删除库存表中的记录"<<endl;
cout<<"4 对库存表排序"<<endl;
cout<<"5 结束处理过程"<<endl;
cout<<"输入你的选择: ";
cin>>i;
while(i<1 || i>5){
   cout<<"请重新输入选择(1-5): ";
   cin>>i;
}
cout<<endl;
switch(i) {
 case 1:                          //打印
   TraverseList(L2);
   break;
 case 2:                          //修改
   goods g;
   int x;
   cout<<"输入待修改的商品代号:";
   cin>>g.code;
   if(FindList(L2,g)) {
      cout<<"输入该商品的修正量:";
      cin>>x;
      g.curq+=x;
      if(UpdateList(L2,g)) cout<<"完成更新!"<<endl;
   }
   else {
      cout<<"输入新商品记录的其余字段的内容:"<<endl;
      cin>>g.name>>g.minq>>g.curq;
      InsertList(L2,g,LenthList(L2)+1);
      cout<<"新记录已被插入到表尾!"<<endl;
   }
   break;
 case 3:                          //删除
   cout<<"输入待删除商品的商品代号:";
   cin>>g.code;
   if(DeleteList(L2,g,0))
      cout<<"代号为"<<g.code<<"的记录被删除!"<<endl;
      else cout<<"代号为"<<g.code<<"的记录不存在!"<<endl;
   break;
 case 4:                          //排序
   SortList(L2);
   cout<<"商品表中的记录已按商品代号排序!"<<endl;
   break;
 case 5:                          //结束
   cout<<"本次处理结束,再见!"<<endl;
```

```
            flag=0;
        }
    }
    WriteGoodsFile("a:goods.dat",L2);  //把线性表写回文件
}
```

同学们可以上机运行此程序并分析运行结果。

2.4　线性表的链接存储结构

1. 链接存储的概念

顺序存储和链接存储是数据的两种最基本的存储结构。在顺序存储中，每个存储结点只含有所存元素本身的信息，元素之间的逻辑关系是通过数组下标位置简单计算出来的。如在线性表的顺序存储中，若一个元素存储在对应数组中的下标位置为 i，则它的前驱元素在对应数组中的下标位置为 i–1，它的后继元素在对应数组中的下标位置为 i+1。在链接存储中，每个存储结点不仅含有所存元素本身的信息，而且含有元素之间逻辑关系的信息，其存储结点（简称结点）的结构如图 2-4 所示。

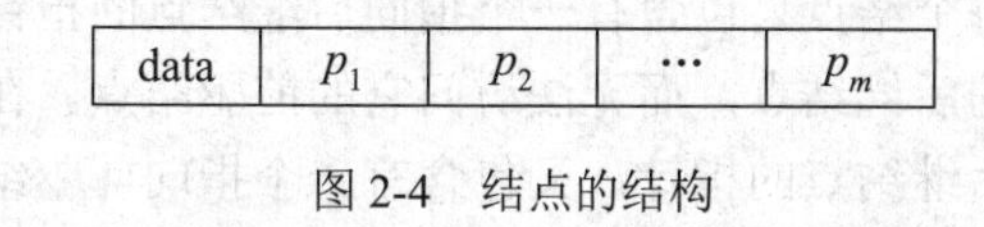

data	p_1	p_2	…	p_m

图 2-4　结点的结构

其中 data 表示**值域**，用来存储一个元素，p_1, p_2,…, $p_m(m \geq 1)$均为**指针域**，每个指针域的值为其对应的后继元素或前驱元素所在结点（以后简称为后继结点或前驱结点）的存储位置。通过结点的指针域（又称为链域）可以访问到对应的后继结点或前驱结点，该后继结点或前驱结点称为指针域（链域）所指向（或链接）的结点。若一个结点中的某个指针域不需要指向任何结点，则令它的值为空，即数值 0，用常量 NULL 表示。

在数据的顺序存储中，由于每个元素的存储位置都可以通过简单计算得到，所以可以随机地存取数据中的任一元素，对任一元素的存取时间都相同，这是一种随机存取机制；而在数据的链接存储中，由于每个元素的存储位置是保存在它的前驱结点或后继结点中的，所以只有当访问到其前驱结点或后继结点后才能够按指针访问到该结点，这是一种顺序存取机制。

数据的链接存储表示又称为**链接表**。当链接表中的每个结点只含有一个指针域时，则被称为**单链表**，否则被称为**多链表**。

2. 线性表的链接存储

由于线性表中的每个元素至多只有一个前驱元素和一个后继元素，即数据元素之间是 1∶1 的逻辑关系，所以当进行链接存储时，一种最简单也最常用的方法是：在每个结点中除包含有数值域外，只设置一个指针域，用以指向其后继结点，这样构成的链接表被称为线性单向链接表，简称单向链表或单链表；另一种可以采用的方法是：在每个结点中除包

含有数值域外，设置有两个指针域，分别用以指向其前驱结点和后继结点，这样构成的链接表被称为线性双向链接表，简称双向链表或双链表。单链表和双链表都是线性链表。

设一个线性表为：

$$A=(a_1, a_2,\cdots, a_i, a_{i+1},\cdots, a_n)$$

若分别用单链表和双链表表示，则对应的存储结构如图 2-5 所示。

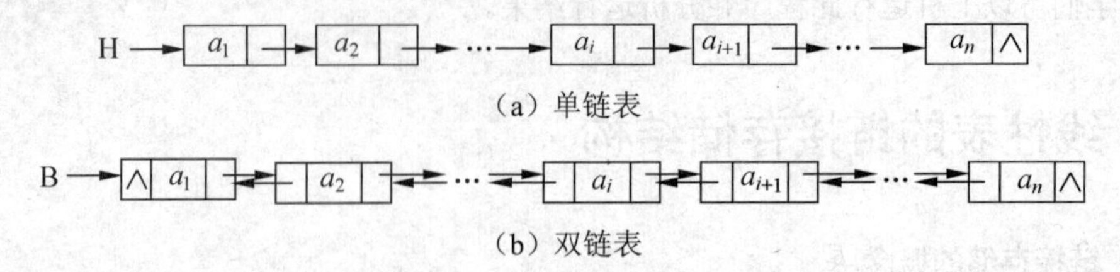

图 2-5　线性表的链接存储结构示意图

每个结点的指针域同它所指向的后继结点或前驱结点用一个带箭头的线段相连接，表示该指针域的值为所指向结点的存储位置。若一个指针域的值为空（即 NULL），则在图形中通常用符号“^”表示。由于线性表中的第 1 个元素无前驱元素，最后一个元素无后继元素，所以在对应的链接存储中，第 1 个结点的前驱指针域为空，最后一个结点的后继指针域为空。

在单链表中，由于每个结点只包含有一个指向后继结点的指针，所以当访问过一个结点后，只能接着访问它的后继结点，而无法访问它的前驱结点。在双向链表中，由于每个结点既包含有一个指向后继结点的指针，又包含有一个指向前驱结点的指针，所以当访问过一个结点后，既可以依次向后访问每一个结点，也可以依次向前访问每一个结点。

在线性表的链接存储中，存储第 1 个元素的结点称为**表头结点**，存储最后一个元素的结点称为**表尾结点**，其余为**中间结点**。每个链接表都需要设置一个指针指向表头结点，被称为**表头指针**。虽然表头指针只指向表头结点，但从表头指针出发，沿着结点的链（即指针域的值）可以依次访问到每一个结点，所以通常就以表头指针来命名一个链接表。若单链表的表头指针为 H，双链表的表头指针为 B，则可分别称它们为 H 单链表和 B 双链表。

在线性表的顺序存储中，逻辑上相邻的元素，其对应的存储位置也相邻，所以当进行插入或删除运算时，通常需要平均移动半个表的元素，这是相当费时的操作。在线性表的链接存储中，逻辑上相邻的元素，其对应的存储位置是通过指针来链接的，因而每个结点的存储位置可以任意安排，不必要求相邻，所以当进行插入或删除运算时，只需修改相关结点的指针域即可，这是既方便又省时的操作，灵活性强。由于链接表的每个结点带有指针域，因而在存储空间上比顺序存储要付出较大的代价。

3. 在单链表上的插入和删除操作

在单链表中插入和删除结点，如图 2-6 所示。

在 a 结点（即存放元素 a 的结点的简称；另外，有时也用该结点的地址称该结点，把 a 结点称为 p 结点，即 p 指针所指向的结点）的后面插入 b 结点的前后状态，其插入操作的过程如下。

（1）将 a 结点指针域的值 q（即指向后继 c 结点的指针）赋给 b 结点的指针域。

（2）将指向b结点的指针（即指针变量s的值）赋给a结点的指针域。

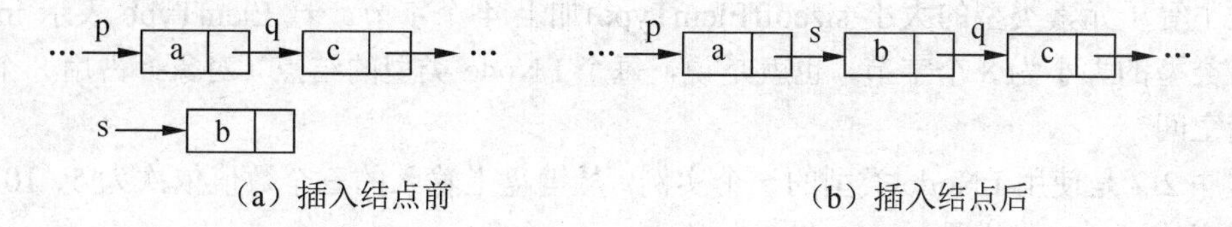

图2-6　在单链表中插入结点的示意图

注意： 在单链表的表头插入一个新结点，则首先要把原表头指针赋给新结点的指针域，然后再把新结点的存储位置赋给表头指针变量。

思考： 在单链表的表尾插入一个新结点，情况又如何呢？它同在中间或表头插入的情况有何异同？

从单链表中删除x结点后面的y结点的前后状态，如图2-7所示，其删除操作的过程如下。

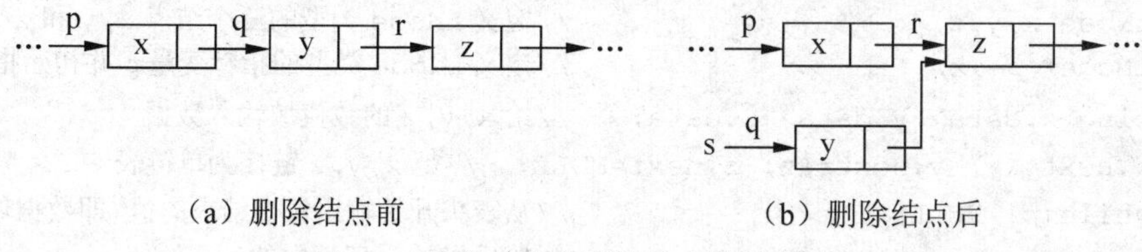

图2-7　从单链表中删除结点的示意图

（1）将x结点指针域的值q（即指向后继y结点的指针）赋给一个临时指针变量s，以便处理和回收该结点。

（2）将y结点的指针域的值r（即指向后继z结点的指针）赋给x结点的指针域。

注意： 从单链表中删除表头结点，则首先要把表头指针赋给一个临时指针变量，以便处理和回收该结点，然后再把原表头结点指针域的值（即指向原表头后继结点的指针）赋给表头指针变量，使其下一个结点成为新的表头结点。

思考： 若从单链表中删除表尾结点，情况又如何呢？它同删除中间或表头结点的情况有何异同？

4．单链表中的结点类型

在单链表中，每个结点的类型用LNode表示，它包括存储元素的数值域，用data表示，其类型用通用类型标识符ElemType表示，还包括存储后继元素位置的指针域，用next表示，其类型为指向本身结点的指针类型LNode*，则LNode类型的定义如下。

```
struct LNode          //定义单链表结点类型
{
    ElemType data;
    LNode* next;
};
```

因为每个指针类型的大小等于一个整型（int）的大小（即 4 个字节），所以 LNode 类型的大小等于元素类型的大小 sizeof(ElemType)加上 4 个字节。若 ElemType 表示 int，则 LNode 类型的大小为 8 个字节，也就是说，每个 LNode 类型的结点（对象）占用 8 个字节的存储空间。

程序 2-2 是使用 LNode 类型的一个实例。从键盘上输入的三个数值依次为 5、10 和 8，则该程序的运行结果也是 5、10 和 8。

```
//程序 2-2.cpp
#include<iostream.h>
typedef int ElemType;                    //规定元素类型为整型
struct LNode {                           //定义单链表结点
    ElemType data;
    LNode* next;
};
void main()
{
    LNode x,y,z;                         //定义 LNode 类型的三个结点 x,y 和 z
    LNode* p=&x;                         //定义 LNode 类型的指针变量 p 并初始指向 x 结点
    cin>>x.data>>y.data>>z.data;         //给 x,y,z 的数值域输入数据
    x.next=&y; y.next=&z; z.next=NULL;   //把 x,y,z 链接为单链表
    while(p!=NULL) {                     //从表头开始输出每个结点的值(即数据域的值)
        cout<<p->data<<" ";              //输出指针 p 所指向的结点的值
        p=p->next;                       //使 p 指向链表中的下一个结点
    }
    cout<<endl;
}
```

程序 2-3 同上面程序 2-2 具有相同的功能，都是建立一个具有三个结点的单链表，然后再依次输出单链表中每个结点的值。但在程序 2-2 中，单链表中的每个结点为静态结点，即由静态分配所产生的结点，而在程序 2-3 中，单链表中的每个结点为动态结点，即由动态分配所产生的结点。

```
//程序 2-3.cpp
#include<iostream.h>
typedef int ElemType;                 //规定元素类型为整型
struct LNode {                        //定义单链表结点类型
    ElemType data;
    LNode* next;
};
void main()
{
    LNode *p,*q,*p1;
    p1=p=new LNode;                   //动态产生结点并将其地址赋给 p 和 p1 指针
    for(int i=0; i<3; i++){
        q=new LNode;                  //q 指向一个新产生的动态结点
```

```
        cin>>q->data;                //从键盘输入一个整数赋给 q 结点的值域
        p->next=q;                   //将 q 结点链接到 p 结点之后
        p=q;                         //使 p 指针后移，指向后继新结点 q
    }
    p->next=NULL;                    //置链表的最后一个结点的指针域为空
    p=p1->next;                      //链表的表头结点为 p1 结点的指针域所指向的结点
    while(p!=NULL) {                 //从表头开始输出每一个结点的值
        cout<<p->data<<" ";          //输出 p 结点的值，即其数值域的值
        p=p->next;                   //使 p 指向链表中的下一个结点
    }
    cout<<endl;
}
```

单链表中的结点既可以来自静态或动态产生的独立结点（如以上两个程序所示），也可以来自静态或动态产生的数组中的元素（结点），若来自数组中的结点（元素），则 next 域指向的是后继结点所在的下标，所以它应被定义为整数类型。用 ALNode 表示数组中结点的类型，则对应的定义如下。

```
struct ALNode{
    ElemType data;
    int next;
};
```

由数组中的结点构造单链表的所属数组类型可定义如下。

```
typedef ALNode ALinkList[MaxSize];
```

ALinkList 被定义为包含有 MaxSize 个元素的、元素类型为 ALNode 的数组类型。由该类型的对象（即数组）构造单链表时，通常下标为 0 的元素不作为单链表中的结点使用，而是用它的指针域保存表头指针，这样，数组最多能够提供 MaxSize–1 个结点。另外，当一个结点无后继结点时，其指针域应被赋予数值 0，表示空指针。

利用 ALinkList 类型的数组构成单链表的情况，如图 2-8（a）所示。表头指针为下标 0 位置中 next 域的值 4，单链表的结构示意图，如图 2-8（b）所示。表头指针用 f 表示，每个指针上标出的数值就是该指针的具体值。

	0	1	2	3	4	5	6	7	8	…	MaxSize–1
data		75	62	83	44	57	94	50	68		
next	4	3	8	6	7	2	0	5	1		

（a）数组构成的单链表

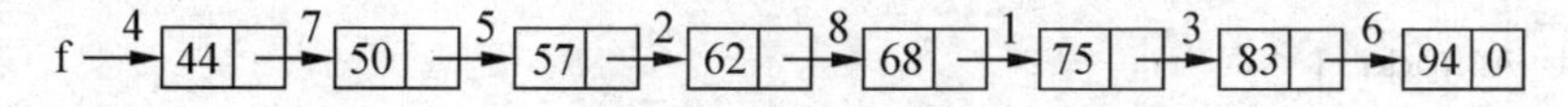

（b）单链表的结构

图 2-8　利用数组建立单链表示意图

可以看出，该单链表中各数据元素之间的逻辑顺序如下。

44, 50, 57, 62, 68, 75, 83, 94

由数组建立一个单链表时，通常将所有空闲元素链接起来构成一个空闲单链表，空闲单链表的表头指针也需要用一个元素结点的指针域保存起来，假定使用 1 号（即下标为 1）的指针域。在这种数组中链接存储的线性表的长度至多为 MaxSize–2，因为 0 号和 1 号元素均被表头指针所占有。当对整个数组进行初始化时，不仅置单链表为空，即把 0 赋给 0 号元素的指针域，而且将全部 MaxSize–2 个空闲结点链接起来构成空闲单链表，同时把它的表头指针（即 2）赋给 1 号元素的指针域。对数组进行初始化后的情况，如图 2-9 所示。

	0	1	2	3	4	5	6	7	8		MaxSize–1
data											
next	0	2	3	4	5	6	7	8	9		0

图 2-9 空闲单链表

向数组中的单链表插入一个新元素时，首先从空闲表中取出（即删除）表头结点作为保存新元素的结点使用，然后再把该结点按条件插入到单链表中；当从数组中的单链表删除一个元素结点时，首先从单链表中取出这个结点，然后再把该结点插入到空闲单链表的表头。

数组中的元素单链表和空闲单链表的结点总数，在任何时候都等于 MaxSize–2，当空闲单链表为空时，则元素单链表为满，此时无法再向它插入新结点。

例如，在下面的数组中，链接存储的线性表为(35,68,57,26,70)，空闲单链表中依次包含有 3,5,8 号元素结点，MaxSize=10，如图 2-10 所示。

	0	1	2	3	4	5	6	7	8	9
data			68		35		57	70		26
next	4	3	6	5	2	8	9	0	0	7

图 2-10 元素和空闲单链表

5. 双向链表中的结点类型和插入与删除操作

对于双向链表也可进行以上对单链表那样的讨论，若双向链表采用独立结点构成，则结点类型定义为：

```
struct DNode {
    ElemType data;
    DNode* left;
    DNode* right;
};
```

若双向链表采用数组中的元素结点构成，则结点类型应定义为：

```
struct ADNode {
    ElemType data;
    int left;
    int right;
};
```

其中，DNode 和 ADNode 为结点类型标识符，该类型包含有 3 个域：数值域（data），左指针域（left）和右指针域（right），left 域用于指向前驱结点，right 域用于指向后继结点。

设 p 和 q 分别是具有 DNode*类型的指针变量，若在双向链表中 p 结点之后插入一个 q 结点，则需要修改 4 个指针域的值，操作步骤如下。

（1）使 p 结点的后继结点成为 q 结点的后继结点。

```
q->right=p->right;
```

（2）若 p 结点有后继结点，则使 q 结点成为该结点的前驱结点。

```
if(p->right) p->right->left=q;
```

（3）使 p 结点成为 q 结点的前驱结点。

```
q->left=p;
```

（4）使 q 结点成为 p 结点的后继结点。

```
p->right=q;
```

插入过程如图 2-11 所示。

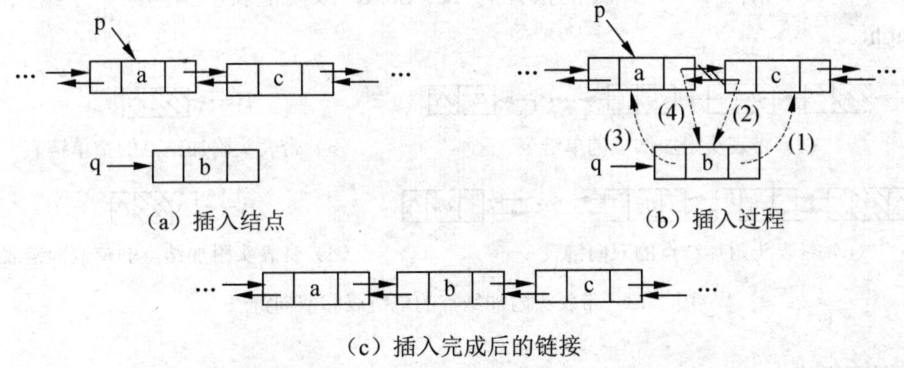

图 2-11　在双向链表中插入结点的示意图

若删除双向链表中 p 指针所指向的结点，假定 p 结点前后都存在着结点，则只需要修改两个指针，其操作步骤如下。

（1）修改 p 结点的前驱结点的右指针，使之指向 p 结点的后继结点。

```
p->left->right=p->right;
```

（2）修改 p 结点的后继结点的左指针域，使之指向 p 结点的前驱结点。

```
p->right->left=p->left;
```

（3）回收 p 结点。

```
delete p;
```

删除过程如图 2-12 所示。

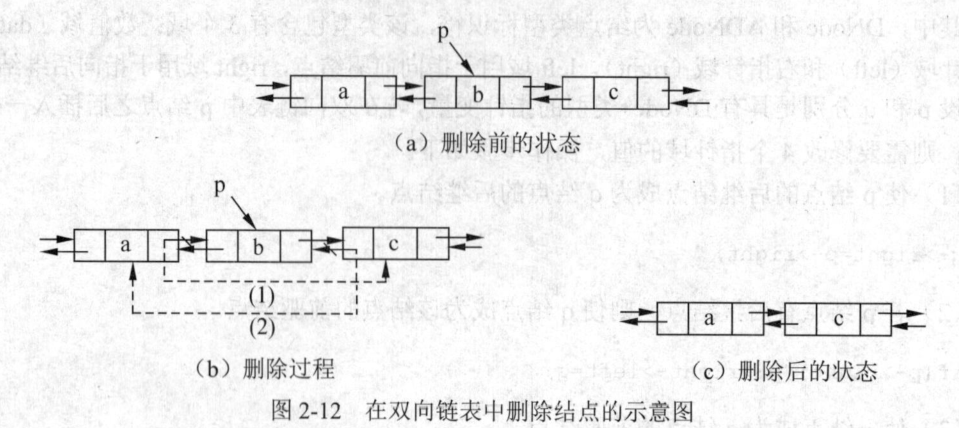

图 2-12　在双向链表中删除结点的示意图

6．带表头附加结点的线性链表

在线性表的链接存储中，为了方便在表头插入和删除结点，使得与在其他地方所做的操作相同，需要在表头结点（即保存第一个元素的结点）的前面增加一个结点，把它称之为**表头附加结点**，此时表头附加结点的指针域指向表头结点，而表头指针由原来指向第一个元素的结点改为指向表头附加结点。仍以存储以前给出的线性表 A 为例，如图 2-13 所示。此时单链表中指向第一个结点的指针为 H->next，双向链表中指向第一个结点的指针为 B->right。

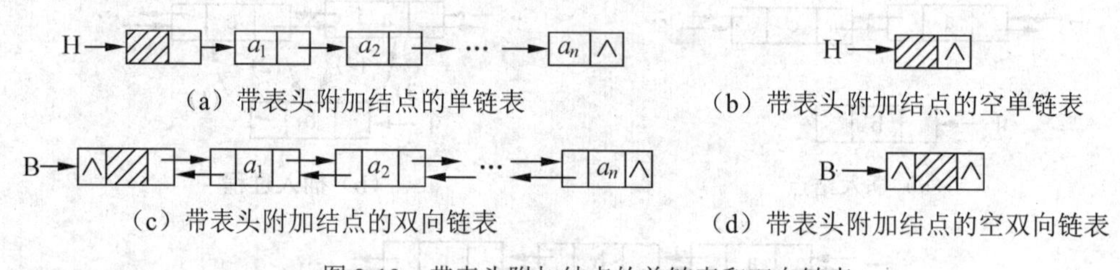

图 2-13　带表头附加结点的单链表和双向链表

7．循环链表

在单链表中，让表尾结点（即最后一个结点）的指针域指向表头结点或表头附加结点（若采用的话）；在双向链表中，若让表尾结点的右指针域指向表头结点或表头附加结点，而让表头结点或表头附加结点的左指针域指向表尾结点，则就构成了**循环链表**。带有表头附加结点的循环单链表和循环双向链表，如图 2-14 所示。

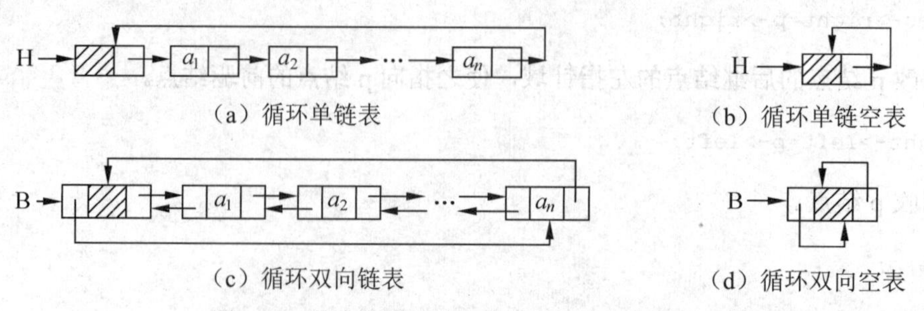

图 2-14　带表头附加结点的循环单链表和循环双向链表

对于由数组元素结点构成的单链表，其下标为0的元素结点的指针域保存元素单链表的表头指针，所以该结点成为元素单链表的附加表头结点，而元素单链表的最后一个结点的指针域为0表示空指针，它正好是表头附加结点的下标，由此构成带表头附加结点的循环单链表。空闲表的最后一个结点的指针域被置为整数0表示空指针，若被置为整数1则可构成带表头附加结点的循环空闲表。

对于独立分配存储空间的结点，通常由指针所指向，若使用的指针为p，则*p就表示该结点，p->data和p->next就分别表示该结点的数值域和指针域。对于数组中的元素结点，它是由数组名和下标值标识的，假定数组名为a，下标值为k，则a[k]就表示该结点，a[k].data和a[k].next就分别表示该结点的数值域和指针域，元素单链表的表头指针为a[0].next，空闲单链表的表头指针为a[1].next。了解独立结点和元素结点在访问上的差别后，学会在独立结点所构成的单链表上进行各种运算的算法，也就不难写出对元素单链表进行各种运算的算法。

2.5 线性表操作在单链表上的实现

每个单链表都有一个表头指针，用HL表示，由表头指针可以访问到单链表中的任何结点，所以要对单链表进行操作，必须给出表头指针。假定以HL为表头指针的单链表是由LNode类型的动态结点所组成，并且不带有表头附加结点，下面给出对线性表抽象数据类型中列举的每一操作在单链表上的具体实现，即C++语言算法描述。

1. 初始化单链表

```
void InitList(LNode* &HL)
{
    HL=NULL;                    //置单链表为空
}
```

2. 删除单链表中的所有结点，使之成为一个空表

删除单链表中的所有结点，需要遍历单链表，通过delete操作释放被访问的每一个结点所占的存储空间，然后把表头指针置为空。

```
void ClearList(LNode*& HL)
{
    LNode *cp;                  //将用cp(current pointer)指向待处理结点
    LNode *np;                  //将用np(next pointer)指向cp的后继结点
    cp=HL;                      //表头指针赋给cp
    while(cp!=NULL) {           //遍历单链表，释放每个结点的存储空间
        np=cp->next;            //保存下一个结点的地址
        delete cp;              //删除当前结点，即被处理的结点
        cp=np;                  //使下一个结点成为当前结点
    }
    HL=NULL;                    //置单链表为空
}
```

3．得到单链表的长度

由于在单链表的构成中，没有给出单链表的长度，所以此算法需要遍历单链表，对被访问的结点进行计数，最后返回计数值。

```
int LenthList(LNode* HL)
{
    int i=0;                    //用来统计单链表中结点的个数
    while(HL!=NULL)             //遍历单链表，统计结点数
    {
        i++;
        HL=HL->next;
    }
    return i;                   //返回单链表长度
}
```

因为该运算需要访问单链表中的每个结点，不改变表头指针，即不会改变单链表的状态，所以定义表头指针 HL 为值参。对于指针值参只需要占用一个字（即 4 个字节）的存储空间，它与使用引用参数传送时需要保存实参地址所需要的存储空间大小相同，由此不会增加存储空间和传送参数值时间。对于上面第 1 和第 2 种操作，由于需要通过函数体操作修改调用函数时的实际表头指针的值，所以必须被定义为引用参数。

4．检查单链表是否为空

```
bool EmptyList(LNode* HL)
{
    return HL==NULL;
}
```

5．得到单链表中第 pos 个结点中的元素

要访问单链表中的第 pos 个结点，必须从表头开始依次访问过该结点之前的所有结点后才能够实现，即只能够采用顺序存取，而不能够随机存取任一个结点。

```
ElemType GetList(LNode* HL, int pos)
{
    if(pos<1) {             //pos 值有错，退出运行
        cerr<<"pos is out range!"<<endl;
        exit(1);
    }
    int i=0;                //统计已遍历的结点数，i 初值为 0
    while(HL!=NULL) {       //遍历到第 pos 个结点或表为空时止
        i++;
        if(i==pos) break;
        HL=HL->next;
    }
```

```
    if(HL!=NULL)                //返回结点值
        return HL->data;
    else {
        cerr<<"pos is out range!"<<endl;
        exit(1);
    }
}
```

6. 遍历一个单链表

遍历一个单链表并打印出每个结点的值。

```
void TraverseList(LNode* HL)
{
    while(HL!=NULL) {               //从表头开始依次输出每个结点的值
        cout<<HL->data<<" ";
        HL=HL->next;
    }
    cout<<endl;
}
```

7. 从单链表中查找出等于给定值的第1个元素

```
bool FindList(LNode* HL, ElemType& item)
{
    while(HL!=NULL)
        if(HL->data==item) {        //查找成功由item带回完整值
            item=HL->data;
            return true;
        }
        else HL=HL->next;           //HL指向后继结点
    return false;
}
```

8. 更新单链表中等于给定值的第1个元素

```
bool UpdateList(LNode* HL, const ElemType& item)
{
    while(HL!=NULL)                 //查找元素
        if(HL->data==item) break;
        else HL=HL->next;
    if(HL==NULL) return false;      //没有被更新的元素，返回假
    else {                          //更新元素
        HL->data=item;
        return true;
    }
}
```

9．向单链表中按给定条件插入一个元素

其插入过程如下。

（1）判定 pos 的值，若小于−1 则表明 pos 值无效，返回假。

（2）为新插入元素动态分配结点并赋值。

（3）根据 pos 的值所表示的不同条件，寻找新结点的插入位置，为此需要从表头开始顺序查找新元素的插入位置，在查找过程中必须保留当前待比较结点的地址及其前驱结点的地址，以便插入时使用。

（4）在插入位置上完成插入新结点操作，即把新结点链接到当前结点和前驱结点之间。若插入的位置为表头，则需要做特殊处理。

```
bool InsertList(LNode* &HL, ElemType item, int pos)
{
  //pos值小于-1返回假
   if(pos<-1) {
       cout<<"pos值无效!"<<endl; return false;
   }
  //为item元素建立新结点
   LNode* newptr;
   newptr=new LNode;
   newptr->data=item;
  //寻找新结点的插入位置
   LNode* cp=HL;         //用cp指向当前结点(即待查结点),初始指向表头
   LNode* ap=NULL;       //用ap(ahead pointer)指向cp的前驱结点,初始为空
   if(pos==0) {          //按值寻找插入位置
       while(cp!=NULL) {
           if(item<cp->data) break;        //找到新元素插入位置,退出循环
           else {                          //ap和cp指针均后移,实现顺序向后比较
               ap=cp;
               cp=cp->next;
           }
       }
   }
   else if(pos==-1)                        //查找表尾位置
       while(cp!=NULL) {ap=cp; cp=cp->next;}
   else {                                  //按序号pos的值寻找插入位置
       int i=0;
       while(cp!=NULL) {
           i++;
           if(i==pos) break;               //找到新元素插入位置,退出循环
           else {                          //ap和cp指针均后移,实现顺序向后比较
               ap=cp; cp=cp->next;
           }
       }
```

```
        if(cp==NULL && i+1<pos) {
            cout<<"pos 值超出单链表长度加 1!"<<endl;
            return false;
        }
    }
  //完成新结点插入操作
    if(ap==NULL)  {                        //把新结点插入到表头
        newptr->next=HL;
        HL=newptr;
    }
    else
    {  //把新结点插入到非表头位置，即插入到 ap 和 cp 结点之间
        newptr->next=cp;                   //cp 指针也可能为空,此时为表尾
        ap->next=newptr;
    }
    return true;
}
```

10．从单链表中删除符合给定条件的第 1 个元素

删除算法的执行步骤如下。

（1）若单链表为空则返回假。

（2）若 pos 值小于–1 时则返回假。

（3）根据 pos 的值所表示的条件从单链表中查找被删除的结点，为此需要从单链表中顺序查找，直到查找成功或失败为止。在查找过程中需要保留待比较的当前结点和前驱结点的地址，以便删除结点时使用。

（4）删除查找到的结点，对表头结点和非表头结点要做不同处理。

（5）回收被删除结点的存储空间。

（6）删除成功返回真。

```
bool DeleteList(LNode* &HL, ElemType& item, int pos)    //从 L 删除元素
{
  //单链表为空，无法删除，返回假
    if(HL==NULL){
        cerr<<"单链表为空，删除操作无效!"<<endl;
        return false;
    }
  //pos 值小于-1 返回假
    if(pos<-1) {
        cout<<"pos 值无效!"<<endl; return false;
    }
  //寻找被删除的元素结点
    LNode* cp=HL;          //用 cp 指向当前结点(即待查结点),初始指向表头
    LNode* ap=NULL;        //用 ap(ahead pointer)指向 cp 的前驱结点,初始为空
    if(pos==0) {           //按值查找被删除结点
```

```
        while(cp!=NULL) {
            if(item==cp->data) break;       //找到被删除结点 cp,退出循环
            else {                          //ap 和 cp 指针均后移,实现顺序向后比较
                ap=cp;
                cp=cp->next;
            }
        }
        if(cp==NULL) {
            cout<<"单链表中没有相应的结点可删除!"<<endl;
            return false;
        }
    }
    else if(pos==-1)                //查找表尾结点
        while(cp->next!=NULL) {ap=cp; cp=cp->next;}
    else {                          //按序号查找结点位置
        int i=0;
        while(cp!=NULL) {
            i++;
            if(i==pos) break;       //找到被删除结点 cp,退出循环
            else {                  //ap 和 cp 指针均后移,实现顺序向后比较
                ap=cp;
                cp=cp->next;
            }
        }
        if(cp==NULL) {
            cout<<"pos 值无效!"<<endl; return false;
        }
    }
  //删除 cp 所指向的结点
    if(ap==NULL) HL=HL->next;     //删除表头结点
    else ap->next=cp->next;       //删除非表头结点,也可以是表尾结点
  //收回被删除结点的存储空间
    delete cp;
  //删除成功返回真
    return true;
}
```

11. 对单链表进行数据排序

假定待排序的单链表由表头指针 HL 所指向，对结点值按照从小到大次序进行排序链接时，首先建立一个空的单链表，然后把 HL 中的每个结点取出并按值依次插入到新建立的单链表中，最后由引用参数 HL 带回新建单链表的表头指针。下面就是对单链表进行的插入排序算法。

```
void SortList(LNode* &HL)
{
```

```
  //建立一个反映排序结果的新单链表并初始化为空
    LNode* SL;
    InitList(SL);
  //从待排序的HL单链表中依次取出每个结点,按值插入到新单链表中
    LNode* r=HL;              //r指向待取出排序的一个结点,初始为HL表头结点
    while(r!=NULL) {
      //为新插入的r结点在SL中顺序查找出插入位置
        LNode* t=r->next;           //t指向r的后继结点
        LNode* cp=SL;               //用cp初始指向SL单链表的表头
        LNode* ap=NULL;             //用ap指向cp的前驱结点,初始为空
        while(cp!=NULL) {
            if(r->data<cp->data) break;   //找到被插入点,退出循环
            else {                        //ap和cp指针均后移,实现顺序向后比较
                ap=cp;
                cp=cp->next;
            }
        }
      //实现插入操作
        if(ap==NULL)  {             //把r结点插入到表头
            r->next=SL;
            SL=r;
        }
        else {                      //把r结点插入ap和cp结点之间
            r->next=cp;             //cp可能为空,则r成为SL的表尾
            ap->next=r;
        }
      //使r指向原单链表的下一个结点
        r=t;
    }
  //由引用参数带回新单链表的表头指针
    HL=SL;
}
```

在上面对单链表进行的11种操作算法中，第1、4种算法的时间复杂度为$O(1)$；第2、3及5～10种算法的时间复杂度为$O(n)$；第11种算法的时间复杂度为$O(n^2)$。若只在单链表的表头插入或删除结点，其时间复杂度均为$O(1)$。上述每个算法的空间复杂度均为$O(1)$。由于对单链表的插入和删除元素的操作只进行元素的比较，不进行元素的移动，而对顺序存储的线性表操作既需要元素的比较，又需要元素的移动，所以当处理的数据量较大，同时每个数据占用的字节数较多时，在相同数量级的情况下，顺序表操作往往比单链表操作要花费更多的时间。

要上机调试上述对单链表操作的算法，只要对本章第2节的调试程序稍加修改即可。主要是把顺序表List类型定义替换为LNode结点类型定义，把主函数中的表对象t的类型List替换为LNode*。

对于由数组中元素结点构成的单链表，其操作算法与上述独立结点构成的单链表的情

况类似，下面仅给出初始化单链表、按值插入元素和按值删除元素的算法，其他算法不难由同学们写出。

（1）初始化单链表。

```
void InitList(ALinkList AL)      //参数说明等同于 ALNode AL[MaxSize]
{
  //将循环单链表置空,下标 0 结点为表头附加结点
    AL[0].next=0;
  //结点依次链接构成空闲链接表
    for(int i=2; i<MaxSize-1; i++)
        AL[i].next=i+1;
  //将带表头附加结点的空闲链接表的最后结点的指针域置空
    AL[MaxSize-1].next=0;
  //下标为 1 结点的指针域指向空闲链接表的第 1 个结点
    AL[1].next=2;
}
```

（2）向有序单链表按值插入一个元素。

```
bool InsertList(ALinkList AL, const ElemType& item)
{
    int newptr;
    newptr=AL[1].next;              //从空闲表中取出表头结点
    if(newptr==0) {                 //如果空闲表为空则返回假
        cerr<<"没有空闲结点可用!"<<endl;
        return false;
    }
    AL[1].next=AL[newptr].next; //空闲表的第 2 个结点成为新的表头结点
    AL[newptr].data=item;           //item 的值赋给被插结点的值域
    int ap, cp;                     //定义 cp 指向待比较结点, ap 指向其前驱结点
    ap=0; cp=AL[0].next;            //分别给 ap 和 cp 赋初值
    while(cp!=0)                    //查找新结点的插入位置
        if(item<AL[cp].data) break;
        else  {
            ap=cp; cp=AL[cp].next;
        }
    AL[newptr].next=cp;             //插入时不用特殊处理表头情况
    AL[ap].next=newptr;
    return true;
}
```

（3）从单链表中删除等于给定值的第 1 个元素。

```
bool DeleteList(ALinkList AL, ElemType& item)
{
  //单链表为空, 无法删除元素, 返回假
```

```
    if(AL[0].next==0) {
        cerr<<"Linkedlist is an empty!"<<endl;
        return false;
    }
  //查找被删除的结点及前驱结点
    int ap, cp;
    ap=0; cp=AL[0].next;
    while(cp!=0)
        if(AL[cp].data==item) break;
        else {ap=cp; cp=AL[cp].next; }
  //若不存在被删除的元素则返回假
    if(cp==0){
        cerr<<"Deleted element is not exist!"<<endl;
        return false;
    }
  //从单链表中删除查找到的下标为 cp 的结点，不用特殊考虑表头情况
    AL[ap].next=AL[cp].next;
  //把删除的结点插入到空闲表的表头
    AL[cp].next=AL[1].next;
    AL[1].next=cp;
  //删除成功返回数值假
    return false;
}
```

*2.6　多项式计算

2.6.1　多项式表示与求值

多项式表示与求值是线性表应用的一个典型实例。

由数学知识可知，一个多项式 $P(x)$的一般表示为：

$$P(x)=a_0+a_1x^1+a_2x^2+\Lambda+a_nx^n$$

其中，n 为整数，$n\geq 0$，$a_n\neq 0$，$a_0\sim a_{n-1}$ 中的每个系数可以为 0，也可以不为 0。

1. 多项式的第 1 种线性表表示与运算

为了处理 $P(x)$，可把所有项的系数用一个线性表来表示：

$$(a_0, a_1, a_2, \Lambda, a_n)$$

把这个线性表用顺序存储结构或链接存储结构保存起来，就可以进行多项式的有关运算。若采用顺序存储结构，对应的 List 类型的对象为 P，其中 P.list[]按 x 指数的升序存储相应的系数，即存储上面线性表，P.size 存储多项式中的项数，它等于 x 的最高次幂加 1，则求此多项式值的算法描述如下。

```
double PolySum1(List& P, double x)
{
  //用sum计算累加和，首先把常数项a0的值赋给它作为其初值
    double sum=P.list[0];
  //用w计算x的次幂，初值为1
    double w=1;
  //累加计算多项式的值
    for(int i=1; i<P.size; i++) {
        w*=x;                    //计算出x的i次幂
        sum+=P.list[i]*w;        //把一个新项aixi的值累加到sum中
    }
  //返回求出的多项式的值
    return sum;
}
```

若多项式线性表采用链接存储结构，则求值算法描述如下。

```
double PolySum1(LNode* P, double x)
{
    LNode *t=P;                  //用t指向多项式单链表的表头结点
    double sum=t->data;          //用sum计算累加和，初值为常数项a0的值
    double w=1;                  //用w计算x的次幂，初值为1
    t=t->next;                   //t指向第二个结点，即值为a1的结点
    while(t!=NULL) {             //累加计算多项式的值
        w*=x;                    //使w累乘x
        sum+=t->data*w;          //把一个新项的值累加到sum中
        t=t->next;               //使t指向下一个结点
    }
    return sum;                  //返回求出的多项式的值
}
```

假定一个多项式为 $5+3x^2-6x^3+2x^5$，对应的线性表为(5,0,3,–6,0,2)，若采用链接存储，计算程序如下。

```
#include<iostream.h>
#include<stdlib.h>
typedef double ElemType;
struct LNode {                  //定义单链表结点类型
    ElemType data;
    LNode* next;
};

//单链表有关操作的函数定义

void main()
{
```

```
    LNode* a;
    InitList(a);
    ElemType r[6]={5,0,3,-6,0,2};
    int i;
    for(i=5; i>=0; i--) InsertList(a,r[i],1);
    cout<<"线性表 a:";
    TraverseList(a);
    cout<<"线性表长度:"<<LenthList(a)<<endl;
    double y=PolySum1(a,2);
    cout<<"x 值为 2 时的多项式值:"<<y<<endl;
    ClearList(a);
}
```

在主函数的 for 语句中，按 r 数组元素排列的逆序依次在单链表的表头插入，正好能够得到按指数升序链接的单链表。这样建立的单链表，其时间复杂度为 $O(n)$。若把数组 r 中的元素依次插入到单链表的表尾，其建立成的单链表的时间复杂度为 $O(n^2)$。此程序的运行结果为：

```
线性表 a:5 0 3 -6 0 2
线性表长度:6
x 值为 2 时的多项式值:33
```

2．多项式的第 2 种线性表表示与运算

在一个多项式中，往往会出现许多缺项。如 $P(x)=1+6x^5-3x^{12}+7x^{60}$，其中只有 4 项，缺少 57 项，或者说 57 项的系数均为 0。若仍采用上述定义形式的线性表，将浪费存储空间和运算时间，是不可取的。为此，通常采用另一种形式的线性表来表示，该线性表中的每个元素对应多项式中的一个非零项，每个元素包含两个域：系数域（coef）和指数域（exp），用来分别表示对应项的系数和 x 的指数，并且线性表中的元素应按照指数的升序排列，它是按指数有序的一个有序表。

$P(x)$多项式的这种线性表表示为：

$$(\{1,0\},\{6,5\},\{-3,12\},\{7,60\})$$

将线性表中的元素类型定义为 Term 结构类型，则描述为：

```
struct Term {
    double coef;      //系数
    int exp;          //指数
};
```

通过使用如下的定义语句将 Term 类型与通用的线性表元素类型 ElemType 对应起来。

```
typedef Term ElemType;
```

利用顺序存储结构存储这种线性表的多项式求值的算法如下。

```
double PolySum2(List& P, double x)
{
```

```
  //给作为累加变量的 sum 赋初值为 0
    double sum=0;
  //累加计算多项式的值
    for(int i=0; i<P.size; i++) {
        int y=P.list[i].exp;                //把一个新项的 x 的指数赋给 y
        sum+=P.list[i].coef*pow(x,y);      //把新项的值累加到 sum 中
    }
  //返回所求结果
    return sum;
}
```

在函数中使用的 pow(x,y)是求 x 的 y 次幂的函数，该函数定义在 math.h 头文件中。

利用链接存储结构存储这种线性表的多项式求值的算法如下。

```
double PolySum2(LNode* P, double x)
{
    LNode *t=P;
    double sum=0;
    while(t!=NULL) {
        int y=t->data.exp;
        sum+=t->data.coef*pow(x,y);
        t=t->next;
    }
    return sum;
}
```

用下面程序来调用求顺序存储的多项式值的算法。由于把结构类型 Term 作为线性表中的元素类型 ElemType 使用，所以在整个程序中必须包含相应的运算符重载函数的定义，使得元素之间的小于、等于、插入等运算是有效的。当然不通过运算符重载也是可行的，则需要修改相应操作的算法，使之进行比较的是元素的某个域的值（如 exp 域的值），而不是整个元素值，依次输出元素的每个域的值，而不是整个结构元素的值。

```
#include<iostream.h>
#include<stdlib.h>
#include<math.h>
struct Term {
    double coef;            //系数
    int exp;                //指数
};
typedef Term ElemType;
struct List {
    ElemType *list;         //存线性表元素的动态存储空间的指针
    int size;               //存线性表长度
    int MaxSize;            //规定 list 数组的长度
};
```

```
bool operator ==(const ElemType& e1, const ElemType& e2)
{
    return e1.exp==e2.exp;
}
bool operator <(const ElemType& e1, const ElemType& e2)
{
    return e1.exp<e2.exp;
}
ostream& operator <<(ostream& ostr, const ElemType& x)
{
    ostr<<x.coef<<' '<<x.exp<<' ';
    return ostr;
}

#include"list.cpp"           //该程序文件保存着对线性表各种操作的算法

double PolySum2(List& P, double x)
{  //如上面给出的函数定义
}

void main()
{
    List a1,a2;
    InitList(a1); InitList(a2);
    Term r1[4]={{5,0},{3,2},{-6,3},{2,5}};
    Term r2[4]={{1,0},{6,5},{-3,12},{7,60}};
    int i;
    for(i=0; i<4; i++)       //把r1中的每个元素依次插入线性表a1的表尾
        InsertList(a1,r1[i],-1);
    for(i=0; i<4; i++)       //把r2中的每个元素依次插入线性表a2的表尾
        InsertList(a2,r2[i],-1);
    cout<<"线性表a1:";
    TraverseList(a1);
    cout<<"线性表a2:";
    TraverseList(a2);
    double y1=PolySum2(a1,2);
    double y2=PolySum2(a2,2);
    cout<<y1<<' '<<y2<<endl;
    ClearList(a1); ClearList(a2);
}
```

执行这个程序得到的结果为：

```
线性表a1:5 0  3 2  -6 3  2 5
线性表a2:1 0  6 5  -3 12  7 60
33 8.07045e+018
```

2.6.2 两个多项式相加

下面以多项式的链接存储结构为例讨论两个多项式 P_1 和 P_2 相加的算法，返回它们的和多项式。

两个多项式相加就是使对应项相加，若另一个多项式中没有对应项（即指数相同的项），则把它直接复制到结果中。如：

$$P_1(x)=5+3x^2-6x^3+2x^5$$

$$P_2(x)=3+4x-2x^2+3x^3-2x^5+9x^6$$

P_1、P_2 的相加结果为 $P_3(x)=8+4x+x^2-3x^3+9x^6$。

因为每个单链表都是按指数域的值有序的单链有序表，所以此相加过程就是两个单链有序表的合并过程，当然要遵循多项式相加的合并规则。

1. 实现相加运算的第 1 种算法

设计此题的算法时，首先将两个指针 t1 和 t2 分别指向两个多项式单链表 p1 和 p2 的表头结点，并定义和初始化一个新的单链表 p3 作为结果单链表；然后当 t1 和 t2 所指结点非空时，比较它们的指针域值的大小，将较小的一个结点的值插入到 p3 单链表中，若两者相等，则将系数域的值相加，当不为零时同任一结点的指数域的值组成一个元素值插入到 p3 单链表中，让 t1 和 t2 指针后移，以便向下继续比较和处理；最后当出现有一个单链表处理结束时，把另一个单链表中未处理的每个结点的值插入到 p3 单链表中。由此得到的算法如下。

```
LNode* PolyAdd1(LNode* p1, LNode* p2)
{
  //定义表示结果多项式的单链表 P3 并初始化为空
    LNode* p3;
    InitList(p3);
  //分别定义 t1 和 t2 指针,初始分别指向 P1 和 P2 单链表
    LNode *t1=p1, *t2=p2;
  //当两个表同时不空时的处理过程
    while(t1 && t2) {
      //将 t1 所指结点的值按指数有序插入到 p3 单链表中,实际是插到表尾
        if(t1->data.exp<t2->data.exp) {
            InsertList(p3,t1->data,-1);
            t1=t1->next;
        }
      //将 t2 所指结点的值按指数有序插入到 p3 单链表中
        else if(t2->data.exp<t1->data.exp) {
            InsertList(p3,t2->data,-1);
            t2=t2->next;
        }
      //将 t1 和 t2 所指结点的值合并后按指数有序插入到 p3 单链表中
```

```
        else {
            double a=t1->data.coef+t2->data.coef;
            if(a!=0) {
                Term item={a,t1->data.exp};
                InsertList(p3,item,-1);
            }
            t1=t1->next;
            t2=t2->next;
        }
    }
  //将 p1 单链表中的剩余结点复制到 p3 单链表中
    while(t1!=NULL) {
        InsertList(p3,t1->data,-1);
        t1=t1->next;
    }
  //将 p2 单链表中的剩余结点复制到 p3 单链表中
    while(t2!=NULL) {
        InsertList(p3,t2->data,-1);
        t2=t2->next;
    }
  //返回结果单链表的表头指针 p3
    return p3;
}
```

在这个算法中，t1->data.exp<t2->data.exp 和 t2->data.exp<t1->data.exp 表达式也可以分别改写为 t1->data<t2->data 和 t2->data<t1->data，因为进行两个 Term 结构对象小于号重载运算符函数比较的是其相应的指数域。

此算法依次扫描两个单链表中的每个结点，每次把一个结点的值或两个对应结点的合并值按指数有序插入到结果单链表中，因为每次插入的指数值都大于结果单链表中已有结点的值，所以只要依次插入到表尾即可。设两个加数多项式的单链表长度分别为 m 和 n，则扫描过程的时间复杂度为 $O(m+n)$，每次插入过程的时间复杂度也为 $O(m+n)$，因为每次都插入到结果单链表的表尾，所以整个算法的时间复杂度为 $O((m+n)^2)$。

2．实现相加运算的第 2 种算法

每次向结果单链表插入时不是调用插入算法 InsertList，而是设法记住结果单链表的表尾结点的位置，直接把新结点链接到表尾，这样插入每个结点的时间复杂度为 $O(1)$，整个算法的时间复杂度就变为 $O(m+n)$，从而大大提高了算法的时间效率，算法如下。

```
LNode* PolyAdd2(LNode* p1, LNode* p2)
{
  //定义结果单链表 p3，并让它指向附加表头结点，这会使处理方便
    LNode* p3;
    p3=new LNode;
  //分别定义 t1,t2 和 t3 指针，初始分别指向 p1,p2 和 p3 单链表
```

```
    LNode *t1=p1, *t2=p2, *t3=p3;
  //当两个表同时不空时的处理过程
    while(t1 && t2) {
      //将 t1 所指结点的值赋给 t3 结点的值域, t1 指针后移
        if(t1->data.exp<t2->data.exp) {
            t3=t3->next=new LNode;          //在 p3 尾部插入新结点并使 t3 指向它
            t3->data=t1->data;
            t1=t1->next;
        }
      //将 t2 所指结点的值赋给 t3 结点的值域, t2 指针后移
        else if(t1->data.exp>t2->data.exp) {
            t3=t3->next=new LNode;
            t3->data=t2->data;
            t2=t2->next;
        }
      //将两结点合并后的值赋给 t3 结点的值域, t1 和 t2 指针同时后移
        else {
            double a=t1->data.coef+t2->data.coef;
            if(a!=0) {
                Term item={a,t1->data.exp};
                t3=t3->next=new LNode;
                t3->data=item;
            }
            t1=t1->next;
            t2=t2->next;
        }
    }
  //将 p1 单链表中的剩余结点复制到 p3 单链表中
    while(t1) {
        t3=t3->next=new LNode;
        t3->data=t1->data;
        t1=t1->next;
    }
  //将 p2 单链表中的剩余结点复制到 p3 单链表中
    while(t2) {
        t3=t3->next=new LNode;
        t3->data=t2->data;
        t2=t2->next;
    }
  //将 p3 单链表的表尾结点的指针域置空
    t3->next=NULL;
  //让 t3 指向 p3 所指的附加表头结点, 以便删除
    t3=p3;
  //使 p3 指向结果单链表的第 1 个元素结点
    p3=t3->next;
```

```
  //释放原附加表头结点
    delete t3;
  //返回结果单链表的表头指针p3
    return p3;
}
```

算法中使用的 p3 单链表是带有表头附加结点的单链表，这给插入运算带来方便，不需要对空表时的插入做特殊处理，待整个运算完成后再把附加表头结点删除，使p3单链表又成为一般形式的单链表。对带有表头附加结点的单链表进行删除也同样方便，删除表头结点和删除其他位置结点的操作完全相同，因为始终不需要修改表头指针。

可以使用下面的主函数调用上面的多项式加法函数。

```
void main()
{
    LNode *a, *b;
    InitList(a);InitList(b);
    Term ra[4]={{5,0},{3,2},{-6,3},{2,5}};
    Term rb[6]={{3,0},{4,1},{-2,2},{3,3},{-2,5},{9,6}};
    int i;
    for(i=3; i>=0; i--) InsertList(a,ra[i],1); //每次插入到表头
    for(i=5; i>=0; i--) InsertList(b,rb[i],1); //每次插入到表头
    cout<<"线性表a:";
    TraverseList(a);
    cout<<"线性表b:";
    TraverseList(b);
    LNode *c=PolyAdd2(a,b);  //或者使用PolyAdd1(a,b)调用
    cout<<"线性表c:";
    TraverseList(c);
    ClearList(a); ClearList(b); ClearList(c);
}
```

程序执行后的结果如下：

```
线性表a:5 0  3 2  -6 3  2 5
线性表b:3 0  4 1  -2 2  3 3  -2 5  9 6
线性表c:8 0  4 1  1 2 -3 3  9 6
```

习　题　2

【习题2-1】 分析程序。

在下面的每个程序段中，线性表La的类型为List，元素类型ElemType为int，假定每个程序段是连续执行的，试写出每个程序段执行后所得到的线性表La。

```
1. int i;
   List La;
   InitList(La);
```

```
int a[]={48,26,57,34,62,79};
for(i=0; i<6; i++)
    InsertList(La,a[i],1);
TraverseList(La);
```

2.
```
ClearList(La);
InitList(La);
for(i=0; i<6; i++)
    InsertList(La,a[i],0);
TraverseList(La);
```

3.
```
int x;
InsertList(La,56,0);
DeleteList(La,x,1);
DeleteList(La,x,1);
InsertList(La,x,-1);
TraverseList(La);
```

4.
```
for(i=1; i<=3; i++) {
    int x=GetList(La,i);
    if(x%2==0) DeleteList(La,x,0);
}
TraverseList(La);
```

5.
```
ClearList(La);
InitList(La);
for(i=0; i<6; i++)
    InsertList(La,a[i],-1);
x=a[5];
DeleteList(La,x,0);
SortList(La);
InsertList(La,a[5]/2,0);
TraverseList(La);
ClearList(La);
```

*【习题 2-2】 画出由执行算法生成的单链表的示意图。

对于习题2-1的前4个程序段，假定La的类型为构造单链表的数组类型ALinkList，元素类型ElemType仍为 int，并假定每个程序段是连续执行的，试画出每个程序段执行后所得到的单链表的示意图，要求在示意图的每个指针上注明具体数值。

【习题 2-3】 编写对具有 List 类型的线性表进行处理的算法。

1. 从线性表中删除具有最小值的元素并由函数返回，空出的位置由最后一个元素填补，若线性表为空则显示出错信息并退出运行。

2. 从线性表中删除其值在给定值 *s* 和 *t* 之间（要求 *s* 小于 *t*）的所有元素。

3. 从有序表中删除其值在给定值 *s* 和 *t*（要求 *s* 小于 *t*）之间的所有元素。

4. 将两个有序表合并成一个新的有序表并由变量返回。

5. 从线性表中删除所有其值重复的元素，使所有元素的值均不同。如对于线性表（2,8,9,2,5,5,6,8,7,2），则执行此算法后变为（2,8,9,5,6,7）。

【习题 2-4】 编写对具有 LNode 结点类型的单链表进行处理的算法。

1．将一个单链表按逆序链接，即若原单链表中存储元素的次序为 $a_1, a_2, \cdots, a_n$，则逆序链接后变为 $a_n, a_{n-1}, \cdots, a_1$。

2．从单链表中查找出所有元素的最大值，该值由函数返回，若单链表为空，则显示出错信息并停止运行。

3．统计出单链表中结点的值等于给定值 x 的结点个数。

4．根据一维数组 a[n]建立一个单链表，使单链表中元素的次序与 a[n]中元素的次序相同，并使该算法的时间复杂度为 $O(n)$。

5．将两个有序单链表合并成一个有序单链表，合并后使原有单链表为空。

6．根据两个有序单链表生成一个新的有序单链表，原有单链表保持不变。两个有序单链表中的元素为（2,8,10,20）和（3,8,9,15,16），则生成的新单链表中的元素为（2,3,8,8,9,10,15,16,20）。

7．根据一个元素类型为整型的单链表生成两个单链表，使得第一个单链表中包含原单链表中所有元素值为奇数的结点，使得第二个单链表中包含原单链表中所有元素值为偶数的结点，原有单链表保持不变。

*【习题 2-5】 编写解决约瑟夫问题的算法。

编写一个算法，分别使用带表头附加结点的循环单链表、一般循环单链表（提示：设立指向表尾结点的指针将方便操作）、顺序存储的线性表解决约瑟夫（Josephus）问题。其问题是：设有 n 个人围坐在一张圆桌周围，先从某个人开始从 1 报数，数到 m 的人出列（即离开座位，不参加以后的报数），然后从出列的下一个人开始重新从 1 报数，数到 m 的人又出列，如此下去直到所有人都出列为止，试求出它们的出列次序。

例如，当 n=8，m=4 时，若从第 1 个人（每个人的编号依次为 $1, 2, \cdots, n$）开始报数，则得到的出列次序为：4,8,5,2,1,3,7,6。

此算法要求以 n、m 和 s（从第 s 个人开始第 1 次报数）作为值参。

【习题 2-6】 修改算法。

对在单链表上的插入算法进行适当修改，编写出在带表头附加结点的循环单链表上实现插入元素的算法。

*【习题 2-7】 编写对结点类型为 DNode 的双向循环链表进行处理的算法。

1．向双向循环链表的末尾插入一个值为 x 的结点。

2．从双向循环链表中删除值为 x 的结点。

3．向双向循环链表的第 i 个结点位置插入一个值为 x 的结点。

*【习题 2-8】 根据下面要求编写算法。

有一种带表头附加结点的链表，每个结点含 3 个域：data、next 和 range，其中 data 为整型值域，next 和 range 均为指针域，所有结点已经由 next 域链接起来。试编一算法，利用 range 域把所有结点按照其值从小到大的顺序链接起来，由此域链接得到的单链表的表头指针保存在表头附加结点的 range 域中。

*【习题 2-9】 编程实现下列功能。

1．根据习题 2-8 对结点的要求生成一个具有 10 个整数元素结点的、带表头附加结点的、根据 next 域链接的链表，元素值采用随机函数产生。

2．根据 next 域链接的次序输出链表中每个结点的值。

3．调用按习题 2-8 要求编写的算法。

4．根据 range 域链接的次序输出链表中每个结点的值。

第3章　集合、稀疏矩阵和广义表

3.1　集合的定义和抽象数据类型

3.1.1　集合定义

集合（set）又称集合结构，由具有相同属性的数据元素组合而成，数据之间没有任何前驱和后继关系。集合中数据元素的个数称为集合的长度，假定用 n 表示，$n≥0$。当 $n=0$ 时则为空集。若集合为空，则表示为{}，若非空则表示为：

$$\{a_1, a_2, \cdots, a_i, a_{i+1}, \cdots, a_n\}$$

其中每个元素的下标为对该元素的编号，它是为了区别而任意标注的，不代表任何次序。因为集合中的元素可以按任何次序排列，假定按元素前后位置编号的次序排列，那么 a_1 就是集合中第1个元素，a_2 就是第2个元素，a_i 就是第 i 个元素，a_n 就是第 n 个（最后一个）元素。

像线性表一样，集合的长度是变化的，当向它插入一个元素后其长度就增加1，当从中删除一个元素后其长度就减少1。

集合中的元素类型可以为任何一种类型，用标识符 ElemType 表示。若实际的元素类型为某一具体类型，如整型，则可以通过 typedef 语句指定为 ElemType 类型。

3.1.2　集合的抽象数据类型

集合的抽象数据类型同样包括数据和操作两个部分。数据部分为一个集合，假定用标识符S表示。操作部分包括对集合进行的各种常用运算，如初始化集合为空、清除集合中的所有元素、求集合中元素个数、判断集合是否为空、判断一个元素是否属于集合、输出集合中所有元素、从集合中查找一个元素、从集合删除一个元素、向集合插入一个元素、修改集合中的一个指定元素、求两个集合的并集、求两个集合的交集、求两个集合的差集等。

集合的抽象数据类型定义如下。

```
ADT SET is
  Data:
    一个集合 S,假定用标识符 SetT 表示抽象存储类型
  Operation:
    void InitSet(SetT& S);                                  //初始化集合为空
    void ClearSet(SetT& S);                                 //清除集合中的所有元素
    int LenthSet(SetT& S);                                  //求出集合的长度
```

```
    bool EmptySet(SetT& S);                              //判断集合是否为空
    bool InSet(SetT& S, ElemType item);                  //判断一个元素是否属于集合
    void OutputSet(SetT& S);                             //输出集合中所有元素
    bool FindSet(SetT& S, ElemType& item);               //从集合中查找一个元素
    bool ModifySet(SetT& S, const ElemType& item);       //修改集合元素
    bool InsertSet(SetT& S, ElemType item);              //向集合插入一个元素
    bool DeleteSet(SetT& S, ElemType& item);             //从集合删除一个元素
    void UnionSet(SetT& S1, SetT& S2, SetT& S);          //求两个集合的并集
    void InterseSet(SetT& S1, SetT& S2, SetT& S);        //求两个集合的交集
    void DifferenceSet(SetT& S1, SetT& S2, SetT& S);     //求两个集合的差集
end SET
```

在以上列出的各种运算操作中，第1、2、8～13种运算需要改变集合S的状态，所以S必须为引用参数，而其他运算中的S参数和11～13种运算中的S1和S2参数，由于不需要改变它们，所以可采用常量引用，即在参数前加上const保留字。

3.2　集合的顺序存储结构和操作实现

集合的顺序存储就是定义一个数组类型的对象来存储集合元素，同时要定义一个整数变量来存储当前集合长度和定义一个整型常量或变量来存储数组类型的长度。这3个对象的定义假定如下。

```
const int MaxSize=20;          //定义存储集合元素的数组的长度
ElemType set[MaxSize];         //定义存储集合所有元素的数组
int len;                       //定义集合当前长度变量,取值在0～MaxSize之间
```

集合中的元素可以按任何次序存入到set数组中，不妨按照元素在集合中的位置次序相应保存到对应元素中，即第1个元素保存到下标为0的元素set[0]中，第2个元素保存到下标为1的元素set[1]中，以此类推。因为集合中的元素与次序无关，所以新添的元素则直接加到后面，删除一个元素后则把最后一个元素调到这个空出的位置上，使得插入和删除不需要移动任何元素，从而节省运算时间。

为了集合操作方便，可以把set数组和len变量封装在一个结构类型中，结构类型名用Set表示，具体定义如下。

```
struct Set {
    ElemType set[MaxSize];
    int len;
};
```

若对存储集合的数组空间采用动态分配，并且其数组长度能够随之改变，则可以定义出如下的Set类型。

```
struct Set {
    ElemType *set;     //set指向动态分配的数组空间
    int len;           //存集合当前长度
    int MaxSize;       //存set数组长度,亦即所能存储集合的最大长度
```

```
};
```

定义一个集合对象之后，在初始化时要使该对象中的 set 指针指向由 new ElemType[MaxSize]或(ElemType*)malloc(sizeof(Elemtype)*MaxSize))分配的动态数组空间，同时使 len 的值为 0，表示为空集。

集合的顺序存储结构如图 3-1 所示。

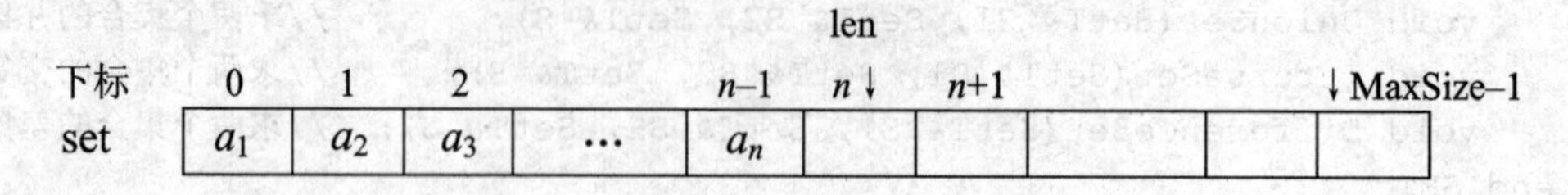

图 3-1 集合的顺序存储结构示意图

下面以 set 为集合的顺序存储类型，给出每个集合运算的算法。

1. 初始化集合并置为空

初始化集合时，让 set 指向动态数组空间，用于保存集合元素，数组空间的初始大小可以任意设定，假定为 10，以后可以在插入元素的过程中根据需要增加。

```
void InitSet(Set& S)
{
  //初始定义数组长度为10,以后可增减
    S.MaxSize=10;
  //动态存储空间分配
    S.set=new ElemType[10];
    if(!S.set) {
       cout<<"动态可分配的存储空间用完,退出运行!"<<endl;
       exit(1);
    }
  //置集合长度为0,即为空集合
    S.len=0;
}
```

2. 清除集合中的所有元素

在 Set 集合类型的对象中，由于集合数组空间是动态分配的，所以清除集合就是释放所占有的动态存储空间。

```
void ClearSet(Set& S)
{
    if(S.set!=NULL) {
       delete []S.set;
       S.set=NULL;
    }
    S.MaxSize=0;
```

```
    S.len=0;
}
```

3．求出集合的长度，即所含元素的个数

此算法返回集合 S 中的 len 域的值。

```
int LenthSet(Set& S)
{
    return S.len;
}
```

4．判断集合是否为空

此算法很简单，若集合长度为 0 则返回真表示空，否则返回假表示非空。

```
bool EmptySet(Set& S)
{
    return S.len==0;
}
```

5．判断一个元素是否属于集合

此算法就是一个顺序查找元素的过程。若找到表明该元素属于这个集合，则返回真；否则不属于这个集合，则返回假。

```
bool InSet(Set& S, ElemType item)
{
    for(int i=0; i<S.len; i++)
        if(S.set[i]==item) return true;
    return false;
}
```

6．输出集合中所有元素

此算法使用一个 for 循环，依次输出 S 集合中 set 域数组中保存的每个元素的值。

```
void OutputSet(Set& S)
{
    for(int i=0; i<S.len; i++)
        cout<<S.set[i]<<' ';
    cout<<endl;
}
```

若要求输出的所有集合元素是按值的升序排列的，并且原有集合 S 的状态保持不变。这时首先把集合 S 中 set 数组内容复制到一个临时数组中，然后对这个临时数组进行排序，并按下标位置依次输出各元素值。对数组进行排序有多种不同方法，最简单的方法是简单插入排序和简单选择排序。

设数组 a 中含有 n 个元素，简单选择排序的方法是：需要依次进行 n–1 次循环，每次把 a 中 n 个元素看为一个有序表和一个无序表，第 1 次有序表为空，无序表含有全部 n 个元素，从无序表中顺序查找出一个最小值，把它与此表中第一个元素 a[0]交换其值，经此次后 a[0]成为最小值元素；接着进行第二次循环处理时，有序表中有一个元素 a[0]，无序表中有 n–1 个元素 a[1]～a[n–1]，第 2 次从当前无序表中查找一个最小值元素，把它与此表中第 1 个元素 a[1]交换其值，经此次后 a[1]成为此表的最小值元素，当然它小于等于 a[0]；然后进行第 3 次循环处理时，有序表中有两个元素 a[0]～a[1]，无序表中有 n–2 个元素 a[2]～a[n–1]，以此类推，进行 n–1 次循环处理时，有序表中已有 n–2 个元素 a[0]～a[n–3]，无序表中只有两个元素 a[n–2]～a[n–1]，从这两个元素中查找到最小值并交换到 a[n–2]位置后，整个数组中的元素就按值的升序排列好了。此排序方法与简单插入排序方法具有相同的时间复杂度，即为 $O(n^2)$。

采用简单选择排序方法进行有序输出集合元素的算法如下。

```
void OutputSet1(Set& S)
{
    int i,j,k;
    ElemType *a=new ElemType[S.len];          //定义临时数组 a
    for(i=0;i<S.len; i++)                     //把集合元素赋给数组 a
        a[i]=S.set[i];
    for(i=0; i<S.len-1; i++) {                //进行 n-1 次循环
        k=i;                                  //k 暂存本次最小值元素的下标
        for(j=i+1; j<S.len; j++)              //顺序查找出本次最小值元素 a[k]
            if(a[j]<a[k]) k=j;
        ElemType x=a[i]; a[i]=a[k]; a[k]=x;  //a[k]同 a[i]交换其值
        cout<<a[i]<<' ';                      //输出 a[i]值
    }
    cout<<a[S.len-1]<<endl;
    delete []a;
}
```

7. 从集合中查找一个元素

此算法首先从集合中顺序查找值等于待查值 item 的元素，若存在则把该元素值赋给 item 引用参数带回，并返回真表示查找成功；若不存在，则返回假表示查找失败。

通常传递给 item 的待查值是一个元素的关键字，不是完整的记录。如对于学生记录，待查值是学号，对于产品记录，待查值是产品号。若查询到对应值的元素，则需要把该元素的完整值赋给 item 带回，以便使用。如可以通过 item 得到某个学生的成绩，某个产品的价格等。

```
bool FindSet(Set& S, ElemType& item)    //从集合中查找一个元素
{
    for(int i=0; i<S.len; i++)
        if(S.set[i]==item) break;
    if(i<S.len) {
```

```
        item=S.set[i];
        return true;
    }
    else return false;
}
```

8. 修改集合中的一个指定元素

此算法与查找算法类似，需要首先在集合中顺序查找待修改的元素，即关键字等于 item 关键字的元素，若找到相应元素则用 item 的完整值修改这个元素，使它具有 item 的值，并返回真；若未找到则无法修改，返回假表示修改失败。

```
bool ModifySet(Set& S, const ElemType& item)
{
    for(int i=0; i<S.len; i++)
        if(S.set[i]==item) break;
    if(i<S.len) {
        S.set[i]=item;
        return true;
    }
    else return false;
}
```

9. 向集合插入一个元素

此算法包含如下5个步骤。

（1）顺序查找集合中是否存在值为待插值 item 的元素，若存在则不能插入，返回假，因为集合中不允许存在重复的元素。

（2）检查集合空间是否用完，若是则动态重分配，增加存储空间。

（3）把 item 值插入到表尾（即最后一个集合元素的后面空位置）上。

（4）集合长度增1。

（5）返回真表示插入成功。

对应的算法描述如下。

```
bool InsertSet(Set& S, ElemType item)   //向集合插入一个元素
{
    int i;
    for(i=0; i<S.len; i++)              //元素已存在,返回假表示不用插入
        if(S.set[i]==item) return false;
    if(S.len==S.MaxSize) {              //若集合存储空间用完,则重新分配较大空间
        int k=sizeof(ElemType);         //计算每个元素存储空间的长度
        S.set=(ElemType*)realloc(S.set, 2*S.MaxSize*k);
                //集合动态存储空间扩展为原来的2倍,原内容不变
        if(S.set==NULL) {
            cout<<"动态可分配的存储空间用完,退出运行!"<<endl;
            exit(1);
```

```
        }
        S.MaxSize=2*S.MaxSize;     //把集合空间大小修改为新的长度
    }
    S.set[S.len]=item;             //在末尾插入新元素
    S.len++;                       //集合长度增 1
    return true;                   //返回真表示插入成功
}
```

10．从集合删除一个元素

此算法首先从集合中顺序查找值等于待删值 item 的元素，若存在该元素，则由 item 带回并删除它，把空出的位置用最后一个元素填补，接着若集合数组空间空余过多可释放一半，然后使集合长度减 1，返回真表示删除成功。若集合中不存在，则无法删除，返回假表示删除失败。

```
bool DeleteSet(Set& S, ElemType& item)   //从集合删除一个元素
{
    int i;
    for(i=0; i<S.len; i++)
        if(S.set[i]==item) break;
    if(i<S.len) {                         //删除 set[i]元素
        item=S.set[i];                    //由 item 带回被删元素的完整值
        S.set[i]=S.set[S.len-1];          //用最后一个元素填补
        S.len--;                          //集合长度减 1
        if(float(S.len)/S.MaxSize<0.4 && S.MaxSize>10)
        { //若集合存储空间空余太多，则进行适当削减，若不削减可省此步
            int k=sizeof(ElemType);
            S.set=(ElemType*)realloc(S.set, S.MaxSize*k/2);
            S.MaxSize=S.MaxSize/2;        //把集合空间大小修改为新的长度
        }
        return true;                      //删除成功返回真
    }
    else return false;                    //删除失败返回假
}
```

集合的插入和删除元素均需要一个查找过程，所以其算法的时间复杂度均为 $O(n)$，n 表示集合长度。

11．求两个集合的并集

该算法是求两个集合 S1 和 S2 的并集，并将结果存入 S 引用参数所表示的集合中带回。首先把 S1 集合复制到 S 集合中，然后把 S2 中的每个元素依次插入到集合 S 中，当然重复的元素不应该被插入，最后在 S 中就得到了 S1 和 S2 的并集，也就是在 S 所对应的实际参数集合中得到并集。

把 S1 集合复制到 S 集合中，可以通过遍历 S1 集合中的每个元素，并调用插入算法把

它插入到 S 集合来实现，这样其时间复杂度为 $O(n^2)$，其中 n 表示集合 S1 的长度。因为每插入一个元素都要比较 S 集合中的当前所有元素后，才能插入到表尾。每插入一个元素的时间复杂度为 $O(n)$，所以插入 n 个元素的时间复杂度为 $O(n^2)$。在下面算法中，S1 复制到 S 采用元素直接赋值的方法，其时间复杂度仅为 $O(n)$。

在 Set 集合类型的对象中，存在着动态分配的存储空间，所以不能简单地采用赋值语句进行直接赋值式的复制，若这样的话，不同对象的 set 指针将指向同一个动态存储空间，即不同的对象共同占用该空间，这是系统所不允许的。道理很简单，正常释放一个对象中 set 所指向的动态存储空间后，共同使用该空间的其他对象中由 set 所指向的动态存储空间也被非法的释放而无法访问。因此，对于含有动态存储空间的对象，在复制时必须使之具有不同的动态存储空间，并且必须把被复制对象中动态存储空间所保存的内容复制到复制对象的动态存储空间中。

下面算法共包含 4 步，其中前 3 步完成把 S1 复制到 S 的任务，第 4 步通过把 S2 中的每个元素插入到 S 集合中，完成两集合的并运算。设 S1 和 S2 集合的长度分别为 n 和 m，则此算法的时间复杂度主要由第 4 步求出，为 $O(n \times m)$。

```
void UnionSet(Set& S1, Set& S2, Set& S)
{
    int i;
    if(S.MaxSize<S1.MaxSize) {   //为了把 S1 复制到 S,重分配 S 动态数组
        delete []S.set;
        S.set=new ElemType[S1.MaxSize];
        S.MaxSize=S1.MaxSize;
    }
    for(i=0; i<S1.len; i++)      //S1 集合中的全部元素依次复制到 S 中
        S.set[i]=S1.set[i];
    S.len=S1.len;                //置集合 S 的长度为 S1 的长度
    for(i=0; i<S2.len; i++)      //向集合 S 依次插入集合 S2 中的每个元素
        InsertSet(S,S2.set[i]);
}
```

12．求两个集合的交集

此算法首先把存放结果的集合 S 变为一个空集，然后依次从 S2 集合中取出每一个元素，利用它去查找 S1 集合，看是否存在，若存在则把它写入交集 S 中，这样写入 S 中的元素既属于 S1 又属于 S2。在此算法中，从 S1 中查找一个元素的时间复杂度为 $O(n)$，所以整个算法的时间复杂度为 $O(n \times m)$。

```
void InterseSet(Set& S1, Set& S2, Set& S)
{
    int i;
    ElemType x;
    S.len=0;                     //置集合 S 为一个空集
    for(i=0; i<S2.len; i++) {    //用 S2 中的每个元素去查找 S1 集合
```

```
        x=S2.set[i];
        if(FindSet(S1,x)) {
            S.set[S.len]=x; S.len++;           //把 x 插入 S 集合末尾
            if(S.len==S.MaxSize) {             //存储空间动态增长
                int k=sizeof(ElemType);
                S.set=(ElemType*)realloc(S.set, 2*S.MaxSize*k);
                S.MaxSize=2*S.MaxSize;
            }
        }
    }
}
```

13．求两个集合的差集

此算法同求交集的算法类似，首先把存放结果的集合 S 变为一个空集，然后依次从 S1 集合中取出每一个元素，利用它去查找 S2 集合，看是否存在，若不存在则把它写入差集 S 中，这样写入 S 中的元素仅属于 S1 而不属于 S2。此算法的时间复杂度同样为 $O(n \times m)$。

```
void DifferenceSet(Set& S1, Set& S2, Set& S)
{
    int i;
    ElemType x;
    S.len=0;                                    //置集合 S 为一个空集
    for(i=0; i<S1.len; i++) {                   //用 S1 中的每个元素去查找 S2 集合
        x=S1.set[i];
        if(!FindSet(S2,x)) {
            S.set[S.len]=x; S.len++;            //把 x 插入 S 集合末尾
            if(S.len==S.MaxSize) {              //存储空间动态增长
                int k=sizeof(ElemType);
                S.set=(ElemType*)realloc(S.set, 2*S.MaxSize*k);
                S.MaxSize=2*S.MaxSize;
            }
        }
    }
}
```

3.3 集合的链接存储结构和操作实现

集合的顺序存储结构是通过数组实现的，而集合的链接存储结构是通过存储结点之间的链接实现的，链接形成的结果称为链接表，通常采用单链表。

当一个集合利用单链表存储时，集合中的每个元素对应单链表中的一个结点，把这个元素存储到相应结点的值域中。由于集合中的元素是无序的，所以在单链表中可以按任何次序链接。通常，当向表示集合的单链表中插入一个元素结点时，为操作简便，把它插入到表头，即插入到第 1 个结点的前面，使它成为新的表头结点，而原来的表头结点成为第 2 个结点，此时只修改新插入结点的指针域，使其指向原来的表头结点，再修改表头指针，使其指向新插入的结点，从而完成结点的插入过程。当从单链表中删除一个结点时，就是把该结点的指针域的值（即后一结点的地址）赋给其前一结点的指针域即可，若它本身为表头结点，则应把该结点的指针域的值赋给表头指针。

表示集合的单链表的结点结构定义如下。

```
struct SNode {
    ElemType data;
    SNode* next;
};
```

其中 SNode 为结点类型，data 为存储元素值的结点值域，next 为存储下一个结点地址的指针域。

由于单链表中的结点通常是靠动态分配产生的，不需要事先分配存储空间，所以存储一个单链表只需要存储它的表头指针即可。由表头指针就能够访问该单链表。假定表头指针用 HT 表示，则 HT 应定义为：

```
SNode* HT;    //集合单链表的表头指针
```

集合单链表的示意图如图 3-2 所示。

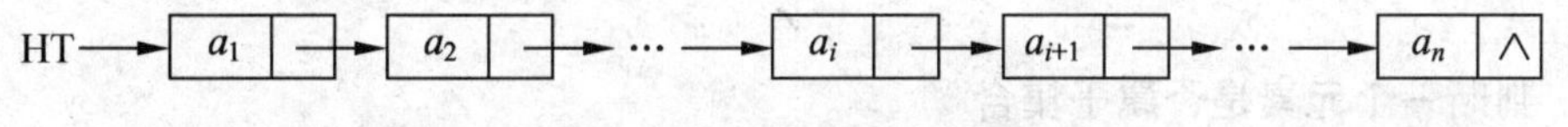

图 3-2　集合单链表的示意图

按照集合的抽象数据类型的定义，假定集合存储采用单链表结构，由表头指针 HT 表示，下面给出对集合的各种操作在单链表上的实现。熟悉了第 2 章对用单链表表示的进行线性表操作的各种算法，以及上面对用顺序表（数组）表示的进行集合操作的各种算法后，同学们也不难写出下面对用单链表表示的进行集合操作的各种算法。

1．初始化集合为空

```
void InitSet(SNode*& HT)
{
    HT=NULL;
}
```

2．清除集合中的所有元素并释放占有的动态存储空间

```
void ClearSet(SNode*& HT)
{
    SNode *p=HT, *q;           //p 指向 HT 单链表
    while(p!=NULL) {           //回收 HT 集合中的每个结点
        q=p->next;             //q 指向 p 的后继结点
```

```
        delete p;                //删除p结点
        p=q;                     //使p指向原来的后继结点
    }
    HT=NULL;                     //置HT为空
}
```

3. 求出集合中元素个数

```
int LenthSet(SNode* HT)          //求集合长度
{
    int n=0;
    while(HT!=NULL) {
        n++;
        HT=HT->next;
    }
    return n;
}
```

4. 判断集合是否为空

```
bool EmptySet(SNode* HT)
{
    return HT==NULL;
}
```

5. 判断一个元素是否属于集合

```
bool InSet(SNode* HT, ElemType item)
{
    while(HT!=NULL) {
        if(HT->data==item) return true;
        else HT=HT->next;
    }
    return false;
}
```

6. 输出集合中所有元素

```
void OutputSet(SNode* HT)
{
    while(HT!=NULL) {
        cout<<HT->data<<' ';
        HT=HT->next;
    }
    cout<<endl;
}
```

7. 从集合中查找一个元素

```
bool FindSet(SNode* HT, ElemType& item)
{
  //从集合单链表中顺序查找是否存在值为item的结点
    while(HT!=NULL) {
        if(HT->data==item) break;
        else HT=HT->next;
    }
  //若存在由item带回已查找到的元素并返回真,否则返回假
    if(HT!=NULL) {
        item=HT->data; return true;
    }
    else return false;
}
```

8. 修改集合中的一个指定元素

```
bool ModifySet(SNode* HT, const ElemType& item)
{
  //从集合单链表中顺序查找是否存在值为item的结点
    while(HT!=NULL) {
        if(HT->data==item) break;
        else HT=HT->next;
    }
  //若存在,由item修改已查找到的元素并返回真,否则返回假
    if(HT!=NULL) {
        HT->data=item; return true;
    }
    else return false;
}
```

9. 向集合插入一个元素

```
bool InsertSet(SNode*& HT, ElemType item)
{
  //建立值为item的新结点
    SNode* tp=new SNode;
    tp->data=item;
  //从单链表中顺序查找是否存在值为item的结点
    SNode* p=HT;
    while(p!=NULL) {
        if(p->data==item) break;
        else p=p->next;
    }
  //若不存在则把新结点插入到表头并返回真,否则不插入返回假
```

```
    if(p==NULL) {
        tp->next=HT; HT=tp; return true;
    }
    else return false;
}
```

10. 从集合删除一个元素

```
bool DeleteSet(SNode*& HT, ElemType& item)
{
  //从单链表中顺序查找是否存在值为item的结点
    SNode *cp=HT, *ap=NULL;
    while(cp!=NULL) {
        if(cp->data==item) break;
        else {ap=cp; cp=cp->next;}
    }
  //若不存在则返回假,表明删除失败
    if(cp==NULL) return false;
  //由item带回待删除结点cp的完整值,若不需要带回可设item为值参
    item=cp->data;
  //从单链表中删除已找到的cp结点,对是否为表头应做不同处理
    if(ap==NULL) HT=cp->next;
    else ap->next=cp->next;
  //删除cp结点后返回真
    delete cp;
    return true;
}
```

11. 求两个集合的并集

```
void UnionSet(SNode* HT1, SNode* HT2, SNode*& HT)
{
  //置并集的表头指针HT为空
    HT=NULL;
  //把HT1集合单链表复制到HT集合单链表中
    SNode* p=HT1;
    while(p!=NULL) {
      //建立新结点并赋值为p->data
        SNode* newp=new SNode;
        newp->data=p->data;
      //把新结点插入到HT集合单链表的表头
        newp->next=HT; HT=newp;
      //使p指向下一个结点
        p=p->next;
    }
  //把HT2集合单链表中的每个元素插入到HT集合单链表中
```

```
    p=HT2;
    while(p!=NULL) {
        InsertSet(HT, p->data);
        p=p->next;
    }
}
```

12. 求两个集合的交集

```
void InterseSet(SNode* HT1, SNode* HT2, SNode*& HT)
{
  //置交集的表头指针 HT 为空
    HT=NULL;
  //把 HT1 集合与 HT2 集合中共同的元素插入到 HT 集合中
    ElemType x;
    SNode* p=HT2;
    while(p!=NULL) {
        x=p->data;                  //将 p->data 赋给 x
        bool b=FindSet(HT1,x);      //用 x 查找 HT1 集合
        if(b) InsertSet(HT,x);      //若查找成功则把 x 插入到 HT 集合中
        p=p->next;                  //使 p 指向下一个结点
    }
}
```

13. 求两个集合的差集

```
void DifferenceSet(SNode* HT1, SNode* HT2, SNode*& HT)
{
  //置差集的表头指针 HT 为空
    HT=NULL;
  //把存在于 HT1 集合而不存在于 HT2 集合中的元素插入到 HT 集合中
    ElemType x;
    SNode* p=HT1;
    while(p!=NULL) {
        x=p->data;                  //将 p->data 赋给 x
        bool b=FindSet(HT2,x);      //用 x 查找 HT2 集合
        if(!b) InsertSet(HT,x);     //若查找失败则把 x 插入到 HT 集合中
        p=p->next;                  //使 p 指向下一个结点
    }
}
```

同对线性表的存储一样，对集合除了可以进行顺序存储和链接存储外，还可以进行散列存储和索引存储，相应地也能够根据具体的运算要求编写出利用 C++语言实现的算法，待以后学习过这两种存储结构后能够比较容易地编写出来。

在集合抽象数据类型中规定的各种操作只是一些典型的操作，当然在实际应用中还有

许多。如根据一个集合建立顺序存储结构或建立链接存储结构，从集合顺序表或单链表中查找出所有具有同一属性值的元素并输出出来，从任一存储结构的集合中查找具有最大或最小值的元素，把一个顺序表或单链表表示的集合按某一条件分解为两个集合等。读者只要掌握集合的典型操作，对其他任何操作的算法将不难编写出来。

3.4 稀疏矩阵

3.4.1 稀疏矩阵的定义

1．稀疏矩阵的概念

为了说明什么是稀疏矩阵，首先要清楚矩阵的概念。**矩阵**（matrix）是一个具有 m 行×n 列的数表，共包含有 m×n 个数（元素），每个元素处在确定行和列的交点位置上，都与一对行号和列号唯一对应。当一个矩阵中的行数和列数相同时，即 m=n 时则称为 n 阶矩阵或方阵。如图 3-3（a）就是一个 3×4 的矩阵，它包含 3 行、4 列，具有 12 个元素，每个元素都对应着唯一的行号和列号，如第 1 行与第 1 列交点位置上的元素 5 对应的行号和列号均为 1，第 2 行与第 4 列交点位置上的元素 9 对应的行号和列号分别为 2 和 4。

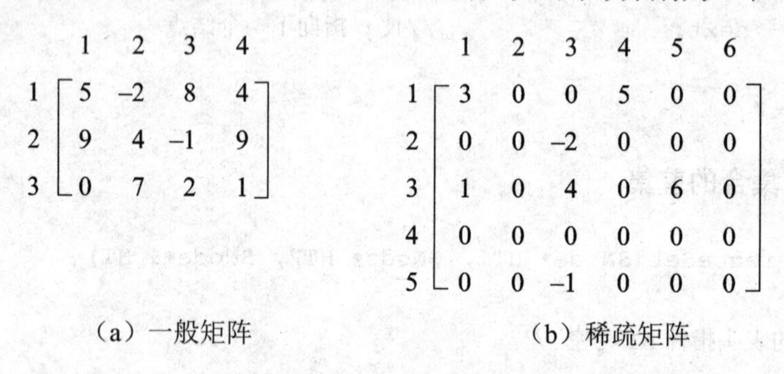

（a）一般矩阵　　（b）稀疏矩阵

图 3-3 矩阵和稀疏矩阵

稀疏矩阵（sparse matrix）是矩阵中的一种特殊情况，其非零元素的个数远远小于零元素的个数。如图 3-3（b）就是一个 5×6 的稀疏矩阵，该矩阵共有 30 个元素，其中非零元素为 7 个，占元素总数的 7/30。在实际应用中，稀疏矩阵一般都比较大，非零元素所占的比例都比较小。如对于一个 100×100 的稀疏矩阵，若非零元素的个数为 200，则非零元素占总元素个数的比例仅为 1/50。

2．稀疏矩阵的三元组线性表表示

在计算机中存储矩阵的一般方法是采用二维数组，其优点是可以随机地访问任一个元素，因而能够较容易地实现矩阵的各种运算，如转置运算、加法运算、乘法运算等。但对于稀疏矩阵来说，采用二维数组的存储方法既浪费大量的存储单元用来存放零元素，又要在运算中花费大量的时间来进行零元素的无效计算，显然是不可取的。一种较好的方法是：只考虑存储占元素中极少数的非零元素。

对于稀疏矩阵中的每个非零元素，可用它所在的行号、列号以及元素值这三元组（i, j, a_{ij}）来表示。若把所有的三元组按照行号为主序（即为主关键字）、列号为辅序（即为次关键字，当行号相同时再考虑列号次序）进行排列，则就构成了一个表示稀疏矩阵的三元组线性表。图 3-3（b）稀疏矩阵所对应的三元组线性表表示为：

((1,1,3),(1,4,5),(2,3,–2),(3,1,1),(3,3,4),(3,5,6),(5,3,–1))

稀疏矩阵采用三元组线性表表示后，可以使用顺序或链接方式存储，从而比采用二维数组存储要大大地节省存储空间。

3．稀疏矩阵的抽象数据类型

该抽象数据类型的数据部分为用三元组线性表表示的稀疏矩阵，操作部分所包含的操作与对一般矩阵所做的操作相同，通常为求一个稀疏矩阵的转置，计算两个矩阵的和，计算两个矩阵的乘积等。一个矩阵的转置结果仍是一个矩阵，该矩阵中的第 i 行与第 j 列交点位置上的元素等于被转置矩阵中第 j 行与第 i 列交点位置上的元素。两个矩阵的和仍然是一个矩阵，该矩阵中的第 i 行第 j 列位置上的元素等于两个相加矩阵中对应位置上的元素之和。两矩阵求和的条件是它们的行数和列数必须分别对应相同。两个矩阵的乘积仍然是一个矩阵，该矩阵中的第 i 行第 j 列位置上的元素等于第 1 个乘数矩阵中的第 i 行与第 2 个乘数矩阵中的第 j 列上对应元素乘积之累加和。假定第 1 个乘数矩阵为 $\boldsymbol{A}[m][n]$，第 2 个乘数矩阵为 $\boldsymbol{B}[n][p]$，乘积结果矩阵为 $\boldsymbol{C}[m][p]$，则 $\boldsymbol{C}$ 中任一元素 $\boldsymbol{C}[i \times j]$ 等于 $\sum_{k=1}^{n}(\boldsymbol{A}[i][k] \times \boldsymbol{B}[k][j])$，其中 $1 \le i \le m$，$1 \le j \le p$。两矩阵求积的条件是第 1 个矩阵的列数必须等于第 2 个矩阵的行数。

下面给出稀疏矩阵的抽象数据类型的定义。

```
ADT SparseMatrix is
    Data:
       采用顺序或链接方式存储的稀疏矩阵,假定其存储类型用 SMatrix
       标识符表示
    Operation:
       //初始化稀疏矩阵 M,使它成为不含任何元素的空矩阵
         void InitMatrix(SMatrix& M);
       //求出稀疏矩阵 M 的转置矩阵并返回
         SMatrix Transpose(SMatrix& M);
       //求出 M1 和 M2 稀疏矩阵之和并返回
         SMatrix Add(SMatrix& M1, SMatrix& M2);
       //求出 M1 和 M2 稀疏矩阵之乘积并返回
         SMatrix Multiply(SMatrix& M1, SMatrix& M2);
       //按照一定格式向稀疏矩阵 M 输入所对应的三元组线性表
         void InputMatrix(SMatrix& M, int m, int n);
       //按照一定格式输出稀疏矩阵 M
         void OutputMatrix(SMatrix& M);
end SparseMatrix
```

3.4.2 稀疏矩阵的存储结构

稀疏矩阵的存储结构包括顺序存储结构和链接存储结构两种。在任一种存储结构中，除了存储三元组线性表中的所有元素之外，通常还需要存储稀疏矩阵的行数、列数和非零元素的个数这 3 个整型量。

1．顺序存储

稀疏矩阵的顺序存储就是对其相应的三元组线性表进行顺序存储。假定每个非零元素的三元组用如下记录结构定义。

```
struct Triple {
    int row, col;
    ElemType val;
};
```

其中，row 和 col 用来分别存储元素的行号和列号，val 用来存储元素值。

一个稀疏矩阵的顺序存储类型定义如下。

```
struct SMatrix {
    int m, n, t;
    Triple sm[MaxTerms+1];
};
```

其中，m、n 和 t 域分别用来存储稀疏矩阵的行数、列数和非零元素的个数，sm 数组域用来顺序存储每个三元组元素，假定下标为 0 的元素 sm[0]不用，从下标为 1 起使用。MaxTerms 为一个事先定义的全局常量，由它决定 sm 数组的大小，该数组最多能够存储 MaxTerms 个三元组元素。例如，若用 SMatrix 类型的对象存储图 3-3（b）所示的稀疏矩阵，则 m、n 和 t 域的值应分别为 5、6 和 7，MaxTerms 常量应大于等于 7，sm 数组中的内容如图 3-4 所示。

下标	row	col	val
1	1	1	3
2	1	4	5
3	2	3	–2
4	3	1	1
5	3	3	4
6	3	5	6
7	5	3	–1
⋮			
MaxTerms			

图 3-4　稀疏矩阵的顺序存储结构

2. 链接存储

稀疏矩阵的链接存储就是对其相应的三元组线性表进行链接存储。下面介绍两种链接存储方法。

（1）带行指针向量的链接存储。

在这种链接存储中，需要把具有相同行号的三元组结点按照列号从小到大的顺序链接成一个单链表，每个三元组结点的类型定义如下。

```
struct TripleNode {
    int row, col;              //存储行号和列号
    ElemType val;              //存储元素值
    TripleNode* next;          //指向同一行的下一个结点
};
```

稀疏矩阵中的每一行对应一个单链表，每一个单链表都有一个表头指针，为了把它们保存起来，便于访问每一个单链表，需要使用一个行指针向量（即一维数组），该向量中的第 i 个分量（即对应数组中下标为 i 的元素）用来存储稀疏矩阵中第 i 行所对应的单链表的表头指针。带行指针向量的链接存储类型定义如下。

```
struct LMatrix {
    int m, n, t;
    TripleNode* vector[MaxRows+1];
};
```

其中，整数域 m、n 和 t 分别用来保存稀疏矩阵的行数、列数和非零元素的个数，vector 数组（向量）域用来保存稀疏矩阵所对应的 m 个行单链表的表头指针，第 0 分量未用，第 i 行单链表的表头指针存于第 i 分量 vector[i]中，MaxRows 为全局变量，其值要大于等于所存储矩阵的行数。

利用 LMatrix 类型的对象存储图 3-3（b）所示的稀疏矩阵，则链接存储结构如图 3-5 所示，其中每个单链表中的结点由动态分配链接而成。

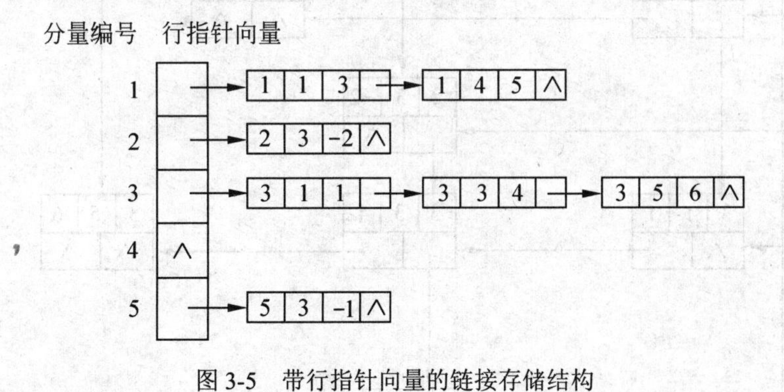

图 3-5　带行指针向量的链接存储结构

（2）十字链接存储。

十字链接存储是既带行指针向量又带列指针向量的链接存储。在这种链接存储中，每个三元组结点既处于同一行的单链表中，又处于同一列的单链表中，即处于所在的行单链

表和列单链表的交点处。

在十字链接存储中，每个结点的类型可定义如下。

```
struct CrossNode {
    int row, col;
    ElemType val;
    CrossNode *down, *right;
};
```

其中 row、col 和 val 域分别用来存储非零元素的行号、列号和元素值，down 域用来存储指向同一列下一个结点的指针，right 域用来存储指向同一行下一个结点的指针，当然若不存在下一个结点，则相应的指针域为空值。

在稀疏矩阵的十字链接存储中，需要使用两个指针向量，一个是行指针向量，用来存储行单链表的表头指针，另一个是列指针向量，用来存储列单链表的表头指针。稀疏矩阵的十字链接存储类型定义如下。

```
struct CLMatrix {
    int m, n, t;
    CrossNode* rv[MaxRows+1];
    CrossNode* cv[MaxColumns+1];
};
```

其中，全局常量 MaxRows 用来规定行指针向量的大小，全局常量 MaxColumns 用来规定列指针向量的大小，它们应分别大于等于所存稀疏矩阵的行数和列数。同样，在 rv 和 cv 向量中，下标为 0 的元素未用。

利用图 3-3（b）所示的稀疏矩阵，则得到十字链接存储结构的示意图，如图 3-6 所示。

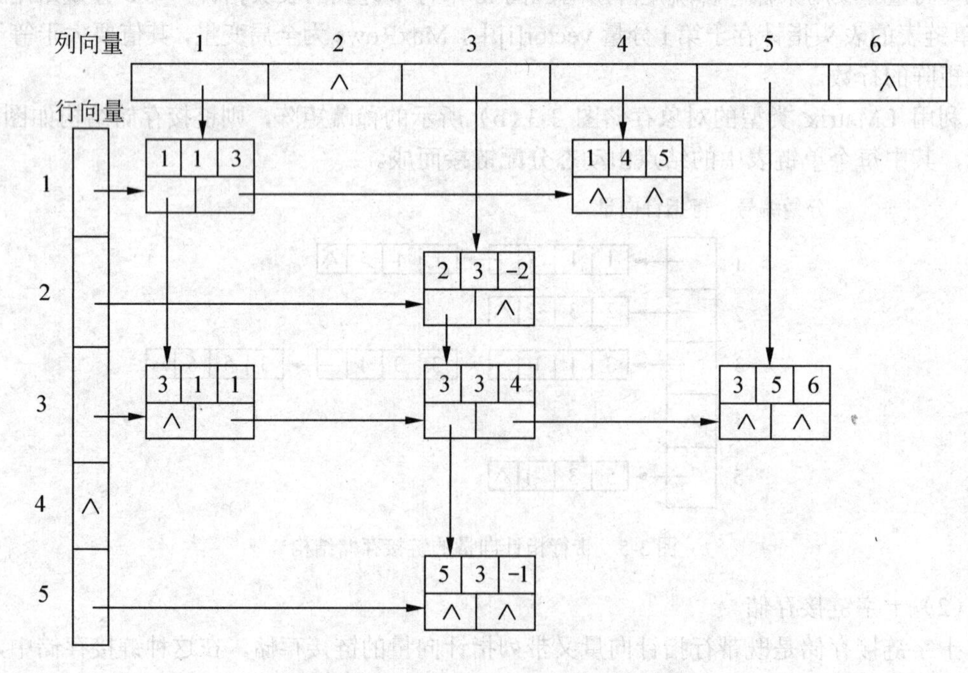

图 3-6　稀疏矩阵的十字链接存储结构

*3.4.3　稀疏矩阵的运算

1．初始化运算

稀疏矩阵的存储类型不同，其初始化过程也不同。

（1）对于 SMatrix 类型的对象，初始化过程如下。

```
void InitMatrix(SMatrix& M)
{
    M.m=0; M.n=0; M.t=0;
}
```

（2）对于 LMatrix 类型的对象，其初始化如下。

```
void InitMatrix(LMatrix& M)
{
    M.m=0; M.n=0; M.t=0;
    for(int i=1; i<=MaxRows; i++)
        M.vector[i]=NULL;
}
```

（3）对于 CLMatrix 类型的对象，初始化如下。

```
void InitMatrix(CLMatrix& M)
{
    M.m=0; M.n=0; M.t=0;
    for(int i=1; i<=MaxRows; i++)
        M.rv[i]=NULL;
    for(i=1; i<=MaxColumns; i++)
        M.cv[i]=NULL;
}
```

2．稀疏矩阵的输入

稀疏矩阵的输入应按照对应三元组线性表中三元组排列的次序输入，每行输入一个三元组，行号、列号和元素值之间用空格分开，最后以回车键结束，当输入完所有三元组后，以输入一个特殊的三元组（0,0,0）结束整个输入过程。假定稀疏矩阵采用 SMatrix 类型存储，下面给出相应的输入算法。其中，引用参数 M 表示 SMatrix 类型的稀疏矩阵，m 和 n 分别表示矩阵的行数和列数。

```
void InputMatrix(SMatrix& M, int m, int n)
{
    M.m=m; M.n=n;
    int row, col, val;
    int k=0;
    cin>>row>>col>>val;
```

```
    while(row!=0) {
        k++;
        M.sm[k].row=row;
        M.sm[k].col=col;
        M.sm[k].val=val;
        cin>>row>>col>>val;
    }
    M.t=k;
}
```

若稀疏矩阵采用十字链接存储，则相应的输入算法如下。

```
void InputMatrix(CLMatrix& M, int m, int n)
{
    M.m=m; M.n=n;
    int row, col, val;
    int k=0;
    cin>>row>>col>>val;
    while(row!=0) {
        k++;
        CrossNode *cp, *newptr;
      //建立一个新结点
        newptr=new CrossNode;
        newptr->row=row;
        newptr->col=col;
        newptr->val=val;
        newptr->down=newptr->right=NULL;
      //把新结点链接到所在行单链表的末尾
        cp=M.rv[row];
        if(cp==NULL) M.rv[row]=newptr;
        else {
            while(cp->right!=NULL) cp=cp->right;
            cp->right=newptr;
        }
      //把新结点链接到所在列单链表的末尾
        cp=M.cv[col];
        if(cp==NULL) M.cv[col]=newptr;
        else {
            while(cp->down!=NULL) cp=cp->down;
            cp->down=newptr;
        }
      //输入一个新三元组
        cin>>row>>col>>val;
    }
    M.t=k;
}
```

请自行编写出采用带行指针向量的链接存储所对应的输入算法。

3．稀疏矩阵的输出

对于采用顺序存储的稀疏矩阵，按三元组线性表的格式输出，其输出算法如下。

```
void OutputMatrix(SMatrix& M)
{
    cout<<"(";
    for(int i=1; i<M.t; i++) {
        cout<<"("<<M.sm[i].row<<",";
        cout<<M.sm[i].col<<",";
        cout<<M.sm[i].val<<")"<<", ";
    }
    if(M.t!=0) {
        cout<<"("<<M.sm[M.t].row<<",";
        cout<<M.sm[M.t].col<<",";
        cout<<M.sm[M.t].val<<")";
    }
    cout<<")"<<endl;
}
```

对于采用其他存储结构的稀疏矩阵，不难写出其相应的输出算法。

4．稀疏矩阵的转置运算

以稀疏矩阵的顺序存储结构为例讨论稀疏矩阵的转置运算。

设图 3-3（b）所示的稀疏矩阵命名为 ***A***，它所对应的顺序存储类型的对象命名为 M，则图 3-4 就是该对象中数组 sm 中的内容。矩阵 ***A*** 的转置矩阵如图 3-7（a）所示，其命名为 ***B***，用顺序存储类型的对象 S 来存储它，S 中 sm 数组的内容如图 3-7（b）所示。

$$\begin{bmatrix} 3 & 0 & 1 & 0 & 0 \\ 0 & 0 & 0 & 0 & 0 \\ 0 & -2 & 4 & 0 & -1 \\ 5 & 0 & 0 & 0 & 0 \\ 0 & 0 & 6 & 0 & 0 \\ 0 & 0 & 0 & 0 & 0 \end{bmatrix}$$

（a）***A*** 的转置矩阵

S	row	col	val
1	1	1	3
2	1	3	1
3	3	2	–2
4	3	3	4
5	3	5	–1
6	4	1	5
7	5	3	6
⋮			
MaxTerms			

（b）***B*** 的顺序存储结构

图 3-7　稀疏矩阵 ***B*** 和它的顺序存储结构

下面根据稀疏矩阵 ***A*** 的顺序存储对象 M 求它的转置矩阵的顺序存储对象 S，来讨论进行稀疏矩阵转置运算的两种方法：普通转置方法和快速转置方法。

（1）普通转置方法。

普通转置方法要对 M 中的 sm 数组进行 n 次扫描（n 为 ***A*** 的列数，即 ***B*** 的行数）才能完成。具体地说，第 1 次扫描 col 域的值等于 1（即列号为 1）所在的三元组（即对应 ***B*** 中第 1 行非零元素）按照从上到下（因行号为从小到大，所以对应 ***B*** 中是列号从小到大）的顺序，行列值互换写入到对象 S 的 sm 数组中，第 2 次扫描把 col 域的值等于 2（即列号为 2）所在的三元组（即对应 ***B*** 中第 2 行非零元素）按照从上到下的顺序接着写入到对象 S 的 sm 数组中，以此类推。具体算法描述如下。

```
SMatrix Transpose(SMatrix& M)
{
    SMatrix S;  //用 S 暂存转置结果
    InitMatrix(S);
    int m, n, t;
  //用 m,n,t 分别暂存 M 的行数、列数和非零元素的个数
    m=M.m; n=M.n; t=M.t;
  //分别置 S 的行数域、列数域和非零元素的个数域为 n,m 和 t
    S.m=n; S.n=m; S.t=t;
  //若是零矩阵(即非零元素的个数为 0 的矩阵)则转换完毕返回
    if(t==0) return S;
  //按列进行每个元素的转换
    int k=1;  //用 k 指示 S.sm 数组中待存元素的下标
    for(int col=1; col<=n; col++)    //用 col 扫描 M.sm 数组中的 col 域
        for(int i=1; i<=t; i++)       //用 i 指示 M.sm 数组中当前元素下标
            if(M.sm[i].col==col) {
                S.sm[k].row=col;
                S.sm[k].col=M.sm[i].row;
                S.sm[k].val=M.sm[i].val;
                k++;
            }
    return S;  //返回转置矩阵 S
}
```

此算法的运行时间主要取决于最后的双重 for 循环，故算法的时间复杂度为 $O(n\times t)$，即同 M 的列数与非零元素的个数的乘积成正比。当稀疏矩阵接近一般矩阵时，非零元素的个数 t 等于矩阵中的行数 m 乘以列数 n，此时算法的时间复杂度为 $O(m\times n^2)$，它比采用二维数组存储时进行转置运算的时间复杂度 $O(m\times n)$要坏得多。因此，对于一般矩阵最好采用二维数组存储和运算。

（2）快速转置方法。

用快速转置的方法进行稀疏矩阵转置要对 M 中的 sm 数组进行两次扫描，第 1 次扫描统计出对应 ***A*** 矩阵中每一列（即对应转置矩阵 ***B*** 中每一行）非零元素的个数，由此求出每一列的第 1 个非零元素（即对应 ***B*** 中每一行的第 1 个非零元素）在 S.sm 数组中应有的位置，第 2 次扫描把数组 M.sm 中的每一个三元组，行列值互换写入到数组 S.sm 中确定的位置上。

设 *col* 表示 ***A*** 中元素的列号（即对应转置矩阵 ***B*** 中元素的行号），num 和 pot 均表示具有 *n*（*n* 为 ***A*** 中的列数即 ***B*** 中的行数）个分量的向量，num 向量的第 *col* 分量（即 num[*col*]）用来统计第 *col* 列中的非零元素的个数，pot 向量的第 *col* 分量（即 pot[*col*]）用来指向第 *col* 列待转换的非零元素被存储在 S.sm 数组中的下标位置，显然 pot 向量的第 *col* 分量的初始值（即第 col 列的第一个非零元素被存储在 S.sm 数组中的下标位置）由下式计算。

$$pot[1]=1$$

$$pot[col]=pot[col-1]+num[col-1] \qquad (2 \le col \le n)$$

根据稀疏矩阵 ***A*** 和顺序存储对象 M，得到 num 向量的各分量值和 pot 向量的各分量初始值如表 3-1 所示。

表 3-1　num 和 pot 向量初始值

	1	2	3	4	5	6
col	1	2	3	4	5	6
num[col]	2	0	3	1	1	0
pot[cot]	1	3	3	6	7	8

结合图 3-7 进行分析，验证 num 和 pot 数组中各分量值的正确性，num 数组中的第 *i* 个分量值等于稀疏矩阵 ***B*** 中第 *i* 行上非零元素的个数，pot 数组中的第 *i* 个分量值等于 ***B*** 中第 *i* 行上第一个（即列号最小的）非零元素在 S.sm 数组中的下标位置。

用 C++语言描述稀疏矩阵的快速转置方法的算法如下。

```
SMatrix FastTranspose(SMatrix& M)
{
    SMatrix S;  //用 S 暂存转置结果
    InitMatrix(S);
    int m, n, t;
  //用 m,n,t 分别暂存 M 的行数、列数和非零元素的个数
    m=M.m; n=M.n; t=M.t;
  //分别置 S 的行数域、列数域和非零元素的个数域为 n,m 和 t
    S.m=n; S.n=m; S.t=t;
  //若是零矩阵(即非零元素的个数为 0 的矩阵)则转换完毕返回
    if(t==0) return S;
  //为 num 和 pot 向量动态分配存储空间
    int* num=new int[n+1];
    int* pot=new int[n+1];
  //对 num 向量进行初始化,置每个分量为 0
    int col,i;
    for(col=1; col<=n; col++) num[col]=0;
  //第 1 遍扫描数组 M.sm,统计出每一列(即转换后的每一行)非零元素的个数
    for(i=1; i<=t; i++) {
        int j=M.sm[i].col;
        num[j]++;
    }
  //计算每一列(即转换后的每一行)的第 1 个非零元素在 S.sm 中存储位置
```

```
    pot[1]=1;
    for(col=2; col<=n; col++)
        pot[col]=pot[col-1]+num[col-1];
  //对M.sm进行第2遍扫描,把每个元素行、列值互换写入到S.sm的确定位置
    for(i=1; i<=t; i++) {
        int j=M.sm[i].col;              //取待转换元素的列号
        int k=pot[j];                   //取待转换元素在S.sm中的位置
        S.sm[k].row=j;                  //以下3行存储被转换的元素
        S.sm[k].col=M.sm[i].row;
        S.sm[k].val=M.sm[i].val;
        pot[j]++;                       //使pot[j]指向下一个位置
    }
  //删除动态分配的数组
    delete[] num;
    delete[] pot;
  //返回转置矩阵S
    return S;
}
```

此算法的运行时间主要取决于 4 个 for 单重循环，故时间复杂度为 $O(n+t)$，显然它比第一种转置算法的时间复杂度要好得多。当稀疏矩阵接近一般矩阵时，其时间复杂度变为 $O(m \times n)$，与采用二维数组表示时相同。当然进行每一个元素转换的运算步骤要比使用二维数组时的直接赋值（即 b[i,j]=a[j,i]）操作要复杂一些。

5. 稀疏矩阵的加法运算

假定采用带行指针向量的存储结构进行稀疏矩阵的加法运算，设 M1 和 M2 为两个加数矩阵，M 为和矩阵，即结果矩阵。两矩阵相加的前提条件是：两矩阵的大小相同，即行数和列数分别对应相等。两矩阵相加的结果仍为一个具有相同大小的矩阵，结果矩阵 M 中每个行单链表仍然要按列号有序，它是对 M1 和 M2 中对应行单链表的按列号有序的合并结果。当 M1 和 M2 中对应行单链表的两个结点分别具有相同的行号和列号时，若它们的元素值之和为 0，则不在结果矩阵中建立结点，只有当其和不为 0 或者列号不同时，才需要在结果矩阵中建立结点。具体算法描述如下。

```
LMatrix Add(LMatrix& M1, LMatrix& M2)
{
    LMatrix M;  //暂存运算结果,以便返回
    InitMatrix(M);
  //若两个矩阵尺寸不同,则给出错误信息并停止运行
    if((M1.m!=M2.m) || (M1.n!=M2.n)) {
        cerr<<"tow matrix measurenents are different!"<<endl;
        exit(1);
    }
  //把其中一个加数矩阵的尺寸赋给结果矩阵
    M.m=M1.m; M.n=M1.n;
```

```
//若两个矩阵均为零矩阵，则无须计算返回 M
  if((M1.t==0) && (M2.t==0)) return M;
//进行两矩阵相加产生和矩阵
  int k=0;                      //用 k 统计结果矩阵中结点的个数
  for(int i=1; i<=M1.m; i++)   //循环的次数等于矩阵的行数
  {
     TripleNode *p1, *p2, *p;
     p1=M1.vector[i];       //p1 指向 M1 矩阵中第 i 行单链表的待相加的结点
     p2=M2.vector[i];       //p2 指向 M2 矩阵中第 i 行单链表的待相加的结点
     p=M.vector[i];         //p 指向 M 矩阵中第 i 行单链表的表尾结点
   //当 p1 和 p2 均不为空时进行比较和加法运算，把结点复制到结果矩阵中
     while((p1!=NULL)&&(p2!=NULL)) {
        TripleNode* newptr=new TripleNode;
        if(p1->col<p2->col) {              //赋值新结点，p1 指针后移
           *newptr=*p1; p1=p1->next;
        }
        else if(p1->col>p2->col) {         //赋值新结点，p2 指针后移
           *newptr=*p2; p2=p2->next;
        }
        else  //对具有相同列号的结点进行处理
           if(p1->val+p2->val==0) {        //不建立新结点和链接
              p1=p1->next; p2=p2->next;  //p1 和 p2 指针后移
              continue;
           }
           else {  //新结点值为两结点值之和，p1 和 p2 指针后移
              *newptr=*p1;
              newptr->val+=p2->val;
              p1=p1->next; p2=p2->next;
           }
        newptr->next=NULL;  //将新结点的指针域置空
      //把新结点链接到结果矩阵的第 i 行单链表的表尾
        if(p==NULL) M.vector[i]=newptr;
        else  p->next=newptr;
        p=newptr;               //修改 p 指针，使之指向新的表尾
        k++;                    //结果矩阵中的结点数加 1
     }  //end of while
   //若 p1 不为空，则把剩余结点复制链接到结果矩阵中
     while(p1!=NULL) {
        TripleNode* newptr=new TripleNode;
        *newptr=*p1;
        newptr->next=NULL;
        if(p==NULL) M.vector[i]=newptr;
        else p->next=newptr;
        p=newptr;
        p1=p1->next;
```

```
            k++;
        } //end of while
    //若p2不为空,则把剩余结点复制链接到结果矩阵中
        while(p2!=NULL) {
            TripleNode* newptr=new TripleNode;
            *newptr=*p2;
            newptr->next=NULL;
            if(p==NULL) M.vector[i]=newptr;
            else p->next=newptr;
            p=newptr;
            p2=p2->next;
            k++;
        } //end of while
    } //end of for
    M.t=k;          //置和矩阵中结点数
    return M;       //返回和矩阵
}
```

在这个算法中，需要扫描M1和M2中的每一个结点，并建立新结点和把它链接到结果矩阵中相应行单链表的表尾，因为对每个结点的处理均为时间常量，其时间复杂度为$O(1)$，所以整个算法的时间复杂度为$O(M1.t+M2.t)$，即与两个加数矩阵中结点数（即非零元素个数）之和成正比。当稀疏矩阵相当稀疏时，即非零元素的个数t远远小于行列数的乘积 m×n 时，该算法的时间复杂度比采用二维数组表示时进行矩阵求和的时间复杂度O(m×n)要小得多。

3.5 广义表

3.5.1 广义表的定义

广义表（generalized list）简称表，它是线性表的推广。一个广义表是$n(n\geq 0)$个元素的一个有限序列，当$n=0$时则称为空表。在一个非空的广义表中，其元素可以是某一确定类型的对象，这种元素被称为单元素；也可以是由单元素构成的表，这种元素被称为子表（或表元素）。显然，广义表的定义是递归的，广义表是一种递归的数据结构。

设a_i为广义表的第i个元素，则广义表的一般表示与线性表相同，具体如下。

$$(a_1, a_2, \cdots, a_i, a_{i+1}, \cdots, a_n)$$

其中，n表示广义表的长度，即广义表中所含元素的个数，$n\geq 0$。

同线性表一样，也可以用一个标识符来命名一个广义表，如用LS命名上面的广义表，则为：

$$LS=(a_1, a_2, \cdots, a_i, a_{i+1}, \cdots, a_n)$$

在广义表的讨论中，为了把单元素同表元素区别开来，一般用小写字母表示单元素，用大写字母表示表，如：

A=( )

B=(e)

C=(a,(b,c,d))

D=(A,B,C)=(( ),(e),(a,(b,c,d)))

E=((a,(a,b),((a,b),c)))

其中，A 是一个空表，其长度为 0；B 是一个只含有单元素 e 的表，其长度为 1；C 中有两个元素，一个是单元素 a，另一个是表元素（b,c,d），C 的长度为 2；D 中有三个元素，其中每个元素又都是一个表，D 的长度为 3；E 中只含有一个元素，该元素是一个表，该表中包含有三个元素，其中后两个元素又都是表。

若把每个表的名字（若有的话）写在其表的前面，则上面的五个广义表可相应地表示为：

A()

B(e)

C(a,(b,c,d))

D(A(),B(e),C(a,(b,c,d)))

E((a,(a,b),((a,b),c)))

若用圆圈和方框分别表示表和单元素，并用线段把表和它的元素（元素结点应在其表结点的下方）连接起来，则可得到一个广义表的图形表示。上面 5 个广义表的图形表示如图 3-8 所示。

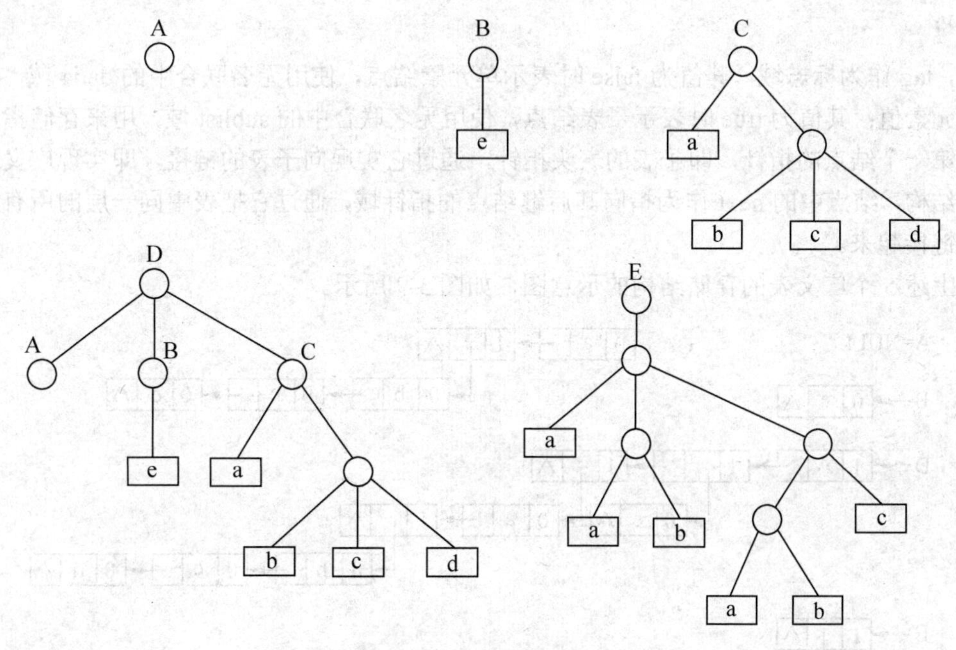

图 3-8　广义表的图形表示

可以看出，广义表的图形表示像倒着画的一棵树，树根结点代表整个广义表，各层树枝结点代表相应的子表，树叶结点代表单元素或空表。

一个表的深度是指该表中括号嵌套的最大次数，在图形表示中，则是从树根结点到每个树枝结点所经过的结点个数的最大值。如表 A 和 B 的深度为 1，表 C、D、E 的深度分别为 2、3 和 4。

3.5.2　广义表的存储结构

广义表是一种递归的数据结构，因此很难为每个广义表分配固定大小的存储空间，所以其存储结构只好采用动态链接结构。

在一个广义表中，其数据元素有单元素和子表之分，所以在对应的存储结构中，其存储结点也有单元素结点和子表结点之分。对于单元素结点，应包括值域和指向其后继结点的指针域；对于子表结点，应包括指向子表中第一个结点的表头指针域和指向其后继结点的指针域。为了把广义表中的单元素结点和子表结点区别开来，还必须在每个结点中增设一个标志域，让标志域取两种不同的值，从而区分两种不同的结点。

根据分析，广义表中的结点类型在 C++语言中可定义如下。

```
struct GLNode {
    bool tag;               //标志域
    union{                  //值域或子表的表头指针域
        ElemType data;
        GLNode* sublist;
    };
    GLNode* next;           //指向后继结点的指针域
};
```

其中，tag 作为标志域，其值为 false 时表示单元素结点，使用无名联合中的 dada 域，用来存储元素值；其值为 true 时表示子表结点，使用无名联合中的 sublist 域，用来存储指向子表中第一个结点的指针，即子表的表头指针，通过它实现向子表的链接，即实现广义表的递归结构，结点中的 next 作为指向其后继结点的指针域，通过它把表中同一层的所有结点依次链接起来。

上述 5 个广义表的存储结构的示意图，如图 3-9 所示。

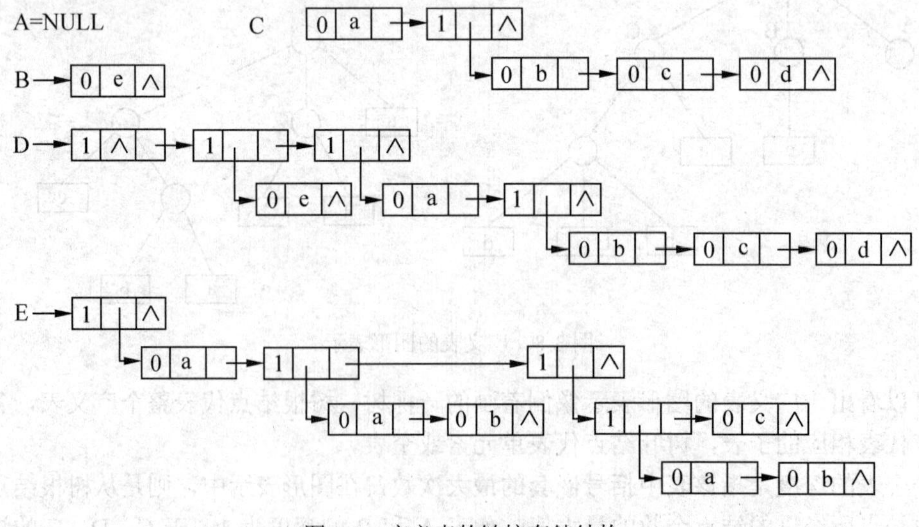

图 3-9　广义表的链接存储结构

若把整个广义表也同样用一个表结点来表示，则应在每个广义表的表头结点（即表中第一个结点）之前增加一个表结点（称此为表头附加结点），此表结点的 sublist 域指向表头结点，next 域为空，表头指针则指向这个表结点。例如，若在广义表 A,B,C 的表头结点之前增加这样的表结点，对应的示意图如图 3-10 所示。

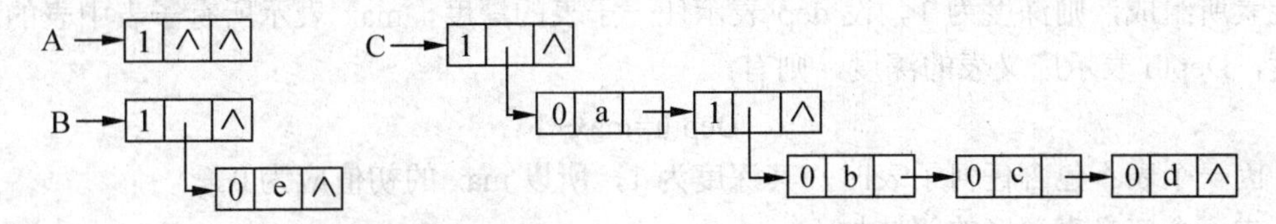

图 3-10　带表头附加结点的广义表的链接存储结构

这种带表头附加结点的广义表表示，将给广义表的某些运算带来方便。

3.5.3　广义表的运算

广义表的运算主要有求广义表的长度和深度、向广义表插入元素和从广义表中查找或删除元素、建立广义表的存储结构、打印广义表等。由于广义表是一种递归的数据结构，所以对广义表的运算一般采用递归的算法。全面介绍广义表的各种运算的算法，超出了本课程的教学内容，这里只讨论其中一些算法。

1．求广义表的长度

在广义表中，同一层次的每个结点是通过 next 域链接起来的，所以可把它看作是由 next 域链接起来的单链表。这样，求广义表的长度就是求单链表的长度，可以采用以前介绍的求单链表长度的方法求其长度。由于单链表的结构也是一种递归结构，即每个结点的指针域均指向一个单链表（称为该结点的后继单链表），它所指向的结点为该单链表的第一个结点（即表头结点），所以求单链表的长度也可以采用递归算法，即若单链表非空的话，其长度等于 1 加上表头结点的后继单链表的长度，若单链表为空，则长度为 0，这是递归的终止条件。

求广义表长度的递归算法如下。

```
int Lenth(GLNode* GL)    //求值参 GL 所指向的广义表的长度
{
    if(GL!=NULL)
        return 1+Lenth(GL->next);
    else
        return 0;
}
```

此算法每次被调用时，无论是从外部对它的非递归调用，还是从内部对它的递归调用，都需要给值参 GL 分配存储空间，用以存储由实参传送来的指针值，所以算法的空间复杂度为 $O(n)$，若采用非递归算法，其空间复杂度为 $O(1)$，两者的时间复杂度均为 $O(n)$，n 为广义表的长度。这里介绍递归算法，是想通过这个简单的例子为后面介绍更复杂的递归算法做准备。

2．求广义表的深度

广义表深度的递归定义是它等于所有子表中表的最大深度加 1，若一个表为空或仅由单元素所组成，则深度为 1。设 dep 表示任一子表的深度，max 表示所有子表中表的最大深度，Depth 表示广义表的深度，则有：

$$Depth=max+1$$

因一个表不包含任何子表时，其深度为 1，所以 max 的初值应为 0。

求一个广义表深度的算法如下。

```
int Depth(GLNode* GL)                       //求值参 GL 所指向的广义表的深度
{
    int max=0;                              //给 max 赋初值 0
    while(GL!=NULL) {                       //遍历表中的每一个结点
        if(GL->tag==true) {
            int dep=Depth(GL->sublist);     //递归调用求出子表的深度
            if(dep>max) max=dep;            //让 max 为同层求过子表深度的最大值
        }
        GL=GL->next;                        //使 GL 指向同一层的下一个结点
    }
    return max+1;                           //返回表的深度
}
```

从这个算法可以看出，当 GL 为一个空表或仅由单元素组成的线性表时，不进入下一层次的递归调用，而结束本次调用并返回 1，当 GL 含有子表时才会进入求子表深度的递归调用，返回后修改 max 的值，使之为所求过的本层次子表中深度的最大值，本层次的所有结点都扫描完毕后，结束本次调用并返回表的深度。

设一个广义表为：

$$G=((\ ),a,((b,c),d))$$

它的存储结构如图 3-11 所示。

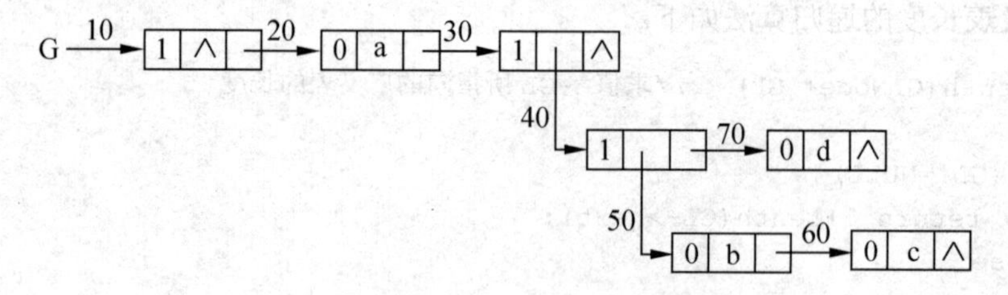

图 3-11 广义表 G 的链接存储结构

为了便于分析，在图中每个链接指针上都标明数字，假定它为该指针的具体值。

在第 1 次非递归调用和以后每次递归调用 Depth 算法时，系统都要在动态堆栈存储区中为值参 GL，局部变量 max 和 dep 以及保存调用后的返回地址分配存储空间，每次调用结束按所保存的返回地址返回后，系统都释放为本次调用所分配的存储空间，从而使上一层调用所分配的存储空间成为变量的当前存储空间。若以表头指针 G 作为实参去调用 Depth 算法，则在算法的执行过程中，动态堆栈的数据变化情况如图 3-12 所示。其中，用 r 表示返回地址域，第 1 次调用（即非递归调用，又称为第 0 次递归调用）后的返回地址用 r1 表示，以后每次递归调用的返回地址用 r2 表示。

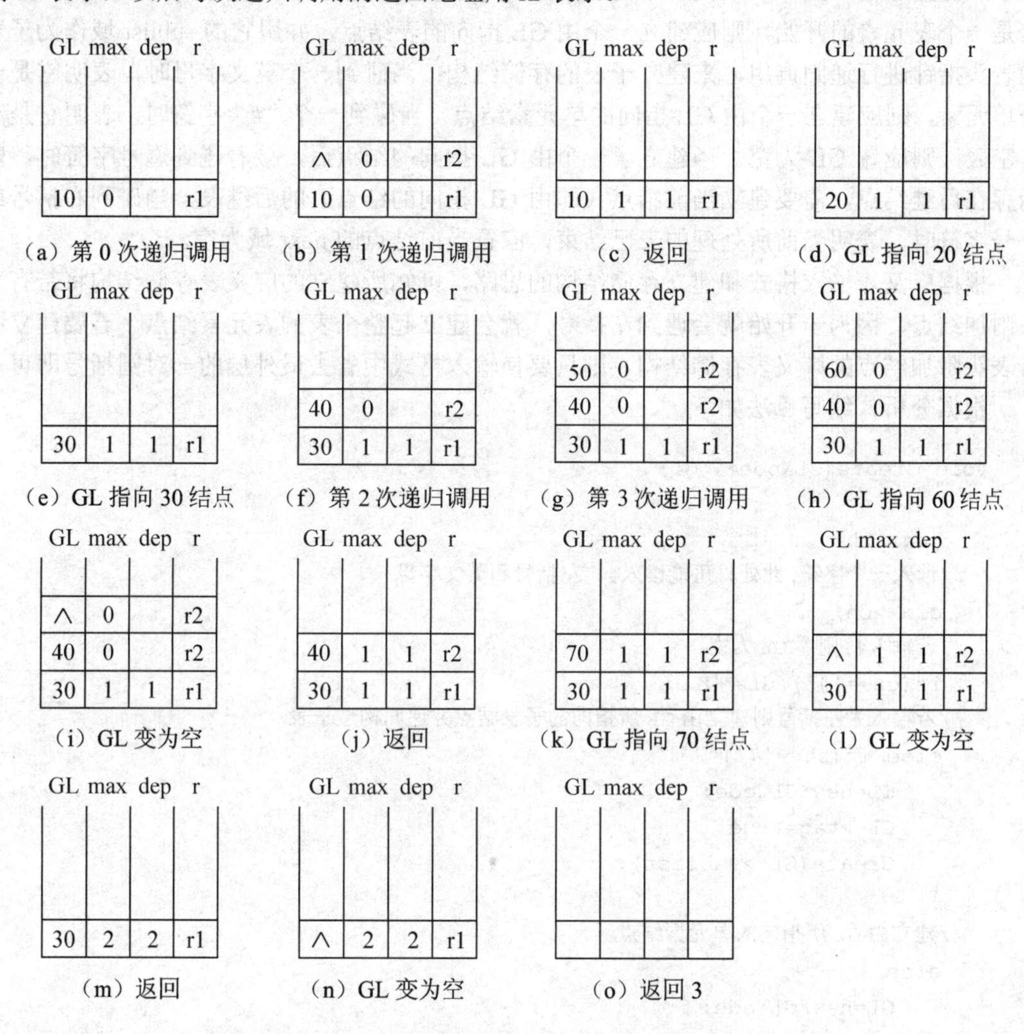

图 3-12　系统动态堆栈中数据的变化情况

可以分析出，该算法需要扫描广义表中的所有结点，对于单元素结点需要访问两次，一次为读取 tag 域值，另一次为读取 next 域值；对于子表结点需要访问 3 次，分别为读取 tag、sublist 和 next 域的值。所以此算法的时间复杂度为 $O(n)$，其中 n 为广义表中所有结点的个数。该算法的空间复杂度为 $O(m)$，m 为广义表的深度。

*3．建立广义表的存储结构

设广义表中的元素类型 ElemType 为字符类型 char，每个单元素的值被限定为英文字母，广义表由键盘输入，其格式为：元素之间用一个逗号分隔，表元素的起止符号分别为左、右圆括号，空表在其圆括号内使用一个“#”字符表示，最后使用一个分号作为整个广义表的结束符号。如“(a,(#),b,c,(d,(e)));”就是一个符合上述规定的广义表输入格式。

建立广义表存储结构的算法同样是一个递归算法，该算法使用一个具有 GLNode*类型的引用指针参数，用以返回所建广义表的表头指针，用 GL 表示。在算法的执行过程中，对于从键盘上输入的一个广义表，需要从头到尾扫描每一个字符，当碰到左括号时，表明它是一个表元素的开始，则应建立一个由 GL 指向的表结点，并用它的 sublist 域作为子表的表头指针进行递归调用，来建立子表的存储结构；当碰到一个英文字母时，表明它是一个单元素，则应建立一个由 GL 指向的单元素结点；当碰到一个“#”字符时，表明它是一个空表，则应置 GL 为空。当建立了一个由 GL 指向的结点后，接着碰到逗号字符时，表明存在后继结点，需要建立当前结点（即由 GL 指向的结点）的后继表，当碰到右括号或分号字符时，表明当前所处理的表已结束，应置当前结点的 next 域为空。

根据广义表输入格式和建立存储结构的思路，可知所建立的广义表存储结构将带有表头附加结点，因为一开始就会遇到左括号，就会建立起整个表的表元素结点。若要建立不带表头附加结点的广义表存储结构，则只要使输入格式中省去最外层的一对圆括号即可。

根据分析，编写算法如下。

```
void Create(GLNode*& GL)
{
    char ch;
  //读入一个字符,此处只可能读入#、左括号和英文字母
    cin>>ch;
  //若输入#,则置 GL 为空
    if(ch=='#') GL=NULL;
  //若输入为左括号则建立由 GL 所指向的子表结点并递归构造子表
    else if(ch=='(') {
        GL=new GLNode;
        GL->tag=true;
        Create(GL->sublist);
    }
  //建立由 GL 所指向的单元素结点
    else {
        GL=new GLNode;
        GL->tag=false;
        GL->data=ch;
    }
  //此处读入的字符必为逗号、右括号或分号
    cin>>ch;
  //若 GL 为空,此时输入的字符必然为')',则什么都不用做
    if(GL==NULL);
  //若输入为逗号则递归构造后继表
    else if(ch==',') Create(GL->next);
  //若输入为右括号或分号则置 GL 的后继指针域为空
    else if((ch==')')||(ch==';')) GL->next=NULL;
}
```

该算法需要扫描输入广义表中的所有字符，并且处理每个字符都是简单的比较或赋值操作，其时间复杂度为 $O(1)$，所以整个算法的时间复杂度为 $O(n)$，n 表示广义表中所有字符的个数。由于平均每两个字符可以生成一个表结点或单元素结点，所以 n 也可以看做生成的广义表中所有结点的个数。在这个算法中，既包含向子表的递归调用，也包含向后继表的递归调用，所以递归调用的最大深度（即动态堆栈的最大深度）不会超过生成的广义表中所有结点的个数，因此其空间复杂度也为 $O(n)$。

4. 打印输出广义表

根据以 GL 为带表头附加结点的广义表的表头指针，打印输出该广义表同样需要向子表递归调用和向后继表递归调用。当 GL 结点为表元素结点时，则应首先输出作为一个表的起始符号的左括号，然后再输出以 GL->sublist 为表头指针的表；当 GL 结点为单元素结点时，则应输出该元素的值。当以 GL->sublist 为表头指针的表输出完毕后，应在其最后输出一个作为表终止符的右括号。当 GL 结点输出结束后，若存在后继结点，则应首先输出一个逗号作为分隔符，然后再递归输出由 GL->next 指针所指向的后继表。

打印输出一个广义表的算法描述如下，其中值参 GL 指向一个带有表头附加结点的广义表，GL 也可采用指针引用参数。

```
void Print(GLNode* GL)
{
    if(GL->tag==true) {
        cout<<'(';                  //对于表结点,则先输出左括号,作为开始符号
        if(GL->sublist==NULL)
            cout<<'#';              //若子表指针为空,则输出'#'字符
        else
            Print(GL->sublist);     //若为非空子表,则递归输出此表
        cout<<')';                  //当一个子表输出结束后,应输出右括号作为终止符
    }
    else cout<<GL->data;            //对于单元素结点,输出该结点的值
    if(GL->next!=NULL) {            //输出 GL 结点的后继表
        cout<<',';                  //先输出逗号分隔符后
        Print(GL->next);            //再递归输出后继表
    }
}
```

该算法的时间复杂度和空间复杂度与建立广义表存储结构的情况相同，均为 $O(n)$，n 为广义表中所有结点的个数。

3.5.4　简单程序举例

以上介绍的几种进行广义表运算的算法假定被保存在“广义表运算.cpp”程序文件中，现要求利用它们编写一个程序，首先建立广义表“(a,(b,(c)),((#),((d,e))),f,(g));”的存储结构，然后输出该广义表，最后求该广义表的长度和深度。

该程序比较简单，如下所示。

```
#include<iostream.h>
#include<stdlib.h>
typedef char ElemType;
struct GLNode
{
    bool tag;
    union {
        ElemType data;
        GLNode* sublist;
    };
    GLNode* next;
};
#include"广义表运算.cpp"
void main()
{
    GLNode* g=NULL;
    Create(g);
    Print(g);
    cout<<endl;
    cout<<"广义表的长度："<<Lenth(g->sublist)<<endl;
    cout<<"广义表的深度："<<Depth(g->sublist)<<endl;
}
```

该程序运行后，从键盘上输入如下一行字符：

```
(a,(b,(c)),((#),((d,e))),f,(g));
```

则得到的输出结果如下：

```
(a,(b,(c)),((#),((d,e))),f,(g))
广义表的长度：5
广义表的深度：4
```

习 题 3

【习题 3-1】 按要求进行稀疏矩阵运算。

已知一个稀疏矩阵，如图 3-13 所示。

$$
\begin{bmatrix}
0 & 4 & 0 & 0 & 0 & 0 & 0 \\
0 & 0 & 0 & -3 & 0 & 0 & 1 \\
8 & 0 & 0 & 0 & 0 & 0 & 0 \\
0 & 0 & 0 & 5 & 0 & 0 & 0 \\
0 & -7 & 0 & 0 & 0 & 2 & 0 \\
0 & 0 & 0 & 6 & 0 & 0 & 0
\end{bmatrix}
$$

图 3-13 具有 6 行×7 列的一个稀疏矩阵

1．写出它的三元组线性表。
2．给出它的顺序存储表示。
3．给出它的转置矩阵的三元组线性表和顺序存储表示。
4．给出对它进行快速转置时，num 向量中各分量的值。
5．给出对它进行快速转置前和转置后，pot 向量中各分量的值。

【习题 3-2】 按要求进行广义表运算。

画出下列每个广义表的带表头附加结点的链接存储结构图并分别计算它们的长度和深度。

1．A=(( ))
2．B=(a,b,c)
3．C=(a,(b,(c)))
4．D=((a,b),(c,d))
5．E=(a,(b,(c,d)),(e))
6．F=((a,(b,( ),c),((d),e)))

【习题 3-3】 写出下列每个主程序段的运行输出结果。

1.
```
void main()
{
    Set a;
    InitSet(a);
    ElemType r[8]={1,5,90,5,7,25,34,16};
    int i;
    for(i=0; i<8; i++) InsertSet(a,r[i]);
    ElemType x=25,y=90;
    DeleteSet(a,x);
    DeleteSet(a,y);
    OutputSet(a);
    cout<<EmptySet(a)<<' '<<LenthSet(a)<<endl;
}
```

2.
```
void main()
{
    ElemType r[8]={1,5,90,5,7,25,34,16};
    ElemType r1[6]={5,60,16,30,34,8};
    Set a; InitSet(a);
    Set b; InitSet(b);
    Set c; InitSet(c);
    int i;
    for(i=0; i<8; i++) InsertSet(a,r[i]);
    for(i=0; i<6; i++) InsertSet(b,r1[i]);
    UnionSet(a,b,c);
    OutputSet(c);
    InterseSet(a,b,c);
    OutputSet(c);
    DifferenceSet(a,b,c);
    OutputSet(c);
    ClearSet(a); ClearSet(b); ClearSet(c);
}
```

3.
```
void main()
{
    ElemType r[8]={1,5,90,5,7,25,34,16};
    SNode* a;
    InitSet(a);
    int i;
    for(i=0; i<8; i++) InsertSet(a,r[i]);
    OutputSet(a);
    ElemType x=34;
    DeleteSet(a,x);
    InsertSet(a,48);
    x=5; DeleteSet(a,x);
    OutputSet(a);
    ClearSet(a);
}
```

4.
```
void main()
{
    SNode* a; InitSet(a);
    SNode* b; InitSet(b);
    SNode* c; InitSet(c);
    int i;
    ElemType r[8]={1,5,90,5,7,25,34,16};
    ElemType r1[5]={5,60,16,30,8};
    for(i=0; i<8; i++) InsertSet(a,r[i]);
    for(i=0; i<5; i++) InsertSet(b,r1[i]);
    UnionSet(a,b,c);
    OutputSet(c);
    InterseSet(a,b,c);
    OutputSet(c);
}
```

【习题 3-4】 根据下列每个题目的要求编写算法。

1. 比较两个集合的大小。若两集合长度不等则退出运行。在两集合长度相等的情况下，若各集合的元素值的累加和相等则认为它们相等，返回 0；若第 1 个集合的元素值的累加和大于第 2 个集合的元素值的累加和，则认为第 1 个集合大于第 2 个集合，返回 1；若第 1 个集合的元素值的累加和小于第 2 个集合的元素值的累加和，则认为第 1 个集合小于第 2 个集合，返回–1。

2. 定义等于号运算符重载函数，比较两个集合是否相等。若两集合长度不等则退出运行。在两集合长度相等情况下，若各集合的元素值的累加和相等则认为它们相等，返回真；否则认为它们不等，返回假。

3. 从键盘上输入一个三元组线性表，当输入(0,0,0)元素时结束，实现稀疏矩阵的带行指针向量的链接存储。

4. 以三元组线性表的形式输出一个稀疏矩阵，其中稀疏矩阵采用的是带行指针向量的链接存储。

*5. 实现稀疏矩阵的十字链接存储的三元组线性表输出。

*6. 采用顺序存储方式实现稀疏矩阵 ***M***1 和 ***M***2 相加的运算，运算结果由引用参数 *M* 带回。

*7. 编写一个建立广义表链接存储结构的算法，广义表由字符串值参提供。

*8. 编写一个从广义表中查找单元素字符等于给定值的算法，若查找成功则返回真，否则返回假。

第4章 栈和队列

栈和队列都属于线性表，但由于对它们操作的特殊性，并且是最常用的线性数据结构，所以需要专门进行讨论。

4.1 栈

4.1.1 栈的定义

栈（stack）又称堆栈，它是一种运算受限的线性表，其限制是仅允许在表的一端进行插入和删除运算。人们把对栈进行运算的一端称为**栈顶**，栈顶的第 1 个元素被称为**栈顶元素**，相对地，把另一端称为**栈底**。向一个栈插入新元素又称为**进栈**或**入栈**，它是把该元素放到栈顶元素的上面，使之成为新的栈顶元素；从一个栈删除元素又称为**出栈**或**退栈**，它是把栈顶元素删除掉，使其下面的相邻元素成为新的栈顶元素。

在日常生活中，有许多类似栈的例子。如刷洗盘子时，依次把每个洗净的盘子放到洗好的一摞盘子上，相当于进栈；取用盘子时，从一摞盘子上一个接一个地向下拿，相当于出栈。又如向枪支弹夹里装子弹时，子弹被一个接一个地压入，相当于进栈；射击时子弹总是从顶部一个接一个地被射出，相当于子弹出栈。

由于栈的插入和删除运算仅在栈顶一端进行，后进栈的元素必定先出栈，所以又把栈称为**后进先出表**（Last In First Out，LIFO）。

例如，一个栈 S 为（a,b,c），其中表尾的一端为栈顶，字符 c 为栈顶元素。若向 S 压入一个元素 d，则 S 变为（a,b,c,d），此时字符 d 为栈顶元素；若接着从栈 S 中依次删除两个元素，则首先删除的是元素 d，接着删除的是元素 c，栈 S 变为（a,b），栈顶元素为 b。

4.1.2 栈的抽象数据类型

栈的抽象数据类型中的数据部分为具有 ElemType 元素类型的一个栈，它可以采用任一种存储结构实现，用 StackType 标识符表示栈对象类型；操作部分应包括元素进栈、元素出栈、读取栈顶元素、检查栈是否为空等。下面给出栈的抽象数据类型的具体定义。

```
ADT STACK is
    Data:
        一个栈 S，假定用标识符 StackType 表示栈对象类型
    Operation:
```

```
        void InitStack(StackType& S);              //初始化栈 S,即把它置为空
        void Push(StackType& S, ElemType item)     //元素进栈,即插入到栈顶
        ElemType Pop(StackType& S)                 //删除栈顶元素并返回之
        ElemType Peek(StackType& S)                //返回栈顶元素的值,但不改变栈
        bool EmptyStack (StackType& S);            //判断 S 是否为空
        void ClearStack(StackType& S);             //清除栈中所有元素,使之成为空栈
    end STACK
```

对于判断栈是否为空和返回栈顶元素这两种操作，由于它们不改变栈的状态，所以可在参数类型说明前使用常量定义符 const，也可以取消引用定义，改为值参定义。

假定栈 a 的元素类型为 int，下面给出调用上述栈操作的一些例子。

```
InitStack(a);                      //把栈 a 置空
Push(a,18);                        //元素 18 进栈
int x=46; Push(a,x);               //x 的值 46 进栈
Push(a,x/3);                       //x 除以 3 的整数值 15 进栈
x=Pop(a);                          //栈顶元素 15 退栈并赋给 x
cout<<Peek(a);                     //读取栈顶元素 46 并输出
Pop(a);                            //栈顶元素 46 出栈,返回值 46 自动丢失
EmptyStack(a);                     //因栈非空,应返回 false
cout<<Pop(a)<<endl;                //栈顶元素 18 退栈并输出
x=EmptyStack(a);                   //因栈为空,返回 true(对应整数 1)赋给 x
```

4.2 栈的顺序存储结构和操作实现

栈的顺序存储结构同样需要使用一个数组和一个整型变量来实现，利用数组来顺序存储栈中的所有元素，利用整型变量来存储栈顶元素的下标位置。栈数组用 stack[MaxSize] 表示，指示栈顶位置的整型变量用 top 表示，则元素类型为 ElemType 的栈的顺序存储结构可定义如下。

```
ElemType stack[MaxSize];
int top;
```

其中，MaxSize 为一个整型全局常量，需先通过 const 语句定义，由它确定顺序栈（即顺序存储的栈）的最大长度，又称为深度，即栈空间最多能够存储的元素个数；由于 top 用来指示栈顶元素的位置，所以把它称为**栈顶指针**。

栈的顺序存储结构所使用的栈数组和栈顶指针同样可以定义在一个记录类型中，该记录类型用 Stack 表示，则定义如下。

```
struct Stack {
    ElemType stack[MaxSize];
    int top;
};
```

若要对存储栈的数组空间采用动态分配，则 Stack 结构类型可定义如下。

```
struct Stack {
    ElemType *stack;          //存栈元素
    int top;                  //存栈顶元素的下标位置
    int MaxSize;              //存 stack 数组长度,即所能存储栈的最大长度
};
```

在顺序存储的栈中，top 的值为–1 表示栈空，每次向栈中压入一个元素时，首先使 top 增 1，用以指示新的栈顶位置，然后再把元素赋值到这个空位置上，每次从栈中弹出一个元素时，首先取出栈顶元素，然后使 top 减 1，指示出前一个元素成为新的栈顶元素。由此可知，对顺序栈的插入和删除运算相当于是在顺序表（即顺序存储的线性表）的表尾进行的，其时间复杂度为 $O(1)$。

在一个顺序栈中，若 top 已经指向了 MaxSize–1 的位置，则表示栈满，若再向其插入新元素时就需要进行栈满处理，需分配更大的存储空间满足插入要求，或输出栈满信息告之用户等；相反，若 top 的值已经等于–1，则表示栈空，通常利用栈空作为循环结束的条件，表明数据已经处理完毕。

设一个栈 S 为（a, b, c, d, e），对应的顺序存储结构，如图 4-1（a）所示。向 S 中插入一个元素 f，如图 4-1（b）所示。接着执行两次出栈操作后，如图 4-1（c）所示。依次使栈 S 中的所有元素出栈，则 S 变为空，如图 4-1（d）所示。在这里，栈是垂直画出的，并且使下标编号向上递增，这样可以形象地表示出栈顶在上，栈底在下。

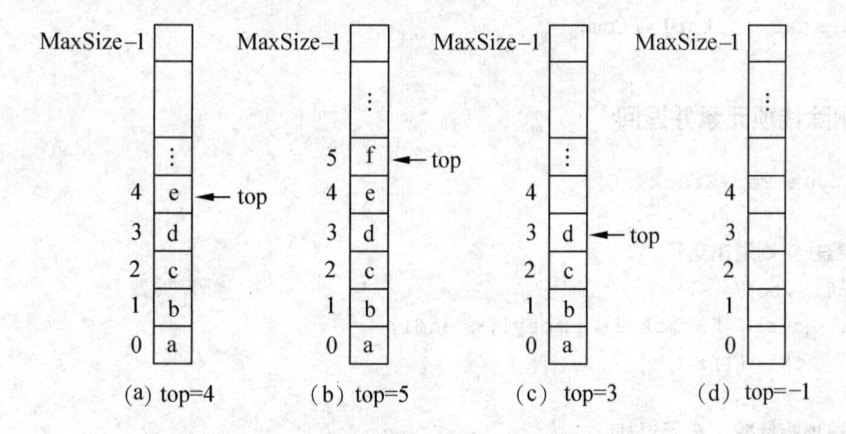

图 4-1　栈的顺序存储结构和操作过程示意图

下面给出栈在顺序存储结构下的实现算法。

1. 初始化栈 S 为空

把栈设置为空并完成栈空间的动态存储分配。

```
void InitStack(Stack& S)
{
  //初始设置栈空间大小为 10 个元素位置
    S.MaxSize=10;
  //动态存储空间分配,若分配失败则退出运行
```

```
    S.stack=new ElemType[S.MaxSize];
    if(!S.stack) {
        cerr<<"动态存储分配失败!"<<endl;
        exit(1);
    }
  //初始置栈为空
    S.top=-1;
}
```

2．元素 item 进栈，即插入到栈顶

```
void Push(Stack& S, ElemType item)
{
  //若栈空间用完则自动扩大 2 倍空间,原有栈内容不变
    if(S.top==S.MaxSize-1) {
        int k=sizeof(ElemType);  //计算每个元素存储空间的长度
        S.stack=(ElemType*)realloc(S.stack, 2*S.MaxSize*k);
        S.MaxSize=2*S.MaxSize;  //把栈空间大小修改为新的长度
    }
  //栈顶指针后移一个位置
    S.top++;
  //将新元素插入到栈顶
    S.stack[S.top]=item;
}
```

3．删除栈顶元素并返回

```
ElemType Pop(Stack& S)
{
  //若栈空则退出运行
    if(S.top==-1) {
        cerr<<"Stack is empty!"<<endl;
        exit(1);
    }
  //栈顶指针减 1 表示退栈
    S.top--;
  //返回原栈顶元素的值
    return S.stack[S.top+1];
}
```

注意：做出栈操作时，栈顶指针下移，但原栈顶位置中保存的元素依然存在，仍可以被利用，只是不属于当前栈中的元素而已。当前栈中的元素为从栈顶到栈底之间的所有元素。

4．读取栈顶元素的值

```
ElemType Peek(Stack& S)
{
```

```
  //若栈空则退出运行
    if(S.top==-1) {
        cerr<<"Stack is empty!"<<endl;
        exit(1);
    }
  //返回栈顶元素的值
    return S.stack[S.top];
}
```

此算法只访问栈顶元素，而不改变栈的状态，并不修改栈顶指针的值。

5．判断 S 是否为空，若是则返回 true，否则返回 false

```
bool EmptyStack(Stack& S)
{
    return S.top==-1;
}
```

6．清除栈 S 中的所有元素，释放动态存储空间

```
void ClearStack(Stack& S)
{
    if(S.stack) {
        delete []S.stack;
        S.stack=0;
    }
    S.top=-1;
    S.MaxSize=0;
}
```

可采用下面程序调试上面介绍的栈的各种操作算法。

```
#include<iostream.h>
#include<stdlib.h>

typedef int ElemType;
struct Stack {
    ElemType *stack;            //存栈元素
    int top;                    //存栈顶元素的下标位置
    int MaxSize;                //存 stack 数组长度,即所能存储栈的最大长度
};

#include"顺序栈运算.cpp"        //保存有上述 6 种对栈运算的算法

void main()
{
    Stack s;
    InitStack(s);
    int a[8]={3,8,5,17,9,30,15,22};
```

```
    int i;
    for(i=0; i<8; i++) Push(s,a[i]);
    cout<<Pop(s); cout<<' '<<Pop(s)<<endl;
    Push(s,68);
    cout<<Peek(s); cout<<' '<<Pop(s)<<endl;
    while(!EmptyStack(s)) cout<<Pop(s)<<' ';
    cout<<endl;
    ClearStack(s);
}
```

则得到的运行结果如下：

```
22 15
68 68
30 9 17 5 8 3
```

4.3 栈的链接存储结构和操作实现

栈的链接存储结构与线性表的链接存储结构相同，是通过由结点构成的单链表实现的，此时表头指针被称为**栈顶指针**，由栈顶指针指向的表头结点被称为**栈顶结点**，整个单链表被称为**链栈**，即链接存储的栈。当向一个链栈插入元素时，是把该元素插入到栈顶，即使该元素结点的指针域指向原来的栈顶结点，而栈顶指针则修改为指向该元素结点，使该结点成为新的栈顶结点。当从一个链栈中删除元素时，是把栈顶元素结点删除掉，即取出栈顶元素后，使栈顶指针指向原栈顶结点的指针域所指向的结点。由此可知，对链栈的插入和删除操作是在单链表的表头进行的，其时间复杂度为 $O(1)$。

设一个栈为（a, b, c），当采用链接存储时，对应的存储结构示意图，如图 4-2（a）所示，其中 HS 表示栈顶指针，其值为存储元素 c 结点的地址。当向这个栈插入一个元素 d 后，如图 4-2（b）所示。当从这个栈依次删除两个元素后，如图 4-2（c）所示。当链栈中的所有元素全部出栈后，栈顶指针 HS 的值为空，即常量 NULL 所表示的数值 0。

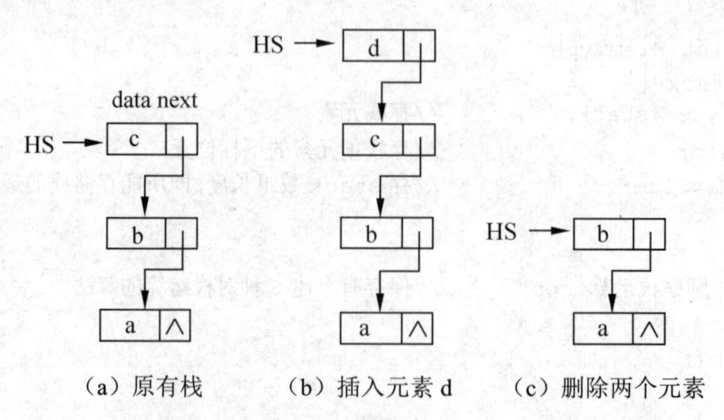

图 4-2　栈的链接存储结构及操作过程示意图

设链栈中的结点仍采用以前已经定义的 SNode 或 LNode 结点类型，栈顶指针用 HS 表示，下面给出对由 HS 所指向的链栈进行每一种栈操作的算法。

1. 初始化链栈

```
void InitStack(SNode*& HS)
{
    HS=NULL;  //将链栈置空
}
```

2. 向链栈中插入一个元素

```
void Push(SNode*& HS, const ElemType& item)
{
  //为插入元素获取动态结点
    SNode* newptr=new SNode;
  //给新分配的结点赋值
    newptr->data=item;
  //向栈顶插入新结点
    newptr->next=HS;
    HS=newptr;
}
```

3. 从链栈中删除一个元素并返回

```
ElemType Pop(SNode*& HS)
{
    if(HS==NULL) {              //不能从空栈删除
        cerr<<"Linked stack is empty!"<<endl;
        exit(1);
    }
    SNode* p=HS;                //暂存栈顶结点指针
    HS=HS->next;                //使栈顶指针指向下一结点
    ElemType temp=p->data;      //暂存原栈顶元素
    delete p;                   //回收原栈顶结点
    return temp;                //返回原栈顶元素
}
```

4. 读取栈顶元素

```
ElemType Peek(SNode* HS)        //HS 为值参或引用形参均可
{
    if(HS==NULL)  {             //无法从空栈中操作
        cerr<<"Linked stack is empty!"<<endl;
        exit(1);
    }
    return HS->data;            //返回栈顶结点的值
}
```

5. 检查链栈是否为空

```
bool EmptyStack(SNode* HS)
                    //HS 为值参或引用形参均可
{
    return HS==NULL;
}
```

6. 清除链栈为空

```
void ClearStack(SNode*& HS)
{
    SNode *cp, *np;
    cp=HS;          //给 cp 指针赋初值,使之指向栈顶结点
    while(cp!=NULL)
    {               //从栈顶到栈底依次删除每个结点
        np=cp->next;
        delete cp;
        cp=np;
    }
    HS=NULL;        //置链栈为空
}
```

4.4 栈的简单应用举例

【例 4-1】 从键盘上输入一批整数，然后按照相反的次序打印出来。

分析：根据题意可知，后输入的整数将先被打印出来，这正好符合栈的后进先出的特点。所以此题很容易用栈来解决。若采用链栈，其参考程序如下。

```
#include<iostream.h>
#include<stdlib.h>
typedef int ElemType;    //定义元素类型为整型
struct SNode {
    ElemType data;
    SNode* next;
};
#include"链栈运算.cpp"    //保存着 6 种链栈运算的算法
void main()
{
    SNode* a;
    InitStack(a);
    int x;
    cin>>x;
    while(x!=-1) {        //假定用-1 作为终止键盘输入的标志
```

```
        Push(a,x);
        cin>>x;
    }
    while(!EmptyStack(a))  //栈不为空时依次退栈打印出来
        cout<<Pop(a)<<" ";
    cout<<endl;
    ClearStack(a);
}
```

从键盘上输入为：

```
78 63 45 82 91 34 -1
```

则输出为：

```
34 91 82 45 63 78
```

【例4-2】 栈在计算机语言的编译过程中用来进行语法检查，试编写一个算法，用来检查一个C/C++语言程序中的大括号、方括号和圆括号是否配对，若能够全部配对则返回1，否则返回0。

分析：在这个算法中，需要扫描待检查程序中的每一个字符，当扫描到每个大、中、圆左括号时，令其进栈，当扫描到每个大、中、圆右括号时，则检查栈顶是否为相应的左括号，若是则作退栈处理，若不是则表明出现了语法错误，应返回 0。当扫描到程序文件结尾后，若栈为空则表明没有发现括号配对错误，应返回 1，否则表明栈中还有未配对的括号，应返回0。另外，对于一对单引号或双引号内的字符不进行括号配对检查。

根据分析，编写出算法如下：

```
int BracketsCheck(char* fname)
    //对由 fname 所指字符串为文件名的文件进行括号配对检查
{
    ifstream ifstr(fname, ios::in|ios::nocreate);
      //用文件输入流对象 ifstr 打开以 fname 所指字符串为文件名的文件
      //C++的系统头文件 fstream.h 中定义有文件输入流类 ifstream
    if(!ifstr) {  //没有找到相应的物理文件则退出运行
        cerr<<"File"<<"\'"<<fname<<"\'"<<"not found!"<<endl;
        exit(1);
    }
    Stack a;                        //定义一个顺序栈
    InitStack(a);                   //栈 a 被初始化
    char ch;
    while(ifstr>>ch)                //顺序从文件中得到一个字符到 ch 变量中
    {
        if(ch==39) {  //单引号内的字符不参与配对比较
            while(ifstr>>ch)
                if(ch==39) break;  //39 为单引号的 ASCII 值
            if(!ifstr) return 0;  //读到文件结束返回 0
```

```
        }
        else if(ch==34) {                //双引号内的字符不参与配对比较
            while(ifstr>>ch)
                if(ch==34) break;        //34为双引号的ASCII值
            if(!ifstr) return 0;         //读到文件结束返回0
        }
        switch (ch) {
            case '{':
            case '[':
            case '(':
                Push(a,ch);              //出现以上3种左括号则进栈
                break;
            case '}':
                if(Peek(a)=='{')
                    Pop(a);              //栈顶的大括号出栈
                else return 0;
                break;
            case ']':
                if(Peek(a)=='[')
                    Pop(a);              //栈顶的左中括号出栈
                else return 0;
                break;
            case ')':
                if(Peek(a)=='(')
                    Pop(a);              //栈顶的左圆括号出栈
                else return 0;
        }
    }
    if(EmptyStack(a)) return 1;
    else return 0;
}
```

下面程序调试上述算法。

```
#include<iostream.h>
#include<stdlib.h>
#include<fstream.h>

typedef int ElemType;
struct Stack {
    ElemType *stack;
    int top;
    int MaxSize;
};

#include"顺序栈运算.cpp"     //该程序文件保存着6种顺序栈运算的算法
```

```
int BracketsCheck(char* fname) {
    //函数体同上
}

void main()
{
    int b=BracketsCheck("xxk4-1.cpp");
            //"xxk4-1.cpp"为当前目录下的一个C++程序文件
    if(b) cout<<"xxk4-1.cpp程序文件中括号配对正确!"<<endl;
    else cout<<"xxk4-1.cpp程序文件中括号配对错误!"<<endl;
}
```

【例 4-3】 把十进制整数转换为二至九之间的任一进制数输出。

分析：由计算机基础知识可知，把一个十进制整数 x 转换为任一种 r 进制数得到的是一个 r 进制的整数，假定为 y，转换方法是逐次除基数 r 取余法。具体叙述为：首先用十进制整数 x 除以基数 r，得到的整余数是 r 进制数 y 的最低位 y_0，接着以 x 除以 r 的整数商作为被除数，用它除以 r 得到的整余数是 y 的次最低位 y_1，以此类推，直到商为 0 时得到的整余数是 y 的最高位 y_m，这里假定 y 共有 m+1 位。这样得到的 y 与 x 等值，y 的按权展开式为：

$$y=y_0+y_1 gr+y_2 gr^2+\cdots+y_m gr^m$$

若十进制整数为 3425，把它转换为八进制数的过程，如图 4-3 所示。

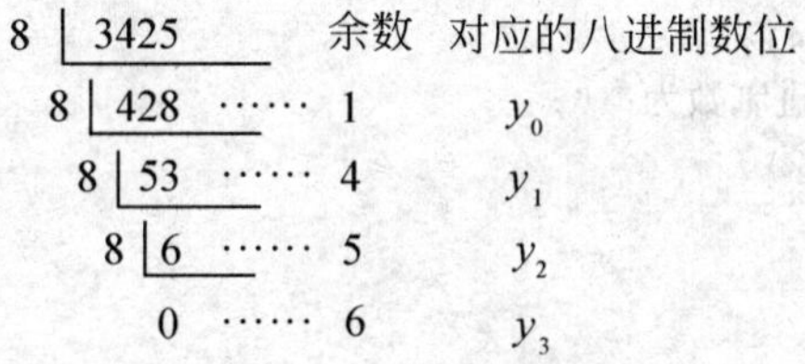

除法		余数	对应的八进制数位
8 ⌊ 3425			
8 ⌊ 428	……	1	y_0
8 ⌊ 53	……	4	y_1
8 ⌊ 6	……	5	y_2
0	……	6	y_3

图 4-3　十进制整数 3425 转换为八进制数的过程

最后得到的八进制数为 $(6541)_8$，对应的十进制数为 $6\times8^3+5\times8^2+4\times8+1=3425$，即为被转换的十进制数，证明转换过程是正确的。

从十进制整数转换为 r 进制数的过程中，由低到高依次得到 r 进制数中的每一位数字，而输出时又需要由高到低依次输出每一位。所以此问题适合利用栈来解决，具体算法描述如下。

```
void Transform(long num, int r)
    //把一个长整型数num转换为一个r进制数输出
{
    SNode* a;              //利用顺序或链接栈都可以,假定使用链栈
    InitStack(a);          //初始化栈
    while(num!=0) {        //由低到高求出r进制数的每一位并入栈
        int k=num % r;
        Push(a,k);
        num/=r;
    }
```

```
    while(!EmptyStack(a)) //由高到低输出 r 进制数的每一位
        cout<<Pop(a);
    cout<<endl;
}
```

用下面程序调用 Transform 函数的过程。

```
#include<iostream.h>
#include<stdlib.h>
typedef int ElemType;
struct SNode {
    ElemType data;
    SNode* next;
};
#include"链栈运算.cpp"
void Transform(long num, int r);  //实际运行时需要加上函数定义
void main()
{
    cout<<"3425 的八进制数为: ";
    Transform(3425,8);
    cout<<"3425 的六进制数为: ";
    Transform(3425,6);
    cout<<"3425 的四进制数为: ";
    Transform(3425,4);
    cout<<"3425 的二进制数为: ";
    Transform(3425,2);
}
```

运行结果如下。

```
3425 的八进制数为: 6541
3425 的六进制数为: 23505
3425 的四进制数为: 311201
3425 的二进制数为: 110101100001
```

4.5 算术表达式的计算

在计算机中进行算术表达式的计算是通过栈来实现的。本节首先讨论算术表达式的两种表示方法，即中缀表示法和后缀表示法，接着讨论后缀表达式求值的算法，最后讨论中缀表达式转换为后缀表达式的算法。

4.5.1 算术表达式的两种表示

通常书写的算术表达式是由操作数（又叫运算对象或运算量）和运算符以及改变运算

次序的圆括号连接而成的式子。操作数可以是常量、变量和函数，同时还可以是表达式。运算符包括单目运算符和双目运算符两类，单目运算符只要求一个操作数，并被放在该操作数的前面，双目运算符要求有两个操作数，并被放在这两个操作数的中间。单目运算符为取正“+”和取负“–”，双目运算符有加“+”，减“–”，乘“*”和除“/”等。为了方便，在讨论中只考虑双目运算符，并且仅限于“+”、“–”、“*”、“/”这 4 种运算。

如对于一个算术表达式 2+5×6，乘法运算符“*”的两个操作数是它两边的 5 和 6；对于加法运算符“+”的两个操作数，一个是它前面的 2，另一个是它后面的 5*6 的结果即 30。把双目运算符出现在两个操作数中间的这种习惯表示叫做算术表达式的**中缀表示**，这种算术表达式被称为**中缀算术表达式**或**中缀表达式**。

中缀表达式的计算比较复杂，它必须遵守以下 3 条规则。

（1）先计算括号内，后计算括号外。

（2）在无括号或同层括号内，先进行乘除运算，后进行加减运算，即乘除运算的优先级高于加减运算的优先级。

（3）同一优先级运算，从左向右依次进行。

可以看出，在中缀表达式的计算过程中，既要考虑括号的作用，又要考虑运算符的优先级，还要考虑运算符出现的先后次序。因此，各运算符实际的运算次序往往同它们在表达式中出现的先后次序是不一致的，是不可预测的。当然凭直观判别一个中缀表达式中哪个运算符最先算，哪个次之，哪个最后算并不困难，但通过计算机处理将困难得多。

那么，能否把中缀算术表达式转换成另一种形式的算术表达式，使计算简单化呢？回答是肯定的。波兰科学家卢卡谢维奇（Lukasiewicz）很早就提出了算术表达式的另一种表示，即**后缀表示**，又称**逆波兰式**，其定义是把运算符放在两个运算对象的后面。采用后缀表示的算术表达式被称为**后缀算术表达式**或**后缀表达式**。在后缀表达式中，不存在括号，也不存在运算符优先级的差别，计算过程完全按照运算符出现的先后次序进行，整个计算过程仅需扫描一遍便可完成，显然比中缀表达式的计算要简单得多。例如，对于后缀表达式 12□4□–□5□/，其中“□”字符表示空格，因减法运算符在前，除法运算符在后，所以应先做减法，后做除法；减法的两个操作数是它前面的 12 和 4，其中第 1 个数 12 是被减数，第 2 个数 4 是减数；除法的两个操作数是它前面的 12 减 4 的差（即 8）和 5，其中 8 是被除数，5 是除数。

中缀算术表达式转换成对应的后缀算术表达式的规则是：把每个运算符都移到它的两个运算对象的后面，然后删除掉所有的括号即可。

例如，对于下列各中缀表达式：

（1）3/5+6

（2）16–9×(4+3)

（3）2×(x+y)/(1–x)

（4）(25+x)×(a×(a+b)+b)

对应的后缀表达式分别为：

（1）3□5□/□6□+

（2）16□9□4□3□+□×□–

（3）2□x□y□+□×□1□x□–□/

（4）25□x□+□a□a□b□+□×□b□+□×

从以上实例可以看出，转换前后每个数据元素的前后次序没有改变，改变的只可能是表达式中每个运算符的位置和次序。

4.5.2 后缀表达式求值的算法

后缀表达式的求值比较简单，扫描一遍即可完成。它需要使用一个栈，假定用 S 表示，其元素类型应为操作数的类型，假定为浮点型 double，用此栈存储后缀表达式中的操作数、计算过程中的中间结果以及最后结果。一个后缀算术表达式以一个字符串的方式提供，后缀表达式求值算法的基本思路是：把包含后缀算术表达式的一个字符串由一个字符指针参数所指向，每次从该字符串中读入一个字符，若它是空格则不做任何处理，若它是运算符，则表明它的两个操作数已经在栈 S 中，其中栈顶元素为运算符的后一个操作数，栈顶元素的前一个元素为运算符的前一个操作数，把它们弹出后进行相应运算并保存到一个变量（假定为 x）中，否则，扫描到的字符必为数字或小数点，应把从此开始的浮点数字符串转换为一个浮点数并存入 x 中，然后把计算或转换得到的浮点数（即 x 的值）压入到栈 S 中。依次向下扫描每一个字符并进行上述处理，直到遇到字符串结束符（即 ASCII 为 0 的空字符）为止，表明后缀表达式计算完毕，最终结果保存在栈中，并且栈中仅存这一个值，把它弹出返回即可。具体算法描述如下。

```
double Compute(char* str)          //计算由 str 所指字符串的后缀表达式的值
{
  //用 S 栈存储操作数和中间计算结果,元素类型为 double
    Stack S;
  //初始化栈 S
    InitStack(S);
  //定义 x,y 用于保存浮点数,定义 i 用于扫描后缀表达式
    double x,y;
    int i=0;
  //扫描后缀表达式中的每个字符,并进行相应处理
    while(str[i]) {
        if(str[i]==' ')             //扫描到空格字符不做任何处理
            {i++; continue;}
        switch(str[i]) {
            case '+':               //做栈顶两个元素的加法,和赋给 x
                x=Pop(S)+Pop(S);
                i++; break;
            case '-':               //做栈顶两个元素的减法,差赋给 x
                x=Pop(S);           //弹出减数
                x=Pop(S)-x;         //弹出被减数
                i++; break;
            case '*':               //做栈顶两个元素的乘法,积赋给 x
```

```
            x=Pop(S)*Pop(S);
            i++; break;
        case '/':                       //做栈顶两个元素的除法,商赋给x
            x=Pop(S);                   //弹出除数
            if(x!=0.0) x=Pop(S)/x;      //弹出被除数并计算
            else {                      //除数为0时终止运行
                cerr<<"Divide by 0!"<<endl;
                exit(1);
            }
            i++; break;
        default:                  //扫描到的是浮点数字符串,生成对应的浮点数
            x=0;                  //利用x保存扫描到的整数部分的值
            while(str[i]>=48 && str[i]<=57) {
                x=x*10+str[i]-48; i++;
            }
            if(str[i]=='.') {
                i++;
                y=0;                    //利用y保存扫描到的小数部分的值
                double j=10.0;          //用j作为相应小数位的权值
                while(str[i]>=48 && str[i]<=57) {
                    y=y+(str[i]-48)/j;
                    i++; j*=10;
                }
                x+=y;                   //把小数部分合并到整数部分x中
            }
        }
      //把扫描转换后或进行相应运算后得到的一个浮点数压入栈S中
        Push(S,x);
    } //while end
  //若计算结束后栈为空则中止运行
    if(EmptyStack(S)) {cerr<<"Stack is empty!"<<endl; exit(1);}
  //若栈中仅有一个元素,则它就是后缀表达式的值,否则为出错
    x=Pop(S);
    if(EmptyStack(S)) return x;
    else {cerr<<"expression error!"<<endl; exit(1);}
  //释放S栈中动态存储空间
    ClearStack(S);
}
```

此算法的运行时间主要消耗在while(str[i])循环上，它从头到尾扫描后缀表达式中的每一个字符，若后缀表达式的字符串长度为 n，则此算法的时间复杂度为 $O(n)$。此算法在运行时所占用的临时空间主要取决于栈S的大小，显然，它的最大深度不会超过表达式中所含操作数的个数，因为操作数的个数比运算符的个数多1，所以此算法的空间复杂度也同样为 $O(n)$。

若一个字符串a为：

```
char* a="10 3.5 - 4.3 2.48 + * 5 /";
```

对应的中缀算术表达式为(10–3.5)*(4.3+2.48)/5，则使用如下语句调用上述函数得到的输出结果为 8.814。

```
cout<<Compute(a)<<endl;
```

在进行这个后缀算术表达式求值的过程中，每处理一个操作数或运算符后，栈 S 中保存的操作数和中间结果的情况，如图 4-4 所示。

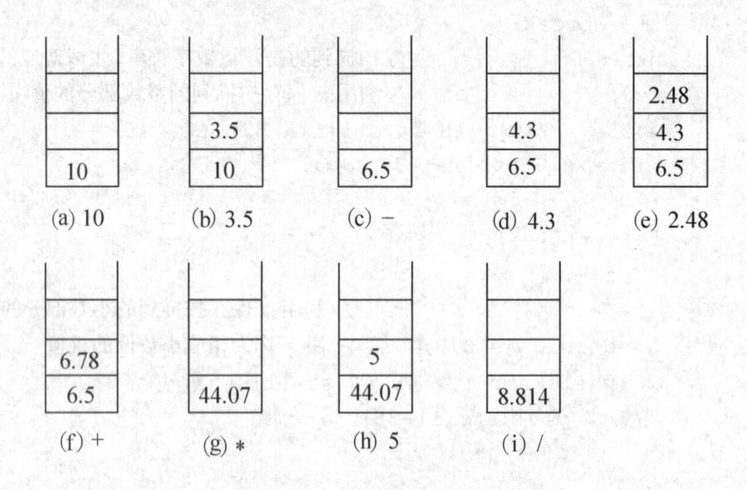

图 4-4 栈 S 中数据的变化

4.5.3 把中缀表达式转换为后缀表达式的算法

设中缀算术表达式已经保存在 S1 字符串中，转换后得到的后缀算术表达式拟存于 S2 字符串中。由中缀表达式转换为后缀表达式的规则可知：转换前后，表达式中的数值项的次序不变，而运算符的次序发生了变化，由处在两个运算对象的中间变为处在两个运算对象的后面，同时去掉了所有的括号。为了使转换正确，必须设定一个运算符栈，并在栈底放入一个特殊算符，假定为“@”字符，让它具有最低的运算符优先级，假定为数值 0，此栈用来保存扫描中缀表达式得到的暂不能放入后缀表达式中的运算符，待它的两个运算对象都放入到后缀表达式以后，再令其出栈并写入到后缀表达式中。

把中缀表达式转换为后缀表达式算法的基本思路是：从头到尾扫描中缀表达式中的每个字符，对于不同类型的字符按不同情况进行处理。若遇到的是空格则认为是分隔符，不需要进行任何处理；若遇到的是数字或小数点，则直接写入到 S2 中，并在每个数值的最后写入一个空格；若遇到的是左括号，则应把它压入到运算符栈中，待以它开始的括号内的表达式转换完毕后再出栈；若遇到的是右括号，则表明括号内的中缀表达式已经扫描完毕，把从栈顶直到保存着的对应左括号之间的运算符依次退栈并写入 S2 串中；若遇到的是运算符，当该运算符的优先级大于栈顶运算符的优先级（加减运算符的优先级设定为 1，乘除运算符的优先级设定为 2，在栈中保存的特殊运算符“@”和“（”的优先级设定为 0

时，表明该运算符的后一个运算对象还没有被扫描并放入到 S2 串中，应把它暂存于运算符栈中，待它的后一个运算对象从 S1 串中读出并写入到 S2 串中后，再令其出栈并写入 S2 串中；若遇到的运算符的优先级小于等于栈顶运算符的优先级，这表明栈顶运算符的两个运算对象已经被保存到 S2 串中，应将栈顶运算符退栈并写入到 S2 串中，对于新的栈顶运算符仍继续进行比较和处理，直到被处理的运算符的优先级大于栈顶运算符的优先级为止，然后令该运算符进栈即可。

按照以上过程扫描到中缀表达式字符串结束符时，把栈中剩余的运算符依次退栈并写入到后缀表达式中，再向 S2 写入字符串结束符“\0”，整个转换过程就处理完毕，在 S2 中就得到了转换成的后缀表达式。

将中缀算术表达式转换为后缀算术表达式的算法描述如下。

```
void Change(char* S1, char* S2)
        //将字符串 S1 中的中缀表达式转换为 S2 字符串中的后缀表达式
{
  //定义用于暂存运算符的栈 R 并初始化,该栈的元素类型为 char
    Stack R;
    InitStack(R);
  //给栈底放入'@'字符,它具有最低优先级 0
    Push(R,'@');
  //定义 i,j 分别用于扫描 S1 和指示 S2 串中待存字符的位置
    int i=0,j=0;
  //定义 ch 保存 S1 串中扫描到的字符,初值为第 1 个字符
    char ch=S1[i];
  //依次处理中缀表达式中的每个字符
    while(ch!='\0') {
      //对于空格字符不做任何处理,顺序读取下一个字符
        if(ch==' ') ch=S1[++i];
      //对于左括号,直接进栈
        else if(ch=='(') {
            Push(R,ch); ch=S1[++i];
        }
      //对于右括号,使括号内的仍停留在栈中的运算符依次出栈并写入 S2
        else if(ch==')') {
            while(Peek(R)!='(') S2[j++]=Pop(R);
            Pop(R);          //删除栈顶的左括号
            ch=S1[++i];
        }
      //对于运算符,使暂存于栈顶且不低于 ch 优先级的运算符依次出栈并写入 S2
        else if(ch=='+'||ch=='-'||ch=='*'||ch=='/') {
            char w=Peek(R);
            while(Precedence(w)>=Precedence(ch))
            {    // Precedence(w)函数返回运算符形参的优先级
                S2[j++]=w; Pop(R);
                w=Peek(R);
```

```
            }
            Push(R,ch);  //把 ch 运算符写入栈中
            ch=s1[++i];
        }
    //此处必然为数字或小数点字符,否则为中缀表达式错误
        else {
          //若 ch 不是数字或小数点字符则退出运行
            if((ch<'0'||ch>'9') && ch!='.') {
                cout<<"中缀表达式表示错误!"<<endl;
                exit(1);
            }
          //把一个数值中的每一位依次写入到 S2 串中
            while((ch>='0' && ch<='9') || ch=='.') {
                S2[j++]=ch;
                ch=s1[++i];
            }
          //被放入 S2 中的每个数值后面接着放入一个空格字符
            S2[j++]=' ';
        }
    }
  //把暂存在栈中的运算符依次退栈并写入到 S2 串中
    ch=Pop(R);
    while(ch!='@') {
        if(ch=='(') {cerr<<"expression error!"<<endl; exit(1);}
        else {
            S2[j++]=ch;
            ch=Pop(R);
        }
    }
  //在后缀表达式的末尾放入字符串结束符
    S2[j++]='\0';
}
```

其中，求运算符优先级的 Precedence 函数定义如下。

```
int Precedence(char op) {    //返回运算符 op 所对应的优先级数值
    switch(op) {
        case '+':
        case '-':
            return 1;           //定义加减运算的优先级为 1
        case '*':
        case '/':
            return 2;           //定义乘除运算的优先级为 2
        case '(':
        case '@':
```

```
        default:
            return 0;           //定义在栈中的左括号和栈底字符的优先级为 0
    }
}
```

在这个转换算法中，中缀算术表达式中的每个字符均需要扫描一遍，对于从 S1 中扫描得到的每个运算符，最多需要进行入 R 栈、出 R 栈和写入 S2 后缀表达式这三次操作，对于从 S1 中扫描得到的每个数字或小数点，只需要把它直接写入到 S2 后缀表达式即可。所以，此算法的时间复杂度为 $O(n)$，n 为后缀表达式中字符的个数。该算法需要使用一个运算符栈，需要的深度不会超过中缀表达式中运算符的个数，所以此算法的空间复杂度至多为 $O(n)$。

利用表达式的后缀表示和堆栈技术只需要两遍扫描就可完成中缀算术表达式的计算，显然比直接进行中缀算术表达式计算的扫描次数要少得多。

在上述讨论的中缀算术表达式求值的两个算法中，把中缀表示转换为后缀表示的算法需要使用一个字符栈，而进行后缀表达式求值的算法又需要使用一个浮点数栈，这两个栈的元素类型不同，所以栈的类型无法作为全局量来定义，栈运算的函数也无法适应这种要求。为了解决这个问题，必须把 Stack 栈类型定义为模板类，把栈运算的函数定义为该类的公用成员函数，通过调用成员函数来实现栈的运算。这里对此不作深入讨论，留给读者练习。

采用下面程序调试上述中缀转后缀的算法。

```
#include<iostream.h>
#include<stdlib.h>

typedef char ElemType;
struct Stack {
    ElemType *stack;                //存栈元素
    int top;                        //存栈顶元素的下标位置
    int MaxSize;                    //存 stack 数组长度,亦即所能存储栈的最大长度
};

#include"顺序栈运算.cpp"

int Precedence(char op) { }
void Change(char* s1, char* s2) { } //给出函数具体定义

void main()
{
    char a[30];
    char b[30];
    cout<<"请输入一个中缀算术表达式: "<<endl;
    cin.getline(a,sizeof(a));
    Change(a,b);
```

```
    cout<<"对应的后缀算术表达式为: "<<endl;
    cout<<b<<endl;
}
```

显示结果如下：

```
请输入一个中缀算术表达式:
12+(3*(20/4)-8)*6
对应的后缀算术表达式为:
12 3 20 4 /*8 -6 *+
```

4.6 栈与递归

递归是一种非常重要的数学概念和解决问题的方法，在计算机科学和数学等领域有着广泛地应用。当求解一个问题时，是通过求解与它具有同样解法的子问题而得到的，这就是递归。一个递归的求解问题必然包含有终止递归的条件，当满足一定条件时就终止向下递归，从而使最小的问题得到解决，然后再依次返回解决较大的问题，最后解决整个问题。解决递归问题的算法称为递归算法，在递归算法中需要根据递归条件直接或间接地调用算法本身，当满足终止条件时结束递归调用。当然对于一些简单的递归问题，很容易把它转换为循环问题来解决，从而使编写出的算法更为有效。

【例 4-4】 采用递归算法求解正整数 n 的阶乘（$n!$）。

分析：由数学知识可知，n 阶乘的递归定义为：它等于 n 乘以 $n-1$ 的阶乘，即 $n!=n\times(n-1)!$，并且规定 0 的阶乘为 1。设函数 $f(n)=n!$，则 $f(n)$可表示为：

$$f(n)=\begin{cases}1 & (n=0)\\ n\times f(n-1) & (n>0)\end{cases}$$

其中 $n=0$ 为递归终止条件，使函数返回 1，$n>0$ 实现递归调用，由 n 的值乘以 $f(n-1)$的返回值，求出 $f(n)$的值。

用 C/C++语言编写出求解 $n!$的递归函数如下：

```
long f(int n)
{
    if(n==0)
        return 1;
    else
        return n*f(n-1);
}
```

当从主程序或其他函数非递归调用此阶乘函数时，首先把实参的值传送给形参 n，同时把调用后的返回地址保存起来，以便调用结束后返回之用；接着执行循环体，当 n 等于 0 时则返回函数值 1，结束本次非递归调用或递归调用，并按返回地址返回到进行本次调用的调用函数的位置继续向下执行，当 n 大于 0 时，则以实参 $n-1$ 的值去调用本函数（即递归调用），返回 n 的值与本次递归调用所求值的乘积。因为进行一次递归调用，传送给形

参 n 的值就减 1，所以最终必然导致 n 的值为 0，从而结束递归调用，接着不断地执行与递归调用相对应的返回操作，最后返回到进行非递归调用的调用函数的位置向下执行。

若用 $f(4)$去调用 $f(n)$函数，该函数返回 $4\times f(3)$的值，因返回表达式中包含有函数 $f(3)$，所以接着进行递归调用，返回 $3\times f(2)$的值，以此类推，当最后进行 $f(0)$递归调用，返回函数值 1 后，结束本次递归调用，返回到调用函数 $f(0)$的位置，从而计算出 $1\times f(0)$的值 1，即 $1\times f(0)=1\times 1=1$，作为调用函数 $f(1)$的返回值，返回到 $2\times f(1)$表达式中，计算出值 2 作为 $f(2)$函数的返回值，接着返回到 $3\times f(2)$表达式中，计算出值 6 作为 $f(3)$函数的返回值，再接着返回到 $4\times f(3)$表达式中，计算出 $f(4)$的返回值 24，从而结束整个调用过程，返回到调用函数 $f(4)$的位置继续向下执行。

上述调用和返回过程，如图 4-5 所示。

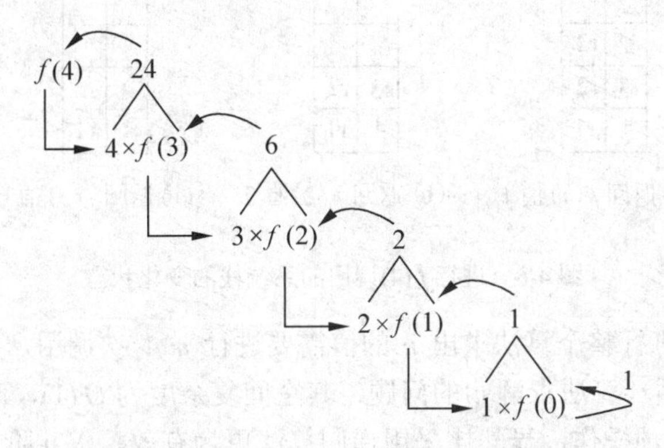

图 4-5　利用 $f(4)$调用 $f(n)$递归函数的执行流程

在计算机系统内，执行递归函数是通过自动使用栈来实现的，栈中的每个元素包含有递归函数的每个参数域、每个局部变量域和调用后的返回地址域，其中引用参数域只保存传送来的实参的地址，以便按此地址访问实参的存储空间存取其值，其他的每个域是用于存储其值的实际存储空间。每次进行函数调用时，都把相应的值压入栈，每次调用结束时，都按照本次返回地址返回到指定的位置执行，并且自动做一次退栈操作，使得上一次调用所使用的参数成为新的栈顶，继续被使用。

例如对于求 n 阶乘的递归函数 $f(n)$，当调用它时系统自动建立一个栈，该栈中的元素包含值参 n 的域和返回地址 r 域，若用 $f(4)$去调用 $f(n)$函数，调用后的返回地址用 r1 表示，在 $f(n)$函数中，每次进行 $f(n-1)$调用的返回地址用 r2 表示，则系统所使用栈的数据变化情况如图 4-6 所示。

其中，每个栈状态的栈顶元素的 n 域是调用 $f(n)$函数时为值参 n 所分配的存储空间，r 域是为保存当前一次调用结束后的返回地址所分配的存储空间。如进行 $f(4)$调用时，栈顶元素中的值参 n 域保存的值为 4，返回地址域保存的值为 r1，当执行 $f(4)$调用结束（即执行到函数体的右花括号结束符）后，就返回到 r1 的位置执行。又如当执行 $f(3)$调用时，栈顶元素中的值参 n 域保存的值为 3，返回地址域保存的值为 r2，当调用 $f(3)$结束后，就返回到 r2 的位置（即上一层返回表达式中乘号后面的位置）执行。

当调用 $f(n)$算法时，系统所使用栈的最大深度为 $n+1$，n 为首次调用时传送来的实参的值，所以其空间复杂度为 $O(n)$。又因为每执行一次递归调用就是执行一条条件语句，其时

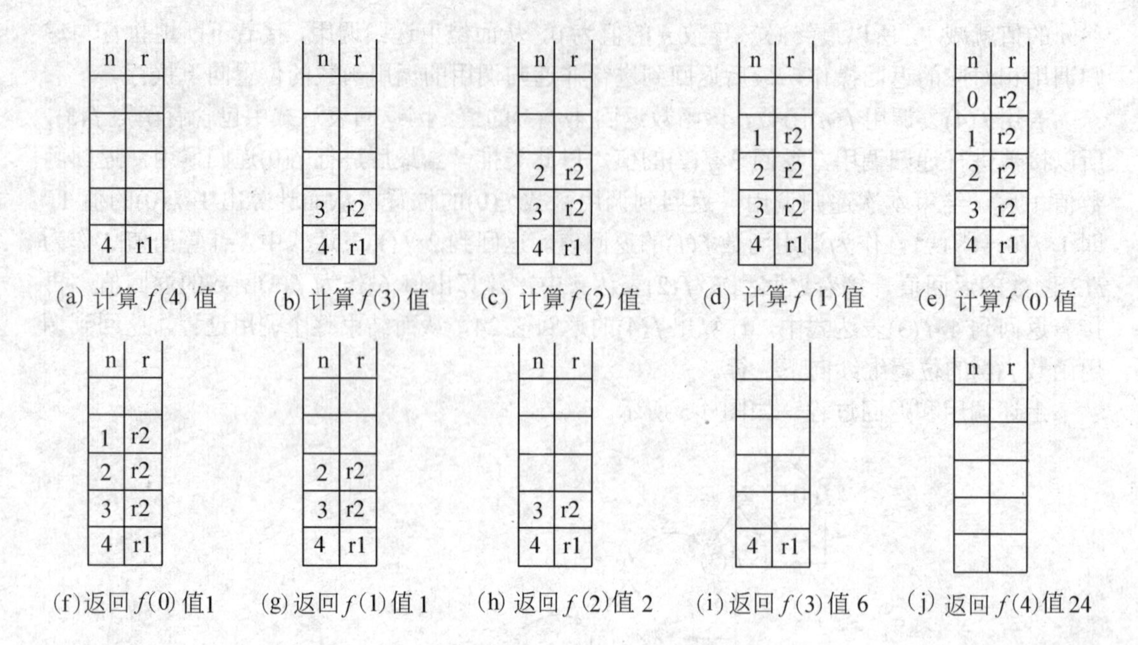

图 4-6 进行 $f(4)$ 调用的系统栈的变化状态

间复杂度为 $O(1)$，执行整个算法求出 $n!$ 的值需要进行 $n+1$ 次调用，所以其时间复杂度也为 $O(n)$。由于采用循环算法求解 $n!$ 的问题，其空间复杂度为 $O(1)$，时间复杂度为 $O(n)$，并且省去进出栈的繁琐操作，显然比采用递归算法更为有效。求 n 阶乘采用递归算法，是为了详细说明系统对递归算法的处理过程，以便能够理解更复杂的递归算法。

【例 4-5】 编写一个算法输出 n 个布尔量的所有可能的组合。

分析：每个布尔量取真和假两种值，分别对应为数值 1 和 0。根据题意，当 n 为 1 时有两种输出 0 和 1，当 n 为 2 时有 4 种组合输出，依次为 00、01、10 和 11，当 n 为 3 时有 8 种组合输出，依次为 000、001、010、011、100、101、110 和 111。总之，对于 n 个布尔量所有可能的组合数为 2^n 种，每一种为 n 位，即 n 个布尔量的值。

n 个布尔量的 2^n 种所有不同的输出可以看成 $2\times2^{n-1}$ 种输出，其中 2^{n-1} 种输出是 $n-1$ 个布尔量的全部输出，每种输出包含有 $n-1$ 个布尔量的值。n 个布尔量的每一种输出是在 $n-1$ 个布尔量的每种输出的前面加上假（即 0）或加上真（即 1）而分别得到的结果，合起来正好是 $2\times2^{n-1}=2^n$ 种输出。由此可以看出它是一个递归的过程。

设 n 个布尔量用一个布尔型数组 $b[n]$ 来表示，要得到 $b[0]$～$b[n-1]$ 这 n 个布尔量的每一种可能的组合，则要首先在 $b[0]$ 被置 0 的情况下得到 $b[1]$～$b[n-1]$ 这 $n-1$ 个布尔量的每一种可能的组合，然后在 $b[0]$ 被置 1 的情况下得到 $b[1]$～$b[n-1]$ 这 $n-1$ 个布尔量的每一种可能的组合；同理，要得到 $b[1]$～$b[n-1]$ 这 $n-1$ 个布尔量的每一种可能的组合，则要首先在 $b[1]$ 被置 0 的情况下得到 $b[2]$～$b[n-1]$ 这 $n-2$ 个布尔量的每一种可能的组合，然后在 $b[1]$ 被置 1 的情况下得到 $b[2]$～$b[n-1]$ 这 $n-2$ 个布尔量的每一种可能的组合；以此类推，直到最后一个布尔量 $b[n-1]$ 被置 0 后输出整个数组和被置 1 后输出整个数组为止。

下面递归算法是对 $b[k]$～$b[n-1]$ 之间的 $n-k$ 个布尔量输出所有可能的组合，初始调用该算法时 k 值为 0。

```
void Coding(bool b[], int k, int n)
{
    if (k==n)
    {    //终止递归,输出在 b 数组中排列好的一种组合
        for (int i=0; i<n; i++)
            cout<<b[i];
        cout<<"   ";
    }
    else
    { //把下标为 k 的布尔量置 0 后,从下标 k+1 起递归调用
        b[k]=false; Coding(b, k+1, n);
       //把下标为 k 的布尔量置 1 后,从下标 k+1 起递归调用
        b[k]=true; Coding(b, k+1, n);
    }
}
```

此算法的每一次调用都要引起两次递归调用，当 $k==n$ 时输出一种组合并结束本次调用，返回到原来调用函数的位置继续执行。若第 1 次非递归调用（为叙述方便，可把这次调用称为第 0 次递归调用）时传送给 k 的值为 0，则共需要进行 $2^{n+1}-1$ 次递归调用（含第 0 次递归调用）。对于 n 个布尔量共需要输出 2^n 种所有不同的组合，所以在 $2^{n+1}-1$ 次递归调用中共有 2^n 次递归调用输出数组 b 的值。例如当 $n=3$ 时，整个递归调用的次数为 15 次，输出 8 种不同的组合；当 $n=4$ 时，整个递归调用的次数为 31 次，输出 16 种不同的组合。

当用户调用这个算法时，系统自动建立一个栈，该栈包含布尔型指针值参 b 的域、整型值参 k 的域和 n 的域以及返回地址 r 的域。第 0 次递归调用后的返回地址假定为 r1，该算法中第 1 条递归调用语句执行后的返回地址（即为执行 b[k]=true 语句的地址）假定为 r2，第 2 条递归调用语句执行后的返回地址（即为 else 语句块结束的地址，亦即算法的结束地址）假定为 r3，若用 Coding（a,0,3）去调用这个算法，其中 a 是一个元素个数大于等于 3 的布尔型数组，感兴趣的同学可以画出系统栈和数组 a 在算法执行过程中的变化状态，由于值参 b 和 n 的值始终不变，在栈中不用给出它们所对应的域，只用给出 k 值域和返回地址 r 域即可。

此算法需要递归调用 $2^{n+1}-1$ 次，其中有 2^n 次需要调用输出数组 b 中 n 个元素的值，所以算法的时间复杂度为 $O(n\times2^n)$，该算法所使用的系统栈的最大深度为 $n+1$，所以其空间复杂度为 $O(n)$，n 为布尔量的个数。

【例 4-6】 编写一个递归算法，输出自然数 1～n 这 n 个元素的全排列。

分析：由排列组合的知识可知，n 个元素的全排列共有 $n!$种。如对于 1、2、3 这三个元素，其全排列为 123、132、213、231、321、312，共 3!=6 种。$n!$种可分解为 $n\times(n-1)!$种，而$(n-1)!$种又可分解为$(n-1)\times(n-2)!$种，以此类推。对于 n 个元素，可把它们分别放入到 n 个位置上，让第一个位置依次取每一个元素，共有 n 种不同的取法，对其后 $n-1$ 个位置上的 $n-1$ 个元素，共有$(n-1)!$种不同的排列，所以总共有 $n\times(n-1)!$种不同的排列；同样，对于从第 2 个位置开始的所有元素，让第 2 个位置依次取除第 1 个位置上的元素之外的剩余 $n-1$ 个元素，共有 $n-1$ 种不同的取法，对其后 $n-2$ 个位置上的 $n-2$ 个元素，共有$(n-2)!$种不同的排列，以此类推；当进行到第 n 位置时，只有一种取法，因为前 $n-1$ 个位置已经固定了 $n-1$ 个元素，剩余的一个元素被放在这个位置上。

若用一个数组 a[*n*]来保存 1～*n* 之间的 *n* 个自然数，对于 *i*=0～*n*–1，每次使 a[0]同 a[*i*]交换（*i*=0, 1, 2,⋯, *n*–1）后，对 a[1]～*a*[*n*–1]中的 *n*–1 个元素进行全排列，然后再交换 a[0]与 a[*i*]的值，使它恢复为此次排列前的状态；同样，对于 a[1]～a[*n*–1]区间内的 *n*–1 个元素，每次使 a[1]同 a[*i*]交换（*i*=1, 2,⋯, *n*–1）后，对 a[2]～a[*n*–1]区间内的 *n*–2 个元素进行全排列，然后再把交换的元素交换回来，以此类推，直到对 a[*n*–1]进行全排列时，输出整个数组的值，即得到一种排列结果。

对 *n* 个元素的全排列是一个递归过程，具体描述如下。

```
void Permute(int a[], int s, int n)
    //对 a[s]～a[n-1]中的 n-s 个元素进行全排列,s 的初值应为 0
{
    int i, temp;
  //当递归排序到最后一个元素时结束递归,输出 a 中保存的一种排列
    if (s==n-1) {
        for(i=0;i<n;i++) cout<<a[i]<<" ";
        cout<<endl;
    }
  //其他情况需要递归排列
    else
        for (i=s; i<n; i++) {      //循环 n-s 次,每次使 a[s]取一个新值
          //交换 a[s]与 a[i]的元素值
            temp=a[s]; a[s]=a[i]; a[i]=temp;
          //对 a[s+1]～a[n-1]中的元素进行递归排序
            Permute(a, s+1, n);
          //恢复 a[s]与 a[i]的原有值
            temp=a[s]; a[s]=a[i]; a[i]=temp;
        }
}
```

此算法的时间复杂度为 $O(n!)$，因为共需要进行 $n!$次递归调用；空间复杂度为 $O(n)$，因为系统栈的最大深度为 *n*。可以使用下面程序调用此算法。

```
#include<iostream.h>
const int UpperLimit=6;            //定义全排列的元素个数的最大值
void Permute(int a[], int s, int n)
    //对 a[s]~a[n-1]中的 n-s 个元素进行全排列,s 的初值为 0
{   //函数体如上所述
}
void main(void)
{
    int a[UpperLimit];             //定义存储 n 个整型元素的数组
    int n;
    while(1) {
        cout<<"输入 n 的值,它应在 1 和"<<UpperLimit<<"之间:";
        cin>>n;                    //输入待全排列的元素的实际个数
        if(n>=1 && n<=UpperLimit) break;
    }
```

```
    for(int i=0; i<n; i++) a[i]=i+1;//给数组a赋初值
    Permute(a, 0, n);                    //对数组a中的n个元素（即1～n）进行全排列
    cout<<endl;
}
```

程序运行时，假定从键盘上输入的 *n* 值为 3，则运行结果如下。

```
输入n的值,它应在1和6之间:3
1 2 3
1 3 2
2 1 3
2 3 1
3 2 1
3 1 2
```

【例 4-7】 求解迷宫问题。

分析：一个迷宫包含有 *m* 行×*n* 列个小方格，每个方格用 0 表示可通行，用 1 表示墙壁，即不可通行。迷宫中通常有一个入口和一个出口，设入口点的坐标为(1,1)，出口点的坐标为(*m*,*n*)，当然入口点和出口点的值应均为 0，即均可通行。从迷宫中的某一个坐标位置向东、南、西、北任一方向移动一步（即一个方格）时，若前面的小方格为 0，则可前进一步，否则通行受阻，不能前进，应按顺时针改变为下一个方向移动。求解迷宫问题是从入口点出发寻找一条通向出口点的路径，并打印出这条路径，即经过的每个小方格的坐标。如图 4-7（a）所示为一个 6×8 的迷宫，入口点坐标为(1,1)，出口点坐标为(6,8)，其中的一条路径为：(1,1), (1,2), (2,2), (2,3), (3,3), (3,4), (3,5), (3,6), (4,6), (4,7), (5,7), (6,7), (6,8)。

1	2	3	4	5	6	7	8	
0	0	1	1	0	1	0	1	1
1	0	0	1	1	0	0	0	2
0	0	0	0	0	0	1	1	3
1	1	0	1	1	0	0	0	4
0	0	0	0	0	1	0	1	5
1	0	1	0	0	0	0	0	6

（a）一个 6×8 的迷宫

0	1	2	3	4	5	6	7	8	9	
1	1	1	1	1	1	1	1	1	1	0
1	0	0	1	1	0	1	0	1	1	1
1	1	0	0	1	1	0	0	0	1	2
1	0	0	0	0	0	0	1	1	1	3
1	1	1	0	1	1	0	0	0	1	4
1	0	0	0	0	0	1	0	1	1	5
1	1	0	1	0	0	0	0	0	1	6
1	1	1	1	1	1	1	1	1	1	7

（b）带四周墙壁的迷宫

图 4-7　迷宫阵列图

在一个迷宫中，中间的每个方格位置都有四个可选择的移动方向，而在四个顶点只有两个方向，并且每个顶点的两个方向均有差别，每条边线上除顶点之外的每个位置只有三个方向，并且也都有差别。为了在求解迷宫的算法中避免判断边界条件和进行不同处理的麻烦，使每一个方格都能够试着按四个方向移动，可在迷宫的周围镶上边框，在边框的每个方格里填上 1，作为墙壁，如图 4-7（b）所示。这样需要用一个[*m*+2][*n*+2]大小的二维整型数组（用 maze 表示数组名）来存储迷宫数据。

	0	1
0	0	1
1	1	0
2	0	–1
3	–1	0

当从迷宫中的一个位置（称它为当前位置）前进到下一个位置时，下一个位置相对于当前位置的位移量（包括行位移量和列位移量）随着前进方向的不同而不同，东、南、西、北（即右、下、左、上）各方向的位移量依次为(0,1),(1,0),(0,–1)和(–1,0)。用一个 4×2 的整型数组move来存储位移量数据，则move数组的内容如右上面表格所示。其中，move[0]～move[3]依次存储向东、南、西、北每个方向移动一步的位移量。如 move[1][0]和 move[1][1]分别为从当前位置向南移动一步的行位移量和列位移量，其值分别为 1 和 0。

在求解迷宫问题时，还需要使用一个与存储迷宫数据的 maze 数组同样大小的辅助数组，用标识符 mark 表示，用它来标识迷宫中对应位置是否被访问过。该数组每个元素的初始值为 0，表示迷宫中的所有位置均没有被访问过。每访问迷宫中一个可通行的位置时，都使 mark 数组中对应元素置 1，表示该位置已经被访问过，以后不会再访问到，这样才能够探索新的路径，避免重走已经走不通的老路。

为了寻找从入口点到出口点的一条通路，首先从入口点出发，按照东、南、西、北各方向的次序试探前进，若向东可通行，同时没有被访问过，则向东前进一个方格；否则表明向东没有通向出口的路径，接着应向南方向试着前进，若向南可通行同时没有被访问过，应向南前进一步；否则依次向西和向北试探。若试探完当前位置上的所有方向后都没有通路，则应退回一步，从到达该当前位置的下一个方向试探着前进，如到达该当前位置的方向为东，则下一个方向为南。因此每前进一步都要记录其上一步的坐标位置以及前进到此步的方向，以便退回之用，这正好需要用栈来解决，每前进一步时，都把当前位置和前进方向进栈，接着使向前一步后的新位置成为当前位置，若从当前位置无法继续前进时，就做一次退栈操作，从上一次位置的下一个方向试探着前进。若当前位置是出口点时，则表明找到了一条从入口点到出口点的路径，应结束算法执行，此时路径上的每个方格坐标（除出口坐标外）均被记录在栈中。若做退栈操作时栈为空，则表明入口点也已经退栈，并且其所有方向都已访问过，没有通向出口点的路径，此时应结束算法，打印出无通路信息。

栈和递归是可以相互转换的，当编写递归算法时，虽然表面上没有使用栈，但系统执行时会自动建立和使用栈。求解迷宫问题也是一个递归问题，适合采用递归算法来解决。若迷宫中的当前位置（初始为入口点）就是出口位置，则表示找到了通向出口的一条路径，应返回 true 结束递归；若当前位置上的所有方向都试探完毕，表明从当前位置出发没有寻找到通向出口点的路径，应返回 false 结束递归；若从当前位置按东、南、西、北方向的次序前进到下一个位置时，若该位置可通行且没有被访问过，则应以该位置为参数进行递归调用，若返回 true 的话，表明从该位置到出口点有通路，输出该位置坐标后，继续向上一个位置返回 true 结束递归。

下面给出求解迷宫问题的递归算法，其中 *m* 和 *n* 为全局整型常量，分别表示迷宫的行数和列数，亦即出口点的坐标，maze 和 mark 分别为具有[m+2][n+2]大小的全局整型数组，分别用来保存迷宫数据和访问标记，move 为具有[4][2]大小的全局整型数组，用来保存向每个方向前进一步的位移量。

```
bool SeekPath(int x,int y)
    //从迷宫中坐标点(x,y)的位置寻找通向终点(m,n)的路径,若找到则
    //返回 true,否则返回 false,(x,y)的初始值通常为(1,1)
{
    //i 作为循环变量,代表从当前位置移到下一个位置的方向
    int i;
    //g 和 h 用作为下一个位置的行坐标和列坐标
    int g,h;
    //到达出口点返回 true 结束递归
    if((x==m)&&(y==n)) return true;
    //依次按每个方向寻找通向终点的路径,i=0,1,2,3 分别为东,南,西,北方向
    for(i=0; i<4; i++)
    {
      //求出下一个位置的行坐标和列坐标
        g=x+move[i][0]; h=y+move[i][1];
      //若下一位置可通行同时没有被访问过,则从该位置起寻找
        if((maze[g][h]==0)&&(mark[g][h]==0))
        {
          //置 mark 数组中对应位置为 1,表明已访问过
            mark[g][h]=1;
          //当条件成立(即返回 true)时,表明从(g,h)到终点存在
          //通路,应输出该位置坐标,同时返回 true 结束递归,
          //否则进入下一轮循环,向下一个方向试探
            if(SeekPath(g,h)) {
                cout<<"("<<g<<","<<h<<"), ";
                return true;
            }
        }
    }
   //从当前位置(x,y)没有通向终点的路径,应返回 false
    return false;
}
```

当用户调用这个递归算法时，系统将自动建立含有值参 x 和 y 域，局部变量 i、g 和 h 域以及返回地址 r 域的一个栈，每次递归调用时都自动进行进栈操作，每次算法执行结束（包括执行到 return 语句或算法最后的花括号）后都自动进行出栈操作。若算法执行时的 maze 数组，如图 4-7（b）所示，第 0 次递归调用时的返回地址用 r1 表示，算法中仅有一处递归调用，其返回地址用 r2 表示，则从第 0 次递归调用时到第 3 次递归调用前系统栈的变化状态，如图 4-8 所示。对于系统栈的以后变化，读者可继续分析。

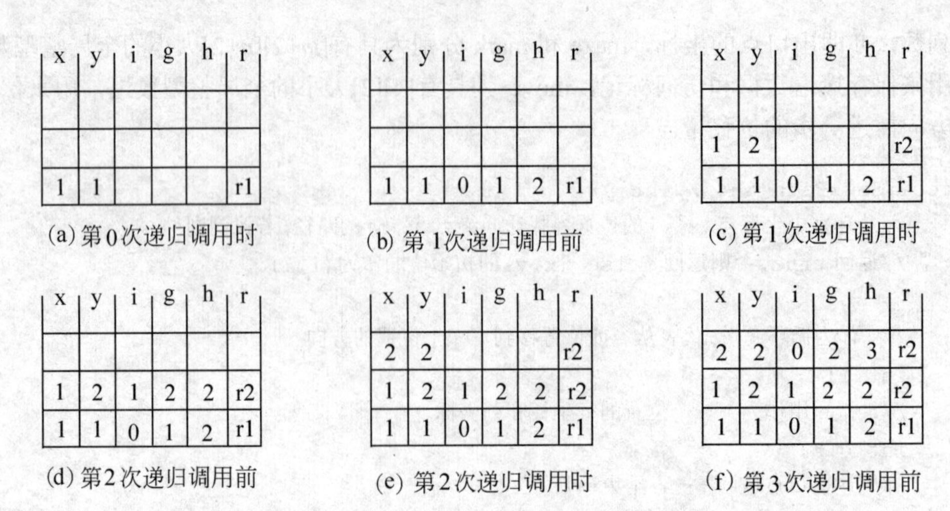

图 4-8　调用 SeekPath(1,1)算法时系统栈开始阶段变化的情况

该算法的运行时间和使用系统栈所占有的存储空间与迷宫的大小成正比，在最好情况下的时间和空间复杂度均为 $O(m+n)$，在最差情况下均为 $O(m\times n)$，平均情况在它们之间。

下面给出求解迷宫算法的完整程序。

```
#include<iostream.h>
const int m=6,n=8;        //定义m和n常量,假定求解图 4-7 所示的迷宫问题
int maze[m+2][n+2];       //定义保存迷宫数据的数组
int mark[m+2][n+2];       //定义保存访问标记的数组
int move[4][2]={{0,1},{1,0},{0,-1},{-1,0}};
   //行下标 0,1,2,3 分别代表东,南,西,北方向
int SeekPath(int x,int y)
{ //函数体在此省略
}
void main(void)
{
    int i,j;
  //输入迷宫数据
    for(i=0; i<m+2;i++)
        for(j=0;j<n+2;j++)
            cin>>maze[i][j];
  //初始化 mark 数组
    for(i=0; i<m+2; i++)
        for(j=0; j<n+2; j++)
            mark[i][j]=0;
  //置入口点对应的访问标记为 1
    mark[1][1]=1;
  //从入口点(1,1)开始调用求解迷宫的递归算法
    if(SeekPath(1,1))
        cout<<"("<<1<<","<<1<<")"<<endl;  //从入口到出口的路径
            //按所经位置的相反次序输出,最后需要输出入口点的坐标
    else cout<<"此迷宫无通路!"<<endl;
}
```

当按图 4-7 输入迷宫数据，则得到如下输出结果（在第 8 个坐标后的回车是另加的）。

```
(6,8), (6,7), (5,7), (4,7), (4,6), (3,6), (3,5), (3,4),
(3,3), (2,3), (2,2), (1,2), (1,1)
```

【例 4-8】 求解汉诺塔(Tower of Hanoi)问题。

此问题为：有 3 个台柱，分别编号为 A、B、C 或 1、2、3；在 A 柱上穿有 n 个圆盘，每个圆盘的直径均不同，并且按照直径从大到小的次序叠放在柱子上；要求把 A 柱上的 n 个圆盘搬移到 C 柱上，B 柱可以作为过渡，并且每次只能搬动一个圆盘，同时必须保证在任何柱子上的圆盘在任何时候都要按序码放，即大的在下，小的在上；当把若干个圆盘从一个柱子搬到另一个柱子时，第 3 个柱子作为过渡使用；题目要求编写出一个算法，输出搬动圆盘的过程。

分析：若一个柱子上只有一个圆盘，则不需要使用过渡台柱，直接把它放到目的柱上即可。若一个柱子上有两个圆盘，则先把一个（只能是上面一个）放到过渡柱子上，再把另一个放到目的柱上，最后把过渡柱上的一个圆盘放到目的柱上，到此完成搬动过程。若一个柱子上有 3 个、4 个……又如何解决呢？必须找出适应于任意多个（即大于等于 2 个）情况的通用方法或规则才行。由此可能想到递归，即先把原柱子上的 $n-1$ 个圆盘设法搬到过渡柱上，再把原柱子上剩下的最后一个圆盘直接搬到目的柱上，最后设法把过渡柱上的 $n-1$ 个圆盘搬到目的柱上，从而完成全部搬动过程；当把 $n-1$ 个圆盘从一个柱子搬动到另一个柱子时，若它的圆盘数不是一个，又需要使用第 3 个柱子作为过渡。此递归就是把 n 的问题化解为两个 $n-1$ 的问题，当 n 等于 1 时不需要再递归，只需要直接移动即可。

例如，当 A 柱上有 3 个圆盘，要求把它移动到 C 柱上，则需要如下步骤完成。

（1）把 A 柱上的 2 个圆盘移到过渡柱 B 上。

① 把 A 柱上的 1 个圆盘直接移到此时的过渡柱 C 上。

② 把 A 柱上剩余的 1 个圆盘直接移到此时的目的柱 B 上。

③ 把此时的过渡柱 C 上的 1 个圆盘直接移到此时的目的柱 B 上。

（2）把 A 柱上剩下的 1 个圆盘直接移到目的柱 C 上。

（3）把过渡柱 B 上的 2 个圆盘移到目的柱 C 上。

① 把 B 柱上的 1 个圆盘直接移到此时的过渡柱 A 上。

② 把 B 柱上剩余的 1 个圆盘直接移到此时的目的柱 C 上。

③ 把此时的过渡柱 A 上的 1 个圆盘直接移到此时的目的柱 C 上。

上述整个移动过程为 7 个直接步骤，依次如下。

A→C；A→B；C→B；A→C；B→A；B→C；A→C

或用数字编号写为：

1→3；1→2；3→2；1→3；2→1；2→3；1→3

根据以上分析，设把 n 个盘子由值参 a 所表示的柱子搬到由值参 c 所表示的柱子，用值参 b 所表示的柱子作为过渡，则编写出递归算法如下：

```
void Hanoi(int n, int a, int b, int c)
{
  //当只有一个盘子时,直接由 a 柱搬到 c 柱后结束一次调用
```

```
    if(n==1) cout<<a<<"→"<<c<<endl;
      //当多于一个盘子时,向下递归
    else {
      //首先把 n-1 个盘子由值参 a 所表示的柱子搬到由值参 b 所表示
      //的柱子上,用值参 c 所表示的柱子作为过渡
        Hanoi(n-1,a,c,b);
      //把由值参 a 所表示的柱子上的最后一个盘子搬到由值参 c 所
      //表示的柱子上
        cout<<a<<"→"<<c<<endl;
      //最后把 n-1 个盘子由值参 b 所表示的柱子搬到由值参 c 所表示
      //的柱子上,用值参 a 所表示的柱子作为过渡
        Hanoi(n-1,b,a,c);
      }
}
```

采用 Hanoi（3,1,2,3）去调用该递归函数，则得到的整个递归调用关系，如图 4-9 所示，它是一棵树结构，每个树叶结点下面的输出是执行 if（n= =1）子句中输出语句的结果，每个树枝结点下的输出是执行 else 子句中输出语句的结果。其中函数名简记为 H。

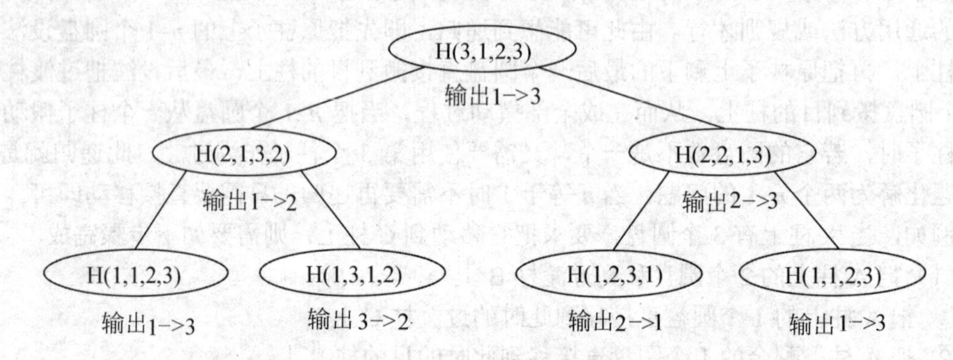

图 4-9 执行 Hanoi(3,1,2,3)时的递归调用关系树

调用上述递归算法时，若实参 n 的值为 1 则算法被执行 1 次，若值为 2 则被执行 3 次，若为 3 则被执行 7 次，以此类推，总之被执行 2^n-1 次。所以此算法的时间复杂度为 $O(2^n)$。算法在执行时系统需要自动建立工作栈，栈的深度等于对应递归调用关系树的深度（即层数），该深度等于 n。所以此算法的空间复杂度为 $O(n)$。

若采用 Hanoi（4,1,2,3）调用上述递归函数，则得到的输出结果如下，其中为了节省篇幅把换行换成了空格。

```
1→2 1→3 2→3 1→2 3→1 3→2 1→2 1→3 2→3 2→1 3→1 2→3 1→2 1→3 2→3
```

4.7 队列

4.7.1 队列的定义

队列（queue）简称队，它也是一种运算受限的线性表，其限制是仅允许在表的一端进

行插入，而在表的另一端进行删除。把进行插入的一端称作**队尾**（rear），进行删除的一端称作**队首**（front）。向队列中插入新元素称为**进队**或**入队**，新元素进队后就成为新的队尾元素；从队列中删除元素称为**离队**或**出队**，元素离队后，其后继元素就成为队首元素。由于队列的插入和删除操作分别是在各自的一端进行的，每个元素必然按照进入的次序离队，所以又把队列称为**先进先出表**（First In First Out，FIFO）。

在日常生活中，人们为购物或等车时所排的队就是一个队列，新来购物或等车的人接到队尾（即进队），站在队首的人购到物品或上车后离开（即出队），当最后一人离队后，则队列为空。

若有a,b,c,d共4个元素依次进队，则得到的队列为（a,b,c,d），其中字符a为队首元素，字符d为队尾元素。若从此队中删除一个元素，则字符a出队，字符b成为新的队首元素，此队列变为（b,c,d）；若接着向该队列插入一个字符e，则e成为新的队尾元素，此队列变为（b,c,d,e）；若接着做3次删除操作，则队列变为（e），此时只有一个元素e，它既是队首元素又是队尾元素，当它被删除后队列变为空。

4.7.2　队列的抽象数据类型

队列的抽象数据类型中的数据部分为具有ElemType元素类型的一个队列，它可以采用任一种存储结构实现；操作部分包括元素进队、出队、读取队首元素、检查队列是否为空等。队列的抽象数据类型的具体定义如下。

```
ADT QUEUE is
    Data:
        一个队列Q,假定用标识符QueueType表示队列的存储类型
    Operation:
        void InitQueue(QueueType& Q);                       //初始化队列Q,即置Q为空
        void EnQueue(QueueType& Q, ElemType item);   //将新元素插入队尾
        ElemType OutQueue(QueueType& Q);          //从队列中删除队首元素并返回
        ElemType PeekQueue(QueueType& Q);         //返回队首元素,不改变队列状态
        bool EmptyQueue (QueueType& Q);           //判断队列是否为空
        void ClearQueue(QueueType& Q);            //清除队列Q,使之成为空队
end QUEUE
```

有一个队列q，其元素类型为整型int，下面给出调用上述操作的一些例子。

```
InitQueue(q);                    //把队列置空
EnQueue(q,35);                   //元素35进队
int x=12; EnQueue(q,2*x+3);      //元素2*x+3的值27进队
EnQueue(q,-16);                  //元素-16进队,此时队列为(35,27,-16)
cout<<PeekQueue(q)<<endl;        //输出队首元素35
OutQueue(q); OutQueue(q);        //依次删除元素35和27
while(!EmptyQueue(q)) cout<<OutQueue(q)<<" ";  //依次输出队列q
    //中的所有元素,因q中只有一个元素-16,所以此循环只输出它
```

4.7.3 队列的顺序存储结构和操作实现

队列的顺序存储结构需要使用一个数组和 2～3 个整型变量来实现，利用数组来顺序存储队列中的所有元素，利用一个整型变量存储队首元素的位置（通常存储队首元素的前一个位置），利用另一个整型变量存储队尾元素的位置，利用第三个整型变量（若使用的话）存储队列的长度，即队列中当前已有的元素个数。把指向队首元素前一个位置的变量称为**队首指针**，由它加 1 就得到队首元素的下标位置，把指向队尾元素位置的变量称为**队尾指针**，由它可直接得到队尾元素的下标位置。若存储队列的数组用 queue[MaxSize]表示，队首指针和队尾指针分别用 front 和 rear 表示，存储队列长度的变量用 len 表示，则元素类型为 ElemType 的队列的顺序存储结构可通过下列一组定义来描述。

```
ElemType queue[MaxSize];      //MaxSize为已定义的常量
int front, rear, len;
```

其中，MaxSize 的值确定了 queue 数组所能存储队列的最大长度。

队列的顺序存储结构同样可以被定义在一个结构类型中，假定该结构类型用 Queue 表示，则定义为：

```
struct Queue {
    ElemType queue[MaxSize];
    int front, rear, len;
};
```

若要对存储队列的数组空间采用动态分配，则定义为：

```
struct Queue {
    ElemType *queue;            //指向存储队列的数组空间
    int front, rear, len;     //队首指针、队尾指针、队列长度变量
    int MaxSize;                //queue数组长度
};
```

每次向队列插入一个元素，需要首先使队尾指针后移一个位置，然后再向这个位置写入新元素。当队尾指针指向数组空间的最后一个位置 MaxSize–1 时，若队首元素的前面仍存在空闲的位置，则表明队列未占满整个数组空间，下一个存储位置应是下标为 0 的空闲位置，因此，首先要使队尾指针指向下标为 0 的位置，然后再向该位置写入新元素。通过赋值表达式 rear=(rear+1)%MaxSize 可使存储队列的整个数组空间变为首尾相接的一个环，所以顺序存储的队列又称为循环队列。在循环队列中，其存储空间是首尾循环利用的，当 rear 指向最后一个存储位置时，下一个所求的位置自动为数组空间的开始位置（即下标为 0 的位置）。

每次从队列中删除一个元素时，若队列非空，则首先把队首指针后移，使之指向队首元素，然后再返回该元素的值。使队首指针后移也必须采用取模运算，该计算表达式为 front=(front+1)%MaxSize，这样才能够实现存储空间的首尾相接。

当一个顺序队列中的 len 域的值为 0 时，表明该队列为空，则不能进行出队和读取队首元素的操作，当 len 域的值等于 MaxSize 时，表明队列已满，即存储空间已被用完，此时应动态扩大存储空间，然后才能插入新元素。

在队列类型的定义中，若省略长度 len 域也是可行的，但此时的长度为 MaxSize 的数组空间最多只能存储长度为 MaxSize–1 的队列，也就是说必须有一个位置空闲着。因为，若使用全部 MaxSize 个位置存储队列，则当队首和队尾指针指向同一个位置时，也可能为空队，也可能为满队，就存在二义性，无法进行判断。为了解决这个矛盾，只有牺牲一个位置的存储空间，让队首指针所指的存储位置始终空闲着，利用队首和队尾指针是否相等只作为判断空队的条件，而利用队尾指针加 1 并对 MaxSize 取模后是否等于队首指针（即队尾是否从后面又追上了队首）作为判断满队的条件。

采用顺序存储结构的队列被称为顺序队列。下面给出在顺序队列上进行各种队列运算的算法。

1．初始化队列

初始化队列为空并带有动态存储空间分配。

```
void InitQueue(Queue& Q)
{
  //初始设置队列空间大小为 10 个元素位置
    Q.MaxSize=10;
  //动态存储空间分配
    Q.queue=new ElemType[Q.MaxSize];
  //初始置队列为空
    Q.front=Q.rear=0;
}
```

2．向队列插入元素，若队列已满需重新分配更大的存储空间

```
void EnQueue(Queue& Q, ElemType item)
{
  //对存储空间用完情况进行处理
    if((Q.rear+1)%Q.MaxSize==Q.front) {
      //扩大 2 倍的存储空间
        int k=sizeof(ElemType);
        Q.queue=(ElemType*)realloc(Q.queue, 2*Q.MaxSize*k);
      //把原队列的尾部内容向后移动 MaxSize 个位置
        if(Q.rear!=Q.MaxSize-1) {
            for(int i=0; i<=Q.rear; i++)
                Q.queue[i+Q.MaxSize]=Q.queue[i];
            Q.rear+=Q.MaxSize;  //队尾指针后移 MaxSize 个位置
        }
      //把队列空间大小修改为原值的 2 倍
        Q.MaxSize=2*Q.MaxSize;
    }
```

```
  //求出队尾的下一个位置
    Q.rear=(Q.rear+1)%Q.MaxSize;
  //把 item 的值赋给新的队尾位置
    Q.queue[Q.rear]=item;
}
```

3．从队列中删除元素并返回

```
ElemType OutQueue(Queue& Q)
{
  //若队列为空则终止运行
    if(Q.front==Q.rear) {
        cerr<<"队列已空,无法删除!"<<endl;
        exit(1);
    }
  //使队首指针指向下一个位置
    Q.front=(Q.front+1)%Q.MaxSize;
  //返回队首元素
    return Q.queue[Q.front];
}
```

4．读取队首元素，不改变队列状态

```
ElemType PeekQueue(Queue& Q)
{
  //若队列为空则退出程序运行
    if(Q.front==Q.rear) {
        cerr<<"队列已空,无法读取!"<<endl;
        exit(1);
    }
  //队首元素是队首指针的下一个位置中的元素
    return Q.queue[(Q.front+1)%Q.MaxSize];
}
```

5．检查一个队列是否为空，若是则返回 true，否则返回 false

```
bool EmptyQueue(Queue& Q)
{
    return Q.front==Q.rear;
}
```

6．清除一个队列为空，并释放动态存储空间

```
void ClearQueue(Queue& Q)
{
    if(Q.queue!=NULL) delete []Q.queue;
    Q.front=Q.rear=0;
    Q.queue=NULL;
    Q.MaxSize=0;
}
```

在顺序队列中进行任何操作的时间复杂度均为$O(1)$，当然队满时可能需要复制原队列部分内容的情况除外。

顺序队列的插入和删除过程，如图4-10所示，从中可以清楚地看出队列内容及队首和队尾指针的变化情况。此队列的初始数组空间长度为5。

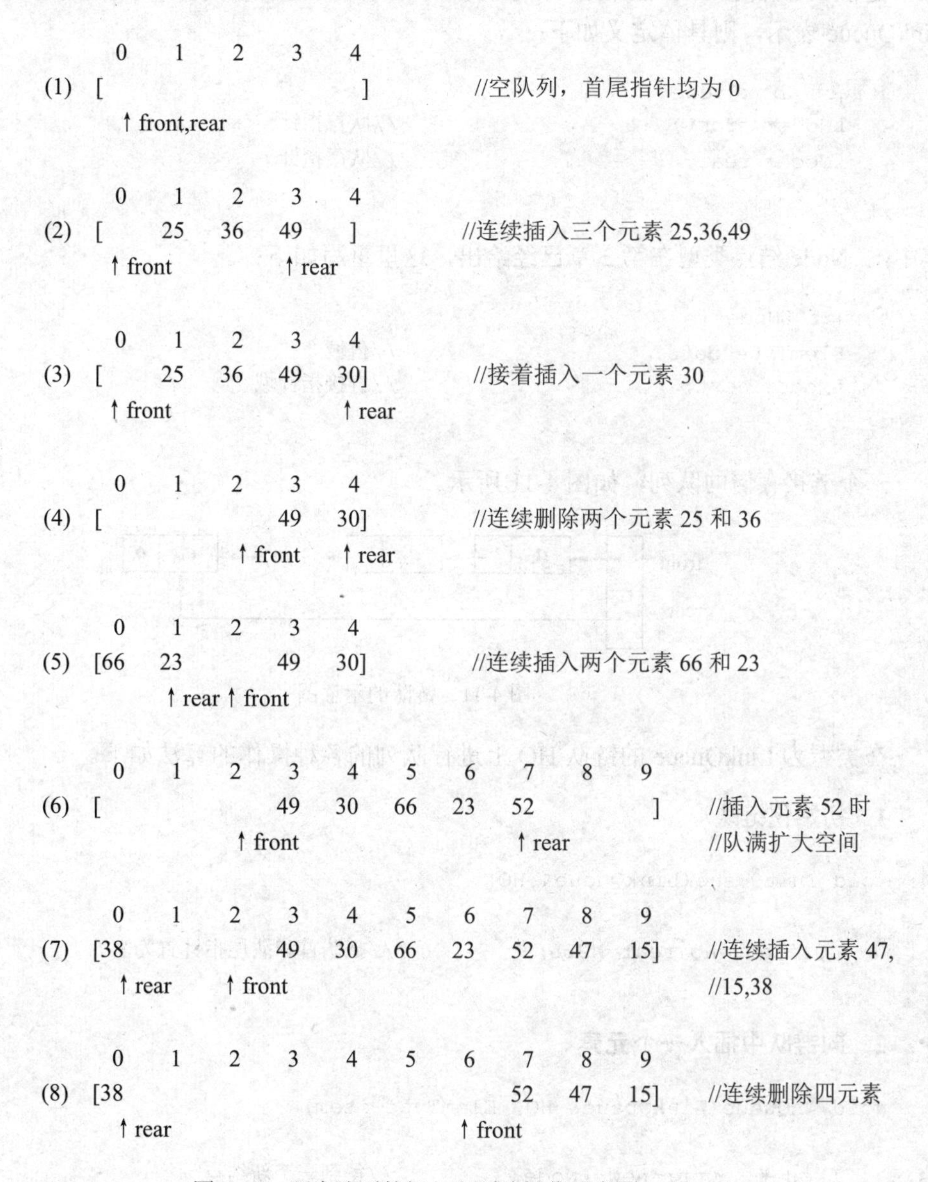

图4-10　顺序队列的插入和删除操作示意图

4.7.4　队列的链接存储结构和操作实现

队列的链接存储结构也是通过由结点构成的单链表实现的，此时只允许在单链表的表头进行删除和在单链表的表尾进行插入，因此它需要使用两个指针：队首指针front和队尾指针 rear。用 front 指向队首（即表头）结点的存储位置，用 rear 指向队尾（即表尾）结点的存储位置。用于存储队列的单链表简称链接队列或**链队**。设链队中的结点类型仍为以前定义的单链表结点类型 SNode 或 LNode，那么队首和队尾指针为 LNode*指针类型。若把一个链队的队首指针和队尾指针定义在一个结构类型中，并设该结构类型用标识符 LinkQueue 表示，则具体定义如下：

```
struct LinkQueue {
    LNode* front;                          //队首指针
    LNode* rear;                           //队尾指针
};
```

其中，LNode 结点类型在第 2 章已经给出，这里重写如下：

```
struct LNode {
    ElemType data;                         //值域
    LNode* next;                           //链接指针域
};
```

一个链接存储的队列，如图 4-11 所示。

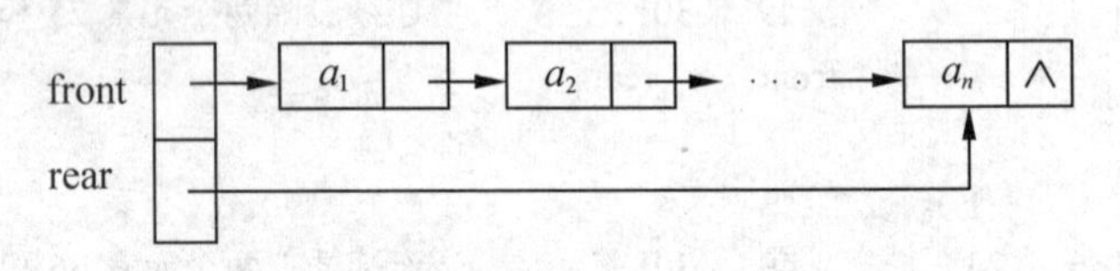

图 4-11　链队的示意图

在类型为 LinkQueue 的链队 HQ 上进行队列的各种操作的算法如下。

1. 初始化链队

```
void InitQueue(LinkQueue& HQ)
{
    HQ.front=HQ.rear=NULL;                 //把队首和队尾指针置为空
}
```

2. 向链队中插入一个元素

```
void EnQueue(LinkQueue& HQ, ElemType item)
{
    LNode* newptr=new LNode;               //得到一个新结点
    newptr->data=item;                     //把 item 的值赋给新结点的值域
    newptr->next=NULL;                     //把新结点的指针域置空
    if(HQ.rear==NULL)                      //若链队为空,则新结点既是队首又是队尾
        HQ.front=HQ.rear=newptr;
    else      //若链队非空,则新结点被链接到队尾并修改队尾指针
        HQ.rear=HQ.rear->next=newptr;
}
```

3. 从队列中删除一个元素

```
ElemType OutQueue(LinkQueue& HQ)
{
    if(HQ.front==NULL) {   //若链队为空则中止运行
        cerr<<"链队为空,无法删除!"<<endl;
        exit(1);
    }
    ElemType temp=HQ.front->data; //暂存队首元素以便返回
    LNode* p=HQ.front;             //暂存队首指针以便回收队首结点
    HQ.front=p->next;              //使队首指针指向下一个结点
    if(HQ.front==NULL)             //若删除后链队为空,则使队尾指针为空
        HQ.rear=NULL;
    delete p;                      //回收原队首结点
    return temp;                   //返回被删除的队首元素
}
```

4. 读取队首元素

```
ElemType PeekQueue(LinkQueue& HQ)
{
    if(HQ.front==NULL) {    //若链队为空则中止执行
        cerr<<"链队为空无队首元素!"<<endl;
        exit(1);
    }
    return HQ.front->data;  //返回队首元素
}
```

5. 检查链队是否为空

```
bool EmptyQueue(LinkQueue& HQ)
{       //判断队首或队尾任一个指针是否为空即可
    return HQ.front==NULL;
}
```

6. 清除链队中的所有元素，使之变为空队

```
void ClearQueue(LinkQueue& HQ)
{
    LNode* p=HQ.front;          //队首指针赋给p
    while(p!=NULL) {            //依次删除队列中的每一个结点
        HQ.front=HQ.front->next;
        delete p;
        p=HQ.front;
    }                           //循环结束后队首指针已经变为空
    HQ.rear=NULL;               //置队尾指针为空
}
```

除清除队列操作外，其余对链队操作的时间复杂度均为 $O(1)$，清除队列操作的时间复杂度为 $O(n)$，n 表示队列的长度。

可以用下面程序调试对链接队列进行各种运算的算法。

```
#include<iostream.h>
#include<stdlib.h>

typedef int ElemType;
struct LNode {
    ElemType data;          //值域
    LNode* next;            //链接指针域
};
struct LinkQueue {
    LNode* front;           //队首指针
    LNode* rear;            //队尾指针
};

#include"链接队列运算.cpp"

void main()
{
    LinkQueue q;
    InitQueue(q);
    int a[9]={3,8,5,17,9,30,15,22,20};
    int i;
    for(i=0; i<9; i++) EnQueue(q,a[i]);
    cout<<OutQueue(q)<<" ";
    cout<<OutQueue(q)<<" ";
    cout<<OutQueue(q)<<endl;
    EnQueue(q,68);
    for(i=0; i<9; i+=2) EnQueue(q,a[i]);
    cout<<PeekQueue(q)<<" ";
    cout<<OutQueue(q)<<endl;
    while(!EmptyQueue(q)) cout<<OutQueue(q)<<' ';
    cout<<endl;
    ClearQueue(q);
}
```

运行结果如下：

```
3 8 5
17 17
9 30 15 22 20 68 3 5 9 15 20
```

除了上面介绍的一般队列外，还有一种特殊的队列叫做**优先级队列**。这种队列中的每个元素都带有一个优先级号，用以表示其优先级别。在优先级队列中，优先级最高的元素必须处在队首位置，因此，每次向它插入元素时，都要按照一定次序调整元素位置，确保把优先级最高的元素调整到队首，每次从中删除队首元素（即优先级最高的元素）时，也都要按照一定次序调整队列中的有关元素，确保把优先级最高的元素调整到队首。优先级队列在操作系统的各种调度算法中应用广泛，它需要使用堆结构来实现，这将在第 6 章中介绍。

*4.8　队列应用举例

队列在日常生活和计算机领域都有着广泛的应用，下面以一个轮船渡口管理为例，来说明队列的具体应用。

有一个渡口，每条渡轮一次能装载 10 辆汽车过江，过江车辆分为客车和货车两类，上渡轮有如下规定：

（1）同类汽车先到先上船。

（2）客车先于货车上船。

（3）每上 4 辆客车才允许上一辆货车，但若等待的客车不足 4 辆则用货车填补，反过来，若没有货车等待则用客车填补。

（4）装满 10 辆后则自动开船，当等待时间较长时车辆不足 10 辆也应人为控制发船。

分析：此题应建立和使用两个队列，一个为客车队列，另一个为货车队列，到渡口需过江的汽车分别进入到相应队列中。当渡口有渡轮时先让客车队列中的 4 个车辆出队并开进渡轮，再让货车队列中的一个车辆出队并开进渡轮，若某一类车辆队列为空则从另一个队列中补充。当渡轮上的车辆已装满则自动开船，此时应打印出已装车辆的每个车号。若装载不足 10 辆，但两个车辆队列全为空，应继续等待一段时间，若等待时间较长，仍不满载则应人为控制开船。根据分析可编写出如下程序。

```
#include<iostream.h>
#include<stdlib.h>
#include<time.h>  //此头文件中包含有 time 函数和 ctime 函数的声明

typedef int ElemType;
struct LNode {
    ElemType data;          //值域
    LNode* next;            //链接指针域
};
struct LinkQueue {
    LNode* front;           //队首指针
    LNode* rear;            //队尾指针
};

#include"链接队列运算.cpp"

//输出每次渡轮所载汽车的编号
 void Print(int a[], int n)
```

```
 {
    long t; t=time(0); //当前机器系统时间被保存到 t 中,单位为秒
    cout<<endl;
    cout<<"轮渡开始起航->"<<endl;
    cout<<"本次过江时间:"<<ctime(&t)<<endl;
        //ctime(&t)函数的值为根据参数 t 转换得到的日期和时间的字符串
    cout<<"本次轮渡所载汽车:";
    for(int i=0; i<n; i++) cout<<a[i]<<' ';
    cout<<endl;
}

//输出汽车排队等待情况
  void OutputQueue(const LinkQueue& q1, const LinkQueue& q2)
  {
    cout<<"客车排队的情况:";
    LNode* p=q1.front;
    if(p==NULL) cout<<"暂时无客车等候."<<endl;
    while(p!=NULL) {
        cout<<p->data<<' ';
        p=p->next;
    }
    cout<<endl;
    cout<<"货车排队的情况:";
    p=q2.front;
    if(p==NULL) cout<<"暂时无货车等候."<<endl;
    while(p!=NULL) {
        cout<<p->data<<' ';
        p=p->next;
    }
    cout<<endl;
}

void main()
{
  //q1 和 q2 队列用来分别存储待渡江的客车和货车
    LinkQueue q1,q2;
  //对 q1 和 q2 进行初始化
    InitQueue(q1);
    InitQueue(q2);
  //用 flag 保存用户选择,用 mark 登记渡轮到渡口
    int flag,mark=0;
  //用数组 a 记录渡轮船上的每个汽车号,用 n 记录汽车的个数
    int a[10], n=0;
  //用 t1 和 t2 登记时间
    long t1,t2;
  //程序处理过程
```

```
do {
  //显示功能表并接受用户选择
    L1:cout<<"功能表："<<endl;
    cout<<"1---车到渡口进行登记"<<endl;
    cout<<"2---渡轮到渡口进行登记"<<endl;
    cout<<"3---汽车上渡轮"<<endl;
    cout<<"4---命令渡轮起航"<<endl;
    cout<<"5---输出当前汽车排队情况"<<endl;
    cout<<"6---结束程序运行"<<endl<<endl;
    cout<<"请输入你的选择(1-6):";
    do {
      cin>>flag;
      if(flag<1 || flag>6) cout<<"输入功能号错,重输:";
    } while(flag<1 || flag>6);
    int x,i;
  //根据不同选择进行相应处理
    switch(flag) {
      case 1:
        cout<<"输入车辆号,假定小于 100 为客车,否则为货车,"<<endl;
        cout<<"可以输入多辆车,用空格分开,直到输入-1 为止."<<endl;
        while(1) {
            cin>>x;
            if(x==-1) break;
            if(x<100) EnQueue(q1,x);  //客车进 q1 队
            else EnQueue(q2,x);       //货车进 q2 队
        }
        break;                        //结束 switch 语句
      case 2:
        if(mark==1) {
            cout<<"渡轮已在渡口等待,不要重复登记!"<<endl;
            break;                     //结束 switch 语句
        }
        mark=1;                        //渡轮到口岸登记
        cout<<"渡轮已到渡口,可以上船!"<<endl;
        n=0;                           //装载车辆数初始为 0
        t1=time(0);                    //登记渡轮到渡口时间,单位为秒
        break;                         //结束 switch 语句
      case 3:
        if(EmptyQueue(q1) && EmptyQueue(q2)) {
            cout<<"暂无汽车过江!"<<endl;
            if(mark==1 && n!=0) {
                t2=time(0)-t1;         //计算到目前为止渡轮等待时间的秒数
                cout<<"轮渡未满,有车"<<n<<"辆,已等待"<<t2/60<<"分";
                cout<<t2%60<<"秒,等候其他汽车上渡轮!"<<endl;
            }
```

```
        break;  //结束 switch 语句
      }
      if(mark!=1) {
        cout<<"渡轮未到,请汽车稍后上渡轮!"<<endl;
        break;  //结束 switch 语句
      }
      do {
        i=0;
      //首先上 4 辆客车
        while(!EmptyQueue(q1) && n<10  && i<4) {
            a[n++]=OutQueue(q1);
            i++;
        }
      //满 10 辆开船,打印车辆号,重新对 mark 和 n 清 0,转功能号表
        if(n==10) {Print(a,n); mark=0; n=0; goto L1;}
      //进 4 辆客车则接着进一辆货车,不满 4 辆则由货车补
        if(i==4) {
            if(!EmptyQueue(q2)) a[n++]=OutQueue(q2);
        }
        else {
            while(!EmptyQueue(q2) && n<10  && i<5) {
                a[n++]=OutQueue(q2);
                i++;
            }
        }
      //满 10 辆则开船
        if(n==10) {Print(a,n); mark=0; n=0; goto L1;}
     } while(!EmptyQueue(q1) || !EmptyQueue(q2));
        //只要客车或货车队列不全为空,则继续执行 do 循环
     t2=time(0)-t1;  //登记渡轮已经等待时间的秒数
     cout<<"轮渡上有车"<<n<<"辆,已等待"<<t2/60<<"分"<<t2%60;
     cout<<"秒,等候其他汽车上渡轮!"<<endl;
     break;  //结束 switch 语句
   case 4:
     if(n==0 || mark==0)
        cout<<"轮渡上无车过江或根本无渡轮!不需要起航!"<<endl;
     else {
        Print(a,n); mark=0; n=0;
     }
     break;  //结束 switch 语句
   case 5:
     OutputQueue(q1,q2);
     break;  //结束 switch 语句
   case 6:
     if(!EmptyQueue(q1) || !EmptyQueue(q2)) {
```

```
            cout<<"还有汽车未渡江,暂不能结束!"<<endl;
            break;           //结束 switch 语句
        }
        if(n!=0) {
            cout<<"渡轮上有车,不能结束,需命令开渡轮!"<<endl;
            break;           //结束 switch 语句
        }
        cout<<"程序运行结束!"<<endl;
        return;              //执行结束返回
      }                      //switch 语句终端位置
  } while(1);                //外层 do 循环终端位置
  ClearQueue(q1);
  ClearQueue(q2);
}                            //主函数结束位置
```

习 题 4

【习题 4-1】 运算题。

1. 有 6 个元素 A、B、C、D、E、F 依次进栈，允许任何时候出栈，能否得到下列的每个出栈序列，若能，给出栈操作的过程，若不能，简述其理由。

（1）CDBEFA　　（2）ABEDFC　　（3）DCEABF　　（4）BAEFCD

2. 有 4 个元素 a,b,c,d 依次进栈，任何时候都可以出栈，请写出所有可能的出栈序列和所有不存在的序列。

3. 用一维数组 a[7]顺序存储一个循环队列，队首和队尾指针分别用 front 和 rear 表示，当前队列中已有 5 个元素：23,45,67,80,34，其中，23 为队首元素，front 的值为 3，请画出对应的存储状态，当连续做 4 次出队运算后，再让 15,36,48 元素依次进队，请再次画出对应的存储状态。

4. 用于顺序存储一个队列的数组的长度为 N，队首和队尾指针分别为 front 和 rear，写出求此队列长度（即所含元素个数）的公式。

【习题 4-2】 算法分析，写出每个算法的功能。

```
1. int AE(int a[], int n)
   {
       if(n==0) return 0;
       else return a[n-1]+AE(a,n-1);
   }
```

```
2. int AF(int k, int s)                    //第 1 次使用 AF(0,0)调用此算法
   {
       if(s>=1000) return k-1;
       else {
           k++;
           s+=k*k;
           return AF(k,s);
       }
```

```
   }
```

```
3. void Transform(long num)                    //num为正整数
   {
       Stack a;
       InitStack(a);
       while(num!=0) {
           int k=num % 16;
           Push(a,k);
           num/=16;
       }
       while(!EmptyStack(a)) {
           int x=Pop(a);
           if(x<10) cout<<x;
           else {
               switch (x) {
                   case 10: cout<<'A'; break;
                   case 11: cout<<'B'; break;
                   case 12: cout<<'C'; break;
                   case 13: cout<<'D'; break;
                   case 14: cout<<'E'; break;
                   case 15: cout<<'F';
               }
           }
       }
       cout<<endl;
   }
```

```
4. void Fun1(Stack& s1, int n)
   {
       srand(time(0));                    //srand()函数在stdlib.h头文件中定义
       int i=0,j;                         //time函数在time.h头文件中定义
       while(i<n) {
           int x=rand()%100;              //rand函数在stdlib.h头文件中定义
           int y=int(sqrt(x));            //平方根函数sqrt在math.h头文件中定义
           for(j=2; j<=y; j++)
               if(x%j==0) break;
           if(j>y && x>10) {i++;Push(s1,x);}
       }
   }
```

```
5. void Fun2(Queue& q1, Queue& q2, int n)
   {
       int i,x;
       cout<<"从键盘输入"<<n<<"个正整数:"<<endl;
```

```
    for(i=0; i<n; i++) {
       cin>>x;
       if(x%2) EnQueue(q1,x);
       else EnQueue(q2,x);
    }
}
```

*【习题 4-3】 改写算法。

根据顺序栈的运算和表达式转换与求值的算法，做如下变化。

1. 给出下面顺序栈模板类定义中每个成员函数的类外定义。

```
template<class ElemType>
class Stack {
    ElemType *stack;                 //存栈元素
    int top;                         //存栈顶元素的下标位置
    int MaxSize;                     //存stack数组长度,即所能存储栈的最大长度
public:
    Stack();                         //构造函数
    Stack(Stack& s);                 //复制构造函数
    Stack& operator=(Stack& s);      //赋值重载函数
    void Push(ElemType item);        //元素进栈函数
    ElemType Pop();                  //元素出栈函数
    ElemType Peek();                 //读取栈顶元素函数
    bool EmptyStack();               //判栈空函数
    ~Stack();                        //析构函数
};
```

2. 给出后缀表达式求值的函数定义，其中使用的操作数栈由引用参数提供，该函数原型如下。

```
double Compute(Stack<double>& S, char* str);
```

3. 给出把中缀表达式转换为后缀表达式的函数定义，其中使用的运算符栈由引用参数提供，该函数原型如下。

```
void Change(Stack<char>& R, char* s1, char* s2);
```

4. 建立一个工程文件，其中包括 3 个文件。第 1 个为含有主函数的主程序文件，第 2 个为含有表达式转换与求值函数的次程序文件，第 3 个为含有模板栈类定义与实现的次程序文件。

【习题 4-4】 算法设计。

1. 采用递归方法求 1～n 之间的所有整数平方的和。

2. 采用递归方法把任一十进制正整数转换为 S 进制($2\leqslant S\leqslant 9$)数输出。

3. 采用辗转相除和递归的方法求出两个正整数的最大公约数。

*4. 采用递归方法求两个正整数的最小公倍数。

5. 裴波那契（Fibonacci）数列的定义为：它的第 1 项和第 2 项分别为 0 和 1，以后各项为其前两项之和。若裴波那契数列中的第 n 项用 Fib(n)表示，则计算公式为:

$$\text{Fib}(n)=\begin{cases} n-1 & (n=1\text{或}2) \\ \text{Fib}(n-1)+\text{Fib}(n-2) & (n>2) \end{cases}$$

试编写出计算 Fib(*n*)的递归算法和非递归算法，分析每个算法的时间和空间复杂度。

6．根据代数中的二项式定理，二项式$(x+y)^n$的展开式的系数序列可以表示成三角形，如图 4-12 所示，其中除每一行最左和最右两个系数等于 1 以外，其余各系数均等于上一行左右两系数之和。这个系数三角形称作杨辉三角形。

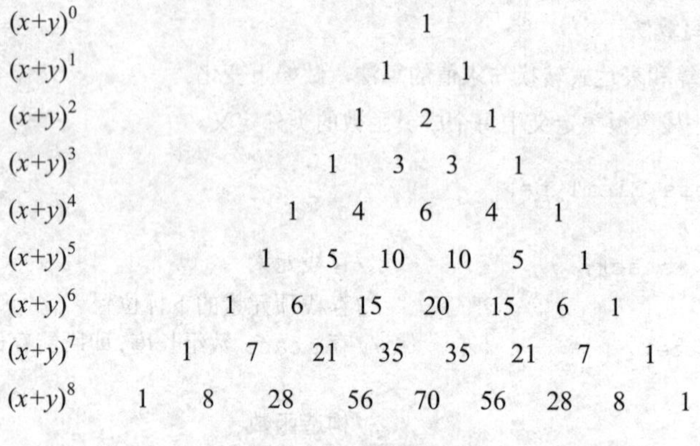

图 4-12　杨辉三角形

设 $C(n,k)$表示杨辉三角形中第 n 行($n\geqslant 0$)的第 k 个系数($0\leqslant k\leqslant n$)，按照二项式定理，$C(n,k)$可递归定义为：

$$C(n,k)=\begin{cases} 1 & (k=0\text{或}k=n) \\ C(n-1,k-1)+C(n-1,k) & (0<k<n) \end{cases}$$

（1）写出计算 $C(n,k)$的递归算法。

（2）利用二维数组写出计算 $C(n,k)$的非递归算法。

（3）分析递归算法和非递归算法的时间复杂度和空间复杂度。

7．在一个链接队列中只设置队尾指针，不设置队首指针，并且让队尾结点的指针域指向队首结点（称此为循环链队），试分别写出在循环链队上进行插入和删除操作的算法。

8．在一个数组空间 stack[StackMaxSize]中可以同时存放两个顺序栈，栈底分别处在数组的两端，当第 1 个栈的栈顶指针 top1 等于–1 时则栈 1 为空，当第 2 个栈的栈顶指针 top2 等于 MaxSize 时则栈 2 为空。两个栈均向中间增长，当向栈 1 插入元素时，使 top1 增 1 得到新的栈顶位置，当向栈 2 插入元素时，则使 top2 减 1 才能够得到新的栈顶位置。当 top1 等于 top2–1 或者 top2 等于 top1+1 时，存储空间用完，无法再向任一栈插入元素，此时可考虑给出错误信息并停止运行。用于双栈操作的顺序存储类型可定义为：

```
struct BothStack {
    ElemType stack[MaxSize];
    int top1, top2;
};
```

双栈操作的抽象数据类型可定义为：

```
DAT BSTACK is
    Data:
        采用顺序结构存储的双栈,其存储类型为 BothStack
```

```
  Operations:
    //初始化栈。当 k=1 或 2 时对应置栈 1 或 2 为空,k=3 时置两个栈均空
      void InitStack(BothStack& BS, int k);
    //清除栈。当 k=1 或 2 时对应栈 1 或 2 被清除,k=3 时两个栈均被清除
      void ClearStack(BothStack& BS, int k);
    //判断栈是否为空。当 k=1 或 2 时判断对应的栈 1 或栈 2 是否为空,
    //k=3 时判断两个栈是否同时为空
      bool StackEmpty(BothStack& BS, int k);
    //取栈顶元素。当 k=1 或 2 时对应返回栈 1 或栈 2 的栈顶元素
      ElemType Peek(BothStack& BS, int k);
    //进栈。当 k=1 或 2 时对应向栈 1 或栈 2 的顶端压入元素 item
      void Push(BothStack& BS, int k, const ElemType& item);
    //退栈。当 k=1 或 2 时,对应使栈 1 或栈 2 退栈并返回栈顶元素
      ElemType Pop(BothStack& BS, int k);
End BSTACK
```

试写出上述抽象数据类型中每一种操作的算法。

*9. 利用堆栈编写出求解迷宫问题的非递归算法。

*10. 编写出解决汉诺塔问题的非递归算法。

*11. 判断任意 n 个字符串能否首尾相接成为一个字符串。若一个字符串的尾字符等于另外一个字符串的首字符，则认为这两个字符串能够首尾相接形成一个字符串。

第5章　树

5.1　树的概念

5.1.1　树的定义

树（tree）是树形结构的简称。它是一种重要的非线性数据结构。树或者是一棵空树，即不含有任何结点（元素），或者是一棵非空树，即至少含有一个结点。在一棵非空树中，它有且仅有一个称作**根**（root）的结点，其余所有结点被分为 m 棵（$m \geqslant 0$）互不相交的子树（即称做根的子树），每棵子树（subtree）又同样是一棵树，并且每棵子树的根结点是整个树根结点的后继，而整个树根结点又是所有子树根结点的前驱。显然，树的定义是递归的，树是一种递归的数据结构。树的递归定义，将为以后实现树的各种运算提供方便。

一棵树 T 如图 5-1(a) 所示，它由根结点 A 和两棵子树 T1 和 T2 所组成，T1 和 T2 如图 5-1(b) 和图 5-1（c）所示；T1 又由它的根结点 B 和三棵子树 T11、T12 和 T13 所组成，这 3 棵子树分别对应如图 5-1(d)、图 5-1(e) 和图 5-1(f) 所示；T11 和 T13 只含有根结点，不含有子树（或者说子树为空树），不可再分；T12 又由它的根结点 E 和两棵只含有根结点的子树所组成，每棵子树的根结点分别为 H 和 I；T2 由它的根结点 C 和一棵子树所组成，该子树也只含有一个根结点 G，不可再分。

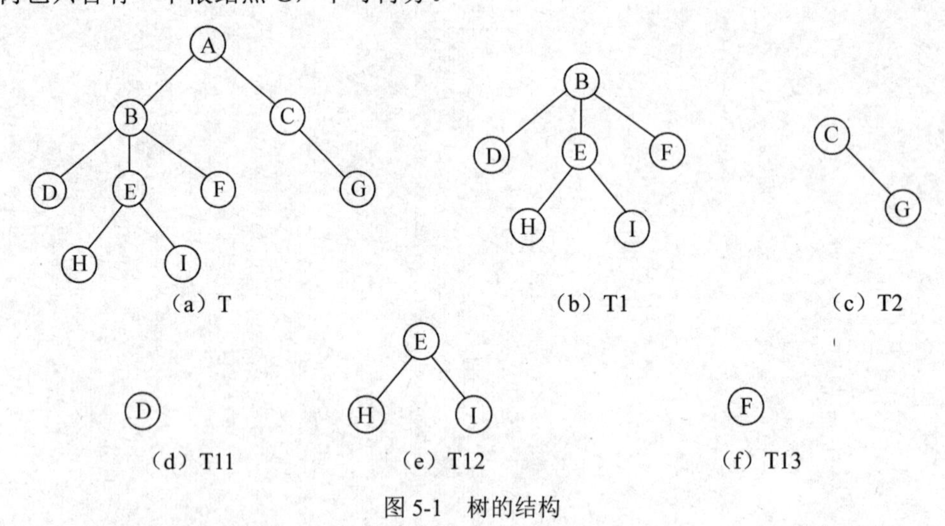

图 5-1　树的结构

在一棵树中，每个结点被定义为它的每个子树的根结点的前驱，而它的每个子树的根结点就成为它的后继。由此可用二元组给出树的定义：

$$tree=(K,R)$$

$$K=\{k_i \mid 1 \leqslant i \leqslant n,\ n \geqslant 0,\ k_i \in \text{ElemType}\}$$

其中，n 为树中结点数，n=0 则为空树，n>0 则为非空树。对于一棵非空树，关系 R 应满足下列条件。

（1）有且仅有一个结点没有前驱，该结点被称为树的根。

（2）除树根结点外，其余每个结点有且仅有一个前驱结点。

（3）包括树根结点在内的每个结点，可以有任意多个（含 0 个）后继。

上面的树 T 若采用二元组表示，则结点的集合 K 和 K 上二元关系 R 分别为：

K={A, B, C, D, E, F, G, H, I}

r={<A,B>,<A,C>,<B,D>,<B,E>,<B,F>,<C,G>,<E,H>,<E,I>}

其中 A 结点无前驱结点，被称为树的根结点；其余每个结点有且仅有一个前驱结点；在所有结点中，B 结点有三个后继结点，A 结点和 E 结点分别有两个后继结点，C 结点有一个后继结点，其余结点均没有后继结点。

在日常生活和计算机领域，树结构广泛存在。

【例 5-1】 可把一个家族看作一棵树，树中的结点为家族成员的姓名及相关信息，树中的关系为父子关系，即父亲是儿子的前驱，儿子是父亲的后继。一棵家族树，如图 5-2（a）所示，王庭贵有两个儿子王万胜和王万利，王万胜又有 3 个儿子王家新、王家中和王家国。

【例 5-2】 可把一个地区或一个单位的组织结构看作一棵树，树中的结点为机构的名称及相关信息，树中的关系为上下级关系。如一个城市分为若干个区，每个区又分为若干个街道，每个街道又分为若干个居委会等。

【例 5-3】 可把一本书的结构看作一棵树，树中的结点为书、章、节的名称及相关信息，树中的关系为包含关系。一本书的结构，如图 5-2（b）所示，根结点为书的名称数学，它包含 3 章，每章名称分别为加法、减法和乘法，加法一章又包含两节，分别为一位加和两位和，减法和乘法也分别包含若干节。

【例 5-4】 可把一个算术表达式表示成一棵树，运算符作为根结点，它的前后两个运算对象分别作为根的左、右两棵子树。如把算术表达式 a*b+(c–d/e)*f 表示成树，如图 5-2（c）所示。

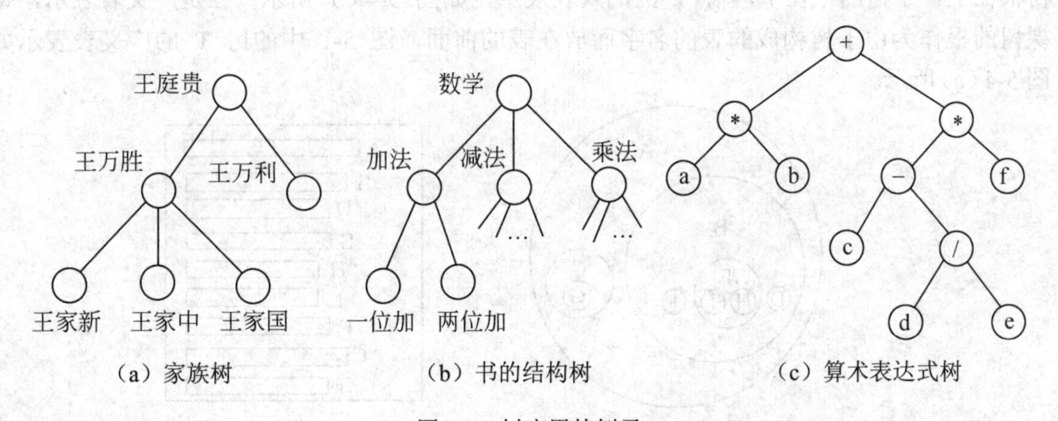

图 5-2 树应用的例子

【例 5-5】 在计算机领域，每个逻辑盘上信息组织的目录结构就是一棵树，树中的结点为包含有目录名或文件名的每个目录项或文件项，树中的根目录用反斜线表示，根目录下包含有若干个子目录项和文件项，每个子目录下又包含有若干个子目录项和文件项，以此类推，目录结构树如图 5-3 所示。

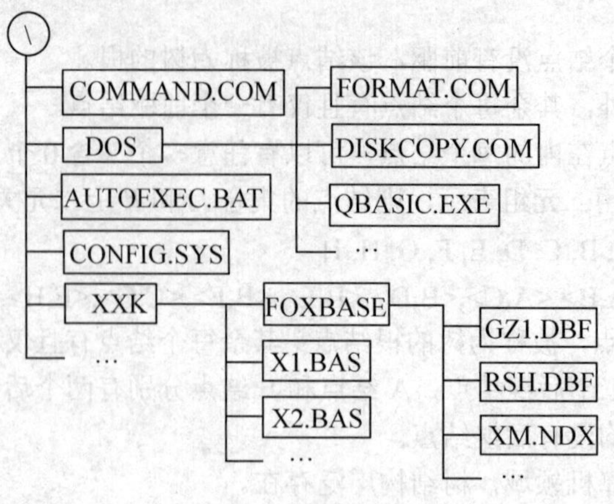

图 5-3 目录结构树

5.1.2 树的表示

树的表示方法有多种。图 5-1、图 5-2 和图 5-3 中的树形表示法是其中的一种，也是最常用的一种，图 5-1 和图 5-2 中的结点是从上向下展开的，而图 5-3 中的结点是从左向右展开的。在树形表示法中，结点之间的关系是通过连线表示的，虽然每条连线上都不带有箭头（即方向），但它并不是无向的，而是有向的，其方向隐含为从上向下或从左向右，即连线的上方或左边结点是下方或右边结点的前驱，下方或右边结点是上方或左边结点的后继。树的另一种表示法是二元组表示法。除这两种之外，通常还有 3 种：一是集合图表示，每棵树对应一个圆形，圆内包含根结点和子树，图 5-1 所示的树 T 对应的集合图表示如图 5-4（a）所示；二是凹入表表示，每棵树的根对应着一个条形，子树的根对应着一个较短的条形，且树根在上，子树的根在下，树 T 的凹入表表示，如图 5-4（b）所示；三是广义表表示，每棵树的根作为由子树构成的表的名字而放在表的前面，图 5-1 中的树 T 的广义表表示如图 5-4（c）所示。

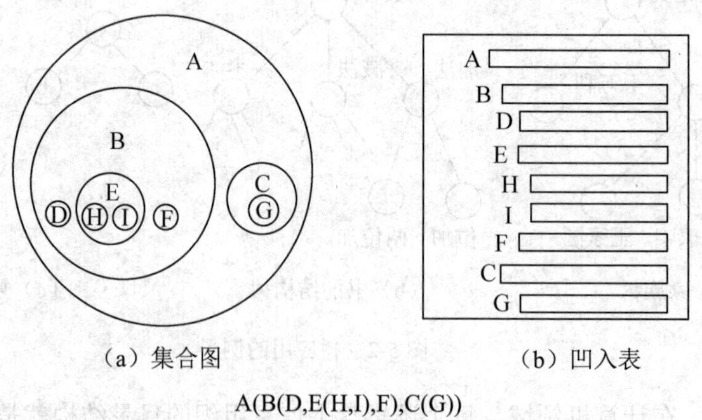

（a）集合图　　（b）凹入表

A(B(D,E(H,I),F),C(G))

（c）广义表

图 5-4 树的其他几种表示

5.1.3 树的基本术语

1. 结点的度和树的度

每个结点具有的子树数或者说后继结点数被定义为该结点的**度**(degree)。树中所有结点的度的最大值被定义为该树的度。在图 5-1 的树 T 中，B 结点的度为 3，A、E 结点的度均为 2，C 结点的度为 1，其余结点的度均为 0。因所有结点的最大的度为 3，所以树 T 的度为 3。

2. 分支结点和叶子结点

在一棵树中，度等于 0 的结点称作**叶子结点或终端结点**，度大于 0 的结点称作**分支结点或非终端结点**。在分支结点中，每个结点的分支数就是该结点的度数，如对于度为 1 的结点，其分支数为 1，所以被称之为单分支结点；对于度为 2 的结点，其分支数为 2，所以被称之为双分支结点，其余类推。在树 T 中，D、H、I、F、G 都是叶子结点；A、B、C、E 是分支结点，其中 C 为单分支结点，A 和 E 为双分支结点，B 为三分支结点。

3. 孩子结点、双亲结点和兄弟结点

在一棵树中，每个结点的子树的根，或者说每个结点的后继，被习惯地称为该结点的**孩子、儿子或子女**（child），相应地，该结点被称为孩子结点的**双亲、父亲或父母**（parent）。具有同一双亲的孩子互称**兄弟**（brothers）。一个结点的所有子树中的结点被称为该结点的**子孙**。一个结点的**祖先**则被定义为从树根结点到达该结点的路径上经过的所有结点。在树 T 中，B 结点的孩子为 D、E、F 结点，双亲为 A 结点，D、E、F 互为兄弟，B 结点的子孙为 D、E、H、I、F 结点，I 结点的祖先为 A、B、E 结点，对于树 T 中的其他结点亦可进行类似的分析。

由孩子结点和双亲结点的定义可知：在一棵树中，根结点没有双亲结点，叶子结点没有孩子结点，其余结点既有双亲结点也有孩子结点。在树 T 中，根结点 A 没有双亲，叶子结点 D、H、I、F、G 没有孩子。

4. 结点的层数和树的深度

树既是一种递归结构，也是一种层次结构，树中的每个结点都处在一定的层数上。结点的**层数**（level）从树根开始定义，根结点为第 1 层，它的孩子结点为第 2 层，以此类推。树中所有结点的最大层数称为树的**深度**（depth）或**高度**（height）。在树 T 中，A 结点处于第 1 层，B、C 结点处于第 2 层，D、E、F、G 结点处于第 3 层，H、I 结点处于第 4 层。H、I 结点所处的第 4 层为树 T 中所有结点的最大层数，所以树 T 的深度为 4。

5. 有序树和无序树

若树中各结点的子树是按照一定的次序从左向右安排的，则称之为有序树，否则称之为无序树。如图 5-5 中的两棵树，若被看作无序树，则是相同的；

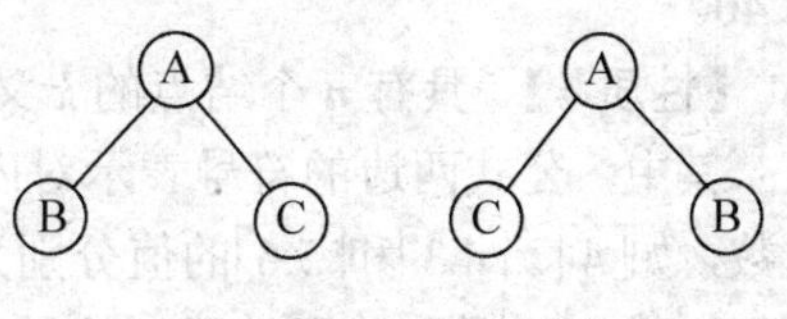

图 5-5 两棵不同的有序树

若被看作有序树，则不同，因为根结点A的两棵子树的次序不同。又如，对于一棵反映父子关系的家族树，兄弟结点之间是按照排行大小有序的，所以它是一棵有序树。再如，对于一个机关或单位的机构设置树，若各层机构是按照一定的次序排列的，则为一棵有序树，否则为一棵无序树。因为任何无序树都可以当作任一次序的有序树来处理，所以以后若不特别指明，均认为树是有序的。

6．森林

森林是 $m(m \geqslant 0)$ 棵互不相交的树的集合。例如，对于树中每个分支结点来说，其子树的集合就是森林。在树T中，由A结点的子树所构成的森林为{T1,T2}，由B结点的子树所构成的森林为{T11,T12,T13}。

5.1.4 树的性质

【性质1】 树中的结点数等于所有结点的度数加1。

证明：根据树的定义，在一棵树中，除树根结点外，每个结点有且仅有一个前驱结点，也就是说，每个结点与指向它的一个分支一一对应，所以除树根结点之外的结点数等于所有结点的分支数（即度数），从而可得树中的结点数等于所有结点的度数加1。

【性质2】 度为 k 的树中第 i 层上至多有 k^{i-1} 个结点 $(i \geqslant 1)$。

下面用数学归纳法证明：

对于第1层显然是成立的，因为树中的第1层上只有一个结点，即整个树的根结点，而由 i=1 代入 k^{i-1} 计算，也同样得到只有一个结点，即 $k^{i-1}= k^{1-1}=k^0=1$；假设对于第 i–1 层(i>1)命题成立，即度为 k 的树中第 i–1 层上至多有 $k^{(i-1)-1}=k^{i-2}$ 个结点，则根据树的度的定义，度为 k 的树中每个结点至多有 k 个孩子，所以第 i 层上的结点数至多为第 i–1 层上结点数的 k 倍，即至多为 $k^{i-2}\times k= k^{i-1}$ 个，这与命题相同，故命题成立。

【性质3】 深度为 h 的 k 叉树至多有 $\frac{k^h-1}{k-1}$ 个结点。

证明：显然当深度为 h 的 k 叉树（即度为 k 的树）上每一层都达到最多结点数时，所有结点的总和才能最大，即整个 k 叉树具有最多结点数。

$$\sum_{i=1}^{h} k^{i-1} = k^0 + k^1 + k^2 + \text{L} \ + k^{h-1} = \frac{k^h-1}{k-1}$$

当一棵 k 叉树上的结点数等于 $\frac{k^h-1}{k-1}$ 时，则称该树为**满 k 叉树**。例如，对于一棵深度为4的满二叉树，其结点数为 2^4-1，即15；对于一棵深度为4的满三叉树，其结点数为 $\frac{3^4-1}{2}$，即40。

【性质4】 具有 n 个结点的 k 叉树的最小深度为 $\lceil \log_k(n(k-1)+1) \rceil$。

其中，公式两边的符号表示对内部的数值进行向上取整，即 $\lceil x \rceil$ 是取大于等于 x 的最小整数，如 $\lceil 4 \rceil$、$\lceil 4.3 \rceil$ 和 $\lceil 5.6 \rceil$ 的值分别为4、5和6。同样一对 $\lfloor$ 和 $\rfloor$ 符号表示对内部的数值进行向下取整，$\lfloor x \rfloor$ 是取小于等于 x 的最大整数，如 $\lfloor 4 \rfloor$、$\lfloor 4.2 \rfloor$ 和 $\lfloor 5.8 \rfloor$ 的值分别为4、4和5。

证明：设具有 n 个结点的 k 叉树的深度为 h，若在该树中前 h–1 层都是满的，即每 1 层的结点数都等于 k^{i-1} 个($1 \leqslant i \leqslant h-1$)，第 h 层（即最后一层）的结点数可能满，也可能不满，则该树具有最小的深度。根据性质 3，其深度 h 的计算公式为：

$$\frac{k^{h-1}-1}{k-1} < n \leq \frac{k^h-1}{k-1}$$

可变换为

$$k^{h-1} < n(k-1)+1 \leqslant k^h$$

以 k 为底取对数后得

$$h-1 < \log_k(n(k-1)+1) \leqslant h$$

即

$$\log_k(n(k-1)+1) \leqslant h < \log_k(n(k-1)+1)+1$$

因 h 只能是整数，所以

$$h = \lceil \log_k(n(k-1)+1) \rceil$$

因此得到具有 n 个结点的一般 k 叉树的最小深度为 $\lceil \log_k(n(k-1)+1) \rceil$。

例如，对于二叉树，求最小深度的计算公式为 $\lceil \text{lb}\,(n+1) \rceil$，若 n=20，则最小深度为 5；对于三叉树，求最小深度的计算公式为 $\lceil \log_3(2n+1) \rceil$，若 n=20，则最小深度为 4。

5.2　二叉树

5.2.1　二叉树的定义

二叉树（binary tree）是指树的度为 2 的有序树。它是一种最简单、而且最重要的树，在计算机领域有着广泛的应用。二叉树的递归定义为：二叉树或者是一棵**空树**，或者是一棵由一个**根结点**和两棵互不相交的分别称做根的**左子树**和**右子树**所组成的非空树，左子树和右子树又同样都是一棵二叉树。

一棵二叉树 BT 如图 5-6(a)所示，它由根结点 A 和左子树 BT_1、右子树 BT_2 所组成，BT_1 和 BT_2 分别如图 5-6(b)和图 5-6(c)所示；BT_1 又由根结点 B 和左子树 BT_{11}（只含有根结点 D）、右子树 BT_{12}（此为空树）所组成；对于 BT_2 树也可进行类似的分析。

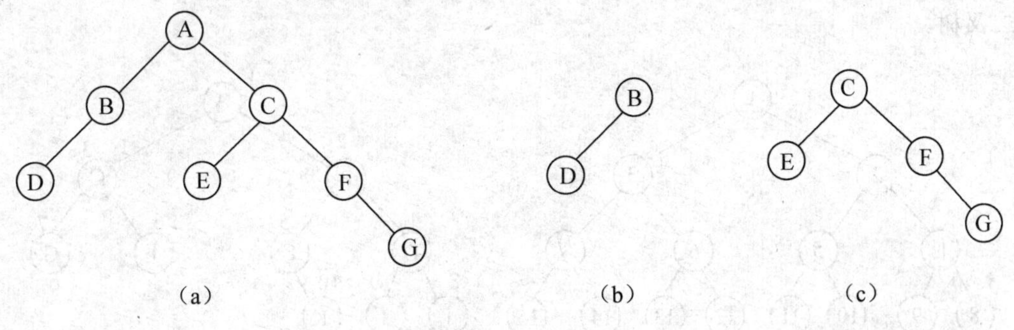

图 5-6　二叉树

在二叉树中，每个结点的左子树的根结点被称之为**左孩子**（left child），右子树的根结点被称之为**右孩子**（right child）。在二叉树 BT 中，A 结点的左孩子为 B 结点，右孩子为 C

结点；B 结点的左孩子为 D 结点，右孩子为空，或者说没有右孩子；C 结点的左孩子为 E 结点，右孩子为 F 结点；F 结点没有左孩子，右孩子为 G 结点，D、E、G 结点为叶子结点，其左、右孩子均为空。

5.2.2　二叉树的性质

二叉树具有下列一些重要性质。

【性质 1】 二叉树上终端结点数等于双分支结点数加 1。

证明：设二叉树上终端结点数用 n_0 表示，单分支结点数用 n_1 表示，双分支结点数用 n_2 表示，则总结点数为 $n_0+n_1+n_2$；另一方面，在一棵二叉树中，所有结点的分支数（即度数）应等于单分支结点数加上双分支结点数的 2 倍，即等于 n_1+2n_2。由树的性质 1 可得：

$$n_0+n_1+n_2=n_1+2n_2+1 \qquad 即\ n_0=n_2+1$$

例如，在二叉树 BT 中，度为 2 的结点数为 2 个，度为 0 的结点数为 3 个，它比度为 2 的结点数正好多 1 个。

【性质 2】 二叉树上第 i 层上至多有 2^{i-1} 个结点($i\geqslant 1$)。

证明：由树的性质 2 可知，度为 k 的树中第 i 层上至多有 k^{i-1} 个结点。对于二叉树，树的度为 2，将 k=2 代入 k^{i-1} 即可得到此性质。

【性质 3】 深度为 h 的二叉树至多有 2^h-1 个结点。

证明：由树的性质 3 可知，深度为 h 的 k 叉树至多有$(k^h-1)/(k-1)$个结点。对于二叉树，树的度为 2，将 k=2 代入$(k^h-1)/(k-1)$即可得到此性质。

在一棵二叉树中，当第 i 层的结点数为 2^{i-1} 个时，则称此层的结点数是满的，当树中的每一层都满时，则称此树为**满二叉树**。由性质 3 可知，深度为 h 的满二叉树中的结点数为 2^h-1 个。一棵深度为 4 的满二叉树，如图 5-7（a）所示，其结点数为 15。图中每个结点的值是用该结点的编号来表示的，编号从树根为 1 开始，按照层数从小到大、同一层从左到右的次序进行。

在一棵二叉树中，除最后一层外，若其余层都是满的，并且最后一层或者是满的，或者是在右边缺少连续若干个结点，则称此树为**完全二叉树**。由此可知，满二叉树是完全二叉树的特例。一棵完全二叉树如图 5-7（b）所示。它与等高度的满二叉树相比，在最后一层的右边缺少了 5 个结点。该树中每个结点上面的数字为对该结点的编号，编号的方法同满二叉树。

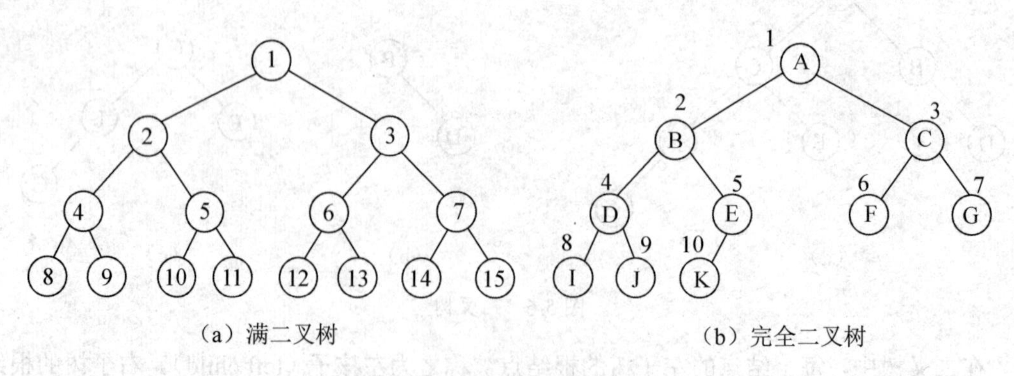

图 5-7　满二叉树和完全二叉树

【性质4】 对完全二叉树中编号为 i 的结点（$1 \leqslant i \leqslant n$，$n \geqslant 1$，$n$ 为结点数）有如下性质。

（1）若编号为 i 的结点有左孩子，则左孩子结点的编号为 $2i$；若编号为 i 的结点有右孩子，则右孩子结点的编号为 $2i+1$。

（2）除树根结点外，若一个结点的编号为 i，则它的双亲结点的编号为 $i/2$，也就是说，当 i 为偶数时，其双亲结点的编号为 $i/2$，它是双亲结点的左孩子，当 i 为奇数时，其双亲结点的编号为$(i-1)/2$，它是双亲结点的右孩子。

（3）若 $i \leqslant \lfloor n/2 \rfloor$，即 $2i \leqslant n$，则编号为 i 的结点为分支结点，否则为叶子结点。

（4）若 n 为奇数，则每个分支结点都既有左孩子，又有右孩子；若 n 为偶数，则编号最大的分支结点（编号为 $n/2$）只有左孩子，没有右孩子，其余分支结点左、右孩子都有。

例如，在图 5-7（b）所示的完全二叉树中，因树中结点数 $n=10$，所以编号小于等于 5 的结点为分支结点，大于 5 的结点为叶子结点。因 $n=10$ 为偶数，所以编号为 5 的结点 E 只有左孩子 K，没有右孩子，其余分支结点（即编号 1～4 的结点）左、右孩子都有。对于编号为 2 的结点 B 来说，它的左孩子是编号为 4 的结点 D，右孩子是编号为 5 的结点 E，它的双亲是编号为 1 的结点。对于树中的其他结点也可进行类似的分析。

在有的教科书中，把完全二叉树中结点的编号从 0 定义，这样对于一个具有 n 个结点的完全二叉树来说，分支结点的编号为 0～$\lfloor n/2 \rfloor-1$，叶子结点的编号为$\lfloor n/2 \rfloor$～$n-1$；编号为 i 的左、右孩子结点的编号分别为 $2i+1$ 和 $2i+2$，双亲结点的编号为$\lfloor (i-1)/2 \rfloor$。根据孩子结点的编号 i 可推出双亲结点的编号 j，因为若 i 编号为左孩子，则 $2j+1=i$，j 就等于$(i-1)/2$，其值是一个整数，也可表示为$\lfloor (i-1)/2 \rfloor$；若 i 编号为右孩子，则 $2j+2=i$，j 就等于 $i/2-1$，因 j 只能是整数，所以 i 必然是偶数，则 $i/2-1$ 的值与$\lfloor (i-1)/2 \rfloor$的值相等。故对于除根结点之外的任何编号为 i 的结点，其双亲结点的编号必然为$\lfloor (i-1)/2 \rfloor$。

那么，又是如何得到一个编号为 i 的左、右孩子结点的编号为 $2i+1$ 和 $2i+2$ 呢？这可用数学归纳法证明。当 i 等于 0 时，结论是成立的，根结点左、右孩子的编号分别为 1 和 2，这与公式所求相同；对于编号为 i 的结点，其左、右孩子结点的编号为 $2i+1$ 和 $2i+2$ 是成立的，则对于编号为 $i+1$ 的结点，其左、右孩子结点的编号应为 $2i+3$ 和 $2i+4$，也可写成 $2(i+1)+1$ 和 $2(i+1)+2$，所以命题成立。

【性质5】 具有 n 个$(n>0)$结点的完全二叉树的深度为$\lceil \mathrm{lb}(n+1) \rceil$或$\lfloor \mathrm{lb}\,n \rfloor+1$。

证明：设所求完全二叉树的深度为 h，由完全二叉树的定义可知，它的前 $h-1$ 层都是满的，最后一层可以满，也可以不满，由此得到如下不等式。

$$2^{h-1}-1<n \leqslant 2^h-1$$

可变换为

$$2^{h-1}<n+1 \leqslant 2^h$$

取对数后得

$$h-1<\mathrm{lb}(n+1) \leqslant h$$

即

$$\mathrm{lb}(n+1) \leqslant h<\mathrm{lb}(n+1)+1$$

因 h 只能取整数，所以

$$h=\lceil \mathrm{lb}(n+1) \rceil$$

完全二叉树的深度 h 和结点数 n 的关系，还可表示为

$$2^{h-1} \leqslant n<2^h$$

取对数后得

$$h-1\leqslant \mathrm{lb}n<h$$

即

$$\mathrm{lb}n<h\leqslant \mathrm{lb}n+1$$

因 h 只能取整数，所以

$$h=\lfloor \mathrm{lb}n \rfloor+1$$

在一棵二叉树中，若除最后一层外，其余层都是满的，而最后一层上的结点可以任意分布，则称此树为**理想平衡二叉树**，简称**理想平衡树**或**理想二叉树**。显然，理想平衡树包含满二叉树和完全二叉树。完全二叉树中深度 h 和结点数 n 之间的关系，在理想平衡树中同样成立，因为性质 5 的证明结果实际上是根据理想平衡树的定义推导出来的。如图 5-8（a）所示是一棵理想平衡树，但它不是完全二叉树；如图 5-8（b）所示不是一棵理想平衡树，因它的最后两层都未满。

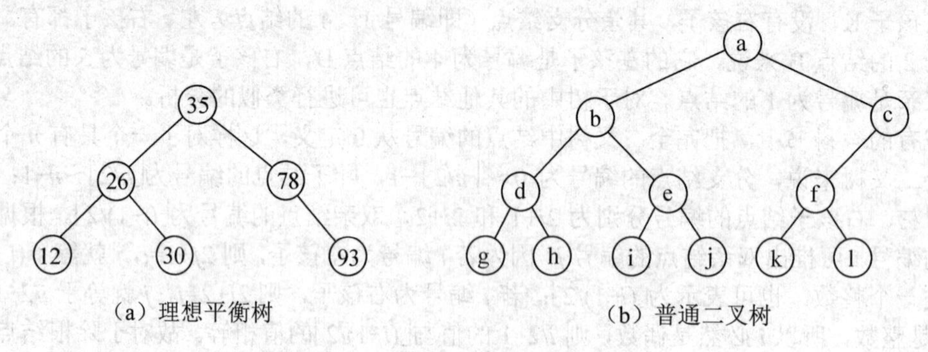

图 5-8　理想平衡树和普通二叉树

5.2.3　二叉树的抽象数据类型

二叉树的抽象数据类型的数据部分为一棵二叉树，操作部分包括初始化二叉树、建立二叉树、遍历二叉树、查找二叉树、输出二叉树和清除二叉树等一些常用操作。下面给出二叉树的抽象数据类型的具体定义。

```
DATA BinaryTree is
   Data:
      采用任一种方式存储的二叉树，假定其存储类型用 BTreeType 标识符表示，
      该类型的一个对象（即二叉树）用 BT 标识符表示
   Operations
      void InitBTree(BTreeType& BT);
         //初始化二叉树，即把它置为一棵空树
      void CreateBTree(BTreeType& BT, char* a);
         //根据广义表表示的二叉树建立对应的存储结构
      bool EmptyBTree(BTreeType& BT);
         //判断一棵二叉树是否为空，若是则返回 true，否则返回 false
      void TraverseBTree(BTreeType& BT);
         //按照一定次序遍历一棵二叉树，使得每个结点的值均被访问一次
      bool FindBTree(BTreeType& BT, ElemType& item);
         //从二叉树中查找值为 item 的结点，若存在该结点则由 item 带回它的完整值
         //并返回 true，否则返回 false 表示查找失败
```

```
    int BTreeDepth(BTreeType& BT);
        //求出一棵二叉树的深度
    void PrintBTree(BTreeType& BT);
        //按照树的一种表示方法输出一棵二叉树
    void ClearBTree(BTreeType& BT);
        //清除二叉树中的所有结点,使之变为一棵空树
end BinaryTree
```

5.2.4　二叉树的存储结构

同线性表一样，二叉树也有顺序和链接两种存储结构。

1. 顺序存储结构

顺序存储一棵二叉树时，首先对该树中每个结点进行编号，然后以各结点的编号为下标，把各结点的值对应存储到一个一维数组中。每个结点的编号与等深度的满二叉树中对应结点的编号相同，即树根结点的编号为1，接着按照从上到下和从左到右的次序，若一个结点的编号为 i，则左、右孩子的编号分别为 $2i$ 和 $2i+1$。在如图 5-9 所示的二叉树中，各结点上方的数字就是该结点的编号。

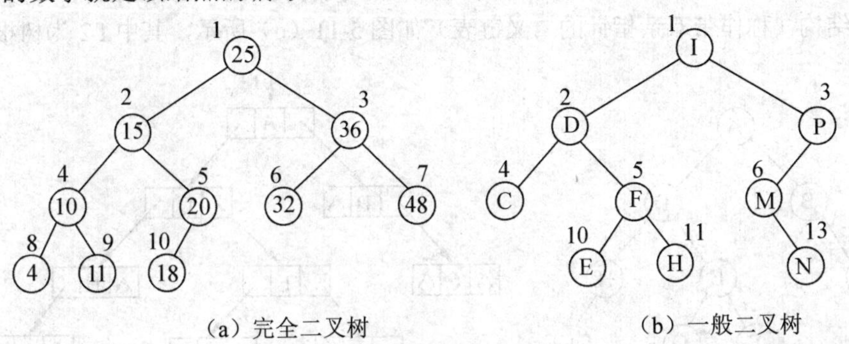

图 5-9　带结点编号的二叉树

假定分别采用一维数组 data1 和 data2 来顺序存储图 5-9（a）和图 5-9（b）中的二叉树，则两数组中各元素的值如图 5-10 所示。

	0	1	2	3	4	5	6	7	8	9	10
data1		25	15	36	10	20	32	48	4	11	18

	0	1	2	3	4	5	6	7	8	9	10	11	12	13
data2		I	D	P	C	F	M				E	H		N

图 5-10　二叉树的顺序存储结构

在二叉树的顺序存储结构中，各结点之间的关系是通过下标计算出来的，因此访问每一个结点的双亲和左、右孩子（若有的话）都非常方便。如对于编号为 i 的结点（即下标为 i 的元素），其双亲结点的下标为 $\lfloor i/2 \rfloor$；若存在左孩子，则左孩子结点的下标为 $2i$；若存在右孩子，则右孩子结点的下标为 $2i+1$。

二叉树的顺序存储结构对于存储完全二叉树是合适的，它能够充分利用存储空间，但对于一般二叉树，特别是对于那些单支结点较多的二叉树来说是很不合适的，因为可能只有少数存储位置被利用，而多数或绝大多数的存储位置空闲着。因此，对于一般二叉树通常采用下面介绍的链接存储结构。

2．链接存储结构

在二叉树的链接存储中，通常采用的方法是，在每个结点中设置 3 个域：值域、左指针域和右指针域。其结点结构为：

left	data	right

其中，data 表示值域，用来存储对应的数据元素，left 和 right 分别表示左指针域和右指针域，用来分别存储左孩子和右孩子结点的存储位置（即指针）。

链接存储的另一种方法是：在上面的结点结构中再增加一个 parent 指针域，用来指向其双亲结点。这种存储结构既便于查找孩子结点，也便于查找双亲结点，当然也带来存储空间的相应增加。

对于如图 5-11（a）所示的二叉树，不带双亲指针的链接存储结构（称作二叉链表）如图 5-11（b）所示，其中 f1 为指向树根结点的指针，简称树根指针或根指针；带双亲指针的链接存储结构（称作带双亲指针的二叉链表）如图 5-11（c）所示，其中 f 2 为树根指针。

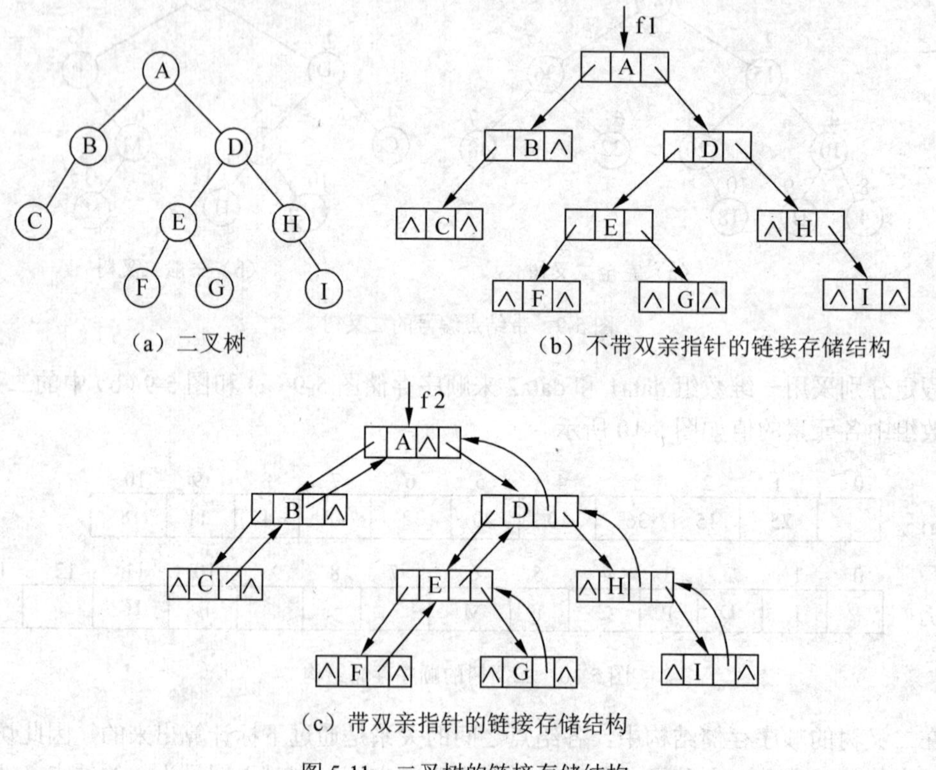

（a）二叉树

（b）不带双亲指针的链接存储结构

（c）带双亲指针的链接存储结构

图 5-11　二叉树的链接存储结构

同单链表相同，二叉链表既可由独立分配的结点链接而成，也可由数组中的元素结点链接而成。若采用独立结点，则结点类型可定义为：

```
struct BTreeNode {
    ElemType data;
    BTreeNode* left;
    BTreeNode* right;
};
```

若采用元素结点，则结点类型可定义为：

```
struct ABTreeNode {
    ElemType data;
    int left,right;
};
```

在元素结点中，left 和 right 域分别存储左、右孩子结点所在单元的下标，所以被定义为整型。为建立二叉链表而提供元素结点的数组类型可定义为：

```
typedef ABTreeNode ABTList[BTreeMaxSize];
```

其中，BTreeMaxSize 为全局整型常量，其值由用户事先定义，由它决定建立二叉链表的最大结点数。

设用 ABTList 类型的一维数组存储图 5-11（b）所示的二叉链表，由于在链接存储中，结点之间的逻辑关系是通过指针实现的，所以各结点在数组中占用的下标位置可以按照任何一种次序安排，假定按照层数从小到大、同一层从左到右的次序为各结点分配存储位置，则得到该二叉链表的存储映像，如图 5-12 所示。

	0	1	2	3	4	5	6	7	8	9	10		BTreeMaxSize-1
data		A	B	D	C	E	H	F	G	I			
left	1	2	4	5	0	7	0	0	0	0			
right	10	3	0	6	0	8	9	0	0	0	11		0

图 5-12　利用数组建立二叉树的链接存储结构

注意：*元素结点从下标为 1 的位置起使用，下标为 0 的位置的左指针域通常用来存储树根指针，右指针域通常用来存储空闲链表的表头指针，空闲链表由空闲结点的 right 域链接而成。*

在数组中建立二叉树的好处是：建立好后可以把整个数组写入到一个文件中保存起来，当需要时再从文件整体读入到数组中进行处理。

5.3 二叉树遍历

设二叉树由具有 BTreeNode 类型的、通过动态分配产生的独立结点链接而成，并设 BT 为指向树根结点的指针，从树根指针出发可以访问到树中的每一个结点，所以可以用树根指针来指定一棵二叉树。

二叉树的遍历是二叉树中最重要的运算。二叉树的遍历是指按照一定次序访问树中所有结点，并且每个结点的值仅被访问一次的过程。根据二叉树的递归定义，一棵非空二叉树由根结点、左子树和右子树所组成，因此，遍历一棵非空二叉树的问题可分解为3个子问题：访问根结点、遍历左子树和遍历右子树。若分别用D、L和R表示上述3个子问题，则有DLR、LDR、LRD、DRL、RDL、RLD等6种次序的遍历方案。其中前3种方案都是先遍历左子树，后遍历右子树，而后3种则相反，都是先遍历右子树，后遍历左子树，由于二者对称，故我们只讨论前3种次序的遍历方案。熟悉了前3种，后3种也就迎刃而解了。

在遍历方案 DLR 中，因为访问根结点的操作在遍历左、右子树之前，故称之为**前序**（preorder）遍历或**先根**遍历。类似地，在LDR方案中，访问根结点的操作在遍历左子树之后和遍历右子树之前，故称之为**中序**（inorder）遍历或**中根**遍历；在LRD方案中，访问根结点的操作在遍历左、右子树之后，故称之为**后序**（postorder）遍历或**后根**遍历。显然，遍历左、右子树的问题仍然是遍历二叉树的问题，当二叉树为空时递归结束，所以很容易给出这3种遍历的递归算法。

1．前序遍历算法

```
void PreOrder(BTreeNode* BT)
{
    if(BT!=NULL) {
        cout<<BT->data<<' ';          //访问根结点
        PreOrder(BT->left);           //前序遍历左子树
        PreOrder(BT->right);          //前序遍历右子树
    }
}
```

2．中序遍历算法

```
void InOrder(BTreeNode* BT)
{
    if(BT!=NULL) {
        InOrder(BT->left);            //中序遍历左子树
        cout<<BT->data<<' ';          //访问根结点
        InOrder(BT->right);           //中序遍历右子树
    }
}
```

3．后序遍历算法

```
void PostOrder(BTreeNode* BT)
{
    if(BT!=NULL) {
        PostOrder(BT->left);          //后序遍历左子树
        PostOrder(BT->right);         //后序遍历右子树
        cout<<BT->data<<' ';          //访问根结点
    }
}
```

在3种遍历算法中，访问根结点的操作可视具体应用情况而定，这里暂以打印根结点的值代之。当然若结点的值为用户定义的记录类型，则还必须依次输出结点值对象中的每个域的值。

以中序遍历算法为例，结合如图 5-13 所示的二叉树，分析其执行过程。

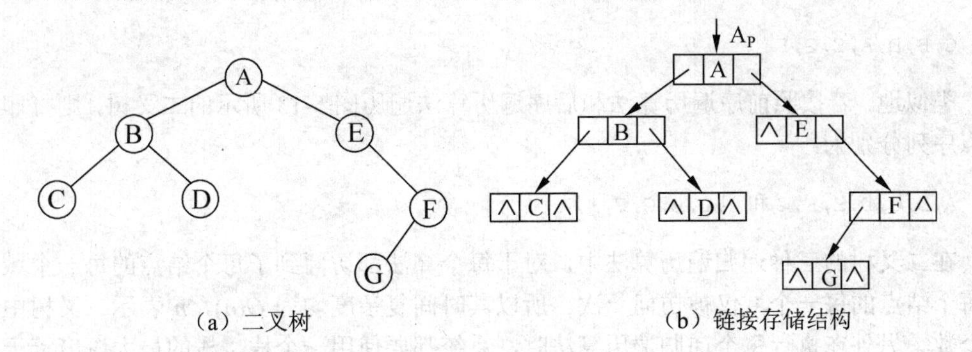

（a）二叉树　　（b）链接存储结构

图 5-13 二叉树遍历

当从其他函数调用（此次称为第 0 次递归调用）中序遍历算法时，需要以指向树根 A 结点的指针 Ap 作为实参，把它传递给算法中的值参 BT，系统栈中应包括 BT 域和返回地址 r 域，设进行第 0 次递归调用后的返回地址为 r0，中序遍历左子树后的返回地址（即执行 cout 语句的地址）为 r1，中序遍历右子树后的返回地址（即算法结束的地址）为 r2，并设指向每个结点的指针用该结点的值后缀小写字母 p 表示，如指向 B 结点的指针就用 Bp 表示，则每次进行递归调用时的系统栈的变化状态，如图 5-14 所示。

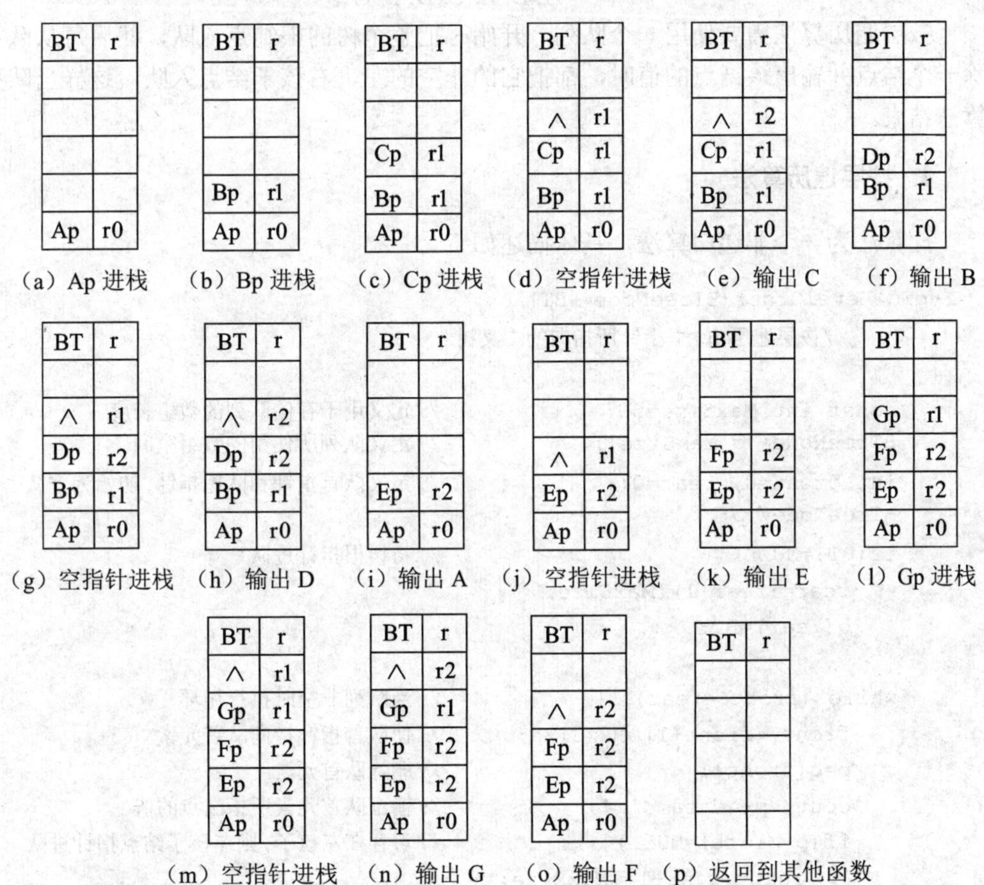

（a）Ap 进栈　（b）Bp 进栈　（c）Cp 进栈　（d）空指针进栈　（e）输出 C　（f）输出 B

（g）空指针进栈　（h）输出 D　（i）输出 A　（j）空指针进栈　（k）输出 E　（l）Gp 进栈

（m）空指针进栈　（n）输出 G　（o）输出 F　（p）返回到其他函数

图 5-14 对图 5-13 所示的二叉树执行中序遍历算法时系统栈的变化状态

由上述分析中序遍历算法的执行过程可知，打印出的结点序列为：

C,B,D,A,E,G,F

类似地，若按照前序遍历算法和后序遍历算法遍历图 5-13 所示的二叉树，则打印出的结点序列分别为：

A,B,C,D,E,F,G 和 C,D,B,G,F,E,A

在二叉树的三种递归遍历算法中，对于每个算法都访问到了每个结点的每一个域，并且每个结点的每一个域仅被访问一次。所以其时间复杂度均为 $O(n)$，n 表示二叉树中结点的个数。另外在执行每个递归遍历算法时，系统都要使用一个栈，栈的最大深度等于二叉树的深度加 1，而二叉树的深度视其具体形态决定，若二叉树为理想平衡树或接近理想平衡树，则二叉树的深度大致为 $\text{lb}n$，所以其空间复杂度为 $O(\text{lb}n)$，若二叉树退化为一棵单支树（即最差的情况），则空间复杂度为 $O(n)$，n 同样为二叉树中的结点数。

上面所述的二叉树的遍历是按二叉树的递归结构进行的，另外，还可以按照二叉树的层次结构进行遍历，即按照从上到下、同一层从左到右的次序访问各结点。如图 5-13 所示的二叉树，按层遍历各结点的次序为：

A, B, E, C, D, F, G

按层遍历算法需要使用一个队列，开始时把整个树的根结点入队，然后每从队列中删除一个结点并输出该结点的值时，都把它的非空的左、右孩子结点入队，这样当队列空时算法结束。

4. 按层遍历算法

此算法为一个非递归算法，具体描述如下。

```
void LevelOrder(BTreeNode* BT)
        //按层遍历由 BT 指针所指向的二叉树
{
    const int MaxSize=30;              //定义用于存储队列的数组长度
    BTreeNode* q[MaxSize];             //定义队列所使用的数组空间
    int front=0, rear=0;               //定义队首指针和队尾指针,初始为空队
    BTreeNode* p;
    if(BT!=NULL) {                     //将树根指针进队
        rear=(rear+1)%MaxSize;
        q[rear]=BT;
    }
    while (front!=rear) {              //当队列非空时执行循环
        front=(front+1)%MaxSize;       //使队首指针指向队首元素
        p=q[front];                    //删除队首元素
        cout<<p->data<<' ';            //输出队首元素所指结点的值
        if(p->left!=NULL) {            //若存在左孩子,则左孩子结点指针进队
            rear=(rear+1)%MaxSize;
            q[rear]=p->left;
```

```
        }
        if(p->right!=NULL) {              //若存在右孩子,则右孩子结点指针进队
            rear=(rear+1)%MaxSize;
            q[rear]=p->right;
        }
    } //while end
}
```

在这个算法中，队列的最大长度不会超过二叉树中一层上的最多结点数，在定义队列数组时，要使数组的长度大于队列的最大长度，这样在结点进队时肯定不会发生溢出，因此也就不需要判断是否队满了。此算法的时间复杂度为 $O(n)$，n 表示二叉树中结点的个数。

5.4 二叉树其他运算

1. 初始化二叉树

```
void InitBTree(BTreeNode*& BT)     //初始化二叉树,即把树根指针置空
{
    BT=NULL;
}
```

2. 建立二叉树

二叉树的输入格式不同，建立二叉树的算法也不同，采用广义表表示的输入法，二叉树广义表表示的规定如下。

（1）每棵树的根结点作为由子树构成的表的名字而放在表的前面。

（2）每个结点的左子树和右子树用逗号分开，若只有右子树而没有左子树，则逗号不能省略。

例如，对于图 5-11（a）所示的二叉树，其广义表表示为：

A(B(C),D(E(F,G),H(,I)))

根据二叉树的广义表表示建立二叉树链接存储结构的基本思路是：从保存二叉树广义表的字符串 a 中输入每个字符，若遇到的是空格则不进行任何操作；若遇到的是字母（设以字母作为结点的值），则表明是结点的值，应为它建立一个新结点，并把该结点（若它不是整个树的根结点的话）作为左孩子（若 k=1）或右孩子（若 k=2）链接到其双亲结点上；若遇到的是左括号，则表明子表开始，应首先把指向它前面字母所在结点的指针（即根结点指针）进栈，以便括号内的孩子结点向双亲结点链接之用，然后把 k 置为 1，因为左括号后面紧跟的字母（若有的话）必为根结点的左孩子；若遇到的是右括号，则表明子表结束，应退栈；若遇到的是逗号，则表明以左孩子为根的子树处理完毕，应接着处理以右孩子为根的子树，所以要把 k 置为 2。如此处理每一个字符，直到处理完所有字符为止。

建立二叉树的算法描述如下。

```
void CreateBTree(BTreeNode*& BT, char*a)
     //根据字符串 a 所给出的用广义表表示的二叉树建立对应的存储结构
{
    const int MaxSize=10;      //栈数组长度要大于等于二叉树的深度减 1
    BTreeNode*s[MaxSize];      //s 数组作为存储根结点指针的栈使用
    int top=-1;                //top 作为栈顶指针,初值为-1,表示空栈
    BT=NULL;                   //把树根指针置为空,即从空树开始
    BTreeNode*p;               //定义 p 为指向二叉树结点的指针
    int k;                     //用 k 作为处理结点的左子树和右子树的标记
                               //k=1 处理左子树,k=2 处理右子树
    int i=0;                   //用 i 扫描数组 a 中存储的二叉树广义表字符串
    while (a[i])
    {    //每循环一次处理一个字符,直到扫描到字符串结束符'\0'为止
        switch(a[i]) {
            case ' ':          //对空格不作任何处理
                break;
            case '(':
                if(top==MaxSize-1) {
                    cout<<"栈空间太小,请增加 MaxSize 的值!"<<endl;
                    exit(1);
                }
                top++; s[top]=p; k=1;
                break;
            case ')':
                if(top==-1) {
                  cout<<"二叉树广义表字符串错!"<<endl; exit(1);
                }
                top--; break;
            case ',':
                k=2; break;
            default:                          //只可能为字符,即结点值
                p=new BTreeNode;
                p->data=a[i]; p->left=p->right=NULL;
                if(BT==NULL) BT=p;            //作为根结点插入
                else {
                    if(k==1) s[top]->left=p;  //作为左孩子插入
                    else s[top]->right=p;     //作为右孩子插入
                }
        }                                     //switch end
        i++;                                  //为扫描下一个字符修改 i 值
    }
}
```

在这个算法中，s 栈的最大深度等于二叉树的深度减 1，而二叉树的深度则等于广义表表示中圆括号嵌套的最大层数加 1。所以当定义 s 栈的数组空间时，其长度（即下标上限

值）要大于等于二叉树的深度减1。该算法的时间复杂度为 $O(n)$，n 表示二叉树广义表中字符的个数，由于平均每2～3个字符具有一个元素字符，所以 n 也可以看作是二叉树中元素结点的个数。

3．检查二叉树是否为空

```
bool EmptyBTree (BTreeNode*BT)
     //判断一棵二叉树是否为空,若为空则返回 true,否则返回 false
{
   return BT==NULL;
}
```

4．求二叉树深度

若一棵二叉树为空，则它的深度为 0，否则它的深度等于左子树和右子树中的最大深度加1。设 dep1 为左子树的深度，dep2 为右子树的深度，则二叉树的深度为：

$$\max(dep1, dep2)+1$$

其中，max 函数表示取参数中的大者。

求二叉树深度的递归算法如下。

```
int DepthBTree (BTreeNode*BT)
{                                          //求由 BT 指针指向的一棵二叉树的深度
  if(BT==NULL)
     return 0;                             //对于空树,返回 0 并结束递归
  else {
     int dep1=DepthBTree(BT->left);        //计算左子树的深度
     int dep2=DepthBTree(BT->right);       //计算右子树的深度
     if(dep1>dep2)                         //返回树的深度
        return dep1+1;
     else
        return dep2+1;
  }
}
```

利用此算法求图5-13所示二叉树的深度，则得到的返回结果为4。

5．从二叉树中查找值为 x 的结点，若存在则由 x 带回完整值并返回真，否则返回假

该算法类似于前序遍历的算法。若树为空则返回 false 结束递归。若树根结点的值就等于 x 的值，则把结点值赋给 x 后返回 true 结束递归；否则先向左子树查找，若找到则返回 true 结束递归；否则再向右子树查找，若找到则返回 true 结束递归；若左、右子树均未找到则返回 false 结束递归。具体算法描述为：

```
bool FindBTree(BTreeNode*BT, ElemType&x)
{
   if(BT==NULL) return false;      //树为空返回假
    else {
```

```
        if(BT->data==x) { //树根结点的值等于x则由x带回结点值并返回真
            x=BT->data; return true;
        }
        else {             //向左子树查找若成功则继续返回真
            if(FindBTree(BT->left,x)) return true;
                           //向右子树查找若成功则继续返回真
            if(FindBTree(BT->right,x)) return true;
                           //左、右子树查找均失败则返回假
            return false;
        }
    }
}
```

6. 输出二叉树

输出二叉树就是根据二叉树的链接存储结构以某种树的表示形式打印出来，通常采用广义表的形式打印。用广义表表示一棵二叉树的规则是：根结点被放在由左、右子树组成的表的前面，而表是用一对圆括号括起来的。对于图5-13所示的二叉树，其对应的广义表表示为：

A(B(C,D),E(,F(G)))

因此，用广义表的形式输出一棵二叉树时，应首先输出根结点，然后再依次输出它的左子树和右子树，不过在输出左子树之前要打印出左括号，在输出右子树之后要打印出右括号；另外，依次输出的左、右子树要至少有一个不为空，若均为空就没有输出的必要了。

由以上分析可知，输出二叉树的算法可在前序遍历算法的基础上作适当修改后得到，具体给出如下。

```
void PrintBTree(BTreeNode*BT)
{                                   //输出二叉树的广义表表示
    if(BT!=NULL) {                  //树为空时结束递归,否则执行如下操作
        cout<<BT->data;             //输出根结点的值
        if(BT->left!=NULL || BT->right!=NULL) {
            cout<<'(';              //输出左括号
            PrintBTree(BT->left);   //输出左子树
            if(BT->right!=NULL)
                cout<<',';          //若右子树不为空则首先输出逗号分隔符
            PrintBTree(BT->right);  //输出右子树
            cout<<')';              //输出右括号
        }
    }
}
```

7. 清除二叉树，使之变为一棵空树

要清除一棵二叉树必须先清除左子树，再清除右子树，最后删除（即回收）根结点并

把指向根结点的指针置空。由此可知它是一个递归过程，类似于后序递归遍历。

```
void ClearBTree(BTreeNode*&BT)
{
    if(BT!=NULL) {
        ClearBTree(BT->left);     //删除左子树
        ClearBTree(BT->right);    //删除右子树
        delete BT;                //释放根结点
        BT=NULL;                  //置根指针为空
    }
}
```

采用下面程序上机调试对二叉树运算的算法。

```
#include<iostream.h>
#include<stdlib.h>

typedef char ElemType;              //定义二叉树结点值的类型为字符型

struct BTreeNode {                  //定义二叉树结点类型
    ElemType data;
    BTreeNode*left;
    BTreeNode*right;
};

#include"二叉树运算.cpp"              //保存对二叉树各种运算的算法

void main()
{
  //定义指向二叉树结点的指针,并用它作为树根指针
    BTreeNode* bt;
  //初始化二叉树,即置树根指针 bt 为空
    InitBTree(bt);
  //定义一个用于存放二叉树广义表的字符数组
    char b[50];
  //从键盘向字符数组 b 输入一个二叉树广义表字符串
    cout<<"输入二叉树用广义表表示的字符串:"<<endl;
    cin.getline(b,sizeof(b));    //输入的字符串被放入 b 数组中
  //建立以 bt 作为树根指针的二叉树的链接存储结构
    CreateBTree(bt,b);
  //以广义表形式输出二叉树
    PrintBTree(bt); cout<<endl;
  //前序遍历以 bt 为树根指针的二叉树
    cout<<"前序: "; PreOrder(bt); cout<<endl;
  //中序遍历以 bt 为树根指针的二叉树
    cout<<"中序: "; InOrder(bt); cout<<endl;
```

```
  //后序遍历以 bt 为树根指针的二叉树
    cout<<"后序: "; PostOrder(bt); cout<<endl;
  //按层遍历以 bt 为树根指针的二叉树
    cout<<"按层: "; LevelOrder(bt); cout<<endl;
  //查找以 bt 为树根指针的二叉树中的一个结点
    ElemType x;
    cout<<"输入一个待查字符:";
    cin >>x;
    if(FindBTree(bt,x)) cout<<"查找字符"<<x<<"成功!"<<endl;
    else cout<<"查找字符"<<x<<"失败!"<<endl;
                                       //求出以 bt 为树根指针的二叉树的深度
    cout<<"深度: "; cout<<DepthBTree(bt)<<endl;
                                       //清除以 bt 为树根指针的二叉树
    ClearBTree(bt);
}
```

屏幕显示结果如下。

```
输入二叉树用广义表表示的字符串:
a(b(c),d(e(f,g),h(,i)))
a(b(c),d(e(f,g),h(,i)))
前序: a b c d e f g h i
中序: c b a f e g d h i
后序: c b f g e i h d a
按层: a b d c e h f g i
输入一个待查字符:f
查找字符 f 成功!
深度: 4
```

5.5 树的存储结构和运算

5.5.1 树的抽象数据类型

这里所说的树是指度大于等于 3 的树，通常称为**多元树**或**多叉树**。

树的抽象数据类型的数据部分为一棵普通的 k 叉树 GT，它可以采用顺序、链接等任一种存储结构，设存储类型用 GTREE 标识符表示，操作部分包括初始化树、建立树、遍历树、查找树、输出树、清除树、判空树等一些常用运算。下面给出普通树的抽象数据类型的具体定义。

```
DAT GeneralTree is
    Data:
        一棵普通树 GT,存储类型用标识符 GTREE 表示
```

```
    Operations
       void InitGTree(GTREE& GT);
                          //初始化树,即把它置为一棵空树
       void CreateGTree(GTREE& GT, char* a);
                          //根据广义表表示的树建立对应的存储结构
       void TraverseGTree(GTREE GT);
                          //按照一定次序遍历树，使得每个结点的值均被访问一次
       bool FindGTree(GTREE GT, ElemType& item);
                          //从树中查找值为 item 的结点,若存在该结点则由 item 带回
                          //它的完整值并返回 true,否则返回 false 表示查找失败
       void PrintGTree(GTREE GT);
                          //按照树的一种表示方法输出一棵树
       bool EmptyGTree (GTREE GT);
                          //判断树是否为空,若是则返回 true,否则返回 false
       void ClearGTree(GTREE& GT);
                          //清除树中的所有结点,使之变为一棵空树
end GeneralTree
```

5.5.2　树的存储结构

1．树的顺序存储结构

树的顺序存储结构需要使用一个一维数组，存储方法是：首先对树中每个结点进行编号，然后以各结点的编号为下标，把结点值对应存储到相应元素中。

若待存储的树的度为 k，即它是一棵 k 叉树，则结点编号的规则为：树根结点的编号为 1，然后按照从上到下、每一层再从左到右的次序依次对每个结点编号。若一个结点的编号为 i，则 k 个孩子结点的编号依次为 $k\times i-(k-2), k\times i-(k-3),\cdots,k\times i+1$。如对于 3 叉树，若双亲结点的编号为 i，则 3 个孩子结点的编号依次为 $3\times i-1,3\times i,3\times i+1$。又如对于 4 叉树，若双亲结点的编号为 j，则 4 个孩子结点的编号依次为 $4\times j-2,4\times j-1,4\times j,4\times j+1$。

若 k 叉树中一个结点的编号为 j，则它的父亲结点的编号为 $(j-2)/k+1$，即等于 $j-2$ 除以 k 得到的整数商再加上 1。如当 $k=3$ 时，父结点的编号为 $(j-2)/3+1$，若 $j=10$，则父结点的编号为 3。

树的顺序存储适合满树和完全树的情况，否则将非常浪费存储空间。故在实际应用中很少使用，本节也不做深入讨论。

2．树的链接存储结构

树的链接存储结构通常采用如下 3 种方式。

（1）标准方式。

在这种方式中，树中的每个结点除了包含有存储数据元素的值域外，还包含有 k 个指针域，用来分别指向 k 个孩子结点，或者说，用来分别链接 k 棵子树，其中 k 为树的度。结点的类型可定义为：

```
struct GTreeNode {
    ElemType data;          //结点值域
    GTreeNode*t[k];         //结点指针域 t[0]~t[k-1],k 为事先定义的常量
};
```

（2）广义标准方式。

广义标准方式是在标准方式的每个结点中增加一个指向其双亲结点的指针域。结点的类型可定义为：

```
struct PGTreeNode {
    ElemType data;          //结点值域
    PGTreeNode*t[k];        //结点指针域 t[0]~t[k-1],k 为事先定义的常量
    PGTreeNode*parent       //双亲指针
};
```

如图 5-15（a）所示是一棵三叉树，其存储结构的标准形式如图 5-15（b）所示；广义标准形式如图 5-15（c）所示。

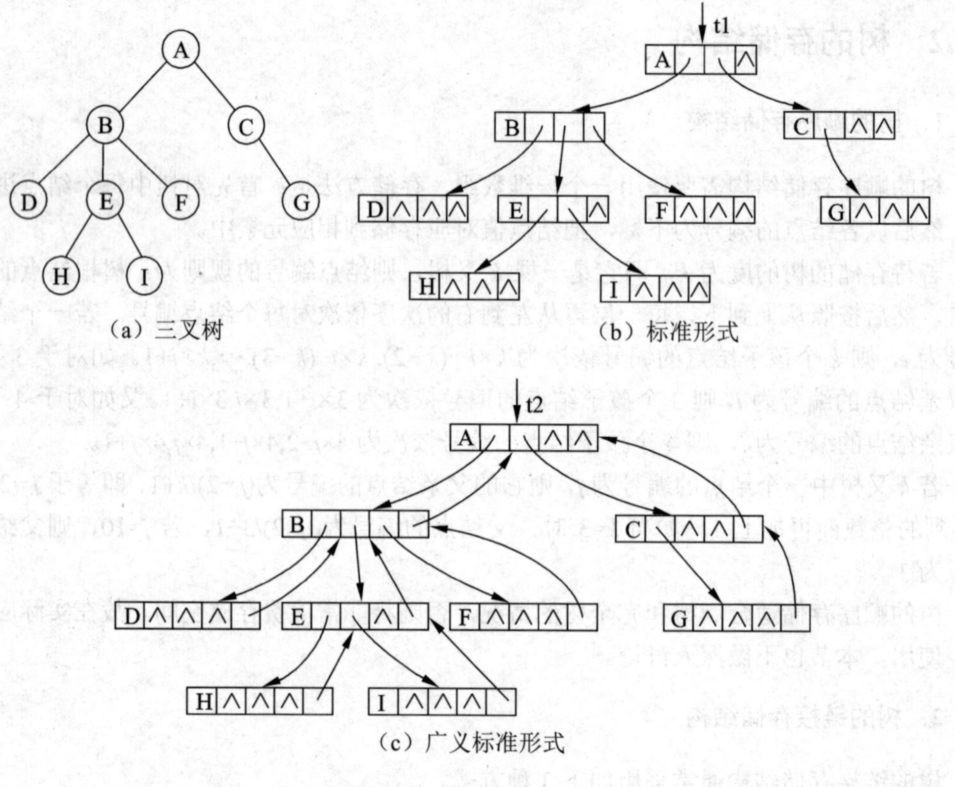

图 5-15　树的标准形式和广义标准形式的存储结构

（3）二叉树方式。

二叉树方式表示是指首先将树转换为对应的二叉树形式，然后再采用二叉链表存储这棵二叉树。

将树转换为二叉树的规则是：将树中每个结点的第 1 个孩子结点转换为二叉树中对应结点的左孩子，将第 2 个孩子结点转换为左孩子的右孩子，将第 3 个孩子结点转换为这个右孩子的右孩子。也就是说，转换后得到的二叉树中的每个结点及右孩子，在转换前的树中互为兄弟。对于图 5-15(a)所示的树，对应的二叉树形式，如图 5-16(a)所示；它的二叉链表，如图 5-16(b)所示。

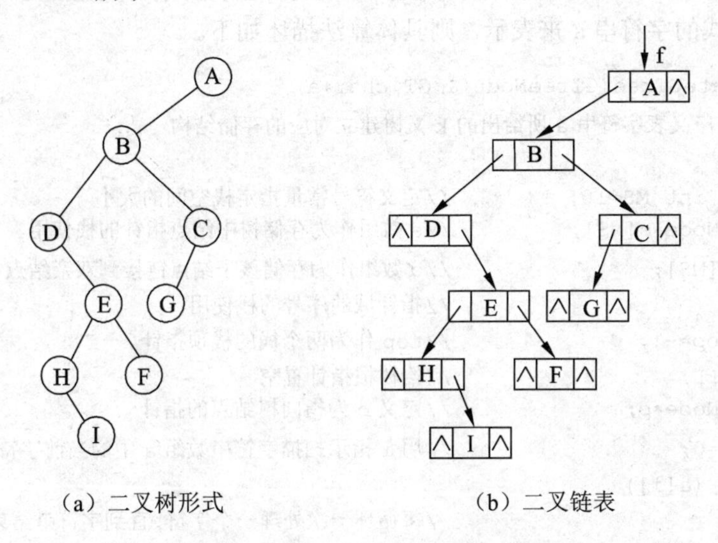

图 5-16　树的二叉树形式的存储结构

在树的以上 3 种链接存储表示方式中，标准方式和广义表示方式能够表示任何树，但二叉树方式一般只适合表示无序树，不能表示任一结点中缺少前面孩子，又存在后面孩子的那样有序树。

当然，树还有其他一些表示方法，但都较少使用，故不作介绍。

5.5.3　树的运算

树的运算包括建立树的存储结构、进行树的遍历、从树中查找结点值、求树的深度和输出树等。假定要讨论的树是 *k* 叉树，*k* 被事先定义为整型符号常量，树的存储结构采用标准链接方式。

1．建立树的存储结构

建立树的存储结构就是在内存中生成一棵树的标准方式的存储映象，即 k 叉链表。同二叉链表的生成过程一样，首先要确定输入树的方法，然后再写出相应的算法。仍采用广义表的形式输入，对于图 5-15 所示的三叉树，得到的广义表表示为：

A(B(D,E(H,I),F),C(G))

其中，假定每个结点的非空子树都是靠前面、按序排列的子树，把所有空子树都留在后面。在实际情况中可能会出现缺少前面子树而存在后面子树的情况，此时用广义表表示时空子树后面的逗号不能省略。

在树的生成算法中，需要设置两个栈，一个用来存储指向根结点的指针，以便孩子结点向双亲结点链接之用；另一个用来存储待链接的孩子结点的序号，以便能正确地链接到双亲结点的指针域。若这两个栈分别用s和d表示，s和d栈的深度不会大于整个树的深度。

树的生成算法与二叉树的生成算法类似，设结点值仍为字符类型char，整个k叉树用一个广义表形式的字符串a来表示，则具体算法描述如下。

```
void CreateGTree(GTreeNode*& GT,char*a)
    //根据广义表字符串 a 所给出的 k 叉树建立对应的存储结构
{
    const int MS=10;            //定义符号常量指定栈空间的大小
    GTreeNode*s[MS];            //s 数组作为存储树中结点指针的栈使用
    int d[MS];                  //d 数组作为存储孩子结点链接到双亲结点
                                //指针域的序号的栈使用
    int top=-1;                 //top 作为两个栈的栈顶指针
    GT=NULL;                    //给树根指针置空
    GTreeNode*p;                //定义 p 为指向树结点的指针
    int i=0;                    //用 i 指示扫描字符串数组 a 中的当前字符位置
    while (a[i])
    {                           //每循环一次处理一个字符,直到字符串结束符为止
       switch(a[i]) {
         case ' ': break;       //对空格不做任何处理
         case '(':
            top++; s[top]=p; d[top]=0;
                                //p 指针进 s 栈,0 进 d 栈,表明待扫描的孩子结点
                                //将链接到 s 栈顶元素所指结点的第一个指针域
               break;
         case ')':
             top--;             //s 和 d 退栈
             break;
         case ',':
             d[top]++;          //待读入的孩子结点将链接到 s 栈顶元素
                                //所指结点的下一个指针域
             break;
         default:               //此处处理的必然是字符元素
                                //根据 a[i]字符生成新结点
             p=new GTreeNode;
             p->data=a[i];
             for(int i=0; i<k; i++) p->t[i]=NULL;
                                //使 p 结点成为树根结点或链接到双亲结点对应的指针域
           if(GT==NULL) GT=p;
           else s[top]->t[d[top]]=p;
       }
       i++;                     //准备处理下一个字符
```

```
    }
}
```

2. 树的遍历

树的遍历包括先根遍历（或称深度优先遍历）、后根遍历和按层遍历（或称广度优先遍历）3种。

先根遍历定义为：先访问根结点，然后从左到右依次先根遍历每棵子树，此遍历过程是一个递归过程。先根遍历图5-15所示的树，得到的结点序列为：

A B D E H I F C G

后根遍历：从左到右依次后根遍历根结点的每棵子树，然后再访问根结点，此遍历过程也是一个递归过程。后根遍历图5-15所示的树，得到的结点序列为：

D H I E F B G C A

按层遍历：先访问第1层结点（即树根结点），再从左到右访问第2层结点，依次按层访问，直到全树中的所有结点都被访问为止，或者说直到访问完最深一层结点为止。按层遍历图5-15所示的树，得到的结点序列为：

A B C D E F G H I

同二叉树的先序遍历算法类似，树的先根遍历算法如下。

```
void PreRoot(GTreeNode*GT)          //先根遍历一棵k叉树
{
    if(GT!=NULL) {
      cout<<GT->data<<' ';          //访问根结点
      for(int i=0; i<k; i++)
         PreRoot(GT->t[i]);         //递归遍历每一个子树
    }
}
```

树的后根遍历算法如下。

```
void PostRoot(GTreeNode*GT)         //后根遍历一棵k叉树
{
    if(GT!=NULL) {
       for(int i=0; i<k; i++)
          PostRoot(GT->t[i]);       //递归遍历每一个子树
       cout<<GT->data<<' ';         //访问根结点
    }
}
```

在树的按层遍历算法中，需要设置一个队列，假定用q表示，元素类型应定义为结点指针类型GTreeNode*，算法开始时将q初始化为空，接着若树根指针不为空则入队；然后每从队列中删除一个元素（即为指向结点的指针）时，都输出它的值并且依次使非空的孩子指针入队，这样反复进行下去，直到队列为空时止。此算法是一个非递归算法，若使用的队列采用现成的顺序队列的定义和运算，算法的具体描述如下。

```
void LayerOrder(GTreeNode*GT)
    //按层遍历由 GT 指针所指向的 k 叉树
{
    Queue q;                          //定义一个队列 q,其元素类型应为 GTreeNode*
    InitQueue(q);                     //初始化队列 q
    GTreeNode*p;                      //定义一个结点指针
    if(GT!=NULL) EnQueue(q,GT);       //非空的树根指针进队
    while (!EmptyQueue(q)) {          //当队列非空时执行循环
        p=OutQueue(q);                //从队列中删除一个结点指针
        cout<<p->data<<' ';           //输出结点的值
        for(int i=0; i<k; i++)        //非空的孩子结点指针依次进队
            if(p->t[i]!=NULL)
                EnQueue(q,p->t[i]);
    }
}
```

3．从树中查找结点值

此算法要求：当从树中查找值为 item 的结点时，若存在该结点则由 item 带回它的完整值并返回 true，否则返回 false 表示查找失败。此算法类似树的先根遍历算法，它首先访问根结点，若相等则带回结点值并返回真，否则依次查找每个子树。具体算法描述如下。

```
bool FindGTree(GTreeNode*GT, ElemType& item)
{
    if(GT==NULL) return false;              //树空返回假
    else {
        if(GT->data==item) {                //带回结点值并返回真
            item=GT->data; return true;
        }
        for(int i=0; i<k; i++)              //向每棵子树继续查找
            if(FindGTree(GT->t[i],item)) return true;
        return false;                       //查找不成功返回假
    }
}
```

4．树的输出

要求输出为树的广义表形式。此算法同样类似于树的先根遍历算法，它首先输出树根结点的值，然后若存在非空子树则接着输出表的左括号及输出第一棵子树，再依次输出每个逗号和每棵子树，最后输出表的右括号。该算法描述如下。

```
void PrintGTree(GTreeNode*GT)
    //以广义表形式输出按标准方式存储的 k 叉树
{
    if(GT!=NULL) {                        //若树不为空则进行如下处理
        cout<<GT->data<<' ';              //输出根结点的值
```

```
    int i;
    for(i=0; i<k; i++)                //判 GT 结点是否有子树
       if(GT->t[i]!=NULL) break;
    if(i<k) {                         //有子树时向下递归
       cout<<'(';                     //输出表的左括号
       PrintGTree(GT->t[0]);          //输出第一棵子树
       for(i=1; i<k; i++) {           //输出其余各个子树
          cout<<',';
          PrintGTree(GT->t[i]);
       }
       cout<<')';                     //输出表最后的右括号
    }
  }
}
```

5. 求树的深度

树为空则深度为 0，否则它等于所有子树的最大深度加 1。为此设置一个整型变量，用来保存已求过的子树中的最大深度，当所有子树都求过后，返回该变量值加 1。具体算法描述如下。

```
int GTreeDepth(GTreeNode*GT)          //求一棵 k 叉树的深度
{
   if(GT==NULL) return 0;             //空树的深度为 0
   else {
      int max=0;                      //用来保存子树中的最大深度,初值为 0
      for(int i=0; i<k; i++) {        //计算出一棵子树的深度并赋给变量 d
         int d=GTreeDepth(GT->t[i]);
         if(d>max) max=d;             //把当前深度最大者的值赋给 max
      }
      return max+1;                   //返回树的深度,它等于子树的最大深度加 1
   }
}
```

6. 清除树中的所有结点，使之变为一棵空树

此算法类似于树的后根遍历，首先依次删除树根结点的所有子树，然后删除根结点并把指向根结点的指针置为空。该算法中的指向树根结点的参数 GT 必须是引用，这样才能作用于具体的实参。具体算法描述如下。

```
void ClearGTree(GTreeNode*&GT)
{
   if(GT!=NULL) {
      for(int i=0; i<k; i++) ClearGTree(GT->t[i]);
      delete GT;
      GT=NULL;
```

```
    }
}
```

上面讨论的树的一些运算都需要访问树中的所有结点，并且每个结点的值仅被访问一次，访问时也只是做些简单的操作，所以每个算法的时间复杂度均为 $O(n)$，其中 n 表示树中的结点数。各算法的空间复杂度最好情况为 $O(\log_k n)$，最差情况为 $O(n)$。

用下面程序调试对一般树运算的算法。

```
#include<iostream.h>
#include<stdlib.h>
const int k=3;              //假定 k 定义为常数 3

typedef char DataType;      //为了与队列中使用的元素类型 ElemType 相区
                            //别,树中的元素类型用标识符 DataType 表示
struct GTreeNode {          //一般树中的结点类型
    DataType data;          //结点值域
    GTreeNode*t[k];         //结点指针域 t[0]~t[k-1]
};

typedef struct GTreeNode*ElemType;  //定义队列的元素类型
struct Queue {                      //队列的顺序存储类型
    ElemType *queue;                //指向存储队列的数组空间
    int front, rear;                //队首指针、队尾指针变量
    int MaxSize;                    //queue 数组长度
};

#include"顺序队列运算.cpp"

#include"一般树运算.cpp"  //注意把查找算法中的 ElemType 修改为 DataType

void main()
{
    GTreeNode*gt;
    InitGTree(gt);
    char b[50];                     //定义一个用于存放 k 叉树广义表的字符数组
    cout<<"输入一棵"<<k<<"叉树的广义表字符串:"<<endl;
    cin.getline(b,sizeof(b));       //从键盘输入树的广义表字符串
    CreateGTree(gt,b);              //建立 k 叉树的链接存储结构
    cout<<"先根遍历结果:"; PreRoot(gt); cout<<endl;
    cout<<"后根遍历结果:"; PostRoot(gt); cout<<endl;
    cout<<"按层遍历结果:"; LayerOrder(gt); cout<<endl;
    cout<<"按广义表形式输出的 k 叉树为:";
    PrintGTree(gt);
    cout<<endl;
    cout<<"树的深度:"; cout<<GTreeDepth(gt)<<endl;
```

```
    cout<<"输入待查找的一个字符:";
    char ch;cin>>ch;
    if(FindGTree(gt,ch)) cout<<"查找成功! "<<endl;
    else cout<<"查找失败! "<<endl;
    ClearGTree(gt);
}
```

得到的运行结果如下：

```
输入一棵 3 叉树的广义表字符串:
a(b(,e,f(,j)),c,d(g(k,,l),h,i))
先根遍历结果: a b e f j c d g k l h i
后根遍历结果: e j f b c k l g h i d a
按层遍历结果: a b c d e f g h i j k l
按广义表形式输出的 k 叉树为: a (b (,e,f (,j,)),c,d (g (k,,l ),h,i ))
树的深度: 4
输入待查找的一个字符: h
查找成功!
```

习 题 5

【习题 5-1】 运算题。

1．已知一棵度为 m 的树中有 n_1 个度为 1 的结点，n_2 个度为 2 的结点，…，n_m 个度为 m 的结点，问树中有多少个叶子结点?

2．画出由 3 个结点 a, b, c 组成的所有不同结构的二叉树，请问共有多少种不同的结构?每一种结构又对应多少种不同值的排列次序?

3．设一棵二叉树广义表表示为 a(b(c),d(e,f))，分别写出对它进行先序、中序、后序、按层遍历的结果。

先序：

中序：

后序：

按层：

4．设一棵普通树的广义表表示为 a(b(e),c(f(h,i,j),g),d)，分别写出先根、后根、按层遍历的结果。

先根：

后根：

按层：

5．已知一棵二叉树的先根和中根序列，求该二叉树的后根序列。

先根序列：A,B,C,D,E,F,G,H,I,J

中根序列：C,B,A,E,F,D,I,H,J,G

后根序列：

6．已知一棵二叉树的中根和后根序列，求该二叉树的高度和双支、单支及叶子结点数。

中根序列：c,b,d,e,a,g,i,h,j,f

后根序列：c,e,d,b,i,j,h,g,f,a

高度：　　　　双支：　　　　单支：　　　　叶子：

7．已知一棵二叉树在数组中的链接存储如下，写出该二叉树对应的广义表表示。

	0	1	2	3	4	5	6	7	8	9	10	11	12
data		a	b	c	d	e	f	g	h	i	j		
left	1	2	0	4	0	6	0	8	0	0	0		
right	11	5	3	0	0	7	0	9	10	0	0	12	0

【习题 5-2】 算法分析题。

1．下面函数的功能是返回二叉树 BT 中值为 X 的结点所在的层号，请在划有横线的地方填写合适内容。

```
int NodeLevel(BTreeNode*BT, ElemType X)
{
    if(BT==NULL) return 0;              //空树的层号为0
    else if(BT->data==X) return 1;      //根结点的层号为1
    else {                              //向子树中查找X结点
        int c1=NodeLevel(BT->left,X);
        if(c1>=1) _____(1)______;
        int c2=_____(2)______;
        if _____(3)_____;
      //若树中不存在X结点则返回0
        return 0;
    }
}
```

2．指出下面函数的功能。

```
BTreeNode* BTreeSwopX(BTreeNode* BT)
{
    if(BT==NULL) return NULL;
    else {
       BTreeNode* pt=new BTreeNode;
       pt->data=BT->data;
       pt->right=BTreeSwopX(BT->left);
       pt->left=BTreeSwopX(BT->right);
       return pt;
    }
}
```

3．已知二叉树中的结点类型 STreeNode 定义如下。

```
struct STreeNode {datatype data; STreeNode*lchild,*rchild,*parent;};
```

其中，data 为结点值域，lchild 和 rchild 分别为指向左、右孩子结点的指针域，parent 为指向父亲结点的指针域。根据下面函数的定义指出函数的功能。算法中参数 ST 指向一棵二叉树，X 保存一个结点的值。

```
STreeNode*PN(STreeNode*ST, DataType& X)
{
    if(ST==NULL) return NULL;
```

```
    else {
        StreeNode*mt;
        if(ST->data==X) return ST->parent;
        else if(mt=PN(ST->lchild,X)) return mt;
        else if(mt=PN(ST->rchild,X)) return mt;
        return NULL;
    }
}
```

4．指出下面函数的功能。

```
void BTC(BTreeNode*BT)
{
    if(BT!=NULL) {
        if(BT->left!=NULL && BT->right!=NULL)
            if(BT->left->data>BT->right->data) {
                BTreeNode*t= BT->left;
                BT->left= BT->right;
                BT->right=t;
            }
        BTC(BT->left);
        BTC(BT->right);
    }
}
```

5．设 BT 指向一棵二叉树，该二叉树的广义表表示为 a(b(a,d(f)),c(e(,a(k)),b))，则依次使用 BTC1(BT'a',C)、BTC1(BT,'b',C)、BTC1(BT,'c',C)和 BTC1(BT,'g',C)调用下面算法时，假定每次调用时 C 的初值均为 0，引用变量 C 的带回值依次为____(1)____、____(2)____、____(3)____和____(4)____。

```
void BTC1(BTreeNode*BT, char x, int& k)
{
    if(BT!=NULL) {
        if(BT->data==x) k++;
        BTC1(BT->left, x, k);
        BTC1(BT->right, x, k);
    }
}
```

6．下面函数的功能是从二叉树 BT 中查找值为 x 的结点，若查找成功则返回结点地址，否则返回空。请在划有横线的地方填写合适内容。

```
BTreeNode*BTF(BTreeNode*BT, ElemType x)
{
    if(BT==NULL) ____(1)____;
    else {
        if(BT->data==x) ____(2)____;
        else {
            BTreeNode* t;
```

```
            if(t=BTF(BT->left, x))_____(3)_____;
            __________(4)__________;
            else return NULL;
        }
    }
}
```

7. 指出下面函数的功能。

```
void preserve(BTreeNode*BT, ElemType a[], int n)
{
    static int i=0;
    if(BT!=NULL) {
        preserve(BT->left, a, n);
        a[i++]=BT->data;
        preserve(BT->right, a, n);
    }
}
```

【习题 5-3】 算法设计题。

1. 根据下面函数声明编写求一棵二叉树 BT 中结点总数的算法，其值由函数返回。

```
int BTreeCount(BTreeNode*BT);
```

2. 根据下面函数声明编写求一棵二叉树中叶子结点总数的算法，其值由函数返回。

```
int BTreeLeafCount(BTreeNode*BT);
```

3. 根据下面函数声明编写判断两棵二叉树是否相等的算法，若相等则返回 1，否则返回 0。算法中参数 T1 和 T2 分别指向这两棵二叉树的根结点。当两棵树的结构完全相同并且对应结点的值也相同时才被认为相等。

```
int BTreeEqual(BTreeNode*T1, BTreeNode*T2);
```

4. 根据下面函数声明编写交换一棵二叉树 BT 中所有左、右子树的算法。

```
void BTreeSwop(BTreeNode*BT);
```

5. 根据下面函数声明编写复制一棵二叉树 BT 的算法，并返回复制得到的二叉树的根结点指针。

```
BTreeNode* BTreeCopy(BTreeNode*BT);
```

6. 根据下面函数声明编写从一棵二叉树 BT 中求出结点值大于 X 的结点个数的算法，并返回所求结果。

```
int BTreeCount(BTreeNode*BT, ElemType x);
```

*7. 根据下面函数声明编写对二叉树进行中序遍历的非递归算法，在算法中定义一个数组和栈顶指针作为栈使用。

```
void InorderN(BTreeNode*BT);
```

8. 根据下面函数声明编写求一棵二叉树 BT 中所有结点数和叶子结点数的算法，其值分别由引用参数C1和C2带回，C1和C2的初值均为0。

```
void Count(BTreeNode*BT, int& C1, int& C2);
```

9. 已知一棵具有 n 个结点的完全二叉树被顺序存储于一维数组的 $A[1]$~$A[n]$元素中，根据下面函数声明编写一个算法，打印出编号为 i 的结点的双亲和所有孩子。

```
void Request(char A[], int n, int i);
```

10. 根据下面函数声明编写求一棵普通树GT中结点总数的算法。

```
int GTreeCount(GTreeNode*GT);
```

*11. 若一棵树是以二叉树的形式链接存储的，根据下面函数声明编写以广义表形式输出对应树的算法。

```
void PrintGTree(BTreeNode*BT);
```

第 6 章　特殊二叉树

特殊二叉树包括二叉搜索树、堆、哈夫曼树、线索二叉树和平衡二叉树等，它们都有着不同的应用。本章将讨论特殊二叉树的定义、结构和运算特点。

6.1　二叉搜索树

6.1.1　二叉搜索树的定义

二叉搜索树（binary searching tree）又称二叉排序树（binary sorting tree），它或是一棵空树，或者是一棵具有如下特性的非空二叉树。

（1）若它的左子树非空，则左子树上所有结点的关键字均小于根结点的关键字。

（2）若它的右子树非空，则右子树上所有结点的关键字均大于（若允许具有相同的关键字的结点存在，则大于等于）根结点的关键字。

（3）左、右子树本身又各是一棵二叉搜索树。

在二叉搜索树中，当每个结点的元素类型为简单类型时，则结点的关键字就是该结点的值，当每个结点的元素类型为记录类型时，则结点的关键字为该结点的某一个域的值。如当元素的类型为整型时，则结点的关键字就是该结点的值即整数，当元素的类型为学生记录类型时，则每个学生的学号（即记录中的一个域）就是相应结点的关键字。在算法描述中，以结点的值的比较作为其关键字的比较，实际情况可能进行的是关键字域的比较，若在 C++语言环境下运行，可通过关系操作符的重载，使其真正比较的是记录的关键字。

由二叉搜索树的定义可知，在一棵非空的二叉搜索树中，其结点的关键字是按照左子树、根和右子树有序的，所以对它进行中序遍历得到的结点序列必然是一个有序序列。

如图 6-1 所示是一棵二叉搜索树，树中每个结点的关键字都大于它的左子树中所有结点的关键字，而小于它的右子树中所有结点的关键字。对此树进行中序遍历得到的结点序列为：

12，15，18，23，26，30，52，63，74

可见此序列是一个有序序列。

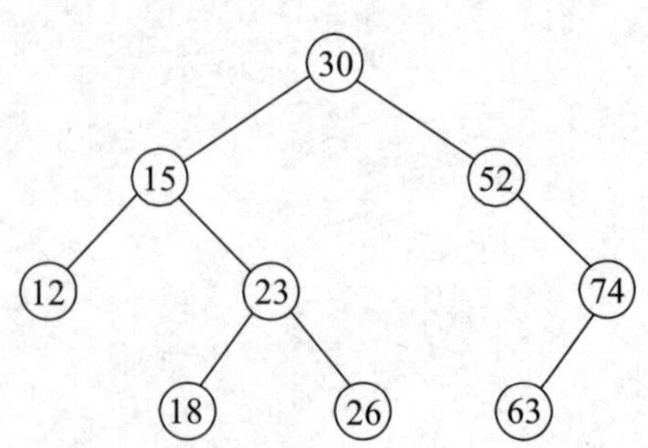

图 6-1　二叉搜索树

6.1.2　二叉搜索树的抽象数据类型

二叉搜索树的抽象数据类型中的数据部分是一棵二叉搜索树，它可以具有同一般二叉树一样的任何存储结构，操作部分除了已经讨论过的对一般二叉树的操作外，还具有对二叉搜索树的一些常用操作，即搜索（查找）、更新、插入和删除元素的操作。假定二叉搜索树中的结点类型为 BTreeNode，指向二叉搜索树的树根结点的指针为 BST，则对二叉搜索树 BST 的查找、更新、插入和删除元素的操作声明如下。

```
bool Find(BTreeNode*BST, ElemType&item);
bool Update(BTreeNode*BST, const ElemType&item);
void Insert(BTreeNode*&BST, const ElemType&item);
bool Delete(BTreeNode*&BST, const ElemType&item);
```

查找函数 find 从二叉搜索树 BST 中查找等于给定值 item 的元素，若查找成功则返回 true，并由 item 带回该元素的值，否则返回 false。更新函数 Update 从二叉搜索树 BST 中查找等于给定值 item 的元素，若查找成功则用 item 的值更新该元素并返回 true，否则返回 false。插入函数 Insert 向二叉搜索树 BST 中插入一个元素 item，使得插入后仍保持为一棵二叉搜索树。删除函数 Delete 从二叉搜索树中删除等于给定值 item 的结点，若删除成功则返回 true，否则返回 false。

6.1.3　二叉搜索树的运算

1. 查找

根据二叉搜索树的定义，查找等于给定值 item 的元素时，若二叉搜索树为空，则表明查找失败，应返回假。否则，若 item 等于当前树根结点的值，则表明查找成功，应由引用参数 item 带回根结点的值并返回真；若 item 小于根结点的值，则继续在根的左子树中查找；若 item 大于根结点的值，则继续在根的右子树中查找。这是一个递归查找过程，其递归算法描述如下。

```
bool Find(BTreeNode*BST, ElemType&item)
        //从二叉搜索树中查找等于给定值 item 的元素
{
    if(BST==NULL) return false;                    //查找失败返回假
    else {
        if(item==BST->data) {                      //若查找成功则带回元素值并返回真
            item=BST->data;
            return true;
        }
        else if(item<BST->data)                    //向左子树继续查找
            return Find(BST->left, item);
        else                                       //向右子树继续查找
            return Find(BST->right, item);
    }
}
```

由于此递归算法中的递归调用属于末尾递归的调用，即递归调用语句是函数体中最后一条可执行语句，每次递归调用返回后不执行任何语句又返回到上一层，因此原先保存在数据堆栈中的信息都是没有用处的。所以为了避免无效花费在进出数据栈操作上的时间和使用数据栈的空间，相应的非递归算法如下。

```
bool Find1(BTreeNode*BST, ElemType& item) //二叉搜索树查找的非递归算法
{
    while(BST!=NULL) {
        if(item==BST->data) {
            item=BST->data;  return true;
        }
        else if(item<BST->data) BST=BST->left;
        else BST=BST->right;
    }
    return false;
}
```

从图 6-1 所示的二叉搜索树中查找关键字为 23 的元素时，首先用 23 同根结点 30 进行比较，因为 23<30，所以向 30 的左子树继续查找；再用 23 同当前根结点 15 进行比较，因为 23>15，所以向 15 的右子树继续查找；再用 23 同当前根结点 23 进行比较，因为相等，所以由 item 带回该结点的值并返回真，整个查找过程就此结束。若从图 6-1 中查找关键字为 48 的元素时，其查找过程为：首先用 48 同根结点 30 进行比较，因为 48>30，所以向 30 的右子树继续查找；再用 48 同当前根结点 52 进行比较，因为 48<52，所以向 52 的左子树继续查找，此时左子树为空，所以返回假，表明查找失败，整个查找过程就此结束。

在二叉搜索树上进行查找的过程中，给定值 item 同树中结点比较的次数最少为一次（即树根结点就是待查的结点），最多为树的深度，所以平均查找次数要小于等于树的深度。若二叉搜索树是一棵理想平衡树或接近理想平衡树，则进行查找的时间复杂度为 $O(\mathrm{lb}n)$；若退化为一棵单支树（最极端和最差的情况），则其时间复杂度为 $O(n)$。对于一般情况，其时间复杂度可大致看作 $O(\mathrm{lb}n)$。因此在二叉搜索树上查找比在集合或线性表上进行顺序查找的时间复杂度 $O(n)$要好得多，这正是构造二叉搜索树的优势所在。二叉搜索树查找的递归算法的空间复杂度平均情况为 $O(\mathrm{lb}n)$，最差情况为 $O(n)$，非递归算法的空间复杂度为 $O(1)$。

2．更新

二叉搜索树的更新算法与查找算法基本相同，区别仅有两点：一是在更新算法中当查找到待更新的元素时，应将 item 的值赋给该元素，而在查找算法中是将该元素的值赋给 item 带回；二是在更新算法中参数 item 可以为变参（即引用参数），也可以为值参，并且在参数说明的前面可以加或不加常量标识符 const，而在查找算法中参数 item 只能为变参，并且不能加常量标识符 const。请同学们编写此更新算法。

3．插入

根据二叉搜索树的定义，向二叉搜索树中插入元素 item 的过程为：若二叉树为空，则由 item 元素生成的新结点将作为根结点插入；否则，若 item 小于根结点，则将新结点插入到根的左子树上，若 item 大于等于（若不允许具有相同值的结点存在，则对等于情况应

作单独处理）根结点，则将新结点插入到根的右子树上。显然插入过程是递归的，对应的递归算法描述如下。

```
void Insert(BTreeNode*& BST, const ElemType&item)
{
    if(BST==NULL)
    {     //把按照 item 元素生成的新结点链接到已找到的插入位置
        BTreeNode*p=new BTreeNode;
        p->data=item;
        p->left=p->right=NULL;
        BST=p;
    }
    else if(item<BST->data)              //向左子树中插入元素
        Insert(BST->left, item);
    else                                 //向右子树中插入元素
        Insert(BST->right, item);
}
```

此算法中的树根指针参数 BST 必须说明为引用，因为当它为空时需要由它带回树根指针，或者在递归时由它提供新插入结点的链接位置。

同二叉搜索树的递归查找算法一样，此算法也属于末尾递归的调用，所以为了消除末尾递归，减少算法运行的时间和空间，也可编写出对应的非递归算法（注意：消除末尾递归不需要使用栈）。对于插入过程的非递归算法，需要首先查找插入位置，然后再进行插入。查找插入位置从树根结点开始，若树根指针为空，则新结点就是树根结点；否则，若 item 小于根结点，则沿着根的左指针在左子树上继续查找插入位置，若 item 大于等于根结点，则沿着根的右指针在右子树上继续查找插入位置，当查找到一个结点（设由 parent 指针所指向）的左指针或右指针为空时，则这个空的指针位置就是新元素结点的插入位置。

在进行插入时，若原树为空，则将新结点指针赋给 BST，该新结点就成为树根结点；否则，将新结点赋给 parent 结点的左指针域或右指针域，作为该结点的左孩子或右孩子。

插入过程的非递归算法具体描述如下。

```
void Insert1(BTreeNode*&BST, const ElemType&item)
{
  //为插入新元素寻找插入位置,定义指针 t 指向当前待比较的结点,初始
  //指向树根结点,定义指针 parent 指向 t 结点的双亲结点,初始为 NULL
    BTreeNode*t=BST,*parent=NULL;
    while(t!=NULL) {
        parent=t;
        if(item<t->data) t=t->left;
        else t=t->right;
    }
  //建立值为 item,左、右指针域为空的新结点
    BTreeNode*p=new BTreeNode;
    p->data=item;
```

```
    p->left=p->right=NULL;
  //将新结点插入到二叉搜索树 BST 中
    if(parent==NULL) BST=p;
    else if(item<parent->data) parent->left=p;
    else parent->right=p;
}
```

二叉搜索树插入算法的时间和空间复杂度，与其查找和更新算法完全相同。

利用二叉搜索树的插入算法，可以很容易地编写出生成一棵具有 n 个结点的二叉搜索树的算法，设生成二叉搜索树的 n 个元素由数组提供，则算法描述如下。

```
void CreateBSTree(BTreeNode*& BST, ElemType a[], int n)
        //利用数组中的 n 个元素建立二叉搜索树的算法
{
    BST=NULL;
    for(int i=0; i<n; i++)
        Insert(BST, a[i]);
}
```

在一般情况下，此算法的时间复杂度为 $O(n \times \text{lb}n)$。

若建立二叉搜索树的一组元素的关键字为：

(38，26，62，94，35，50，28，55)

按照上述算法，每插入一个结点后得到的二叉搜索树如图 6-2 所示。

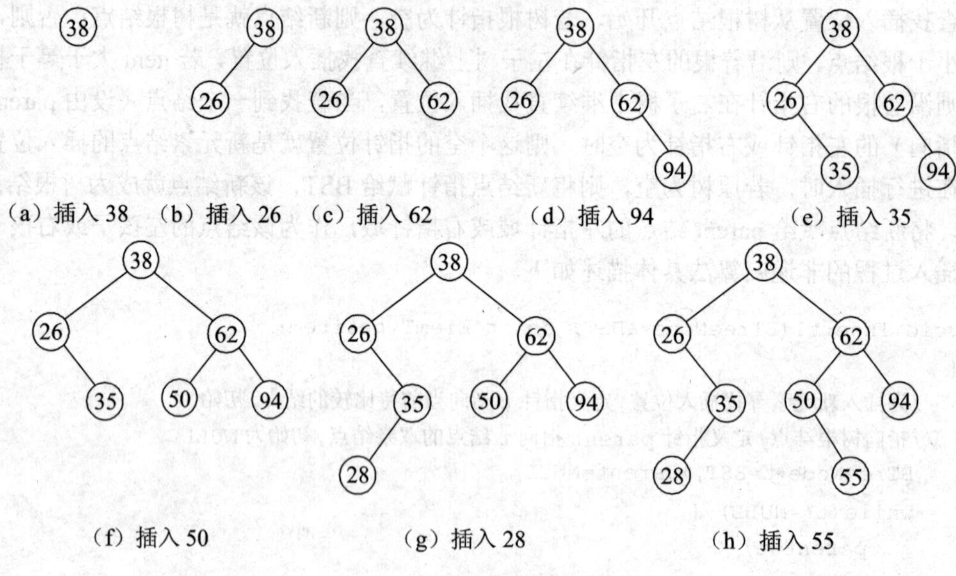

图 6-2　二叉搜索树的生成过程

4．删除

二叉搜索树的删除比插入要复杂一些，因为被插入的结点都是被链接到树中的叶子结点上，因而不会破坏树的原有结构，也就是说，不会破坏树中原有结点之间的链接关系。

从二叉搜索树上删除结点（元素）则不同，它可能删除的是叶子结点，也可能删除的是分支结点，当删除分支结点时，就破坏了原有结点之间的链接关系，需要重新修改指针，使得删除后仍为一棵二叉搜索树。

结合如图 6-3（a）所示的二叉搜索树，分 3 种情况介绍删除结点的操作。

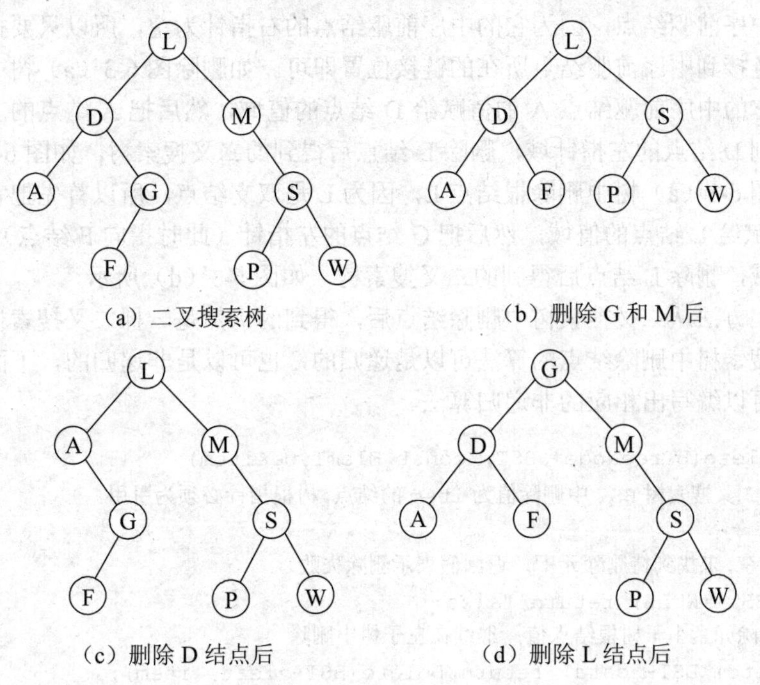

（a）二叉搜索树　（b）删除 G 和 M 后

（c）删除 D 结点后　（d）删除 L 结点后

图 6-3　二叉搜索树的删除

（1）删除叶子结点。

此种删除操作很简单，只要将其双亲结点链接到它的指针去掉（即置为空）。如删除图 6-3（a）树中叶子结点 A 时，把 D 结点的左指针域置空；删除叶子结点 W 时，把 S 结点的右指针域置空。

（2）删除单支结点。

这种删除操作也比较简单，因为该结点只有左子树或右子树一支，也就是说，其后继只有一个：左孩子或右孩子。删除该结点时，只要将后继指针链接到它所在的链接位置即可。如删除图 6-3（a）树中单支结点 G 时，将 G 的左指针（即指向 F 结点的指针）赋给 D 结点的右指针域即可；删除单支结点 M 时，将 M 的右指针（即指向 S 结点的指针）赋给 L 结点的右指针域即可；删除这两个结点后，得到的二叉搜索树，如图 6-3（b）所示。

（3）删除双支结点。

这种删除比较复杂，因为待删除的结点有两个后继指针，需要妥善处理。删除这种结点的第 1 种方法是：首先把它的右子树链接到它的中序前驱结点（即中序序列中处于它前面的一个结点）的右指针域，此中序前驱结点必是它的左子树中“最右下”的一个右指针为空（左指针可能为空，也可能不为空）的结点，在图 6-3（a）树中双支结点 D 的中序前驱为 A 结点，双支结点 L 的中序前驱为 G 结点；然后把它的左子树链接到它所在的链接位置。如在图 6-3（a）树中删除双支结点 D 时，则首先把 D 的右子树链接到 A 结点的右指针域，然后把 D 的左子树链接到 L 的左指针域，删除 D 结点后得到的二叉搜索树如图 6-3（c）所示。这种方法往往容易增加树的深度，使树的结构变坏，所以通常采用下面介绍的第 2 种方法。

删除双支结点的第 2 方法是：首先把它的中序前驱结点的值赋给该结点的值域，然后再删除它的中序前驱结点，因为它的中序前驱结点的右指针为空，所以只要把中序前驱结点的左指针链接到中序前驱结点所在的链接位置即可。如删除图 6-3（a）树中双支结点 D 时，首先把它的中序前驱结点 A 的值赋给 D 结点的值域，然后把 A 结点的左指针（此时为空）链接到 D 结点的左指针域，删除 D 结点后得到的二叉搜索树，如图 6-3（c）所示。又如，若从图 6-3（a）树中删除根结点 L，因为 L 是双支结点，所以首先把它的中序前驱结点 G 的值赋给 L 结点的值域，然后把 G 结点的左指针（此时指向 F 结点）链接到 D 结点的右指针域，删除 L 结点后得到的二叉搜索树，如图 6-3（d）所示。

采用以上方法从二叉搜索树中删除结点后，得到的仍然是一棵二叉搜索树。

从二叉搜索树中删除结点的算法可以是递归的，也可以是非递归的，下面只给出递归算法，读者可以编写出相应的非递归算法。

```
bool Delete(BTreeNode*&BST, const ElemType&item)
    //从二叉搜索树 BST 中删除值为 item 的结点,树根指针必须为引用
{
  //树为空,未找到待删除元素，返回假表示删除失败
    if(BST==NULL) return false;
  //待删除元素小于树根结点值，继续在左子树中删除
    if(item<BST->data) return Delete(BST->left, item);
  //待删除元素大于树根结点值，继续在右子树中删除
    if(item>BST->data) return Delete(BST->right, item);
    BTreeNode*temp=BST;
  //待删除元素等于树根结点值且左子树为空，将右子树作为整个树并返回真
    if(BST->left==NULL) {
        BST=BST->right; delete temp; return true;
    }
  //待删除元素等于树根结点值且右子树为空，将左子树作为整个树并返回真
    else if(BST->right==NULL) {
        BST=BST->left; delete temp; return true;
    }
  //待删除元素等于树根结点值且左、右子树均不为空时的处理情况
    else {
      //中序前驱结点就是左孩子结点时，把左孩子结点值赋给树根结点，
      //然后从左子树中删除根结点
        if(BST->left->right==NULL) {
          BST->data=BST->left->data;
          return Delete(BST->left, BST->left->data);
        }
      //找出中序前驱结点，即左子树的右下角结点，把该结点值赋给树根结点，
      //然后从以中序前驱结点为根的树上删除根结点
        else {
```

```
            BTreeNode*p1=BST,*p2=BST->left;
            while(p2->right!=NULL) {p1=p2; p2=p2->right;}
            BST->data=p2->data;
            return Delete(p1->right, p2->data);
        }
    }
}
```

二叉搜索树的查找、插入、删除元素的运算都具有相同的时间复杂度，都与具体二叉搜索树的深度成正比，时间复杂度的平均情况为 $O(\text{lb } n)$，最差情况为 $O(n)$；它们的空间复杂度，对于递归算法来说，平均情况为 $O(\text{lb } n)$，最差情况为 $O(n)$，对于非递归算法来说均为 $O(1)$。

可以采用下面程序调试对二叉搜索树各种运算的算法。

```
#include<iostream.h>
#include<stdlib.h>
                                 //定义二叉搜索树结点值的类型为整型
typedef int ElemType;
                                 //定义二叉搜索树结点类型
struct BTreeNode {
    ElemType data;
    BTreeNode*left;
    BTreeNode*right;
};

#include"二叉树运算.cpp"          //保存对二叉树各种运算的算法
#include"二叉搜索树运算.cpp"      //保存对二叉搜索树运算的算法

void main()
{
    ElemType x;
  //定义指向二叉搜索树结点的指针，并用它作为树根指针
    BTreeNode* bst;
  //初始化二叉搜索树，即置树根指针 bst 为空
    InitBTree(bst);
  //定义数组 a 并初始化
    ElemType a[10]={30,50,20,40,25,70,54,23,80,92};
  //利用数组 a 建立树根指针为 bst 的二叉搜索树
    CreateBSTree(bst,a,10);
  //以广义表形式输出二叉搜索树
    PrintBTree(bst); cout<<endl;
  //求出以 bst 为树根指针的二叉搜索树的深度
    cout<<"深度："; cout<<DepthBTree(bst)<<endl;
  //中序遍历以 bst 为树根指针的二叉搜索树
```

```
    cout<<"中序: "; InOrder(bst); cout<<endl;
  //从二叉搜索树中查找一个结点
    cout<<"输入一个待查找的整数值:";
    cin>>x;
    if(Find1(bst,x)) cout<<"查找元素"<<x<<"成功!"<<endl;
    else cout<<"查找元素"<<x<<"失败!"<<endl;
  //向二叉搜索树中插入一个结点
    cout<<"输入一个待插入结点的整数值:";
    cin>>x;
    Insert1(bst,x);
  //从二叉搜索树中删除一个结点
    cout<<"输入一个待删除结点的值:";
    cin>>x;
    if(Delete(bst,x)) cout<<"删除元素"<<x<<"成功!"<<endl;
    else cout<<"删除元素"<<x<<"失败!"<<endl;
  //再以广义表形式输出二叉搜索树
    PrintBTree(bst); cout<<endl;
  //再次中序遍历以 bst 为树根指针的二叉搜索树
    cout<<"中序: "; InOrder(bst); cout<<endl;
  //清除以 bst 为树根指针的二叉树
    ClearBTree(bst);
}
```

程序的一次运行结果如下。

```
30(20(,25(23)),50(40,70(54,80(,92))))
深度: 5
中序: 20 23 25 30 40 50 54 70 80 92
输入一个待查找的整数值:70
查找元素 70 成功!
输入一个待插入结点的整数值:15
输入一个待删除结点的值:30
删除元素 30 成功!
25(20(15,23),50(40,70(54,80(,92))))
中序: 15 20 23 25 40 50 54 70 80 92
```

6.2 堆

6.2.1 堆的定义

堆(heap)分为**小根堆**和**大根堆**两种，对于一个小根堆，它是具有如下特性的一棵完全二叉树。

(1) 若树根结点存在左孩子，则根结点的**值**(或某个域的值)小于等于左孩子结点的值(或某个域的值)。

(2) 若树根结点存在右孩子，则根结点的**值**(或某个域的值)小于等于右孩子结点的值

（或某个域的值）。

（3）以左、右孩子为根的子树又各是一个堆。

大根堆的定义与上述类似，只要把小于等于改为大于等于就得到了。

由堆的定义可知，若一棵完全二叉树是堆，则该树中以每个结点为根的子树也都是一个堆。

如图 6-4 所示分别为一个小根堆和一个大根堆。根据堆的定义可知，堆顶结点，即整个完全二叉树的根结点，对于小根堆来说具有最小值，对于大根堆来说具有最大值。图 6-4（a）是一个小根堆，堆中的最小值为堆顶结点的值 18，图 6-4（b）是一个大根堆，堆中的最大值为堆顶结点的值 74。若用堆来表示优先级队列，则堆顶结点具有最高的优先级，每次做删除操作要删除堆顶结点。

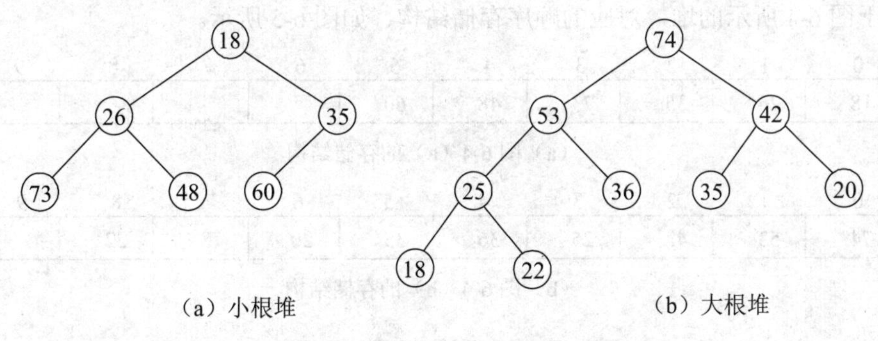

图 6-4　小根堆和大根堆

6.2.2　堆的抽象数据类型

堆的抽象数据类型中的数据部分是按任一种存储结构表示的堆，用标识符 HBT 表示，其存储类型用标识符 HeapType 表示。堆的抽象数据类型中的操作部分通常为：向堆中插入一个元素、从堆中删除堆顶元素、初始化一个堆、清除一个堆和判断一个堆是否为空等。堆的抽象数据类型的具体定义如下。

```
ADT HEAP is
    Data:
        具有 HeapType 类型的一个堆 HBT
    Operations:
        void InitHeap(HeapType& HBT);                        //初始化一个堆为空
        void ClearHeap(HeapType& HBT);                       //清除一个堆,使之变为空
        bool EmptyHeap(HeapType& HBT);                       //判断一个堆是否为空
        void InsertHeap(HeapType& HBT, ElemType item);       //向堆中插入元素
        ElemType DeleteHeap(HeapType& HBT);                  //从堆中删除堆顶元素并返回
end HEAP
```

6.2.3　堆的存储结构

堆同一般二叉树一样既可采用顺序存储，也可采用链接存储。但由于堆是一棵完全二

叉树，所以适宜采用顺序存储，这样能够充分利用其存储空间。

对堆进行顺序存储时，首先要对堆中的所有结点进行编号，然后再以编号为下标存储到指定数组的对应元素中。为了利用数组的 0 号元素，堆中结点的编号从 0 而不是从 1 开始，当然编号次序仍然按照从上到下、同一层从左到右进行，若堆中含有 n 个结点，则编号范围为 0～n−1。

堆中的结点从 0 开始编号后，编号为 0 至$\lfloor n/2 \rfloor-1$ 的结点为分支结点，编号为$\lfloor n/2 \rfloor$～$n-1$ 的结点为叶子结点；当 n 为奇数则每个分支结点既有左孩子又有右孩子，当 n 为偶数则编号最大的一个分支结点只有左孩子没有右孩子；对于每个编号为 i 的分支结点，其左孩子结点的编号为 $2i+1$，右孩子结点的编号为 $2i+2$；除编号为 0 的堆顶结点外，对于其余编号为 i 的结点，其双亲结点的编号为 $\lfloor (i-1)/2 \rfloor$。

对于图 6-4 所示的堆，对应的顺序存储结构，如图 6-5 所示。

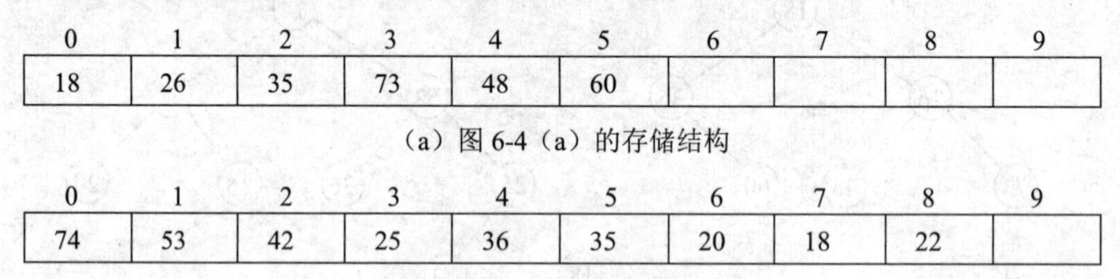

0	1	2	3	4	5	6	7	8	9
18	26	35	73	48	60				

（a）图 6-4（a）的存储结构

0	1	2	3	4	5	6	7	8	9
74	53	42	25	36	35	20	18	22	

（b）图 6-4（b）的存储结构

图 6-5　堆的顺序存储结构

根据此存储结构可以验证给出的双亲和左、右孩子结点之间的下标关系。

当一个堆采用顺序存储结构时，需要定义一个元素类型为 ElemType、长度为 MaxSize 的一个数组来存储堆中的所有元素，还需要定义一个整型变量，用以存储堆的长度，即堆中当前包含的结点数。设存储堆元素的数组名用 heap 表示，存储堆长度的变量名用 len 表示，并且把它们连同存储空间大小 MaxSize 一起定义在一个结构类型中，结构类型名用 Heap 表示，则该类型定义为：

```
struct Heap {                          //定义堆的顺序存储类型
    ElemType*heap;                     //定义指向动态数组空间的指针
    int len;                           //定义保存堆长度的变量
    int MaxSize;                       //用于保存初始化时所给的动态数组空间的大小
};
```

6.2.4 堆的运算

在堆的抽象数据类型中列出的每一种操作的具体算法描述如下。对于插入和删除算法将以小根堆为例给出，当为大根堆时只是相应条件中的比较操作符不同，其余都相同。

1. 初始化堆

```
void InitHeap(Heap& HBT)    //置 HBT 为一个空堆
```

```
{
    HBT.MaxSize=10;                          //初始定义数组长度为 10,以后可增减
    HBT.heap=new ElemType[HBT.MaxSize];  //动态分配存储堆的数组空间
    if(!HBT.heap) {
        cout<<"用于动态分配的内存空间用完，退出运行!"<<endl;
        exit(1);
    }
    HBT.len=0;                               //设置 len 域的初值为 0
}
```

2. 清除堆

```
void ClearHeap(Heap&HBT)                    //清除 HBT,使之成为一个空堆
{
    if(HBT.heap!=NULL) {
        delete[] HBT.heap;
        HBT.heap=NULL;
        HBT.len=0;
        HBT.MaxSize=0;
    }
}
```

3. 检查一个堆是否为空

```
bool EmptyHeap(Heap&HBT)                    //判断 HBT 是否为空,是返真,否返假
{
    return HBT.len==0;
}
```

4. 向堆中插入一个元素

向堆中插入一个元素时，首先将该元素写入到堆尾，即堆中最后一个元素的后面，亦即下标为 len 的位置上，然后经调整为一个新堆。由于在原有堆上插入一个新元素后，可能使以该元素的双亲结点为根的子树不为堆，从而使整个树不为堆，所以必须进行调整使之仍为一个堆。调整的方法很简单，若新元素小于双亲结点的值，就让它们互换位置；新元素换到双亲位置后，使得以该位置为根的子树成为堆，但新元素可能还小于此位置的双亲结点的值，从而使以上一层的双亲结点为根的子树不为堆，还需要按上述方法继续调整，这样持续传递上去，直到以新位置的双亲结点为根的子树仍为一个堆或者调整到堆顶为止，此时得到的整个树又成为一个堆。

对于图 6-4（a）所示的堆，若向它插入一个新元素 50 时，由于它不小于双亲结点的值 35，所以以 35 为根的子树仍为一个堆，从而使整个二叉树仍然是一个堆，此次插入不需要作任何调整。插入新元素 50 后得到的堆，如图 6-6（a）所示。

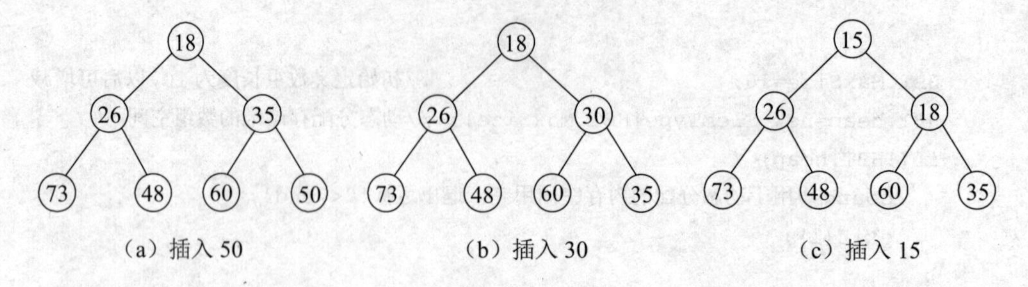

图 6-6　堆的插入

对于图 6-4（a）所示的堆，若向它插入一个新元素 30，由于它小于双亲结点的值 35，所以需要将 30 与 35 对调位置，对调后因新元素 30 不小于其双亲元素 18，所以调整结束，得到的整个二叉树为一个堆，插入结果如图 6-6（b）所示。

对于图 6-4（a）所示的堆，若向它插入的一个新元素为 15，由于它小于双亲元素 35，所以需要将 15 与 35 对调位置，对调后因新元素 15 小于其双亲元素 18，所以又需要将 15 与 18 对调位置，此时新元素被调整到了堆顶位置，所以调整结束，得到的插入后结果如图 6-6（c）所示。

向堆中插入一个元素的算法描述如下。

```
void InsertHeap(Heap&HBT, ElemType item)        //向小根堆 HBT 中插入元素
{
  //堆满时重分配大一倍的存储空间并进行相应操作
    if(HBT.len==HBT.MaxSize) {
        int k=sizeof(ElemType);                 //计算每个元素存储空间的长度
        HBT.heap=(ElemType*)realloc(HBT.heap, 2*HBT.MaxSize*k);
            //堆动态存储空间扩展为原来的 2 倍，原内容自动保持不变
        if(HBT.heap==NULL) {
            cout<<"动态可分配的存储空间用完，退出运行!"<<endl;
            exit(1);
        }
        HBT.MaxSize=2*HBT.MaxSize;              //把堆空间大小修改为新的长度
    }
  //用 i 指向待调整元素的位置，初始指向新元素所在的堆尾位置
    int i=HBT.len;
  //寻找新元素的最终位置，每次使双亲元素下移一层
    while(i!=0) {
        int j=(i-1)/2;                          //j 指向下标为 i 的元素的双亲元素
        if(item>=HBT.heap[j]) break;            //比较调整结束退出循环
        HBT.heap[i]=HBT.heap[j];                //双亲元素下移
        i=j;                                    //改变调整元素的位置为其双亲位置
    }
  //把新元素调整到最终位置，并使堆的长度增 1
    HBT.heap[i]=item;
    HBT.len++;
}
```

此算法的运行时间主要取决于 while 循环的执行次数，它等于新元素向双亲位置逐层上移的次数，此次数最多等于整个树的深度减 1，所以算法的时间复杂度为 $O(\text{lb}\, n)$，其中 n 表示堆的大小。

5. 从堆中删除元素

从堆中删除元素就是删除堆顶元素并使之返回。堆顶元素被删除后，留下的堆顶位置应由堆尾元素来填补，这样既保持了顺序存储结构又不需要移动其他任何元素。把堆尾元素移动到堆顶位置后，它可能不小于左、右孩子结点，使整个二叉树不为堆，所以需要一个调整过程，使之变为含有 n–1 个元素的堆(删除前为 n 个元素)。调整过程首先从树根结点开始，若树根结点的值大于两个孩子结点中的最小值，就将它与具有最小值的孩子结点互换位置，使得根结点的值小于两个孩子结点的值；原树根结点被对调到一个孩子位置后，可能使以该位置为根的子树又不为堆，因而又需要使新元素向孩子一层调整，如此调整下去，直到以调整后的位置为根的子树成为一个堆或调整到叶子结点为止。

对于图 6-4(a)所示的堆，当从中删除顶点元素 18 时，需要把堆尾元素 60 写入到堆顶位置成为堆顶元素，由于 60 大于两个孩子中的最小值 26，所以应互换 60 和 26 的位置，60 被移到新位置后，又大于两个孩子中的最小值 48，所以接着同 48 互换位置，此时 60 已被调整到叶子结点，所以调整完成后得到的完全二叉树又成为一个堆，如图 6-7 所示。

若图 6-4(a)所示堆的堆尾元素不是 60 而是 45，则进行删除操作时把 45 写入到堆顶位置后，因 45 大于两个孩子中的最小值 26，所以需把它对调到左孩子 26 的位置，此时它小于两个孩子中的最小值 48，表明以 45 所在的新位置为根的子树已经成为一个堆，至此调整结束。

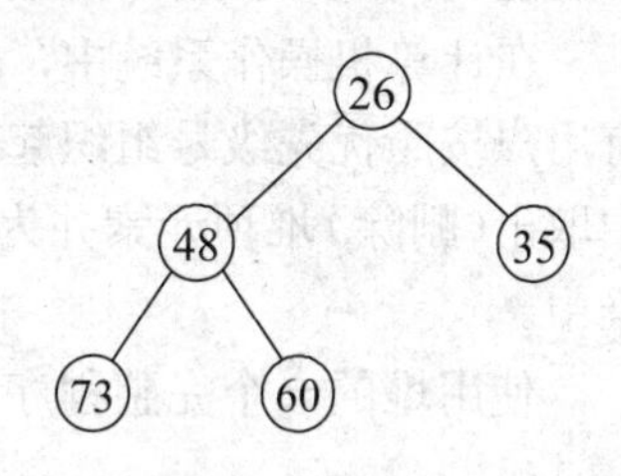

图 6-7　堆的删除

从堆中删除元素的算法描述如下。

```
ElemType DeleteHeap(Heap& HBT)     //从小根堆 HBT 中删除堆顶元素并返回
{
   if(HBT.len==0) {                //若为空堆，则显示出错误信息并退出运行
      cerr<<"堆为空，退出运行!"<<endl;
      exit(1);
   }
   ElemType temp=HBT.heap[0];      //将堆顶元素暂存 temp 以便返回
   HBT.len--;                      //堆的长度减 1
   if(HBT.len==0) return temp;     //若删除操作后变为空堆则返回
   ElemType x=HBT.heap[HBT.len]; //将待调整的堆尾元素暂存 x 中
   int i=0;                        //用 i 指向待调整元素的位置，初始指向堆顶位置
   int j=1;                        //用 j 指向 i 的左孩子位置，初始指向下标 1 的位置
   while(j<=HBT.len-1) {           //寻找待调整元素的最终位置
                                   //若右孩子存在并且较小，应使 j 指向右孩子
      if(j<HBT.len-1 && HBT.heap[j]>HBT.heap[j+1]) j++;
```

```
    //若条件成立则调整结束，退出循环
      if(x<=HBT.heap[j]) break;
    //孩子元素上移到双亲位置
      HBT.heap[i]=HBT.heap[j];
    //使i和j分别指向下一层结点
      i=j; j=2*i+1;
  }
  HBT.heap[i]=x;          //把待调整元素放到最终位置
  return temp;            //返回原堆顶元素
}
```

此算法的运行时间主要取决于 while 循环的执行次数，它等于堆顶新元素向孩子位置逐层下移的次数，此次数最多等于整个树的深度减 1，所以堆删除算法的时间复杂度同插入算法相同，均为 $O(\text{lb}\, n)$。

在解决实际问题时，若每次只需要取出（即删除）具有最小值的元素，则适合采用堆这种数据结构，因为其插入和删除元素的时间复杂度均为 $O(\text{lb}\, n)$。若采用线性表来实现这种功能，其插入和删除元素的时间复杂度将均为 $O(n)$。

在计算机操作系统中，管理一个共享资源就需要使用一个堆，把等待使用该资源的所有用户按照优先级号组织起来，优先级最高的用户一定处于堆首位置，系统每次从这个堆中取出（删除）堆顶元素并为之服务，需要使用该资源的新用户被加入到等待使用该资源的堆中。

使用堆的一个完整程序如下，请读者阅读和分析。

```
#include<iostream.h>
#include<stdlib.h>
typedef int ElemType;                  //定义元素类型为整型
struct Heap {                          //定义堆的顺序存储类型
    ElemType*heap;
    int len;
    int MaxSize;
};

#include"堆运算.cpp"                   //假定在heap.cpp中保存着堆运算的各种算法

void main()
{
    int a[8]={23,56,40,62,38,55,10,16};
    Heap b;                            //定义一个堆b
    InitHeap(b);                       //初始化堆b
    int i,x;
  //向堆b中依次插入数组a中的每一个元素
```

```
    for(i=0;i<8;i++) InsertHeap(b,a[i]);
  //按下标位置依次输出堆中的每个元素
    for(i=0;i<7;i++) cout<<b.heap[i]<<',';
    cout<<b.heap[7]<<endl;
  //依次删除堆顶元素并显示出来，直到堆空为止
    while(!EmptyHeap(b)) {
        x=DeleteHeap(b);
        cout<<x;
        if(!EmptyHeap(b)) cout<<',';
    }
    cout<<endl;
    ClearHeap(b);
}
```

请通过堆的图示操作过程验证下面运行结果的正确性。

```
10,16,23,38,56,55,40,62
10,16,23,38,40,55,56,62
```

6.3　哈夫曼树

6.3.1　基本术语

1．路径和路径长度

在一棵树中存在着一个结点序列 $k_1,k_2,\cdots,k_j$，使得 k_i 是 k_{i+1} 的双亲($1\leqslant i<j$)，则称此结点序列是从 k_1～k_j 的**路径**，因树中每个结点只有一个双亲结点，所以它也是这两个结点之间的唯一路径。从 k_1～k_j 所经过的分支数称为这两点之间的**路径长度**，它等于路径上的结点数减 1。在图 6-3(a)所示的二叉树中，从树根结点 L 到叶子结点 P 的路径为结点序列 L, M, S, P，路径长度为 3。

2．结点的权和带权路径长度

在许多应用中，常常将树中的结点赋上一个有着某种意义的实数，称此实数为该结点的权。**结点的带权路径长度**规定为从树根结点到该结点之间的路径长度与该结点上权的乘积。

3．树的带权路径长度

树的带权路径长度定义为树中所有叶子结点的带权路径长度之和，通常记为：

$$\mathrm{WPL}=\sum_{i=1}^{n} w_i l_i$$

其中，n 表示叶子结点的数目，w_i 和 l_i 分别表示叶子结点 k_i 的权值和树根结点到 k_i 之间的路径长度。

4. 哈夫曼树

哈夫曼树（Huffman tree）又称做**最优二叉树**。它是 n 个带权叶子结点构成的所有二叉树中，带权路径长度 WPL 最小的二叉树。因为构造这种树的算法是最早由哈夫曼于 1952 年提出的，所以被称为哈夫曼树。

例如，有 4 个叶子结点 a, b, c, d，分别带权为 9, 4, 5, 2，由它们构成的三棵不同的二叉树（当然还有其他许多种）分别如图 6-8（a）～图 6-8（c）所示。

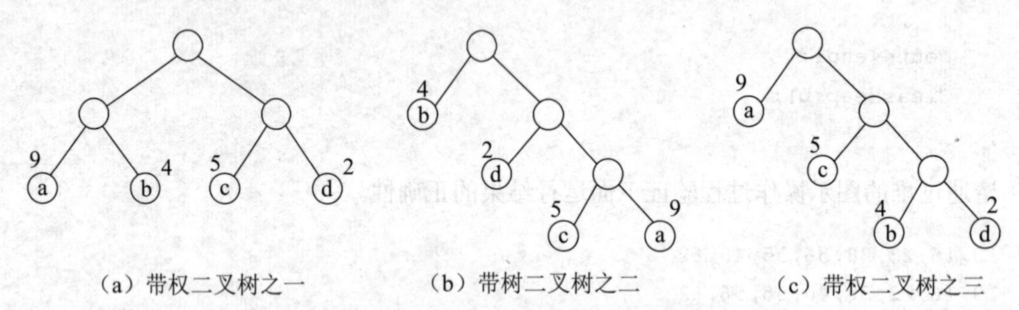

（a）带权二叉树之一　　（b）带树二叉树之二　　（c）带权二叉树之三

图 6-8　由四个叶子结点构成的三棵不同的带权二叉树

每一棵二叉树的带权路径长度 WPL 分别为：

① WPL=9×2+4×2+5×2+2×2=40；

② WPL=4×1+2×2+5×3+9×3=50；

③ WPL=9×1+5×2+4×3+2×3=37。

其中，③树的 WPL 最小，稍后便知，此树就是哈夫曼树。

因此，在 n 个带权叶子结点所构成的二叉树中，满二叉树或完全二叉树不一定是最优二叉树。权值越大的结点离树根越近的二叉树才是最优二叉树。

6.3.2 构造哈夫曼树

构造最优二叉树的算法具体叙述如下。

（1）根据与 n 个权值 $\{w_1,w_2,\cdots,w_n\}$ 对应的 n 个结点构成具有 n 棵二叉树的森林

$$F=\{T_1,T_2,\cdots,T_n\}$$

其中，每棵二叉树 $T_i\ (1\le i\le n)$ 都只有一个权值为 w_i 的根结点，其左、右子树均为空。

（2）在森林 F 中选出两棵根结点的权值最小的树作为一棵新树的左、右子树，且置新树的根结点的权值为其左、右子树上根结点的权值之和。

（3）从 F 中删除构成新树的那两棵树，同时把新树加入 F 中。

（4）重复(2)和(3)步，直到 F 中只含有一棵树为止，此树便是哈夫曼树。

若仍采用图 6-8 中的 4 个带权叶子结点来构造一棵哈夫曼树，按照上述算法，则构造过程如图 6-9 所示，其中图 6-9（d）就是最后生成的哈夫曼树，它的带权路径长度为 37，由此可知，图 6-8（c）是一棵哈夫曼树。

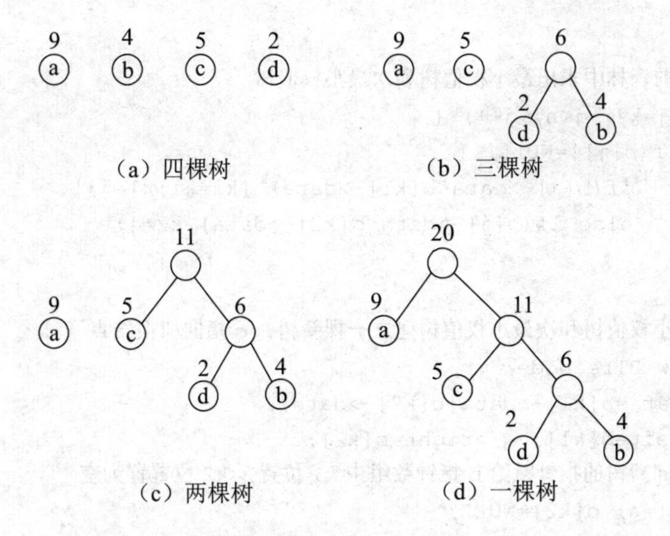

图 6-9　构造哈夫曼的过程

在构造哈夫曼树的过程中，当每次由两棵权值最小的树生成一棵新树时，新树的左子树和右子树可以任意安排，这样将会得到具有不同结构的多个哈夫曼树，但它们都具有相同的带权路径长度。为了使得到的哈夫曼树的结构尽量唯一，通常规定生成的哈夫曼树中每个结点的左子树根结点的权小于等于右子树根结点的权。上述哈夫曼树的构造过程就是依照这一规定进行的。

根据上述构造哈夫曼树的方法可以写出相应的用 C++语言描述的算法如下。

```
BTreeNode*CreateHuffman(ElemType a[], int n)
    //根据数组 a 中 n 个权值建立一棵哈夫曼树，返回树根指针
{
    BTreeNode**b,*q;
   //动态分配一个由 b 指向的指针数组
    b=new BTreeNode*[n];
    int i,j;
  //初始化 b 指针数组,使每个指针元素指向 a 数组中对应元素的结点
    for(i=0; i<n; i++) {
        b[i]=new BTreeNode;
        b[i]->data=a[i]; b[i]->left=b[i]->right=NULL;
    }
  //进行 n-1 次循环建立哈夫曼树
    for(i=1; i<n; i++) {
      //用 k1 表示森林中具有最小权值的树根结点的下标
      //用 k2 表示森林中具有次最小权值的树根结点的下标
        int k1=-1,k2;
      //让 k1 初始指向森林中第一棵树,k2 初始指向森林中第二棵树
        for(j=0; j<n; j++) {
            if(b[j]!=NULL && k1==-1) {k1=j;continue;}
            if(b[j]!=NULL) {k2=j;break;}
```

```
        }
    //从当前森林中求出最小权值树和次最小权值树
        for(j=k2; j<n; j++) {
            if(b[j]!=NULL) {
                if(b[j]->data<b[k1]->data) {k2=k1;k1=j;}
                else if(b[j]->data<b[k2]->data) k2=j;
            }
        }
    //由最小权值树和次最小权值树建立一棵新树, q 指向树根结点
        q=new BTreeNode;
        q->data=b[k1]->data+b[k2]->data;
        q->left=b[k1]; q->right=b[k2];
    //将指向新树的指针赋给 b 指针数组中 k1 位置, k2 位置置为空
        b[k1]=q; b[k2]=NULL;
    }
  //删除动态建立的数组 b
    delete []b;
  //返回整个哈夫曼树的树根指针
    return q;
}
```

在一棵哈夫曼树的生成过程中，每次都由两棵子树构成一棵树，对于 n 个叶子结点共需要构成 $n-1$ 棵子树。所以，在一棵哈夫曼树中只存在双支结点和叶子结点，若叶子结点为 n 个，则双支结点必为 $n-1$ 个。

根据哈夫曼树求出带权路径长度的算法如下。

```
ElemType WeightPathLength(BTreeNode*FBT, int len)
                         //根据 FBT 指针所指向的哈夫曼树求出带权路径长度, len 初值为 0
{
    if(FBT==NULL) return 0;  //空树则返回 0
    else {
                         //访问到叶子结点时返回该结点的带权路径长度, 其中值参 len
                         //保存当前被访问结点的路径长度
        if(FBT->left==NULL && FBT->right==NULL) {
            return FBT->data*len;
        }
                         //访问到非叶子结点时进行递归调用, 返回左、右子树的带权
                         //路径长度之和, 向下深入一层时 len 值增 1
        else {
            return WeightPathLength(FBT->left,len+1)+
                   WeightPathLength(FBT->right,len+1);
        }
    }
}
```

*6.3.3 哈夫曼编码

哈夫曼树的应用很广，哈夫曼编码就是其中的一种，下面简要介绍。

在电报通信中，电文是以二进制的 0、1 序列传送的。在发送端需要将电文中的字符序列转换成二进制的 0、1 序列（即编码），在接收端又需要把接收的 0、1 序列转换成对应的字符序列（即译码）。

最简单的二进制编码方式是等长编码。若电文中只使用 A、B、C、D、E、F 这 6 种字符，若进行等长编码，则需要二进制的三位，可依次编码为 000、001、010、011、100、101。若用这 6 个字符作为 6 个叶子结点，生成一棵二叉树，让该二叉树中每个分支结点的左、右分支分别用 0 和 1 编码，从树根结点到每个叶子结点的路径上所经分支的 0、1 编码序列应等于该叶子结点的二进制编码，则对应的编码二叉树，如图 6-10 所示。

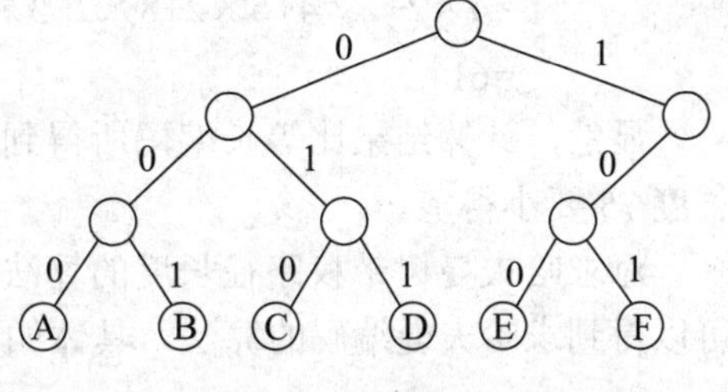

图 6-10　编码二叉树

通常，电文中每个字符的出现频率（即次数）一般是不同的。在一份电文中，这 6 个字符的出现频率依次为：4、2、6、8、3、2，则电文被编码后的总长度 L 可由下式计算：

$$L=\sum_{i=1}^{n} c_i l_i$$

其中，n 表示电文中使用的字符种数，c_i 和 l_i 分别表示对应字符 k_i 在电文中的出现频率和编码长度。因此，可求出 L 为：

$$L=\sum_{i=1}^{6}(c_i\times 3)=3\times(4+2+6+8+3+2)=75$$

可知，采用等长编码时，传送电文的总长度为 75。

那么，如何能缩短传送电文的总长度，从而节省传送时间呢？若采用不等长编码，让出现频率高的字符具有较短的编码，让出现频率低的字符具有较长的编码，这样有可能缩短传送电文的总长度。采用不等长编码要避免译码的二义性或多义性。假设用 0 表示字符 D，用 01 表示字符 C，则当接收到编码串…01…，并译到字符 0 时，是立即译出对应的字符 D，还是接着与下一个字符 1 一起译为对应的字符 C，这就产生了二义性。因此，若对某一字符集进行不等长编码，则要求字符集中任一字符的编码都不能是其他字符编码的前缀。符合此要求的编码叫做**无前缀编码**。显然等长编码是无前缀编码，这从等长编码所对应的编码二叉树也可直观地看出，任一叶子结点都不可能是其他叶子结点的双亲，也就是说，只有当一个结点是另一个结点的双亲时，该结点的字符编码才会是另一个结点的字符编码的前缀。

为了使不等长编码成为无前缀编码，可用该字符集中的每个字符作为叶子结点生成一棵编码二叉树。为了获得传送电文的最短长度，可将每个字符的出现频率作为字符结点的权值赋予该结点上，求出此树的最小带权路径长度就等于求出了传送电文的最短长度。因此，求传送电文的最短长度问题就转化为求由字符集中的所有字符作为叶子结点，由字符的出现频率作为其权值所产生的哈夫曼树的问题。

由上例生成的编码哈夫曼树如图 6-11 所示。由编码哈夫曼树得到的字符编码称作**哈夫曼编码**。其中，A、B、C、D、E、F 这 6 个字符的哈夫曼编码依次为：00,1010,01,11,100,1011。电文的最短传送长度为：

$$L=\text{WPL}=\sum_{i=1}^{6} w_i l_i$$

$$=4\times2+2\times4+6\times2+8\times2+3\times3+2\times4$$

$$=61$$

显然，计算结果比等长编码所得到的传送电文总长度 75 要小得多。

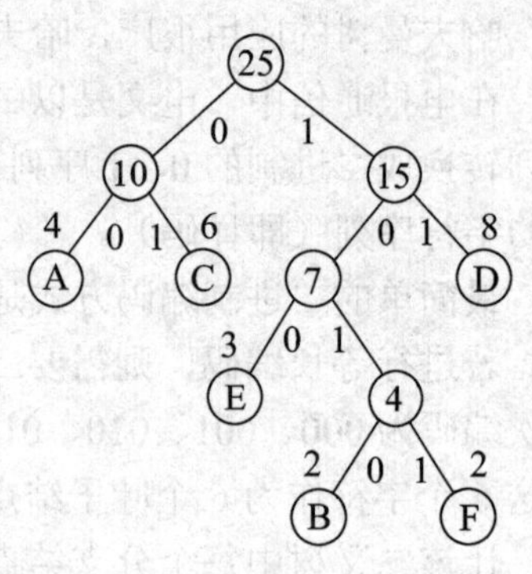

图 6-11 编码哈夫曼树

对求哈夫曼树带权路径长度的算法略加修改，就可以得到求哈夫曼编码的算法。具体如下。

```
void HuffManCoding(BTreeNode*FBT, int len)
    //根据 FBT 指针所指向的哈夫曼树输出每个叶子的编码, len 初值为 0
{
    static int a[10];  //数组的长度要至少等于哈夫曼树的深度减 1
    if(FBT!=NULL) {
      //访问到叶子结点时输出其保存在数组 a 中的 0 和 1 序列编码
        if(FBT->left==NULL && FBT->right==NULL) {
            cout<<"结点权值为"<<FBT->data<<"的编码:";
            for(int i=0; i<len; i++) cout<<a[i]<<' ';
            cout<<endl;
        }
      //访问到非叶子结点时分别向左、右子树递归调用, 并分别把分支上
      //的 0、1 编码保存到数组 a 的对应元素中, 向下深入一层时 len 值增 1
        else {
            a[len]=0; HuffManCoding(FBT->left,len+1);
            a[len]=1; HuffManCoding(FBT->right,len+1);
        }
    }
}
```

采用如下程序调试对哈夫曼树的算法。

```
#include<iostream.h>
#include<stdlib.h>

typedef int ElemType;
struct BTreeNode {
    ElemType data;
```

```
    BTreeNode*left;
    BTreeNode*right;
};

#include "二叉树运算.cpp"

//根据数组 a 中 n 个权值建立一棵哈夫曼树，返回树根指针
  BTreeNode*CreateHuffman(ElemType a[], int n);           //补充函数定义
//根据 FBT 指针所指向的哈夫曼树求出带权路径长度，len 初值为 0
  ElemType WeightPathLength(BTreeNode* FBT, int len);   //补充函数定义
//根据 FBT 指针所指向的哈夫曼树输出每个叶子的编码，len 初值为 0
void HuffManCoding(BTreeNode*FBT, int len);             //补充函数定义

void main()
{
    int n,i;
    BTreeNode*fbt=NULL;
  //输入哈夫曼树中叶子结点数
    cout<<"输入待构造的哈夫曼树中带权叶子结点数 n:";
    cin>>n;
  //用数组 a 保存从键盘输入的 n 个叶子结点的权值
    ElemType*a=new ElemType[n];
    cout<<"输入"<<n<<"个整数作为权值:";
    for(i=0; i<n; i++) cin>>a[i];
  //根据数组 a 建立哈夫曼树
    fbt=CreateHuffman(a,n);
  //以广义表形式输出哈夫曼树
    cout<<"广义表形式的哈夫曼树:";
    PrintBTree(fbt);
    cout<<endl;
  //输出哈夫曼树的权值，即带权路径长度
    cout<<"哈夫曼树的权:";
    cout<<WeightPathLength(fbt,0)<<endl;
  //输出哈夫曼编码，即每个叶子结点所对应的 0,1 序列
    cout<<"树中每个叶子的哈夫曼编码:"<<endl;
    HuffManCoding(fbt,0);
    ClearBTree(fbt);
}
```

程序的一次运行结果如下。

```
输入待构造的哈夫曼树中带权叶子结点数 n:6
输入 6 个整数作为权值:3 9 5 12 6 15
广义表形式的哈夫曼树:50(21(9,12),29(14(6,8(3,5)),15))
哈夫曼树的权:122
```

```
树中每个叶子的哈夫曼编码:
结点权值为 9 的编码:0 0
结点权值为 12 的编码:0 1
结点权值为 6 的编码:1 0 0
结点权值为 3 的编码:1 0 1 0
结点权值为 5 的编码:1 0 1 1
结点权值为 15 的编码:1 1
```

*6.4　线索二叉树

6.4.1　二叉树的线索化

对二叉树进行某种遍历得到的结点序列，可以看作一个线性表。在该线性表中，除第一个结点外，每个结点有且仅有一个前驱，除最后一个结点外，每个结点有且仅有一个后继。为了同在二叉树中所具有的结点前驱（即双亲）和后继（即孩子）区别开来，在容易混淆的地方，通常把遍历序列中结点的前驱或后继冠以某种遍历的名称，如把中序序列中结点的前驱称作**中序前驱**，结点的后继称作**中序后继**。对于如图 6-12 所示的二叉树，中序遍历的结点序列为 B、G、D、A、E、H、C、F，其中 B 结点为中序遍历得到的线性序列的表头结点，它没有前驱，其中序后继为 G 结点，A 结点的中序前驱为 D 结点，中序后继为 E 结点等。

对于一棵具有 n 个结点的二叉树，对应的二叉链表中共有 $2n$ 个指针域，其中 n–1 个用于指向除树根结点以外的其余 n–1 个结点，另有 n+1 个指针域空闲着。若把每个结点中空着的左指针域和右指针域用于分别指向某种遍历次序的前驱结点和后继结点，则在遍历这种二叉树时，可由此信息直接找到在该遍历次序下的前驱结点或后继结点，从而比递归遍历提高了遍历速度、节省了建立系统栈所使用的存储空间。这种在结点的空指针域中存放的该结点在某次遍历次序下的前驱结点或后继结点的指针叫做**线索**（thread），其中在空的左指针域中存放的指向其前驱结点的指针叫做**左线索或前驱线索**，在空的右指针域中存放的指向其后继结点的指针叫做**右线索或后继线索**。对一棵二叉树中的所有结点的空指针域按照某种遍历次序加线索的过程叫做**线索化**，被线索化了的二叉树称做**线索二叉树**。如图 6-12（b）所示是对图 6-12（a）的二叉树加中序线索而得到的中序线索二叉树。

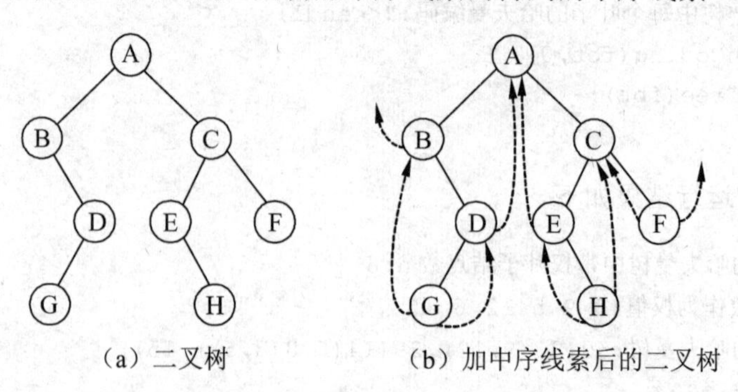

图 6-12　中序线索二叉树

在一个线索二叉树中，为了区别每个结点的左、右指针域所存放的是孩子指针，或是线索，必须在结点结构中增加两个线索标志域，一个是左线索标志域，用 ltag 表示，另一个是右线索标志域，用 rtag 表示。ltag 和 rtag 只需取两种值，以区别其对应的指针域保存的是孩子指针，或是线索，设取真时指向线索，取假时指向孩子。

增加线索标志域后的二叉树结点结构如下。

left	ltag	data	rtag	right

该结点结构的类型定义为：

```
struct TTreeNode {                    //定义带线索的二叉搜索树的结点类型
    ElemType data;                    //值域
    bool ltag,rtag;                   //线索标志域
    TTreeNode*left;                   //左指针域
    TTreeNode*right;                  //右指针域
};
```

如图 6-13 所示是图 6-12 的中序线索二叉树的链接存储结构。

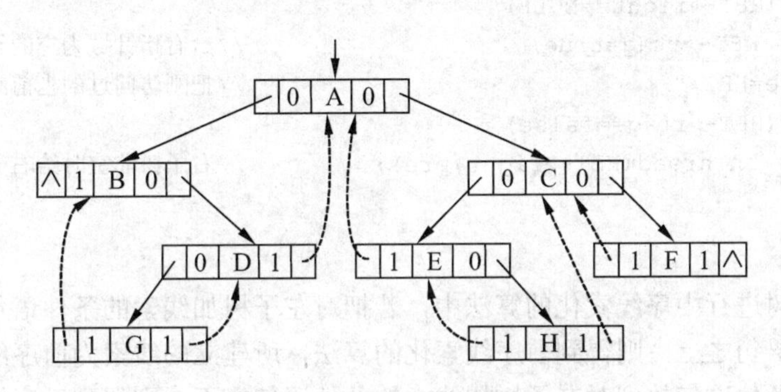

图 6-13　索引二叉树的链接存储结构

对一棵结点类型为 TTreeNode 的二叉树进行线索化时，该二叉树的初始状态应为：每个结点的线索标志域均为假（0），若一个结点有左孩子或右孩子，则相应的指针域指向孩子，否则为空，以便在线索化的过程中加入线索。

对一棵二叉树进行某种遍历次序的线索化，显然就是对该二叉树进行这种遍历的过程，只不过在访问根结点时，不是简单地打印根结点的值，而是对指针域为空的结点加线索，具体做法如下。

（1）若前驱结点不为空，或者说当前结点不是序列中的第 1 个结点，同时前驱结点的右线索标志域为真（表示此结点的右指针域为空）时，则将当前结点的指针赋给前驱结点的右指针域，即给前驱结点加右线索。

（2）若当前结点的左指针域为空，则将左线索标志域置真，同时把前驱结点的指针赋给当前根结点的左指针域，即给当前结点加左线索。

（3）若当前结点的右指针域为空，则将右线索标志域置为真，以便当访问到下一个（即后继）结点时，给它加右线索。

（4）将当前结点指针赋给保存前驱结点指针的变量，以便当访问下一个结点时，此当前结点成为前驱结点。

设 pre 是用来保存前驱结点指针的引用参数，初始为空；设 HBT 是用来保存当前结点指针的值参，初始指向待线索化的一棵二叉树的根结点，下面给出对二叉树进行中序线索化即建立中序线索的算法，它是在中序遍历算法的基础上改造而成的。

```
void InThread(TTreeNode*HBT,TTreeNode*&pre)
{  //对二叉树 HBT 加中序线索
   if(HBT!=NULL) {                              //当二叉树为空时结束递归
      if(HBT->ltag==false)
         InThread(HBT->left,pre);               //左子树非空时给左子树加中序线索
      if(pre!=NULL && pre->rtag==true)
         pre->right=HBT;                        //给前驱结点加后继线索
      if(HBT->left==NULL) {                     //给当前结点加前驱线索
         HBT->ltag=true;
         HBT->left=pre;
      }
      if(HBT->right==NULL)
         HBT->rtag=true;                        //给右指针域为空的结点加右线索标记
      pre=HBT;                                  //把刚访问过的当前结点置为前驱结点
      if(HBT->rtag==false)
         InThread(HBT->right,pre);              //右子树非空时给右子树加中序线索
   }
}
```

在对二叉树进行中序线索化的算法中，若把对左子树加线索的条件语句放到对右子树加线索的条件语句之上，则得到前序线索化的算法，所建立的线索为前序线索；若把对右子树加线索的条件语句放到对左子树加线索的条件语句之下，则得到后序线索化的算法，所建立的线索为后序线索。

若在该函数中不使用 pre 参数，也可以在函数体的开始位置加上如下语句替代。

```
static TTreeNode*pre=NULL;
```

利用下面算法向带线索标志域的二叉搜索树插入元素，但不进行中序线索的链接。

```
void InsertThreed(TTreeNode*&HBT, const ElemType&item)
{                                   //向带线索的二叉搜索树插入元素，但不链接线索
   if(HBT==NULL) {                  //把新结点链接到已找到的插入位置
      TTreeNode*p=new TTreeNode;
      p->data=item;
      p->left=p->right=NULL;
      p->ltag=p->rtag=0;
      HBT=p;
   }
   else if(item<HBT->data)                      //向左子树中插入元素
```

```
        InsertThreed(HBT->left, item);
    else                        //向右子树中插入元素
        InsertThreed(HBT->right, item);
}
```

利用下面算法建立带线索标志域的二叉搜索树，但不进行中序线索链接。

```
void CreateThreed(TTreeNode*&HBT, ElemType a[], int n)
        //利用数组中的n个元素建立带线索域的二叉搜索树的算法
{
    HBT=NULL;
    for(int i=0; i<n; i++)
        InsertThreed(HBT, a[i]);
}
```

带线索标志域的二叉搜索树建立后，随时可以调用 InThread 算法，建立其中序线索。

若要向带线索的二叉搜索树中插入结点，并且要进行实际的线索链接，则应采用下面插入算法。

```
void InsertThreed1(TTreeNode*&HBT, const ElemType&item)
{                                   //向带线索的二叉搜索树插入元素，并进行线索链接
  //为新结点寻找插入位置
    TTreeNode*t=HBT,*parent=NULL;
    while(t!=NULL) {
        parent=t;
        if(item<t->data)
            if(t->ltag==false) t=t->left; else t=NULL;
        else
            if(t->rtag==false) t=t->right; else t=NULL;
    }
  //建立值为item的新结点
    TTreeNode*p=new TTreeNode;
    p->data=item;
    p->ltag=p->rtag=true;           //叶子结点的左、右孩子指针均为线索
  //将新结点插入到线索二叉搜索树HBT中
    if(parent==NULL) {              //作为树根结点插入
        p->left=p->right=NULL;
        HBT=p;
    }
    else if(item<parent->data) {    //作为左孩子结点插入
        p->left=parent->left;       //双亲的前驱成为新结点前驱
        parent->ltag=false;         //置双亲的左线索标志域为假
        parent->left=p;             //新结点链接为双亲的左孩子
        p->right=parent;            //双亲结点成为新结点的后继
    }
    else {                          //作为右孩子结点插入
        p->right=parent->right;     //双亲的后继成为新结点后继
```

```
        parent->rtag=false;           //置双亲的右线索标志域为假
        parent->right=p;              //新结点链接为双亲的右孩子
        p->left=parent;               //双亲结点成为新结点的前驱
    }
}
```

利用 InsertThreed1 算法建立一棵带线索的二叉搜索树的算法如下。

```
void CreateThreed1(TTreeNode*&HBT, ElemType a[], int n)
        //利用数组中的n个元素建立带线索的二叉搜索树的算法
{
    HBT=NULL;
    for(int i=0; i<n; i++)
    InsertThreed1(HBT, a[i]);
}
```

6.4.2 利用线索进行遍历

以中序线索为例来讨论这个问题。首先讨论一下如何在中序线索二叉树上寻找一个结点 p（即指针 p 所指向的结点）的中序后继结点，它分为如下两种情况。

（1）若 p 结点的右线索标志域为真，则表明 p->right 为右线索，它直接指向 p 的中序后继结点。

（2）若 p 的右线索标志域为假，则表明 p->right 指向右孩子结点，p 的中序后继结点必是其右子树中第一个中序遍历到的结点，因此从 p 的右孩子开始，沿左指针链往下查找，直到找到一个没有左孩子（即左线索标志域为 1）的结点为止，该结点是 p 的右子树中“最左下”的结点，它就是 p 的中序后继结点。如图 6-14 所示，p 的中序后继结点是 $R_k(k\geqslant1)$，R_k 可能是叶子结点，也可能是只含有右子树的单支结点；另外，若 k=1，则表示 p 的右孩子 R_1 是 p 的中序后继结点。

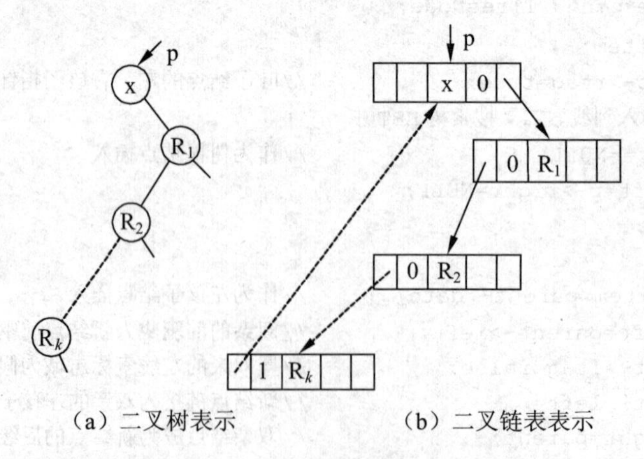

图 6-14　求中继后继结点示意图

根据以上分析，给出在中序线索二叉树上求结点 p 的中序后继的算法如下。

```
TTreeNode*InorderNext(TTreeNode*p)              //返回 p 结点的中继后继结点
{
    if(p->rtag==true)
        return p->right;
    else {
        p=p->right;
        while(p->ltag==false) p=p->left;
        return p;
    }
}
```

有了求中序后继结点的算法，就不难写出在中序线索二叉树上进行中序遍历的算法。此算法可叙述为：首先从根结点起沿左指针链往下查找，直到找到一个左线索标志域为真的结点为止，该结点的左指针域必为空，它就是整个中序序列的第一个结点；然后打印该结点，接着利用上述求中序后继结点的算法得到下一个结点，以此类推，直到中序后继结点为空时止。

设 HBT 为具有 TTreeNode*指针类型的一个值参，初始指向一棵中序线索二叉树的根结点，则对此树进行中序遍历的算法可描述如下。

```
void ThInorder(TTreeNode*HBT)                   //按中序线索遍历二叉树 HBT
{
    if(HBT!=NULL) {
        while(HBT->ltag==false)
            HBT=HBT->left;                      //查找出中序遍历中的第一个结点
        do {
            cout<<HBT->data<<' ';               //输出结点的值
            HBT=InorderNext(HBT);               //查找出 HBT 结点的中序后继结点
        } while(HBT!=NULL);                     //当 HT 为空时算法结束
    }
}
```

利用线索进行二叉树遍历的时间复杂度为 $O(n)$，空间复杂度为 $O(1)$。实际运行时间要少于不加线索的情况。

以广义表形式输出一棵线索二叉树的算法如下。

```
void PrintTTree1(TTreeNode*HBT)
{                                               //输出线索二叉树的广义表表示
    if(HBT!=NULL) {                             //树为空时结束递归,否则执行如下操作
        cout<<HBT->data;                        //输出根结点的值
        if(HBT->ltag==false || HBT->rtag==false) {
            cout<<'(';                          //输出左括号
            if(HBT->ltag==false)
                PrintTTree1(HBT->left);         //输出左子树
            if(HBT->rtag==false) {
                cout<<',';                      //若右子树不为空则首先输出逗号分隔符
                PrintTTree1(HBT->right);        //输出右子树
```

```
        }
        cout<<')';                        //输出右括号
      }
    }
}
```

利用下面程序调试上述每个算法。

```
#include<iostream.h>
#include<stdlib.h>

//定义二叉树结点值的类型为整型
typedef int ElemType;

//定义带线索的二叉搜索树的结点类型
struct TTreeNode {
   ElemType data;            //值域
   bool ltag, rtag;          //线索标志域
   TTreeNode*left;           //左指针域
   TTreeNode*right;          //右指针域
};

#include"线索二叉树运算.cpp"

void main()
{
  //定义指向带线索的二叉树结点的指针
   TTreeNode*hbt=NULL,*pre=NULL,*hbt1=NULL;
  //定义数组 a 并初始化
   ElemType a[10]={30,50,20,40,25,70,54,23,80,92};
  //利用数组 a 建立树根指针为 hbt 的带线索域的二叉搜索树
   CreateThreed(hbt,a,10);
  //给带线索域的二叉搜索树 hbt 加中序线索
   InThread(hbt,pre);
  //以广义表形式输出带线索的二叉搜索树 hbt
   PrintTTree1(hbt);cout<<endl;
  //中序遍历带线索的二叉搜索树 hbt
   cout<<"中序: "; ThInorder(hbt); cout<<endl;
  //利用数组 a 中后 7 个元素建立带线索的二叉搜索树 hbt1
   CreateThreed1(hbt1,a+3,7);
  //以广义表形式输出带线索的二叉搜索树 hbt1
   PrintTTree1(hbt1);cout<<endl;
  //中序遍历带线索的二叉搜索树 hbt1
   cout<<"中序: "; ThInorder(hbt1); cout<<endl;
}
```

该程序的运行结果如下:

```
30(20(,25(23)),50(40,70(54,80(,92))))
中序：20 23 25 30 40 50 54 70 80 92
40(25(23),70(54,80(,92)))
中序：23 25 40 54 70 80 92
```

*6.5　平衡二叉树

平衡二叉树（balanced binary tree）是对二叉搜索树的一种改进。二叉搜索树有一个缺陷，那就是树的结构事先无法预料，随意性很大，它只与结点的值和插入次序有关，往往得到的是一棵很不“平衡”的二叉树，即树的高度与相同结点数的理想平衡树相差甚远，在最坏的情况下，有可能变为一棵单支二叉树，其高度与结点数相同，相当于一个单链表，对其运算的时间复杂度由正常的 $O(\text{lb}\ n)$变为 $O(n)$，从而部分或全部地丧失了利用二叉搜索树组织数据的优点。为了克服二叉搜索树的这个缺陷，需要在插入和删除结点时对树的结构进行必要的调整，使二叉搜索树的结构始终处于一种较平衡的状态，当然它没有理想平衡树那样绝对的平衡。若要使二叉搜索树调整成理想平衡树那样的结构，将会使调整运算变得很复杂，使调整带来的好处得不偿失。

6.5.1　平衡二叉树的定义

平衡二叉树简称平衡树，是由阿德尔森-维尔斯基和兰迪斯(Adelson-Velskii and Landis)于 1962 年首先提出的，所以又称为 AVL 树。若一棵二叉树中每个结点的左、右子树的高度至多相差 1，则称此树为平衡的。把二叉树中每个结点的左子树高度减去右子树高度定义为该结点的平衡因子(balance factor)。因此，平衡树中每个结点的平衡因子只能是 1、0 或−1。如图 6-15（a）所示是一棵平衡二叉树，如图 6-15（b）和图 6-15（c）所示分别是一棵非平衡树，每个结点上方所标数字为该结点的平衡因子。

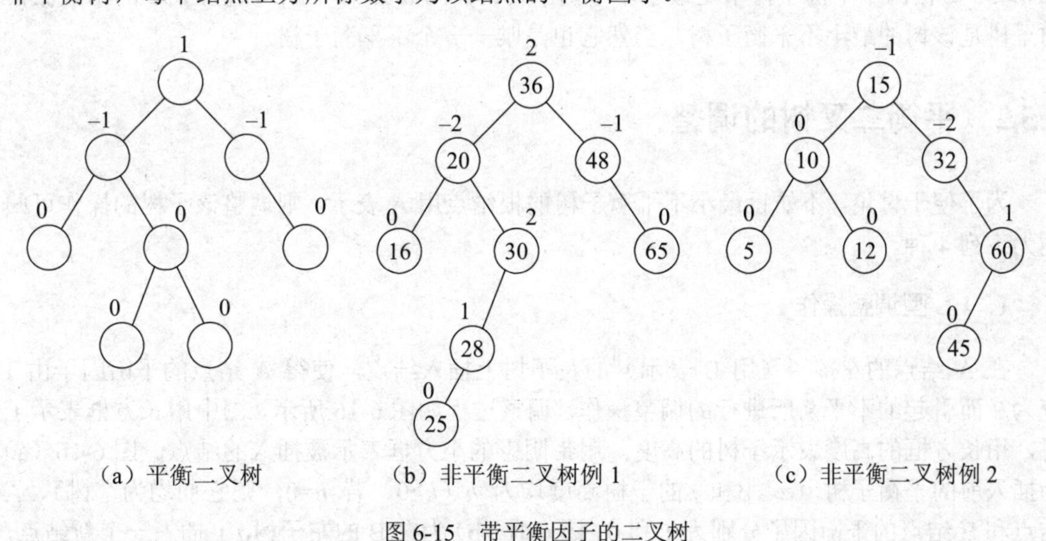

（a）平衡二叉树　（b）非平衡二叉树例 1　（c）非平衡二叉树例 2

图 6-15　带平衡因子的二叉树

虽然平衡树的平衡性比理想平衡树要差一些，但理论上已经证明：具有 n 个结点的平衡树的高度在任何情况下决不会比具有相同结点数的理想平衡树高出 45%以上。因此，在平衡树上进行查找运算虽比理想平衡树要慢一些，但通常比任意生成的二叉排序树快得多，当然，其时间复杂度的数量级表示仍为 $O(\mathrm{lb}\ n)$。

当向一棵平衡树插入一个新结点时，插入后，某些结点的左、右子树的高度不变，就不会影响这些结点的平衡因子，因而也不会因为这些结点造成不平衡；若插入后某些结点的左子树高度增加 1（右子树高度增加 1 的情况与之类似），则就影响了这些结点的平衡因子，具体分为如下 3 种情况。

（1）若插入前一部分结点的左子树高度 h_L 与右子树高度 h_R 相等，即平衡因子为 0，则插入后将使平衡因子变为 1，但仍符合平衡的条件，不必对它们加以调整。

（2）若插入前一部分结点的 h_L 小于 h_R，即平衡因子为–1，则插入后将使平衡因子变为 0，平衡更加改善，不必对它们进行调整。

（3）若插入前一部分结点的 h_L 大于 h_R，即平衡因子为 1，则插入后将使平衡因子变为 2，破坏了平衡树的限制条件，需对它们加以调整，使整个二叉排序树恢复为平衡树。

若插入后，某些结点的右子树高度增加 1，则也分为相应的 3 种情况，对于第 1 种情况，平衡因子将由 0 变为–1，不必进行调整；对于第 2 种情况是平衡因子由–1 变为–2，则必须对它们进行调整；对于第 3 种情况是平衡因子由 1 变为 0，平衡更加改善，也不必进行调整。

向平衡树中插入一个结点后破坏了其平衡性，首先要找出最小不平衡子树，然后再调整这个子树中有关结点之间的链接关系，使之成为新的平衡子树。当然，调整后该子树的二叉搜索树性质不变，即调整前后得到的中序序列要完全相同。稍后便知，最小不平衡子树被调整为平衡子树后，原有其他所有不平衡子树无需调整，整个二叉搜索树就又成为一棵平衡树。

所谓**最小不平衡子树**是指以离插入结点最近、且平衡因子绝对值大于 1 的结点做根的子树。在图 6-15（b）中，以值为 30 的结点做根的子树是该树的最小不平衡子树，分别以 20 和 36 做根的不平衡子树不是最小不平衡子树；在图 6-15（c）中，以值为 32 的结点做根的子树是该树的最小不平衡子树，当然它也是唯一一个不平衡子树。

6.5.2 平衡二叉树的调整

为了便于讨论，不妨设最小不平衡子树的根结点用 A 表示，则调整该子树的操作可归纳为下列 4 种。

1. LL 型调整操作

在 A 结点的左孩子（用 B 表示）的左子树上插入结点，使得 A 结点的平衡因子由 1 变为 2 而引起的不平衡所进行的调整操作。调整过程如图 6-16 所示，图中用长方框表示子树，用长方框的高度表示子树的高度，用带阴影的小方框表示被插入的结点。图 6-16（a）为插入前的平衡子树，α、β和 γ 的子树高度均为 h（$h \geq 0$，若 $h=0$，则它们均为空树），A 结点和 B 结点的平衡因子分别为 1 和 0。图 6-16（b）为在 B 的左子树α上插入一个新结点，使以 A 为根的子树成为最小不平衡子树的情况。图 6-16（c）为调整后成为新的平衡子树的情况。调整规则是：将 A 的左孩子 B 向右上旋转代替 A 成为原不平衡子树的根结点，将 A 结点向右下旋转成为 B 的右子树的根结点，而 B 的原右子树 β 则作为 A 结点的左子树。此调整过程需要修改 3 个指针，如图 6-16（c）中的箭头所示，一是将原指向结点 A 的指针修改为指向结点 B；二是将 B 的右指针修改为指向结点 A；三是将 A 的左指针修改为指向 B 的原右子树的根结点。另外，还需要修改 A 和 B 结点的平衡因子，应均被置为 0。

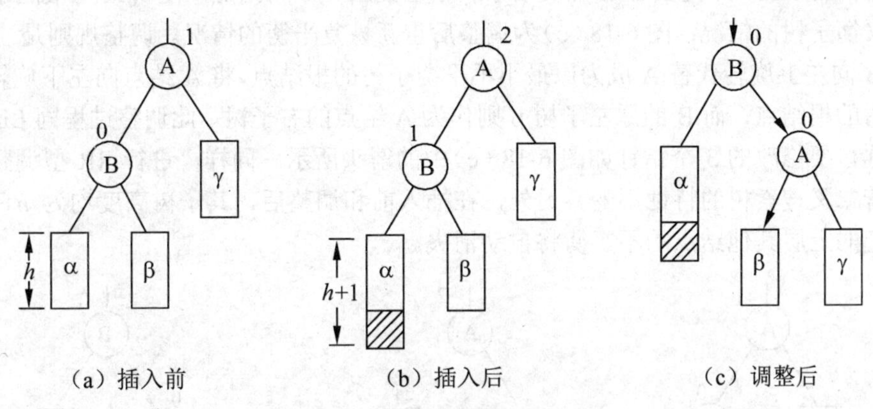

（a）插入前　　（b）插入后　　（c）调整后

图 6-16　LL 型调整操作示意图

从图 6-16 可以看出，调整前后对应的中序序列相同，即为αBβAγ，所以经调整后仍保持了二叉搜索树的特性不变。

如图 6-17 所示是 LL 型调整的两个实例，其中，图 6-17（a）、图 6-17（b）、图 6-17（c）为一例，此处 A 结点为 9，B 结点为 6，α、β、γ 均为空树；图 6-17（d）、图 6-17（e）、图 6-17（f）为另一例，此处 A 结点为 50，B 结点为 45，α、β、γ 分别为只含有一个结点 30、48、60 的子树。

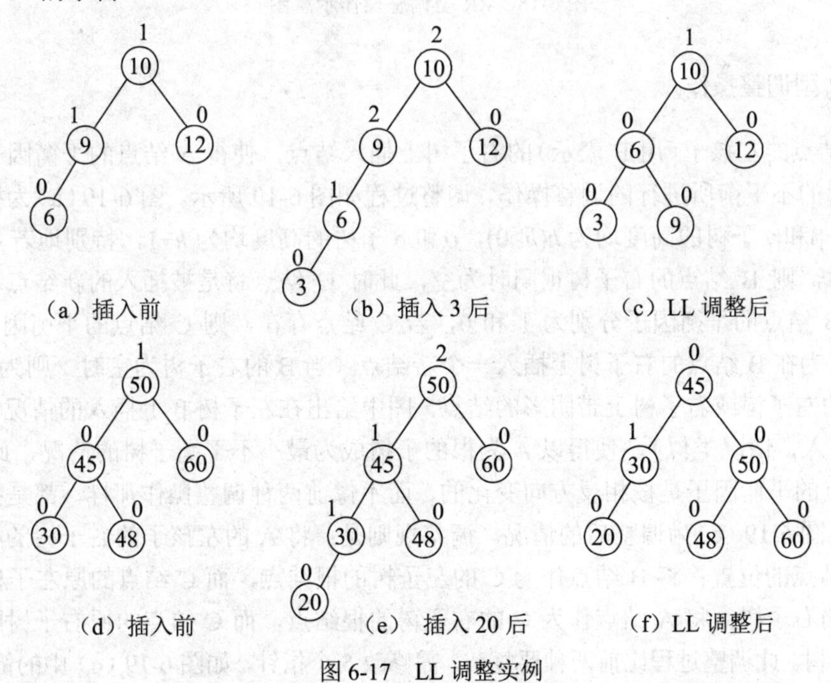

（a）插入前　　（b）插入 3 后　　（c）LL 调整后

（d）插入前　　（e）插入 20 后　　（f）LL 调整后

图 6-17　LL 调整实例

2．RR 型调整操作

在 A 结点的右孩子（用 B 表示）的右子树上插入结点，使得 A 结点的平衡因子由–1 变为–2 而引起的不平衡所进行的调整操作，调整过程如图 6-18 所示。图 6-18（a)为插入前的平衡子树，α、β、γ子树的高度相同，均为 $h(h\geqslant 0)$，A 结点和 B 结点的平衡因子分别为–1 和 0；图 6-18（b）为在 B 结点的右子树 γ 上插入一个新结点，使以 A 为根的子树成为最小不平衡子树的情况；图 6-18（c）为调整后重新恢复平衡的情况。调整规则是：将 A 的右孩子 B 向左上旋转代替 A 成为原最小不平衡子树的根结点，将 A 结点向左下旋转成为 B 的左子树的根结点，而 B 的原左子树 β 则作为 A 结点的右子树。此调整过程同 LL 型调整过程对称，要修改的 3 个指针如图 6-18（c）中的箭头所示。同样，进行 RR 型调整前后，仍保持着二叉搜索树的特性不变。另外，在插入前和调整后，其子树高度均为 $h+2$，由插入所引起的上层其他结点的不平衡将自动消失。

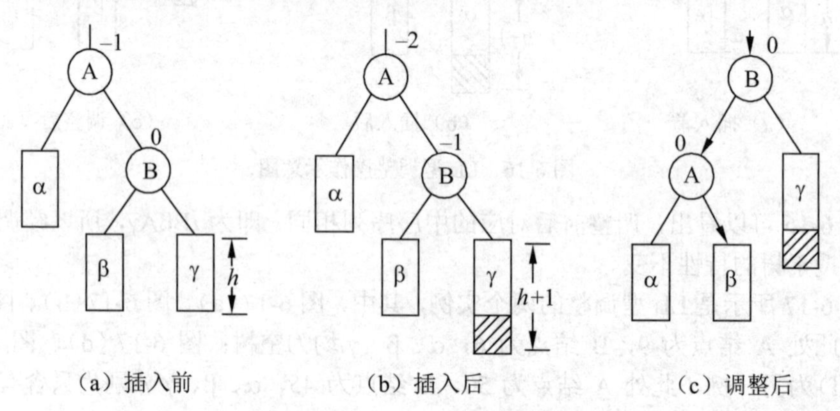

图 6-18 RR 型调整操作示意图

3．LR 型调整操作

在 A 结点的左孩子（用 B 表示）的右子树上插入结点，使得 A 结点的平衡因子由 1 变为 2 而引起的不平衡所进行的调整操作，调整过程如图 6-19 所示。图 6-19（a）为插入前的平衡子树，β和 γ 子树的高度均为 $h(h\geq 0)$，α和 δ 子树的高度均为 $h+1$，特别地若 α 和 δ 子树为空树时，则 B 结点的右子树也同时为空，此时 C 结点将是被插入的新结点。插入前 A 结点和 B 结点的平衡因子分别为 1 和 0，若 C 结点存在，则 C 结点的平衡因子为 0。图 6-19（b）为在 B 结点的右子树上插入一个新结点（当 B 的右子树为空时，则为 C 结点，否则为 C 的左子树或右子树上带阴影的结点，图中给出在左子树 β 上插入的情况，若在右子树 γ 上插入，情况类似），使得以 A 为根的子树成为最小不平衡子树的情况，此处 A 结点和 B 结点的平衡因子是按相反方向变化的，而不像前两种调整操作那样，都是按同一方向变化的。图 6-19（c）为调整后的情况。调整规则是：将 A 的左孩子的右子树的根结点 C 提升到 A 结点的位置；将 B 结点作为 C 的左子树的根结点，而 C 结点的原左子树 β 则作为 B 结点的右子树；将 A 结点作为 C 的右子树的根结点，而 C 结点的原右子树则作为 A 结点的左子树。此调整过程比前两种要复杂，需修改 5 个指针，如图 6-19（c）中的箭头所示。

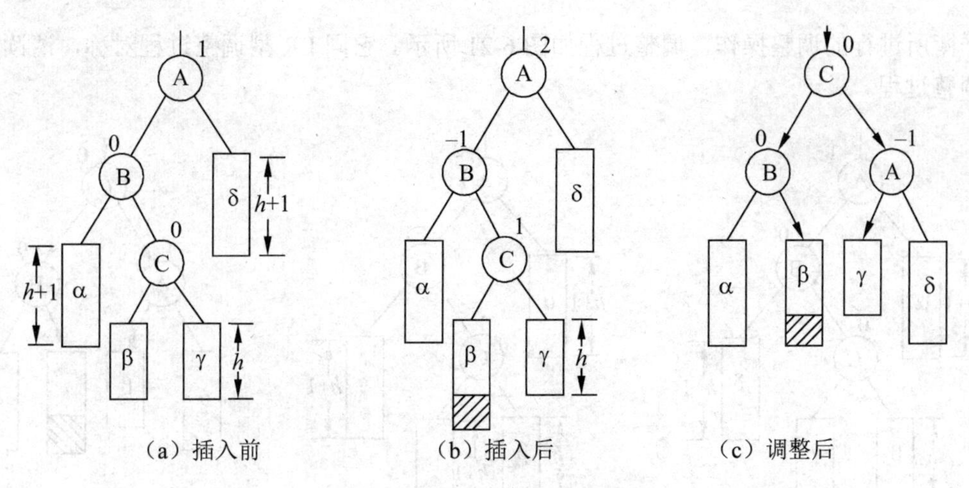

图 6-19　LR 型调整操作示意图

可以看出，调整前后对应的中序序列相同，即为αBβCγAδ，只是链接次序不同罢了，但没有影响其二叉搜索树的特性。另外，在插入前和调整后的子树高度不变。

如图 6-20 所示是 LR 型调整操作的两个实例，其中图 6-20（a）、图 6-20（b）、图 6-20（c）为一例，此处 A 结点为 9，B 结点为 3，C 结点为 6，它是新插入的结点，α、β、γ、δ均为空树；图 6-20（d）、图 6-20（e）、图 6-20（f）为另一例，此处 A 结点为 85，B 结点为 74，C 结点为 80，α和 δ 子树分别只含有一个结点 65 和 92，β和 γ 均为空。

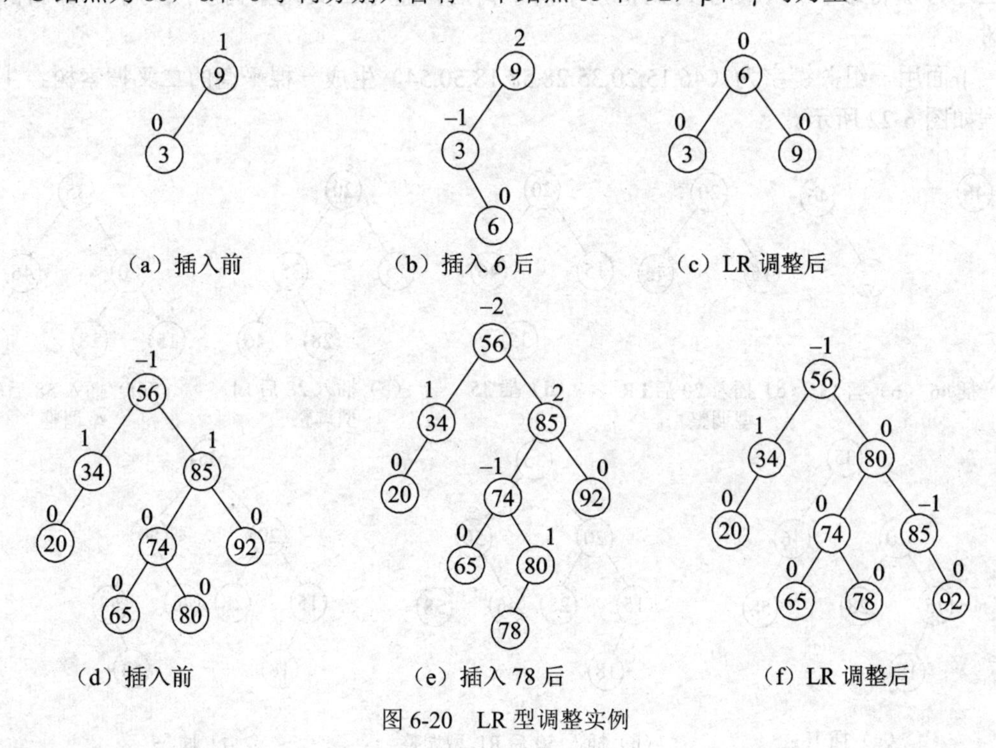

图 6-20　LR 型调整实例

4．RL 型调整操作

在 A 结点的右孩子的左子树上插入结点，使 A 结点的平衡因子由–1 变为–2 而引起的不平衡所进行的调整操作，调整过程如图 6-21 所示。它同 LR 型调整过程对称，请读者分析调整过程。

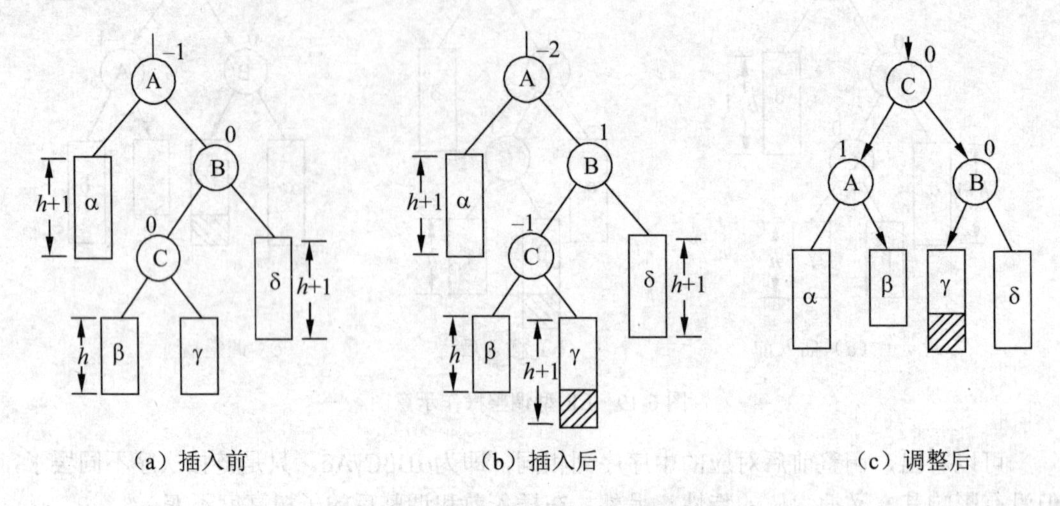

图 6-21　RL 型调整操作示意图

在上述每一种调整操作中，以 A 为根的最小不平衡子树的高度在插入结点前和调整后相同，因此对其所有祖先结点的平衡性不会产生任何影响，即原有的平衡因子不变。故按照上述方法将最小不平衡子树调整为平衡子树后，整个二叉搜索树就成为了一棵新的平衡树。

下面用一组关键字为（46,15,20,35,28,58,18,50,54）生成一棵平衡的二叉搜索树，生成过程如图 6-22 所示。

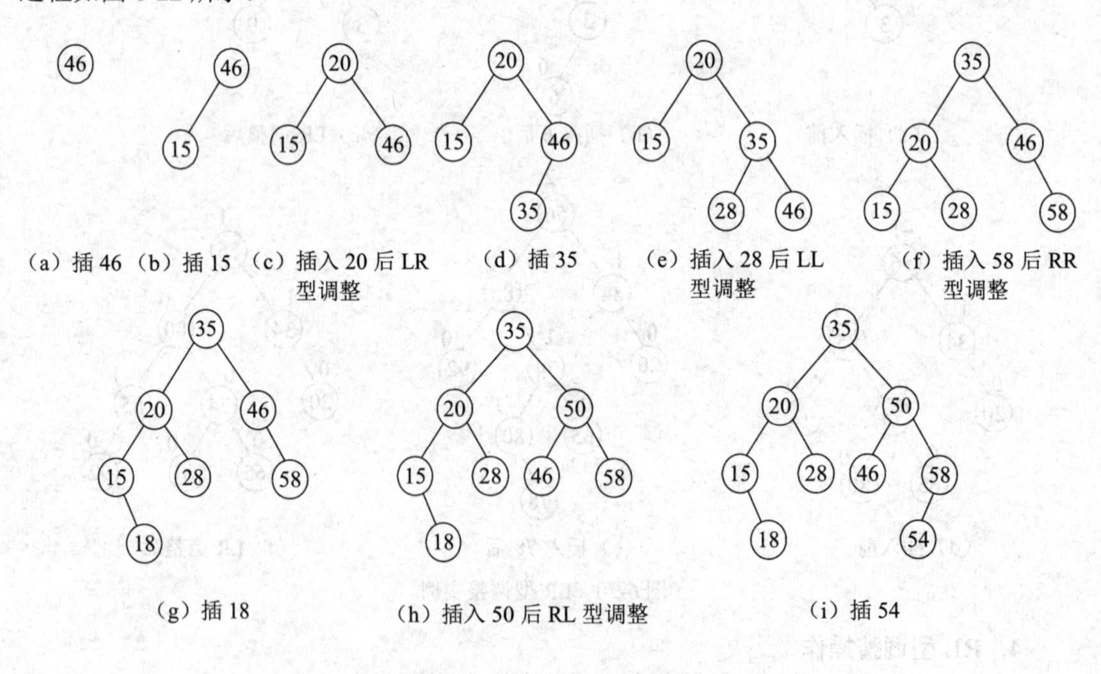

图 6-22　建立平衡二叉树实例

在二叉搜索树的插入和删除运算中，采用平衡树的优点是：使树的结构较好，从而提高查找运算的速度。缺点是：使插入和删除运算变得复杂化，从而降低它们的运算速度。在每次插入或删除运算中，不仅要进行插入和删除结点的操作，而且要检查是否存在有最小不平衡子树，若存在，则需要对最小不平衡子树中有关指针进行修改。因此，采用平衡树，适合于那种对二叉搜索树一经建立就很少进行插入和删除运算，而主要是进行查找运算的应用场合。

对二叉搜索树删除结点而引起的不平衡而进行的调整操作比插入结点的情况还要复杂，当调整完最小不平衡子树后，还可能引起祖先结点中的不平衡，还需要继续向上调整。平衡二叉树的插入和删除算法是在二叉搜索树算法的基础上修改而成的，是比较复杂的，有关这方面的内容超出了教学要求，故本节不做介绍。

习　题　6

【习题 6-1】 运算题。

1．已知一组元素为（46,25,78,62,12,37,70,29），画出按元素排列顺序输入生成的一棵二叉搜索树，再以广义表形式给出该二叉搜索树。

2．已知一棵二叉搜索树的广义表表示为 28(12(,16),49(34(30),72(63)))，若从中依次删除 72、12、49、28 等 4 个结点，试分别画出每删除一个结点后得到的图形表示的二叉搜索树，并写出对应的广义表表示。

3．从空堆开始依次向小根堆中插入集合{38,64,52,15,73,40,48,55,26,12}中的每个元素，试以顺序表的形式给出每插入一个元素后堆的状态。

4．已知一个堆为（12,15,40,38,26,52,48,64），若从堆中依次删除 4 个元素，请给出每删除一个元素后堆的状态。

5．有 7 个带权结点，其权值分别为 3、7、8、2、6、10、14，试以它们为叶子结点构造一棵哈夫曼树，给出其广义表表示，并计算出带权路径长度 WPL。

*6．在一份电文中共使用 5 种字符，即 a、b、c、d、e，它们的出现频率依次为 4、7、5、2、9，试画出对应的编码哈夫曼树，求每个字符的哈夫曼编码和传送电文的总长度。

*7．一棵二叉树的广义表表示为 A(B(,D(G),),C(E(,H),F))，试画出对应的图示二叉树，并在此树上添加先序线索。

*8．一组关键字为（40,28,16,56,50,32,30,63），试依次插入结点生成一棵平衡二叉搜索树，并标明插入时所需平衡的类型。

*9．一组关键字为（36,75,83,54,12,67,60,40,92,72），试依次插入结点分别生成一棵二叉搜索树和二叉平衡树，并分别求查找每个元素的平均查找长度。

【习题 6-2】 算法设计题。

1．设在一棵二叉搜索树的每个结点的 data 值域中，含有用于排序的 pxm 域和统计相同排序码结点个数的 count 域，当向该树插入一个元素时，若树中已存在与该元素的排序码相同的结点，则就使该结点的 count 域增 1，否则就由该元素生成一个新结点而插入到树中，并使其 count 域置为 1，试按照这种插入要求编写一个算法。

2．编写一个非递归算法，求出二叉搜索树中的关键字最大的元素。

3．求一棵二叉搜索树中单分支结点数。

*4．写出在先序线索二叉树上求 p 结点的先序后继结点的算法和利用先序线索进行遍历的算法。

*5．一棵二叉搜索树被存储在具有 ABTList 数组类型（已在第 5 章中定义）的一个对象 BST 中，试编

写以下算法。

（1）初始化对象 BST。

（2）向二叉搜索树中插入一个元素。

（3）根据数组 *a* 中的 *n* 个元素建立一棵二叉搜索树。

（4）中序遍历二叉搜索树。

（5）写出一个完整程序调用上述算法。

第 7 章　图

7.1　图的概念

7.1.1　图的定义

图（graph）是图型结构的简称，是一种复杂的非线性数据结构。图在各个领域都有着广泛的应用。图的二元组定义为：$G=(V, E)$。其中 V 是顶点集合，$V=\{v_i|0\le i\le n-1, n\ge 0, v_i \in \text{VertexType}\}$，VertexType 为顶点值的类型，同以前使用的 ElemType 一样可以代表任何类型，n 为顶点数，当 $n=0$ 时则 V 为空集；E 是 V 上二元关系的集合，通常讨论仅含一个二元关系的情况，且直接用 E 表示这个关系。这样，E 就是 V 上顶点的序偶或无序对（每个无序对(x, y)是两个对称序偶$<x, y>$和$<y, x>$的简写形式）的集合。对于 V 上的每个顶点，在 E 中都允许有任意多个前驱和任意多个后继，即对每个顶点的前驱和后继个数均不加限制。

回顾一下线性表和树的二元组定义，都是在其二元关系上规定了某种限制，线性表的限制是只允许每个结点有一个前驱和一个后继；树的限制是只允许每个结点有一个前驱。因此，图比线性表和树更具有广泛性，它包含线性表和树在内，线性表和树可看作图的简单情况。

对于一个图 G，若 E 是序偶的集合，则每个序偶对应图形中的一条有向边，若 E 是无序对的集合，则每个无序对对应图形中的一条无向边，所以可把 E 看作为边的集合。这样图的二元组定义可叙述为：图由**顶点集**（vertexset）和**边集**（edgeset）所组成。针对图 G，顶点集和边集可分别记为 $V(G)$和 $E(G)$。若顶点集为空，则边集必然为空；若顶点集非空，则边集可空可不空。当边集为空时，图 G 中的顶点均为孤立顶点。

对于一个图 G，若边集 $E(G)$中为有向边，则称此图为**有向图**（directed graph）；若边集 $E(G)$中为无向边，则称此图为**无向图**（undirected graph）。如图 7-1 所示，$G1$ 和 $G2$ 分别为一个无向图和有向图，$G1$ 中每个顶点里的数字为该顶点的序号（序号从 0 开始），顶点的值没有在图形中给出，$G2$ 中每个顶点里的字母为该顶点的值或关键字，顶点外面的数字为该顶点的序号。在一般的图型结构讨论中，只关心顶点的序号而不关心顶点的值，所有顶点的值通常被另外保存在一个数组或文件中，待需要时取用。$G1$ 和 $G2$ 对应的顶点集和边集分别如下所示，这里假定用每个顶点的序号 i 代替顶点 v_i 的值。

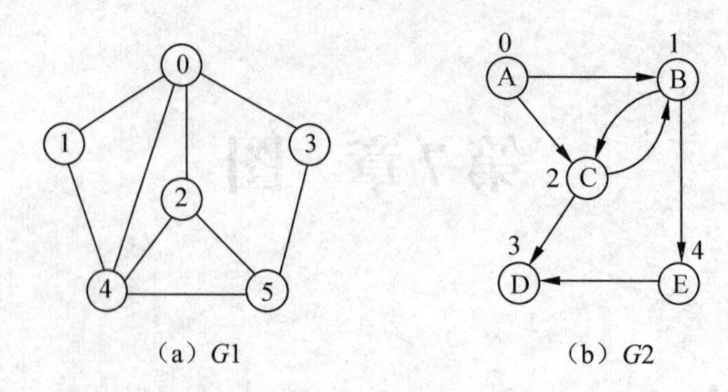

（a）*G*1　　　　（b）*G*2

图 7-1　无向图和有向图

$V(G1)$={0,1,2,3,4,5,}

$E(G1)$={(0,1),(0,2),(0,3),(0,4),(1,4),(2,4),(2,5),(3,5),(4,5)}

$V(G2)$={0,1,2,3,4}

$E(G2)$={<0,1>,<0,2>,<1,2>,<1,4>,<2,1>,<2,3>,<4,3>}

若用 *G*2 顶点的值表示其顶点集和边集，则如下所示。

$V(G2)$={A,B,C,D,E}

$E(G2)$={<A,B>,<A,C>,<B,C>,<B,E>,<C,B>,<C,D>,<E,D>}

在日常生活中，图的应用到处可见，如各种交通图、线路图、结构图和流程图等。

7.1.2　图的基本术语

1．端点和邻接点

在一个无向图中，若存在一条边(v_i, v_j)，则称 v_i、v_j 为此边的两个**端点**，并称它们互为**邻接点**（adjacent），即 v_i 是 v_j 的一个邻接点，v_j 也是 v_i 的一个邻接点。在图 7-1（a）中，以顶点 v_0 为端点的 4 条边是(0, 1)、(0, 2)、(0, 3)和(0, 4)，v_0 的 4 个邻接点分别为 v_1、v_2、v_3 和 v_4；以顶点 v_3 为端点的两条边是(3, 0)和(3, 5)，v_3 的两个邻接点分别为 v_0 和 v_5。

在一个有向图中，若存在一条边$\langle v_i, v_j\rangle$，则称此边是顶点 v_i 的一条出边（outedge）。顶点 v_j 的一条入边（inedge）；称 v_i 为此边的起始端点，简称**起点**或**始点**，v_j 为此边的终止端点，简称**终点**；称 v_i 和 v_j 互为邻接点，并称 v_j 是 v_i 的**出边邻接点**，v_i 是 v_j 的**入边邻接点**。在图 7-1（b）中，顶点 C 有两条出边<C，B>和<C，D>，两条入边<A，C>和<B，C>，顶点 C 的两个出边邻接点为 B 和 D，两个入边邻接点为 A 和 B。

2．顶点的度

无向图中顶点 v 的**度**（degree）为以该顶点为一个端点的边的数目，简单地说，就是该顶点的边的数目，记为 $D(v)$。在图 *G*1 中 v_0 顶点的度为 4，v_1 顶点的度为 2。有向图中顶点 v 的度有入度和出度之分，**入度**（indegree）是该顶点的入边的数目，记为 ID(v)；**出度**（outdegree）是该顶点的出边的数目，记为 OD(v)；顶点 v 的度等于它的入度和出度之和，即 $D(v)$=ID(v)+OD(v)。在图 *G*2 中顶点 A 的入度为 0，出度为 2，度为 2；顶点 C 的入度为 2，出度为 2，度为 4。

若一个图中有 n 个顶点和 e 条边，则该图所有顶点的度数之和同边数 e 满足下面关系：

$$e = \frac{1}{2}\sum_{i=0}^{n-1} D(v_i)$$

因为每条边各为两个端点增加度数 1，合起来为图中添加度数 2，所以全部顶点的度数之和为所有边数的 2 倍，或者说，边数为全部顶点的度数之和的一半。

3．完全图、稠密图、稀疏图

若无向图中的每两个顶点之间都存在着一条边，有向图中的每两个顶点之间都存在着方向相反的两条边，则称此图为**完全图**。显然，若完全图是无向的，则图中包含有 $\frac{1}{2}n(n-1)$ 条边，它等于从 n 个元素中每次取出 2 个元素的所有组合数；若完全图是有向的，则图中包含有 $n(n-1)$条边，即每个顶点到其余 $n-1$ 个顶点之间都有一条出边。当一个图接近完全图时，则称它为**稠密图**，相反，当一个图含有较少的边数（即 $e<<n(n-1)$，双小于号表示远远小于，此边数通常与顶点数 n 同数量级）时，则称它为**稀疏图**。如图 7-2 所示，$G3$ 就是一个含有 5 个顶点的无向完全图，$G4$ 就是一个含有 6 个顶点的稀疏图。

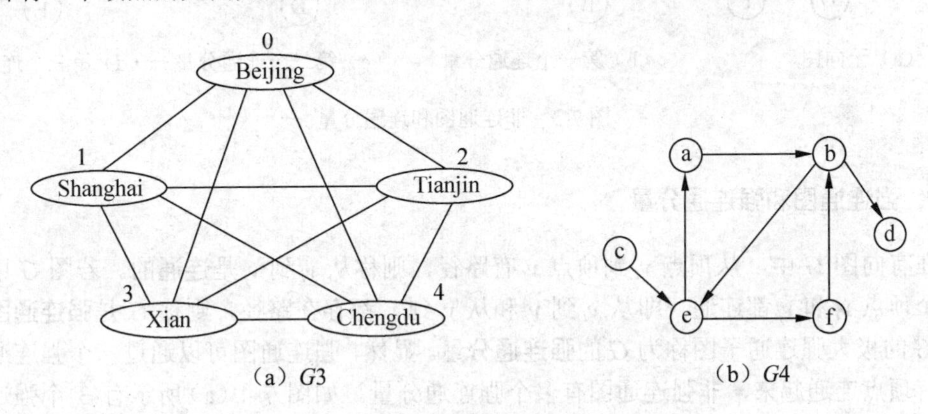

图 7-2　完全图和稀疏图

4．子图

设有两个图 $G=(V,E)$ 和 $G'=(V', E')$，若 V' 是 V 的子集，即 $V'\subseteq V$，且 E' 是 E 的子集，即 $E'\subseteq E$，并且 E' 中所涉及到的顶点全部包含在 V' 中，则称 G' 是 G 的**子图**。例如，由 $G3$ 中的全部顶点和同 v_0 相连的所有边可构成 $G3$ 的一个子图，由 $G3$ 中的顶点 v_0、v_1、v_2 和它们之间的所有边可构成 $G3$ 的另一个子图。

5．路径和回路

在一个图 G 中，从顶点 v 到顶点 v' 的一条**路径**（path）是一个顶点序列 $v_{i1}, v_{i2}, \cdots, v_{im}$，其中 $v=v_{i1}$，$v'=v_{im}$，若此图是无向图，则$(v_{ij-1}, v_{ij})\in E(G)$，$(2\le j\le m)$；若此图是有向图，则$<v_{ij-1}, v_{ij}>\in E(G)$, $(2\le j\le m)$。从顶点 v 到顶点 v' 的**路径长度**是指该路径上经过的边的数目。若在一条路径上的所有顶点均不同，则称为**简单路径**。若一条路径上的前后两端点相同，则称为**回路或环**（cycle），若回路中除前后两端点相同外，其余顶点均不同则称为**简**

单回路或简单环。在图 $G4$ 中，从顶点 c 到顶点 d 的一条简单路径为 c、e、a、b、d，其路径长度为 4；路径 a、b、e、a 为一条简单回路，其路径长度为 3；路径 a、b、e、f、b 不是一条简单路径，因为存在着从顶点 b 到 b 的一条回路。

6. 连通和连通分量

在无向图 G 中，若从顶点 v_i 到顶点 v_j 有路径，则称 v_i 和 v_j 是**连通**的。若图 G 中任意两个顶点都连通，则称 G 为**连通图**，否则若存在顶点之间不连通的情况则称为**非连通图**。无向图 G 的极大连通子图称为 G 的连通分量。显然，任何连通图都可以通过一个连通分量把所有顶点连通起来，而非连通图有多个连通分量。例如，上面给出的图 $G1$ 和图 $G3$ 都是连通图。下面图 7-3（a）所示为一个非连通图，它包含有 3 个连通分量，如图 7-3（b）、图 7-3（c）、图 7-3（d）所示。

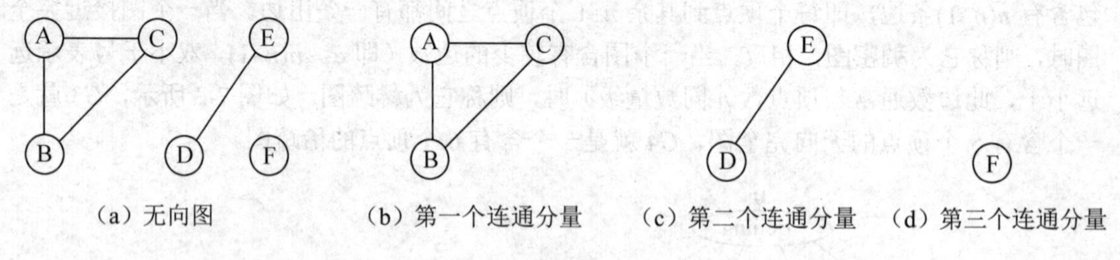

图 7-3 非连通图和连通分量

7. 强连通图和强连通分量

在有向图 G 中，从顶点 v_i 到顶点 v_j 有路径，则称从 v_i 到 v_j 是**连通**的。若图 G 中的任意两个顶点 v_i 和 v_j 都连通，即从 v_i 到 v_j 和从 v_j 到 v_i 都存在路径，则称 G 是**强连通图**。有向图 G 的极大强连通子图称为 G 的**强连通分量**。显然，强连通图可以通过一个强连通分量把所有顶点连通起来，非强连通图有多个强连通分量。如图 7-4（a）所示有 3 个强连通分量，如图 7-4（b）、图 7-4（c）、图 7-4（d）所示。

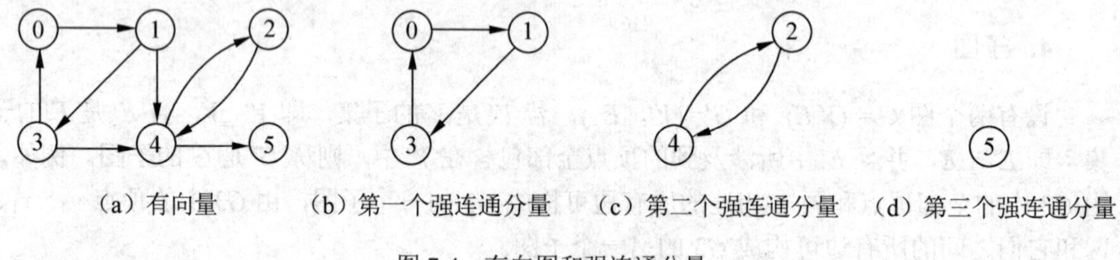

图 7-4 有向图和强连通分量

8. 权和网

在一个图中，每条边可以标上具有某种含义的数值，通常为非负实数，此数值称为该边的**权**（weight）。例如，对于一个反映城市交通线路的图，边上的权可表示该条线路的长度或等级；对于一个反映电子线路的图，边上的权可表示两端点间的电阻、电流或电压；对于一个反映零件装配的图，边上的权可表示一个端点零件需要装配另一个端点零件的数量；对于一个反映工程进度的图，边上的权可表示从前一子工程到后一子工程所需要的天数。边上带有权的图称作带权图，也常称做**网**（network）。如图 7-5 所示的 *G*5 和 *G*6 就分别是一个无向带权图和有向带权图。

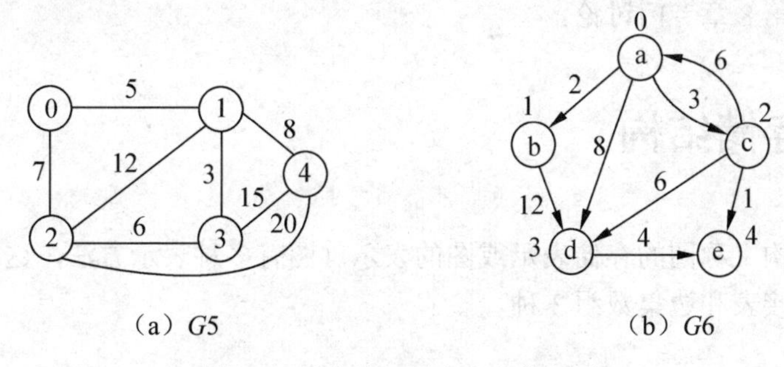

（a）*G*5　　（b）*G*6

图 7-5　无向带权图和有向带权图

对于带权图，若用图的顶点集和边集表示，则边集中每条边的后面应附加该边上的权值。图 *G*5 和 *G*6 的边集分别为：

$E(G5)=\{(0,1)5,(0,2)7,(1,2)12,(1,3)3,(1,4)8,(2,3)6,(2,4)20,(3,4)15\}$

$E(G6)=\{<0,1>2,<0,2>3,<0,3>8,<1,3>12,<2,0>6,<2,3>6,<2,4>1,<3,4>4\}$

7.1.3　图的抽象数据类型

图的抽象数据类型的数据部分为一个图 *G*，它可以采用顺序、链接等任一种存储结构，存储类型用 GraphType 标识符表示，操作部分包括初始化图、建立图、遍历图、查找图、输出图、清除图等常用运算，以及求图的最小生成树、最短路径、拓扑排序、关键路径等特定运算。图的抽象数据类型的具体定义如下。

```
DAT GRAPH is
    Data:
        一个图 G，存储类型用标识符 GraphType 表示
    Operations
        void InitGraph(GraphType&G);                          //初始化图的存储空间
        void CreateGraph(GraphType&G, char*E, int n);         //根据图的边集 E 建立
                                                              //图的存储结构
        void TraverseGraph(GraphType&G, int i, int n);        //按照一定次序从顶点
                                                              //i 开始遍历图
        bool FindGraph(GraphType&G, VertexType& item, int n);//从图中查找
                                                              //给定值顶点
        void PrintGraph(GraphType&G, int n);                  //按照图的一种表示方法输出
                                                              //一个图
        void ClearGraph(GraphType&GT);                        //清除图中动态分配的存储空间
        void MinSpanGraph(GraphType&G, int n);                //求图中的最小生成树
        void MinPathGraph(GraphType&G, int n);                //求图中顶点之间的最短路径
        void TopolGraph(GraphType&G, int n);                  //求有向图中顶点之间的拓扑
                                                              //序列
```

```
    void KeyPathGraph(GraphType&G, int n);    //求有向带权图中的关键路径
end GeneralTree
```

本章将结合图的存储结构和遍历讨论图的常用运算的算法，对于图的特定运算的方法和算法，将留到第 8 章专门讨论。

7.2 图的存储结构

图的存储结构又称图的存储表示或图的表示。图有多种表示方法，这里介绍比较常用的邻接矩阵、邻接表和边集数组 3 种。

7.2.1 邻接矩阵

邻接矩阵（adjacency matrix）是表示图形中顶点之间相邻关系的矩阵。设 $G=(V,E)$是具有 n 个顶点的图，顶点序号依次为 0, 1, 2, …, n–1，则 G 的邻接矩阵是具有如下定义的 n 阶方阵。

$$\boldsymbol{A}[i,j]=\begin{cases}1 & \text{对于无向图，}(v_i,v_j)\text{或}(v_j,v_i)\in E(G)\text{；}\\ & \text{对于有向图，}<v_i,v_j>\in E(G)\\ 0 & E(G)\text{中不存在 }v_i\sim v_j\text{ 的边}\end{cases}$$

对于图 7-1 中的 $G1$ 和 $G2$，它们的邻接矩阵分别为 $\boldsymbol{A}_1$ 和 $\boldsymbol{A}_2$ 所示。由 $\boldsymbol{A}_1$ 可以看出，无向图的邻接矩阵是按主对角线为轴对称的。

$$\boldsymbol{A}_1=\begin{array}{c}\begin{matrix}0&1&1&1&1&0\end{matrix}\end{array}$$

$$\begin{array}{cc} & \begin{matrix}0 & 1 & 2 & 3 & 4 & 5\end{matrix} \\ \boldsymbol{A}_1= & \begin{bmatrix}0&1&1&1&1&0\\1&0&0&0&1&0\\1&0&0&0&1&1\\1&0&0&0&0&1\\1&1&1&0&0&1\\0&0&1&1&1&0\end{bmatrix}\begin{matrix}0\\1\\2\\3\\4\\5\end{matrix}\end{array} \qquad \begin{array}{cc} & \begin{matrix}0 & 1 & 2 & 3 & 4\end{matrix} \\ \boldsymbol{A}_2= & \begin{bmatrix}0&1&1&0&0\\0&0&1&0&1\\0&1&0&1&0\\0&0&0&0&0\\0&0&0&1&0\end{bmatrix}\begin{matrix}0\\1\\2\\3\\4\end{matrix}\end{array}$$

若图 G 是一个带权图，则用邻接矩阵表示也很方便，只要把 1 换为相应边上的权值，把非对角线上的 0 换为某一个很大的特定实数，表示这个边不存在，这个特定实数通常用∞或 MaxValue 表示，它要大于图 G 中所有边上的权值之和。

例如，对于图 7-5 中的带权图 $G5$ 和 $G6$，它们的邻接矩阵分别用 $\boldsymbol{A}_3$ 和 $\boldsymbol{A}_4$ 所示。

$$\begin{array}{cc} & \begin{matrix}0 & 1 & 2 & 3 & 4\end{matrix} \\ \boldsymbol{A}_1= & \begin{bmatrix}0&5&7&\infty&\infty\\5&0&12&3&8\\7&12&0&6&20\\\infty&3&6&0&15\\\infty&8&20&15&0\end{bmatrix}\begin{matrix}0\\1\\2\\3\\4\end{matrix}\end{array} \qquad \begin{array}{cc} & \begin{matrix}0 & 1 & 2 & 3 & 4\end{matrix} \\ \boldsymbol{A}_2= & \begin{bmatrix}0&2&3&8&\infty\\\infty&0&\infty&12&\infty\\6&\infty&0&6&1\\\infty&\infty&\infty&0&4\\\infty&\infty&\infty&\infty&0\end{bmatrix}\begin{matrix}0\\1\\2\\3\\4\end{matrix}\end{array}$$

采用邻接矩阵表示图，便于查找图中任一条边或边上的权。如要查找边（i,j）或<i,j>，则只要查找邻接矩阵中第 i 行第 j 列的元素 $A[i,j]$是否为一个有效值（即非零值和非 MaxValue 值）。若该元素为一个有效值，则表明此边存在，否则此边不存在。邻接矩阵中的元素可以随机存取，所以查找一条边的时间复杂度为 $O(1)$。这种存储表示也便于查找图中任一顶点的度，对于无向图，顶点 v_i 的度就是对应第 i 行或第 i 列上有效元素的个数；对于有向图，顶点 v_i 的出度就是对应第 i 行上有效元素的个数，顶点 v_i 的入度就是对应第 i 列上有效元素的个数。由于求任一顶点的度需访问对应一行或一列中的所有元素，所以其时间复杂度为 $O(n)$，n 表示图中的顶点数，即邻接矩阵的阶数。从图的邻接矩阵中查任一顶点的一个邻接点或所有邻接点同样也很方便。如查找 v_i 的一个邻接点（对于无向图）或出边邻接点（对于有向图），则只要在第 i 行上查找出一个有效元素，以该元素所在的列号 j 为序号的顶点 v_j 就是所求的一个邻接点或出边邻接点。一般算法要求是依次查找出一个顶点 v_i 的所有邻接点（对于有向图则为出边邻接点或入边邻接点），此时需访问对应第 i 行或第 i 列上的所有元素，所以其时间复杂度为 $O(n)$。

图的邻接矩阵的存储需要占用 $n\times n$ 个整数存储位置（因顶点的序号为整数），所以其空间复杂度为 $O(n^2)$。这种存储结构用于表示稠密图能够充分利用存储空间，但若用于表示稀疏图，则将使邻接矩阵变为稀疏矩阵，从而造成存储空间的很大浪费。

图的邻接矩阵表示，只是使用一个二维数组存储顶点之间相邻的关系，为了存储图中 n 个顶点元素的信息，通常还需要使用一个一维数组，用数组中下标为 i 的元素存储顶点 v_i 的信息。这两种数组的类型可定义如下。

```
const int MaxVertexNum={图的最大顶点数，它要大于等于具体图的顶点数 n};
const int MaxEdgeNum={图的最大边数，它要大于等于具体图的边数 e};
typedef int WeightType;                          //定义边的权值类型
const WeightType MaxValue={特定权值，它要大于图中所有有效权值之和};
typedef VertexType vexlist[MaxVertexNum];        //定义 vexlist 为存储顶点信息的数
                                                 //组类型
typedef int adjmatrix[MaxVertexNum][MaxVertexNum];
        //定义 adjmatrix 为存储邻接矩阵的数组类型
```

图的顶点信息利用 vexlist 类型的一维数组存储后，能够根据顶点序号直接访问到相应元素，图中顶点之间的邻接关系利用邻接矩阵存储后，也能够根据任一条边的两个端点直接访问到相应元素，所以，可把它们看作是图的一种顺序存储。

1. 图的邻接矩阵存储的初始化算法

```
void InitMatrix(adjmatrix GA, int k)
{     //假定 k 等于 0 为无权图，k 不等于 0 为有权图
    int i,j;
    for(i=0; i<MaxVertexNum; i++)
        for(j=0; j<MaxVertexNum; j++)
            if(i==j) GA[i][j]=0;
            else if(k) GA[i][j]=MaxValue;
            else GA[i][j]=0;
}
```

2. 根据一个图的边集生成图的邻接矩阵的算法

```
void CreateMatrix(adjmatrix GA, int n, char*s, int k1, int k2)
   //k1 为 0 则为无向图否则为有向图，k2 为 0 则为无权图否则为有权图
   //s 字符串用来保存一个图的边集，n 为图的顶点数
{
    istrstream sin(s);            //定义 sin 为字符串输入流，与 s 边集对应
    char c1,c2,c3;                //用来保存从输入流中读入的字符
    int i,j;                      //用 i,j 保存一条边的起点和终点序号
    WeightType w;                 //用 w 保存一条边的权值
    sin>>c1;                      //从 sin 输入流中读入第 1 个字符'{'
    if(k1==0 && k2==0)            //建立无向无权图
       do {                       //从 sin 流(即字符串 s)中读入和处理一条边
          sin>>c1>>i>>c2>>j>>c3;  //依次读入一条边的 5 个数据
          GA[i][j]=GA[j][i]=1;    //置相应的对称元素为 1
          sin>>c1;                //读入逗号或右花括号
          if(c1=='}') break;      //边集处理完毕，退出循环
       } while(1);
    else if(k1==0 && k2!=0)       //建立无向有权图
       do {
          sin>>c1>>i>>c2>>j>>c3>>w;
          GA[i][j]=GA[j][i]=w;    //置相应的对称元素为 w
          sin>>c1;
          if(c1=='}') break;
       } while(1);
    else if(k1!=0 && k2==0)       //建立有向无权图
       do {
          sin>>c1>>i>>c2>>j>>c3;
          GA[i][j]=1;             //置相应的元素为 1
          sin>>c1;
         if(c1=='}') break;
       } while(1);
    else if(k1!=0 && k2!=0)       //建立有向有权图
    do {
       sin>>c1>>i>>c2>>j>>c3>>w;
       GA[i][j]=w;                //置相应的元素为 w
       sin>>c1;
       if(c1=='}') break;
    } while(1);
}
```

在算法中的每条 sin 语句之后可增加一条语句或函数调用检查 i 和 j 是否在 $0 \sim n-1$ 范范围内，若不在则退出运行。

3. 根据图的邻接矩阵输出图的二元组表示（顶点集和边集）的算法

```
void PrintMatrix(adjmatrix GA, int n, int k1, int k2)
```

```
    //输出用邻接矩阵表示一个图的顶点集和边集
{
    int i,j;
    cout<<"V={";                        //输出顶点集开始
    for(i=0; i<n-1; i++) cout<<i<<',';
    cout<<n-1<<'}'<<endl;               //输出顶点集结束
    cout<<"E={";                        //输出边集开始
    if(k2==0) {                         //对无权图的处理情况
        for(i=0; i<n; i++)
            for(j=0; j<n; j++)
                if(GA[i][j]==1)
                    if(k1==0) {         //对无向无权图的处理
                        if(i<j) cout<<'('<<i<<','<<j<<')'<<',';
                    }                   //使用条件 i<j，是为了避免输出重复边
                    else                //对有向无权图的处理
                        cout<<'<'<<i<<','<<j<<'>'<<',';
    }
    else {                              //对有权图的处理情况
        for(i=0; i<n; i++)
            for(j=0; j<n; j++)
                if(GA[i][j]!=0 && GA[i][j]!=MaxValue)
                    if(k1==0) { if(i<j) //对无向有权图的处理
                        cout<<'('<<i<<','<<j<<')'<<GA[i][j]<<',';
                    }
                    else                //对有向有权图的处理
                        cout<<'<'<<i<<','<<j<<'>'<<GA[i][j]<<',';
    }
    cout<<'}'<<endl;                    //注意:边集的最后一条边的后面多出一个逗号
}
```

在上面的各算法中，邻接矩阵参数 GA 为值参，由于它是指针参数，只占用 4 个字节的存储空间，与调用它的实参指向同一个二维数组，共同访问该实参数组中的相应元素。所以，对于指针值参，也同样具有一般引用参数的作用。

7.2.2 邻接表

邻接表（adjacency list）是对图中的每个顶点建立一个邻接关系的单链表，并把它们的表头指针用一维向量（数组）存储的一种图的表示方法。为顶点 v_i 建立的邻接关系的单链表称作 v_i 邻接表。v_i 邻接表中的每个结点用来存储以该顶点为端点或起点的一条边的信息，因而被称为**边结点**。v_i 邻接表中的结点数，对于无向图来说，等于 v_i 的边数、邻接点数或度数；对于有向图来说，等于 v_i 的出边数、出边邻接点数或出度数。边结点的类型通常被定义为 3 个域：一是**邻接点域**（adjvex），用以存储顶点 v_i 的一个邻接顶点 v_j 的序号 j；二是**权域**（weight），用以存储边（v_i,v_j）或<v_i,v_j>上的权；三是**链域**（next），用以链接 v_i 邻接表中的下一个结点。在这 3 个域中，邻接点域和链域是必不可少的，权域可根据情况取舍，

若表示的是无权图，则可省去此域。对于每个顶点 v_i 的邻接表，需要设置一个表头指针，若图 G 中有 n 个顶点，则就有 n 个表头指针。为了便于随机访问任一顶点的邻接表，需要把这 n 个表头指针用一个一维向量（数组）存储起来，其中第 i 个分量存储 v_i 邻接表的表头指针。这样，图 G 就可以由这个表头向量来表示和存取。

图 7-1 中的 $G1$ 和图 7-5 中的 $G6$ 对应的邻接表如图 7-6 所示。

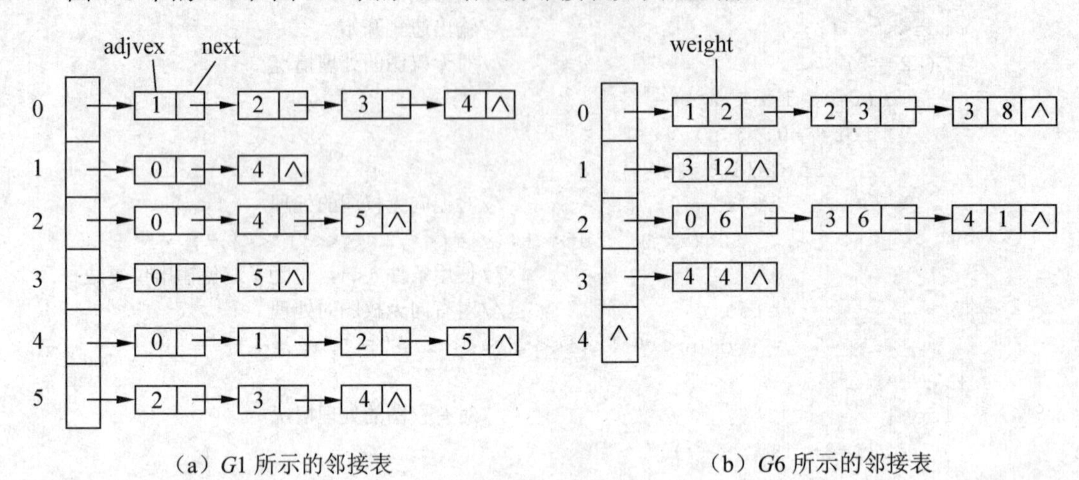

（a）$G1$ 所示的邻接表　　（b）$G6$ 所示的邻接表

图 7-6　$G1$ 和 $G6$ 的邻接表

图的邻接表不是唯一的，因为在每个顶点的邻接表中，各边结点的链接次序可以任意安排，其具体链接次序与边的输入次序和生成算法有关。

建立图的邻接表中边结点的类型定义和表头向量的类型定义如下。

```
struct edgenode {          //定义邻接表中的边结点类型
    int adjvex;            //邻接点域
    WeightType weight;     //权值域，对无权图可省去
    edgenode*next;         //指向下一个边结点的链域
};
typedef edgenode*adjlist[MaxVertexNum]; //定义adjlist为存储n个表头指针的
                                        //数组类型
```

1．初始化一个图邻接表的算法

```
void InitAdjoin(adjlist GL)
{
    for(int i=0; i<MaxVertexNum; i++) GL[i]=NULL;
}
```

2．根据一个图的边集生成其邻接表的算法

```
void CreateAdjoin(adjlist GL, int n, char*s, int k1, int k2)
{  //k1为0则为无向图；否则为有向图，k2为0则为无权图；否则为有权图
    istrstream sin(s);
    char c1,c2,c3;
```

```
    int i,j;
    WeightType w;
    edgenode*p;
    sin>>c1;
    if(k2==0) {                              //建立无权图
        do {
          //从输入流中读入一条边
            sin>>c1>>i>>c2>>j>>c3;
          //向序号 i 的单链表的表头插入一个边结点
            p=new edgenode;
            p->adjvex=j; p->weight=1;        //假定无权图的每条边的权为 1
            p->next=GL[i];
            GL[i]=p;
          //对于无向图,还需向序号为 j 的单链表的表头插入一个边结点
            if(k1==0){
                p=new edgenode;
                p->adjvex=i; p->weight=1;
                p->next=GL[j];
                GL[j]=p;
            }
          //读入逗号或右花括号
            sin>>c1;
        } while(c1==',');
    }
    else {                                   //建立有权图
        do {
          //从输入流中读入一条边
            sin>>c1>>i>>c2>>j>>c3>>w;
          //向序号 i 的单链表的表头插入一个边结点
            p=new edgenode;
            p->adjvex=j; p->weight=w;
            p->next=GL[i];
            GL[i]=p;
          //对于无向图,还需向序号为 j 的单链表的表头插入一个边结点
            if(k1==0){
                p=new edgenode;
                p->adjvex=i; p->weight=w;
                p->next=GL[j];
                GL[j]=p;
            }
          //读入逗号或右花括号
            sin>>c1;
        } while(c1==',');
    }
}
```

3. 把邻接表表示的图用顶点集和边集的形式输出的算法

```
void PrintAdjoin(adjlist GL, int n, int k1, int k2)
     //输出用邻接表表示一个图的顶点集和边集
{
    int i,j;
    edgenode*p;
    cout<<"V={";
    for(i=0; i<n-1; i++) cout<<i<<',';
    cout<<n-1<<'}'<<endl;
    cout<<"E={";
    for(i=0; i<n; i++) {
        if(k2==0) {                        //对无权图的处理情况
            p=GL[i];
            while(p) {
                j=p->adjvex;
                if(k1==0) {                //对无向无权图的处理
                    if(i<j) cout<<'('<<i<<','<<j<<')'<<',';
                }                          //使用条件 i<j，是为了避免输出重复边
                else                       //对有向无权图的处理
                    cout<<'<'<<i<<','<<j<<'>'<<',';
                p=p->next;
            }
        }
       else {                              //对有权图的处理情况
            p=GL[i];
            while(p) {
                j=p->adjvex;
                if(k1==0) { if(i<j)        //对无向有权图的处理
                    cout<<'('<<i<<','<<j<<')'<<p->weight<<',';
                }
                else                       //对有向有权图的处理
                    cout<<'<'<<i<<','<<j<<'>'<<p->weight<<',';
                p=p->next;
            }
       }
    }
    cout<<'}'<<endl;                       //注意:边集的最后一条边的后面多出一个逗号
}
```

在图的邻接表中查找一个顶点的边（出边）或邻接点（出边邻接点），只要首先从表头向量中取出对应的表头指针，然后从表头指针出发进行查找即可。由于每个顶点单链表的平均长度为 e/n（对于有向图）或 $2e/n$（对于无向图），所以此查找运算的时间复杂度为 $O(e/n)$。但从有向图的邻接表中查找一个顶点的入边或入边邻接点，那就不方便了，它需要扫描所有顶点邻接表中的边结点，因此其时间复杂度为 $O(n+e)$。对于那些需要经常查找

顶点入边或入边邻接点的运算，可以为此专门建立一个**逆邻接表**(Contrary Adjacency List)，该表中每个顶点的单链表不是存储该顶点的所有出边的信息，而是存储所有入边的信息，邻接点域存储的是入边邻接点的序号。如图 7-7 所示是为图 7-5 中的 *G*6 建立的逆邻接表，从此表中很容易求出每个顶点的入边、入边上的权、入边邻接点和入度。

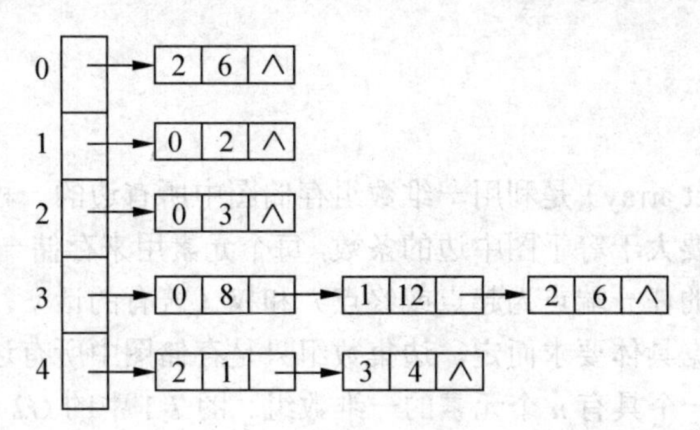

图 7-7　*G*6 的逆邻接表

在有向图的邻接表中，求顶点的出边信息较方便，在逆邻接表中，则求顶点的入边信息较方便，若把它们合起来构成一个**十字邻接表**（orthogonal adjacency list），则求顶点的出边信息和入边信息都将很方便。如图 7-8 所示是为图 7-5 中的 *G*6 建立的十字邻接表。

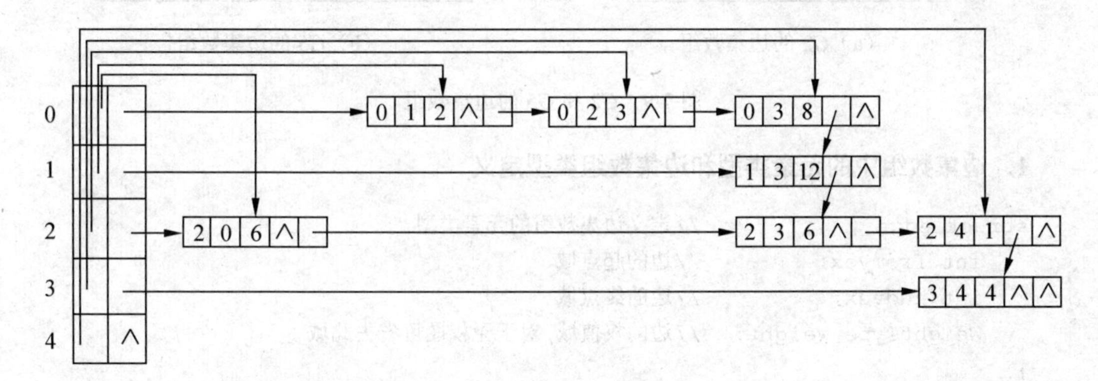

图 7-8　*G*6 的十字邻接表

在十字邻接表中，每个边结点对应图中的一条有向边，它包含 5 个域：边的起点域、终点域、边上的权域、入边链域和出边链域。其中，入边链域用于指向同一个顶点的下一条入边结点，通过它把入边链接起来；出边链域用于指向同一个顶点的下一条出边结点，通过它把出边链接起来。表头向量中的每个分量包括两个域：入边表的表头指针域和出边表的表头指针域。

在图的邻接表、逆邻接表或十字邻接表表示中，表头向量需要占用 n 个或 $2n$ 个指针存储空间，所有边结点需要占用 $2e$（对于无向图）或 e（对于有向图）个边结点空间，所以其空间复杂度为 $O(n+e)$。这种存储结构用于表示稀疏图比较节省存储空间，因为只需要很少的边结点，若用于表示稠密图，则将占用较多的存储空间，同时也将增加在每个顶点邻接表中查找结点的时间。

图的邻接表表示和图的邻接矩阵表示，虽然方法不同，但也存在着对应的关系。邻接

表中每个顶点 v_i 的单链表对应邻接矩阵中的第 i 行，整个邻接表可看做是邻接矩阵的带行指针向量的链接存储；整个逆邻接表可看成邻接矩阵的带列指针向量的链接存储；整个十字邻接表可看成邻接矩阵的十字链接存储。对于稀疏矩阵，若采用链接存储是比较节省存储空间的，所以稀疏图的邻接表表示比邻接矩阵表示要节省存储空间。

7.2.3 边集数组

边集数组（edgeset array）是利用一维数组存储图中所有边的一种图的表示方法。该数组中所含元素的个数要大于等于图中边的条数，每个元素用来存储一条边的起点、终点（对于无向图，可选定边的任一端点为起点或终点）和权（若有的话），各边在数组中的次序可任意安排，也可根据具体要求而定。边集数组只是存储图中所有边的信息，若需要存储顶点信息，同样需要一个具有 *n* 个元素的一维数组。图 7-1 中的 *G*2 和图 7-5 中的 *G*5 所对应的边集数组如图 7-9 所示。

	0	1	2	3	4	5	6
起点	0	0	1	1	2	2	4
终点	1	2	2	4	1	3	3

（a）*G*2 的边集数组

	0	1	2	3	4	5	6	7
起点	0	0	1	1	1	2	2	3
终点	1	2	2	3	4	3	4	4
权	5	7	12	3	8	6	20	15

（b）*G*5 的边集数组

图 7-9　*G*2 和 *G*5 的边集数组

1．边集数组中的元素类型和边集数组类型定义

```
struct edge {              //定义边集数组的元素类型
    int fromvex;           //边的起点域
    int endvex;            //边的终点域
    WeightType weight;     //边的权值域,对于无权图可省去此域
};
typedef edge edgeset[MaxEdgeNum];    //定义 edgeset 为边集数组类型
```

2．初始化图的边集数组的算法

```
void InitArray(edgeset GE)
{
    for(int i=0; i<MaxEdgeNum; i++){
        GE[i].fromvex=GE[i].endvex=-1;
        GE[i].weight=MaxValue;
    }
}
```

3．根据图的边集生成图的边集数组的算法

```
void CreateArray(edgeset GE, int n, char*s, int k)
{  //k 为 0 则无权图否则为有权图
```

```
    istrstream sin(s);
    char c1,c2,c3;
    int i,j,c=0;
    WeightType w;
    sin>>c1;
    if(k==0) {  //建立无权图
        do {
          //从输入流中读入一条边
            sin>>c1>>i>>c2>>j>>c3;
          //置边集数组中下标为c的元素值
            GE[c].fromvex=i;
            GE[c].endvex=j;
            GE[c].weight=1;  //假定无权图的每条边的权为1
            c++;
          //读入逗号或右花括号
           sin>>c1;
        } while(c1==',');
    }
    else {      //建立有权图
        do {
          //从输入流中读入一条边
            sin>>c1>>i>>c2>>j>>c3>>w;
          //置边集数组中下标为c的元素值
            GE[c].fromvex=i;
            GE[c].endvex=j;
            GE[c].weight=w;
            c++;
          //读入逗号或右花括号
            sin>>c1;
        } while(c1==',');
    }
}
```

4．根据图的边集数组表示输出图的二元组表示的算法

```
void PrintArray(edgeset GE, int n, int k1, int k2)
{         //输出用边集数组表示一个图的顶点集和边集
    int i;
    cout<<"V={";
    for(i=0; i<n-1; i++) cout<<i<<',';
    cout<<n-1<<'}'<<endl;
    cout<<"E={";
    i=-1;
    while(GE[++i].fromvex!=-1) {      //访问边集数组中的每条边
        if(k2==0) {
            if(k1==0)                 //对无向无权图的处理
```

```
                cout<<'('<<GE[i].fromvex<<','<<GE[i].endvex<<')'<<',';
            else        //对有向无权图的处理
                cout<<'<'<<GE[i].fromvex<<','<<GE[i].endvex<<'>'<<',';
        }
        else {
            if(k1==0) {  //对无向有权图的处理
                cout<<'('<<GE[i].fromvex<<','<<GE[i].endvex;
                cout<<')'<<GE[i].weight<<',';
            }
            else {          //对有向有权图的处理
                cout<<'<'<<GE[i].fromvex<<','<<GE[i].endvex;
                cout<<'>'<<GE[i].weight<<',';
            }
        }
    }
    cout<<'}'<<endl;  //注意:边集的最后一条边的后面多出一个逗号
}
```

若一个图中有 e 条边,在边集数组中查找一条边或一个顶点的度都需要扫描整个数组,所以其时间复杂度为 $O(e)$。边集数组适合那些对边依次进行处理的运算，不适合对顶点的运算和对任一条边的运算。边集数组表示的空间复杂度为 $O(e)$。从空间复杂度上讲，边集数组也适合表示稀疏图。

图的邻接矩阵、邻接表和边集数组表示各有利弊，具体应用时，要根据图的稠密和稀疏程度以及算法的要求进行选择。

7.3 图的遍历

图的遍历就是从指定的某个顶点（称此为初始点）出发，按照一定的搜索方法对图中的所有顶点都做一次访问的过程。图的遍历比树的遍历要复杂，因为从树根到达树中的每个结点只有一条路径，而从图的初始点到达图中的每个顶点可能存在着多条路径。当顺着图中的一条路径访问过某一顶点后，可能还会顺着另一条路径回到该顶点。为了避免重复访问图中的同一个顶点，必须记住每个顶点是否被访问过，为此可设置一个辅助数组visited[n]，它的每个元素的初值均为逻辑值假，即常量 0，表明未被访问过，一旦访问了顶点 v_i，就把对应元素 visited[i]置为逻辑值真，即常量 1，表明 v_i 已被访问过。

根据搜索方法的不同，图的遍历有两种：深度优先搜索遍历和广度优先搜索遍历。

7.3.1 深度优先搜索遍历

深度优先搜索（depth-first search）遍历类似于对树的先根遍历，它是一个递归过程，可叙述为：首先访问一个顶点 v_i（一开始为初始点），并将其标记为已访问过，然后从 v_i 的任一个未被访问过的邻接点（有向图的入边邻接点除外，下同）出发进行深度优先搜索遍历，当 v_i 的所有邻接点均被访问过时，则退回到上一个顶点 v_k，从 v_k 的另一个未被访问过的邻接点出发进行深度优先搜索遍历，直到退回到初始点并且没有未被访问过的邻接点为止。

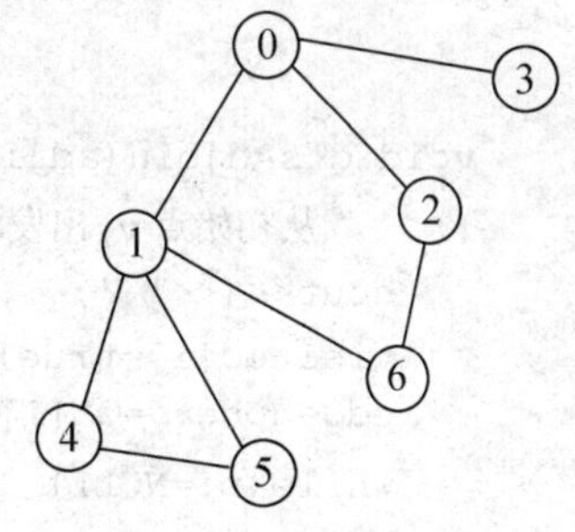

图 7-10　无向图 $G7$

结合如图 7-10 所示的无向图 $G7$ 分析以 v_0 作为初始点的深度优先搜索遍历的过程。

（1）访问顶点 v_0，并将 visited[0]置为真，表明 v_0 已被访问过，接着从 v_0 的一个未被访问过的邻接点 v_1（v_0 的 3 个邻接点 v_1，v_2 和 v_3 都未被访问过，先访问 v_1）出发进行深度优先搜索遍历。

（2）访问顶点 v_1，并将 visited[1]置为真，表明 v_1 已被访问过，接着从 v_1 的一个未被访问过的邻接点 v_4（v_1 的 4 个邻接点中只有 v_0 被访问过，其余 3 个邻接点 v_4、v_5、v_6 均未被访问过，先访问 v_4）出发进行深度优先搜索遍历。

（3）访问顶点 v_4，并将 visited[4]置为真，表明 v_4 已被访问过，接着从 v_4 的一个未被访问过的邻接点 v_5（v_4 的两个邻接点为 v_1 和 v_5，v_1 被访问过，只剩 v_5 一个未被访问）出发进行深度优先搜索遍历。

（4）访问顶点 v_5，并将 visited[5]置为真，表明 v_5 已被访问过，接着因 v_5 的两个邻接点 v_1 和 v_4 都被访问过，所以退回到上一个顶点 v_4，又因 v_4 的两个邻接点 v_1 和 v_5 都已被访问过，所以再退回到上一个顶点 v_1，v_1 的 4 个邻接点中有 3 个已被访问过，此时只能从未被访问过的邻接点 v_6 出发进行深度优先搜索遍历。

（5）访问顶点 v_6，并将 visited[6]置为真，表明 v_6 已被访问过，接着从 v_6 的一个未被访问过的邻接点 v_2（只此一个）出发进行深度优先搜索遍历。

（6）访问顶点 v_2，并将 visited[2]置为真，表明 v_2 已被访问过，接着因 v_2 的所有邻接点（即 v_0 和 v_6）都被访问过，所以退回到上一个顶点 v_6，同理，由 v_6 退回到 v_1，由 v_1 退回到 v_0，再从 v_0 的一个未被访问过的邻接点 v_3（只此一个）出发进行深度优先搜索遍历。

（7）访问顶点 v_3，并将 visited[3]置为真，表明 v_3 已被访问过，接着因 v_3 的所有邻接点（它仅有一个邻接点 v_0）都被访问过，所以退回到上一个顶点 v_0，又因 v_0 的所有邻接点都已被访问过，所以再退回，实际上就结束了对 $G7$ 的深度优先搜索遍历的过程，返回到调用此算法的函数中去。

从对无向图 $G7$ 进行深度优先搜索遍历的过程分析可知，从初始点 v_0 出发，访问 $G7$ 中各顶点的次序为：v_0，v_1，v_4，v_5，v_6，v_2，v_3。

图的深度优先搜索遍历的过程是递归的，visited[n]为保存顶点访问标记的逻辑型数组，每个元素的初值均为假。下面分别以邻接矩阵和邻接表作为图的存储结构，给出相应的深度优先搜索遍历的算法描述。

```
void dfsMatrix(adjmatrix GA, int i, int n, bool*visited)
{        //从初始点vi出发深度优先搜索由邻接矩阵GA表示的图
    cout<<i<<' ';                   //假定访问顶点vi以输出该顶点的序号代之
    visited[i]=true;             //标记vi已被访问过
    for(int j=0; j<n; j++)       //依次搜索vi的每个邻接点
        if(GA[i][j]!=0 && GA[i][j]!=MaxValue && !visited[j])
```

```
        //若 vi 的一个有效邻接点 vj 未被访问过，则从 vj 出发进行递归调用
          dfsMatrix(GA,j,n,visited);
    }

void dfsAdjoin(adjlist GL, int i, int n, bool*visited)
{    //从初始点 vi 出发深度优先搜索由邻接表 GL 表示的图
    cout<<i<<' ';              //假定访问顶点 vi 以输出该顶点的序号代之
    visited[i]=true;           //标记 vi 已被访问过
    edgenode*p=GL[i];          //取 vi 邻接表的表头指针
    while(p!=NULL) {           //依次搜索 vi 的每个邻接点
      int j=p->adjvex;         //j 为 vi 的一个邻接点序号
      if(!visited[j])          //若 vj 未被访问过，则从 vj 出发进行递归调用
        dfsAdjoin(GL,j,n,visited);
      p=p->next;               //使 p 指向 vi 单链表的下一个边结点
    }
}
```

图 7-10 中的 *G*7 所对应的邻接矩阵和邻接表如图 7-11 所示，请结合图分析以上的两个算法，判断从顶点 v_1 出发得到的深度优先搜索遍历的顶点序列是否分别为以下序列。

序列 1：1, 0, 2, 6, 3, 4, 5

序列 2：1, 6, 2, 0, 3, 5, 4

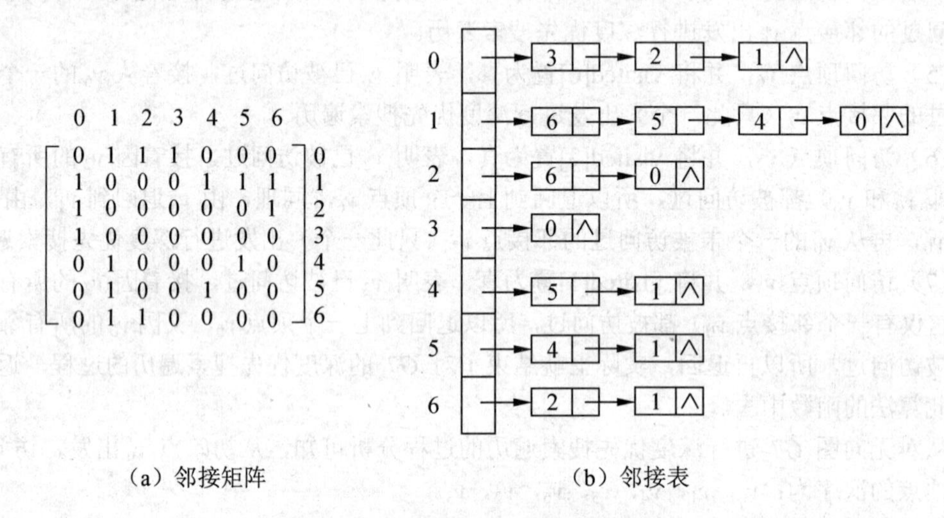

图 7-11 *G*7 所对应的邻接矩阵和邻接表

当图中每个顶点的序号确定后，图的邻接矩阵表示是唯一的，所以从某一顶点出发进行深度优先搜索遍历时访问各顶点的次序也是唯一的。但图的邻接表表示不是唯一的，它与边的输入次序和链接次序有关，所以对于同一个图的不同邻接表，从某一顶点出发进行深度优先搜索遍历时访问各顶点的次序也可能不同。另外，对于同一个邻接矩阵或邻接表，如果指定的出发点不同，则将得到不同的遍历序列。

从以上两个算法可以看出，对邻接矩阵表示的图进行深度优先搜索遍历时，需要扫描邻接矩阵中的每一个元素，所以其时间复杂度为 $O(n^2)$；对邻接表表示的图进行深度优先搜

索遍历时，需要扫描邻接表中的每个边结点，所以其时间复杂度为$O(e)$；两者的空间复杂度均为$O(n)$。

7.3.2　广度优先搜索遍历

广度优先搜索（breadth-first search）遍历类似于对树的按层遍历，其过程为：首先访问初始点v_i，并将其标记为已访问过，接着访问v_i的所有未被访问过的邻接点，其访问次序可以任意，假定依次为$v_{i1}, v_{i2}, \cdots, v_{it}$，并均标记为已访问过，然后再按照$v_{i1}, v_{i2}, \cdots, v_{it}$的次序，访问每一个顶点的所有未被访问过的邻接点（次序任意），并均标记为已访问过，以此类推，直到图中所有和初始点v_i有路径相通的顶点都被访问过为止。

结合如图7-12所示的有向图$G8$分析从v_0出发进行广度优先搜索遍历的过程。

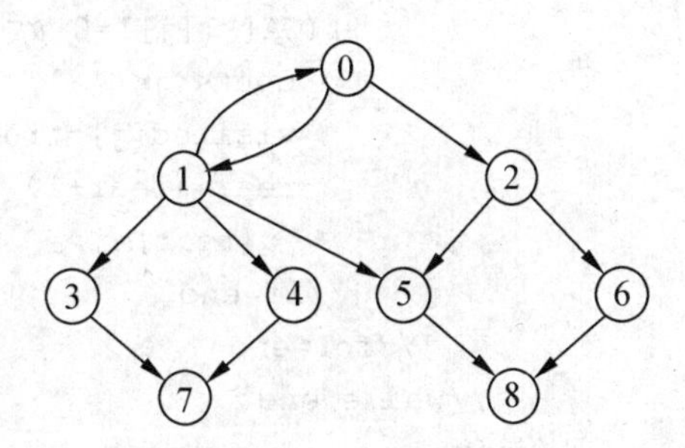

图7-12　有向图$G8$

（1）访问初始点v_0，并将其标记为已访问过。

（2）访问v_0的所有未被访问过的邻接点v_1和v_2，并将它们标记为已访问过。

（3）访问顶点v_1的所有未被访问过的邻接点v_3、v_4和v_5，并将它们标记为已访问过。

（4）访问顶点v_2的所有未被访问过的邻接点v_6（它的两个邻接点中的一个顶点v_5已被访问过），并将其标记为已访问过。

（5）访问顶点v_3的所有未被访问过的邻接点v_7（只此一个邻接点且没有被访问），并将其标记为已访问过。

（6）访问顶点v_4的所有未被访问过的邻接点，因v_4的邻接点v_7（只此一个）已被访问过，所以此步不访问任何顶点。

（7）访问顶点v_5的所有未被访问的邻接点v_8，并将其标记为已访问过。

（8）访问顶点v_6的所有未被访问的邻接点，因v_6的仅一个邻接点v_8已被访问过，所以此步不访问任何顶点。

（9）依次访问v_7和v_8的所有未被访问的邻接点，因它们均没有邻接点，所以整个遍历过程到此结束。

从以上对有向图$G8$进行广度优先搜索遍历的过程分析可知，从初始点v_0出发，得到的访问各顶点的次序为：$v_0, v_1, v_2, v_3, v_4, v_5, v_6, v_7, v_8$。

在广度优先搜索遍历中，先被访问的顶点，其邻接点亦先被访问，所以在算法的实现中需要使用一个队列，用来依次记住被访问过的顶点。算法开始时，将初始点v_i访问后插入队列中，以后每次从队列中删除一个元素，就依次访问它的每一个未被访问过的邻接点，并令其进队，这样，当队列为空时，表明所有与初始点有路径相通的顶点都已访问完毕，算法到此结束。下面分别以邻接矩阵和邻接表作为图的存储结构给出相应的广度优先搜索遍历的算法，在算法中使用的队列可以采用第4章已经给出的顺序或链接队列类型，也可以直接定义队列和进行运算操作。

```
void bfsMatrix(adjmatrix GA, int i, int n, bool*visited)
{    //从初始点vi出发广度优先搜索由邻接矩阵GA表示的图
    const int  MaxSize=30;           //定义队列的最大长度
    int q[MaxSize]={0};              //定义一个队列q，其元素类型应为整型
    int front=0, rear=0;             //定义队首和队尾指针
    cout<<i<<' ';                    //访问初始点vi
    visited[i]=true;                 //标记初始点vi已访问过
    q[++rear]=i;                     //将已访问过的初始点序号i入队
    while(front!=rear) {             //当队列非空时进行循环处理
        front=(front+1)%MaxSize;
        int k=q[front];              //删除队首元素,第1次执行时k的值为i
        for(int j=0; j<n; j++) {     //依次搜索vk的每一个可能的邻接点
            if(GA[k][j]!=0 && GA[k][j]!=MaxValue && !visited[j]) {
                cout<<j<<' ';        //访问一个未被访问过的邻接点vj
                visited[j]=true;     //标记vj已访问过
                rear=(rear+1) %MaxSize;
                 q[rear]=j;          //顶点序号j入队
            }//if end
        }//for end
    }//while end
}//end

void bfsAdjoin(adjlist GL, int i, int n, bool*visited)
{  //从初始点vi出发广度优先搜索由邻接表GL表示的图
    const int  MaxSize=30;           //给出顺序队列的最大长度
    int q[MaxSize]={0};              //定义一个队列q，其元素类型应为整型
    int front=0, rear=0;             //定义队首和队尾指针
    cout<<i<<' ';                    //访问初始点vi
    visited[i]=true;                 //标记初始点vi已访问过
    q[++rear]=i;                     //将已访问过的初始点序号i入队
    while(front!=rear) {             //当队列非空时进行循环处理
        front=(front+1)%MaxSize;
        int k=q[front];              //删除队首元素，第1次执行时k的值为i
        edgenode*p=GL[k];            //取vk邻接表的表头指针
        while(p!=NULL) {             //依次搜索vk的每一个邻接点
            int j=p->adjvex;         //vj为vk的一个邻接点
            if(!visited[j]) {        //若vj没有被访问过则进行处理
                cout<<j<<' ';
                visited[j]=true;
                rear=(rear+1)%MaxSize;
                q[rear]=j;           //顶点序号j入队
            }
            p=p->next;               //使p指向vk邻接表的下一个边结点
        }// while(p!=NULL) end
    }// while(front!=rear) end
}//end
```

结合图 7-11（a）和图 7-11（b）分析上面的两个算法，判断从顶点 v_1 出发得到的广度优先搜索遍历的顶点序列是否分别为以下序列。

序列 1： 1, 0, 4, 5, 6, 2, 3

序列 2： 1, 6, 5, 4, 0, 2, 3

与图的深度优先搜索遍历一样，对于图的广度优先搜索遍历，若采用邻接矩阵表示，其时间复杂度为 $O(n^2)$；若采用邻接表表示，其时间复杂度为 $O(e)$。两者的空间复杂度均为 $O(n)$。

由图的某个顶点出发进行广度优先搜索遍历时，访问各顶点的次序，对于邻接矩阵来说是唯一的，对于邻接表来说，可能因邻接表的不同而不同，这一点也与图的深度优先搜索遍历时的情形一样。

7.3.3 非连通图的遍历

在图的深度优先搜索遍历算法和图的广度优先搜索遍历算法中，对于无向图来说，若无向图是连通图，则能够访问到图中的所有顶点；若无向图是非连通图，则只能够访问到初始点所在连通分量中的所有顶点，其他连通分量中的顶点是不可能访问到的。为此需要从其他每个连通分量中选定初始点，分别进行搜索遍历，才能够访问到图中的所有顶点。对于有向图来说，若从初始点到图中的每个顶点都有路径，则能够访问到图中的所有顶点，否则不能够访问到所有顶点。为此需要从未被访问的顶点中再选一些顶点作为初始点，进行搜索遍历，直到图中的所有顶点都被访问过为止。

为了能够访问到任何图中的所有顶点，要以图中未被访问到的每一个顶点作为初始点，去调用上面的任何一个算法。在某个函数中执行下面的 for 语句：

```
for(int i=0; i<n; i++)
   if(!visited[i])
      dfsMatrix(GA,i,n,visited);  //也可以调用其他遍历算法
```

若一个无向图是连通的，或从一个有向图的顶点 v_0 到其余每个顶点都是有路径的，则此循环语句只执行一次调用（即 dfsMatrix（GA, 0, n, visited）调用）就结束遍历过程，否则要执行多次调用才能结束遍历过程。对无向图来说，每次调用将遍历一个连通分量，有多少次调用过程，就说明该图有多少个连通分量。

采用图的邻接矩阵进行图的遍历运算的程序举例如下。

```
#include<iostream.h>
#include<stdlib.h>
#include<strstrea.h>                 //使用字符串流所需的系统头文件

typedef int VertexType;              //定义顶点值的类型
typedef int WeightType;              //定义边上权值的类型

const int MaxVertexNum=10;           //定义图的最多顶点数
```

```
const WeightType MaxValue=1000;  //定义无边上的特定权值

typedef VertexType vexlist[MaxVertexNum];
      //定义 vexlist 为存储顶点信息的数组类型
typedef int adjmatrix[MaxVertexNum][MaxVertexNum];
      // 定义 adjmatrix 为存储邻接矩阵的数组类型

#include"采用邻接矩阵存储的图的常用运算.cpp"

void main()
{
   int i,n,k1,k2;
   cout<<"输入待处理图的顶点数:";
   cin>>n;
   cout<<"输入图的有无向和有无权选择(0为无,非0为有):";
   cin>>k1>>k2;
   bool*visited=new bool[n];  //定义并动态分配标志数组
   adjmatrix ga;
   InitMatrix(ga,k2);
   cout<<"输入图的边集:";
   char*a=new char[100];
   cin>>a;                         //输入一个图的边集
   CreateMatrix(ga,n,a,k1,k2);
   cout<<"按图的邻接矩阵得到的深度优先遍历序列:"<<endl;
   for(i=0; i<n; i++) visited[i]=false;
   dfsMatrix(ga,0,n,visited);
   cout<<endl;
   cout<<"按图的邻接矩阵得到的广度优先遍历序列:"<<endl;
   for(i=0; i<n; i++) visited[i]=false;
   bfsMatrix(ga,0,n,visited);
   cout<<endl;
   PrintMatrix(ga,n,k1,k2);
}
```

该程序的一次运行结果如下:

```
输入待处理图的顶点数:7
输入图的有无向和有无权选择(0为无,非0为有):0 0
输入图的边集:{(0,1),(0,2),(0,3),(1,4),(1,5),(1,6),(2,6),(4,5)}
按图的邻接矩阵得到的深度优先遍历序列:
0 1 4 5 6 2 3
按图的邻接矩阵得到的广度优先遍历序列:
0 1 2 3 4 5 6
V={0,1,2,3,4,5,6}
E={(0,1),(0,2),(0,3),(1,4),(1,5),(1,6),(2,6),(4,5),}
```

习　题　7

【习题 7-1】 运算题。

1．如图 7-13（a）和图 7-13（b）所示，求：

（1）每一个图的二元组表示。

（2）图 7-13（a）中每个顶点的度，以及每个顶点的所有邻接点和所有边。

（3）图 7-13（b）中每个顶点的入度、出度和度，以及每个顶点的所有入边的出边。

（4）图 7-13（a）中从 v_0 到 v_4 的所有简单路径及相应路径长度。

（5）图 7-13（b）中从 v_0 到 v_4 的所有简单路径及相应带权路径长度。

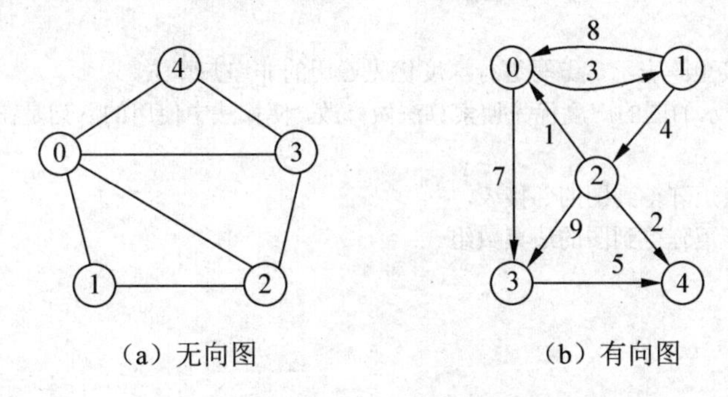

图 7-13　运算题图 1

2．根据图 7-13（a）和图 7-13（b），画出：

（1）每个图的邻接矩阵。

（2）每个图的邻接表。

（3）图 7-13（b）的逆邻接表和十字邻接表。

（4）每个图的边集数组。

3．如图 7-14 所示，按下列条件分别写出从顶点 v_0 出发按深度优先搜索遍历得到的顶点序列和按广度优先搜索遍历得到的顶点序列。

（1）假定它们均采用邻接矩阵表示。

（2）假定它们均采用邻接表表示，并且每个顶点邻接表中的结点都是按顶点序号从大到小的次序链接的。

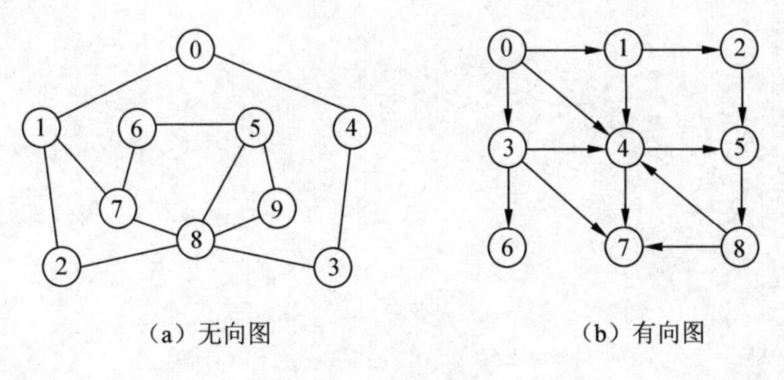

图 7-14　运算题图 2

4．已知一个图的二元组表示如下：

$V=\{0,1,2,3,4,5,6,7,8\}$

$E=\{(0,3),(0,4),(1,2),(1,4),(2,4),(2,5),(3,6),(3,7),(4,7),(5,8),(6,7),(7,8)\}$

（1）画出对应的图形。

（2）假定从顶点 0 出发，给出邻接矩阵表示的图的深度优先和广度优先搜索遍历的顶点序列。

（3）假定从顶点 0 出发，给出邻接表表示的图的深度优先和广度优先搜索遍历的顶点序列，假定每个顶点邻接表中的结点都是按顶点序号从大到小的次序链接的。

【习题 7-2】 算法设计题。

1．根据邻接矩阵 ***GA*** 所表示的图，求序号为 numb 的顶点的度数。

2．根据无向图的邻接表 GL 求序号为 numb 的顶点的度数。

3．求出一个用邻接矩阵 ***GA*** 表示的图中所有顶点的最大出度值。

4．对用邻接矩阵表示的图的深度优先搜索算法做适当的修改，输出依次访问顶点所经过的各条边的算法。

*5．若图采用邻接矩阵表示，编写进行深度优先遍历的非递归算法。

*6．对用邻接表表示的图的广度优先搜索算法做修改，使算法中使用的队列是在第 4 章已经定义过的顺序队列。

7．根据图的邻接矩阵得到图的邻接表。

8．根据图的邻接矩阵得到图的边集数组。

第 8 章　图 的 应 用

图在工程技术和日常生活中有着广泛地应用，常常都涉及到求图的最小生成树、最短路径、拓扑序列、关键路径等对图的特定运算的问题。本章就这些运算的方法和算法进行深入讨论。

8.1　图的生成树和最小生成树

8.1.1　生成树和最小生成树的概念

在一个连通图 G 中，如果取它的全部顶点和一部分边构成一个子图 G'，即：

$$V(G')=V(G) \quad 和 \quad E(G')\subseteq E(G)$$

若边集 $E(G')$中的边将图中的所有顶点连通又不形成回路，则称子图 G'是原图 G 的一**棵生成树**。

既连通图 G 中的全部 n 个顶点又没有回路的子图 G'（即生成树）必含有 n–1 条边。要构造子图 G'，首先从图 G 中任取一个顶点加入 G'中，此时 G'中只有一个顶点，假定具有一个顶点的图是连通的，以后每向 G'中加入一个顶点，都要加入以该顶点为一个端点，以已连通的顶点之中的一个顶点为另一个端点的一条边，这样既连通了该顶点又不会产生回路，进行 n–1 次后，就向 G'中加入了 n–1 个顶点和 n–1 条边，使得 G'中的 n 个顶点既连通又不产生回路。

在图 G 的一棵生成树 G'中，若再增加一条边，就会出现一条回路。这是因为此边的两个端点已连通，再加入此边后，这两个端点间有两条路径，因此就形成了一条回路，子图 G'也就不再是生成树了。同样，若从生成树 G'中删去一条边，就使得 G'变为非连通图。因为此边的两个端点是靠此边唯一连通的，删除此边后，必定使这两个端点分属于两个连通分量中，使 G'变成了具有两个连通分量的非连通图。

同一个图可以有不同的生成树。如图 8-1 所示，图 8-1（b）、图 8-1（c）、图 8-1（d）所示都是图 8-1(a）的生成树。在每棵生成树中都包含有 8 个顶点和 7 条边，它们的差别只是边的选取不同。

在这 3 棵生成树中，图 8-1(b）所示生成树是从图中顶点 v_0 出发利用深度优先搜索遍历得到的，被称为深度优先生成树；生成树图 8-1(c）所示是从顶点 v_0 出发利用广度优先搜索遍历得到的，被称为广度优先生成树；生成树图 8-1(d）所示是任意一棵生成树。当然图 8-1(a）的生成树远不止这几种，只要能连通所有顶点而又不产生回路的子图都是它的生成树。由于连通图的生成树使用最少的边连通了图中的所有顶点，所以它又是能够连通图中所有顶点的极小连通子图。

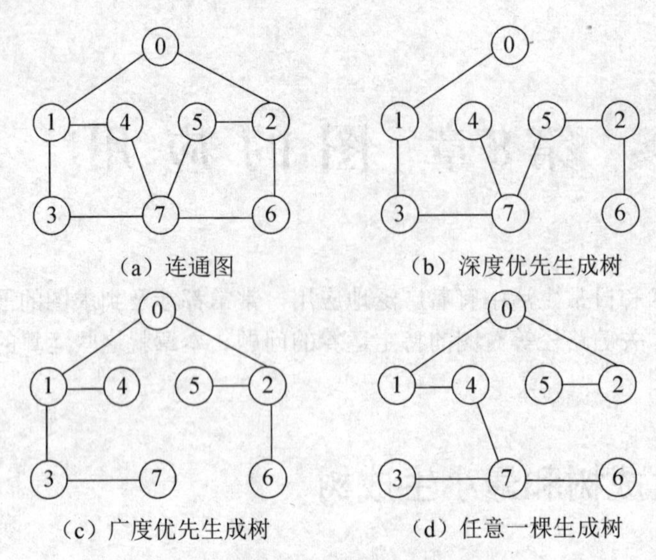

（a）连通图　（b）深度优先生成树

（c）广度优先生成树　（d）任意一棵生成树

图 8-1　连通图和它的生成树

对于一个连通网（即无向连通带权图，假定每条边上的权均为大于零的实数）来说，生成树不同，每棵树的权（即树中所有边上的权值总和）也可能不同。如图 8-2（a）所示是一个连通网，如图 8-2（b）、图 8-2（c）、图8-2（d）所示是它的三棵生成树，每棵树的权都不同，它们分别为 57、53 和 38。具有权最小的生成树称为图的**最小生成树**（minimun spanning tree）。通过后面将要介绍的构造最小生成树的算法可知，图 8-2（d）所示就是图 8-2（a）所示的最小生成树。

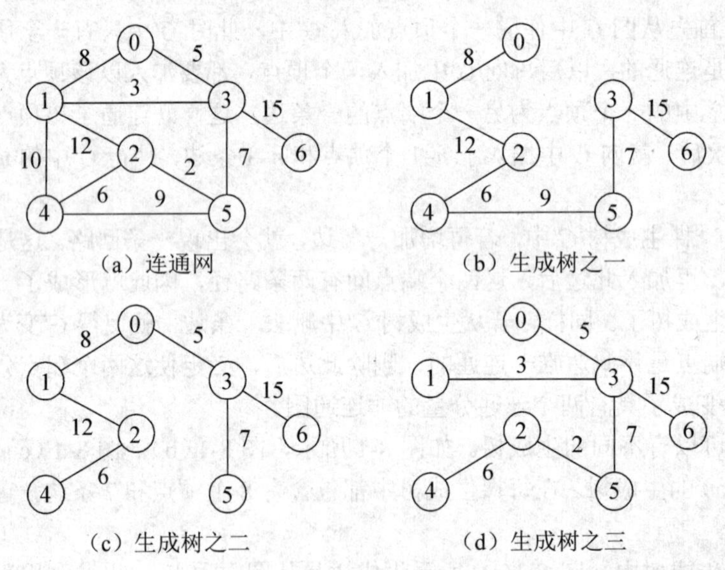

（a）连通网　（b）生成树之一

（c）生成树之二　（d）生成树之三

图 8-2　连通网和它的生成树

求图的最小生成树具有实际意义。例如，若一个连通网表示城市之间的通信系统，网的顶点代表城市，网的边代表城市之间架设通信线路的造价，各城市之间的距离不同，地理条件不同，其造价也不同，即边上的权不同，现在要求既连通所有城市又使总造价最低，这就是一个求图的最小生成树的问题。

求图的最小生成树的算法主要有两个：普里姆（Prim）算法和克鲁斯卡尔（Kruskal）算法。下面分别进行讨论。

8.1.2　普里姆算法

假设 $G=(V, E)$是一个具有 n 个顶点的连通网，$T=(U, TE)$是 G 的最小生成树，其中，U 是 T 的顶点集，TE 是 T 的边集，U 和 TE 的初值均为空集。算法开始时，首先从 V 中任取一个顶点（取 v_0），将它并入 U 中，此时 $U=\{v_0\}$，然后只要 U 是 V 的真子集（即 $U\subset V$），就从那些其一个端点已在 T 中，另一个端点仍在 T 外的所有边中，找一条最短（即权值最小）边，假定为(i, j)，其中 $v_i\in U$，$v_j\in(V-U)$，并把该边(i, j)和顶点 j 分别并入 T 的边集 TE 和顶点集 U，如此进行下去，每次往生成树里并入一个顶点和一条边，直到 $n-1$ 次后就把所有 n 个顶点都并入到生成树 T 的顶点集中，此时 $U=V$，TE 中含有 $n-1$ 条边，T 就是最后得到的最小生成树。

普里姆算法的关键之处是：每次如何从生成树 T 中到 T 外的所有边中，找出一条最短边。例如，在第 k 次$(1\le k\le n-1)$前，生成树 T 中已有 k 个顶点和 $k-1$ 条边，此时 T 中到 T 外的所有边数为 $k(n-k)$，当然它包括两顶点间没有直接边相连，其权值被看做为常量 MaxValue 的边在内，从如此多的边中查找最短边，其时间复杂度为 $O(k(n-k))$，显然是很费时的。是否有一种好的方法能够降低查找最短边的时间复杂度呢？回答是肯定的，它能够使查找最短边的时间复杂度降低到 $O(n-k)$。方法是：设在进行第 k 次前已经保留着从 T 中到 T 外每一顶点（共 $n-k$ 个顶点）的各一条最短边，进行第 k 次时，首先从这 $n-k$ 条最短边中，找出一条最最短的边，它就是从 T 中到 T 外的所有边中的最短边，设为(i, j)，此步需进行 $n-k$ 次比较；然后把边(i, j)和顶点 j 分别并入 T 中的边集 TE 和顶点集 U 中，此时 T 外只有 $n-(k+1)$个顶点，对于其中的每个顶点 t，若(j, t)边上的权值小于已保留的从原 T 中到顶点 t 的最短边的权值，则用(j, t)修改之，使从 T 中到 T 外顶点 t 的最短边为(j, t)，否则原有最短边保持不变，这样，就把第 k 次后从 T 中到 T 外每一顶点 t 的各一条最短边都保留下来了，为进行第 $k+1$ 次运算做好了准备，此步需进行 $n-k-1$ 次比较。所以，利用此方法求第 k 次的最短边共需比较 $2(n-k)-1$ 次，即时间复杂度为 $O(n-k)$。

对于图 8-2（a）所示生成树，它的邻接矩阵如图 8-3 所示，若从 v_0 出发利用普里姆算法构造最小生成树 T，在其过程中，每次（第 0 次为初始状态）向 T 中并入一个顶点和一条边后，顶点集 U、边集 TE（每条边的后面为该边的权）以及从 T 中到 T 外每个顶点的各一条最短边所构成的集合（设用 LW 表示）的状态如下。

	0	1	2	3	4	5	6
0	0	8	∞	5	∞	∞	∞
1	8	0	12	3	10	∞	∞
2	∞	12	0	∞	6	2	∞
3	5	3	∞	0	∞	7	15
4	∞	10	6	∞	0	9	∞
5	∞	∞	2	7	9	0	∞
6	∞	∞	∞	15	∞	∞	0

图 8-3　图 8-2（a）的邻接矩阵

第 0 次　$U=\{0\}$

$TE=\{\ \}$

$LW=\{(0,1)8,(0,2)\infty,(0,3)5,(0,4)\infty,(0,5)\infty,(0,6)\infty\}$

第 1 次　$U=\{0,3\}$

$TE=\{(0,3)5\}$

$LW=\{(3,1)3,(0,2)\infty,(0,4)\infty,(3,5)7,(3,6)15\}$

第 2 次　U={0,3,1}

TE={(0,3)5,(3,1)3}

LW={(1,2)12,(1,4)10,(3,5)7,(3,6)15}

第 3 次　U={0,3,1,5}

TE={(0,3)5,(3,1)3,(3,5)7}

LW={(5,2)2,(5,4)9,(3,6)15}

第 4 次　U={0,3,1,5,2}

TE={(0,3)5,(3,1)3,(3,5)7,(5,2)2}

LW={(2,4)6,(3,6)15}

第 5 次　U={0,3,1,5,2,4}

TE={(0,3)5,(3,1)3,(3,5)7,(5,2)2,(2,4)6}

LW={(3,6)15}

第 6 次　U={0,3,1,5,2,4,6}

TE={(0,3)5,(3,1)3,(3,5)7,(5,2)2,(2,4)6,(3,6)15}

LW={ }

每次对应的图形如图 8-4（b）～ 图 8-4（h）所示，其中粗实线表示新加入到 *TE* 集合中的边，细实线表示已加入到 *TE* 集合中的边，虚线表示 *LW* 集合中的边，但权值为 MaxValue 的边实际上是不存在的，所以没被画出。

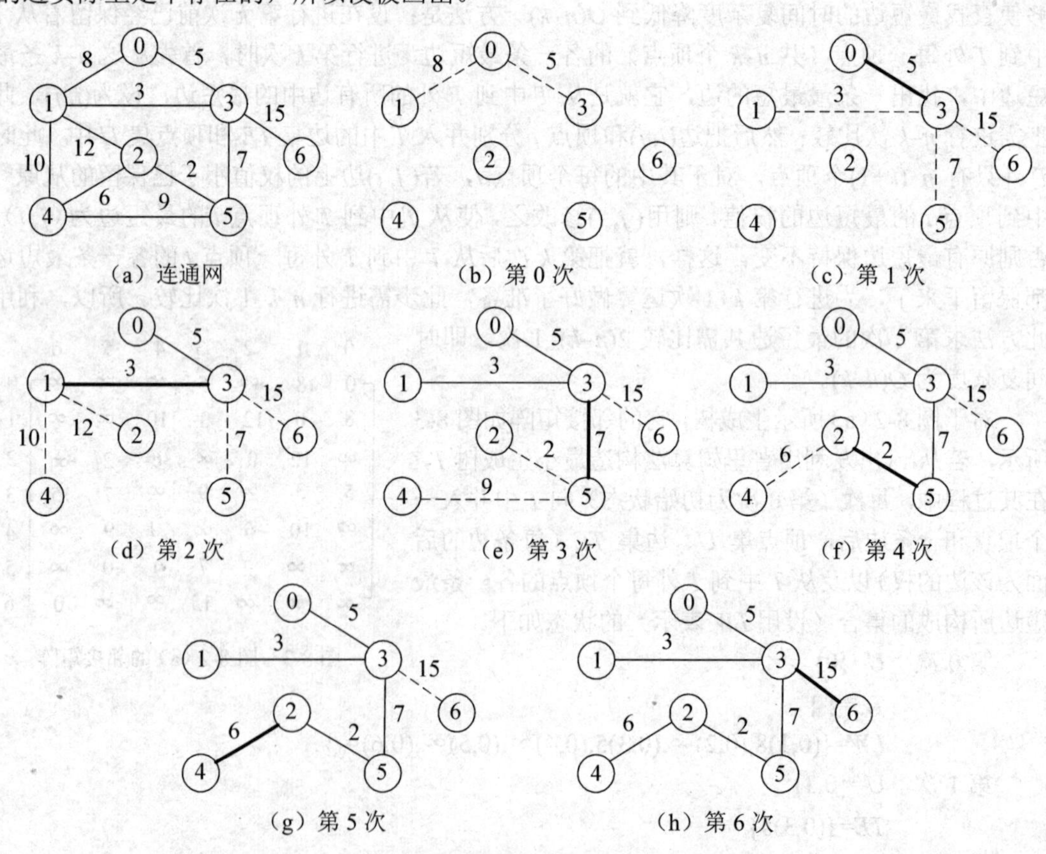

图 8-4　利用普里姆算法求图的最小生成树的示意图

如图 8-4（h）所示就是最后得到的最小生成树，它同图 8-2(d)是完全一样的，所以图 8-2(d)是图 8-2(a)的最小生成树。

通过以上分析可知，在构造最小生成树的过程中，在进行第 k 次（$1\le k\le n-1$）前，边集 *TE* 中的边数为 $k-1$ 条，从 *T* 中到 *T* 外每一顶点的最短边集 *LW* 中的边数为 $n-k$ 条，*TE* 和 *LW* 中的边数总和为 $n-1$ 条。为了保存这 $n-1$ 条边，设用至少具有 $n-1$ 个元素的边集数组类型(即 edgeset 类型)的对象 CT 来存储，其中 CT 的前 $k-1$ 个元素(即 CT[0]～CT[$k-2$])保存 *TE* 中的边，后 $n-k$ 个元素(即 CT[$k-1$]～CT[$n-2$])保存 *LW* 中的边。在进行第 k 次时，首先从下标为 $k-1$～$n-2$ 的元素（即 *LW* 中的边）中查找出权值最小的边，设为 CT[m]；接着把边 CT[$k-1$]与 CT[m]对调，确保在第 k 次后 CT 的前 k 个元素保存着 *TE* 中的边，后 $n-k-1$ 个元素保存着 *LW* 中的边；然后再修改 *LW* 中的有关边，使得从 *T* 中到 *T* 外每一顶点的各一条最短边被保存下来。这样经过 $n-1$ 次运算后，CT 中就按序保存着最小生成树中的全部 $n-1$ 条边。

根据分析，编写利用普里姆算法产生图的最小生成树的算法描述如下。

```
void Prim(adjmatrix GA, edgeset CT, int n)
    //利用普里姆算法从顶点 v0 出发求出用邻接矩阵 GA 表示的图的
    //最小生成树,最小生成树的边集存于数组 CT 中
{
    int i,j, k, min, t, m, w;
   //给 CT 赋初值,对应第 0 次的 LW 值
    for(i=0; i<n-1; i++) {
        CT[i].fromvex=0;
        CT[i].endvex=i+1;
        CT[i].weight=GA[0][i+1];
    }
  //进行 n-1 次循环,每次求出最小生成树中的第 k 条边
    for(k=1; k<n; k++)
    {
      //从 CT[k-1]～CT[n-2](即 LW)中查找最短边 CT[m]
        min=MaxValue;
        m=k-1;
        for(j=k-1; j<n-1; j++)
            if(CT[j].weight<min) {
                min=CT[j].weight;
                m=j;
            }
      //把最短边对调到第 k-1 下标位置
        edge temp=CT[k-1];
        CT[k-1]=CT[m];
        CT[m]=temp;
      //把新并入最小生成树 T 中的顶点序号赋给 j
        j=CT[k-1].endvex;
      //修改 LW 中的有关边,使 T 中到 T 外的每一个顶点各保持
```

```
    //一条到目前为止最短的边
        for(i=k; i<n-1; i++) {
            t=CT[i].endvex;
            w=GA[j][t];
            if(w<CT[i].weight) {
                CT[i].weight=w;
                CT[i].fromvex=j;
            }
        } //内 for end
    } //外 for end
}
```

若利用图 8-3 所示的邻接矩阵调用此算法，则得到的边集数组 CT 中的内容如表 8-1 所示。

表 8-1　边集数组

CT	0	1	2	3	4	5
fromvex	0	3	3	5	2	3
endvex	3	1	5	2	4	6
weight	5	3	7	2	6	15

8.1.3　克鲁斯卡尔算法

假设 $G=(V, E)$是一个具有 n 个顶点的连通网，$T=(U, TE)$是 G 的最小生成树，U 的初值等于 V，即包含有 G 中的全部顶点，TE 的初值为空。此算法的基本思想是：将图 G 中的边按权值从小到大的顺序依次选取，若选取的边使生成树 T 不形成回路，则把它并入 TE 中，保留作为 T 的一条边；若选取的边使生成树 T 形成回路，则将其舍弃，如此进行下去，直到 TE 中包含有 $n-1$ 条边为止，此时的 T 即为最小生成树。

以如图 8-5(a)所示为例来说明此算法。设此图是用边集数组表示的，且数组中各边是按权值从小到大的顺序排列的，若没有按序排列，则可通过调用排序算法，使之成为有序，如图 8-5(d)所示，这样按权值从小到大选取各边就转换成按边集数组中下标次序选取各边。当选取前 3 条边时，均不产生回路，应保留作为生成树 T 的边，如图 8-5(b)所示；选第 4 条边(2,3)时，将与已保留的边形成回路，应舍去；接着保留(1,5)边，舍去(3,5)边；取到(0,1)边并保留后，保留的边数已够 5 条（即 $n-1$ 条），此时必定将全部 6 个顶点连通起来，如图 8-5(c)所示，它就是图 8-5(a)的最小生成树。

实现克鲁斯卡尔算法的关键之处是：如何判断欲加入 T 中的一条边是否与生成树中已保留的边形成回路。这可将各顶点划分为不同集合的方法来解决，每个集合中的顶点表示一个无回路的连通分量。算法开始时，由于生成树的顶点集等于图 G 的顶点集，边集为空，所以 n 个顶点分属于 n 个集合，每个集合中只有一个顶点，表明顶点之间互不连通。例如对于图 8-5(a)，其六个集合为：

$$\{0\},\{1\},\{2\},\{3\},\{4\},\{5\}$$

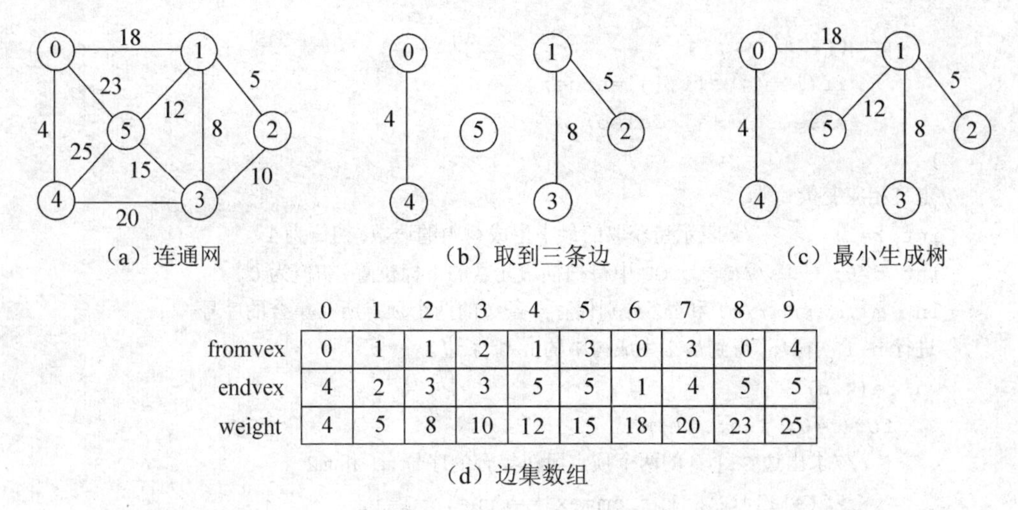

（a）连通网　（b）取到三条边　（c）最小生成树

	0	1	2	3	4	5	6	7	8	9
fromvex	0	1	1	2	1	3	0	3	0	4
endvex	4	2	3	3	5	5	1	4	5	5
weight	4	5	8	10	12	15	18	20	23	25

（d）边集数组

图 8-5　克鲁斯卡尔算法求最小生成树的示意图

当从边集数组中按次序选取一条边时，若它的两个端点分属于不同的集合，则表明此边连通了两个不同的连通分量，因每个连通分量无回路，所以连通后得到的连通分量仍不会产生回路，此边应保留作为生成树的一条边，同时把端点所在的两个集合合并成一个，即成为一个连通分量；当选取的一条边的两个端点同属于一个集合时，此边应放弃，因同一个集合中的顶点是连通无回路的，若再加入一条边则必产生回路。在上述例子中，当选取(0,4)、(1,2)、(1,3)这三条边后，顶点的集合则变成如下 3 个：

{0,4},{1,2,3},{5}

下一条边(2,3)的两端点同属于一个集合，故舍去，再下一条边(1,5)的两端点属于不同的集合，应保留，同时把两个集合{1,2,3}和{5}合并成一个{1,2,3,5}，以此类推，直到所有顶点同属于一个集合，即进行了 $n-1$ 次集合的合并，保留了 $n-1$ 条生成树的边为止。

为了用 C++语言编写出利用克鲁斯卡尔算法求图的最小生成树的具体实现，设 GE 是具有 edgeset 类型的边集数组，并假定每条边是按照权值从小到大的顺序存放的；再设 CT 也是一个具有 edgeset 类型的边集数组，用该数组存储依次所求得的生成树中的每一条边；另外，还要设一个具有 bool 类型的一个二维数组，用 s[n][n]表示，它的每一行元素用来保存相应连通子图所在的顶点集合，若该行中的下标为 t 的元素为真，则表明顶点 v_t 属于这个集合。

根据以上分析，给出克鲁斯卡尔算法的具体描述如下。

```
void Kruskal(edgeset GE, edgeset CT, int n)
    //求边集数组 GE 所示图的最小生成树,树中每条边依次存于数组 CT 中
{
    int i,j;
  //定义具有 n*n 个元素的动态分配的二维数组 s
    bool**s=new bool*[n];
    for(i=0;i<n;i++) s[i]=new bool[n];
  //初始化 s 集合,使每一个顶点分属于对应集合
    for(i=0; i<n; i++) {
```

```
        for(j=0; j<n; j++)
            if(i==j) s[i][j]=true;
            else s[i][j]=false;
    }
  //定义相应变量
    int k=1;        //k表示待获取的最小生成树中的边数,初值为1
    int d=0;        //d表示GE中待扫描边元素的下标位置,初值为0
    int m1,m2;      //m1和m2分别保存一条边的两个顶点所在集合的序号
  //进行n-1次循环,得到最小生成树中的n-1条边
    while(k<n) {
        for(i=0; i<n; i++)
        {  //求出边GE[d]的两个顶点所在集合的序号m1和m2
            if(s[i][GE[d].fromvex]==true) m1=i;
            if(s[i][GE[d].endvex]==true) m2=i;
        }
        if(m1!=m2)
        {  //若两集合序号不等,则表明GE[d]是生成树中的一条边
           //应将它加入到数组CT中
            CT[k-1]=GE[d];
            k++;
            for(j=0; j<n; j++)
            {        //合并两个集合,并将另一个置为空集
                s[m1][j]=s[m1][j] || s[m2][j];
                s[m2][j]=false;
            }
        }
        d++;        //d后移一个位置,以便扫描GE中的下一条边
    }
  //释放为s动态分配的数组空间
    for(i=0;i<n;i++) delete[]s[i];
    delete[]s;
}
```

若利用图8-5（d）所示的边集数组调用此算法，则最后得到的CT数组如表8-2所示。

表8-2　数组CT

CT	0	1	2	3	4
fromvex	0	1	1	1	0
endvex	4	2	3	5	1
weight	4	5	8	12	18

以上两个算法的时间复杂度均为 $O(n^2)$，普里姆算法的空间复杂度为 $O(1)$，克鲁斯卡尔算法的空间复杂度为 $O(n^2)$。

当一个连通网中不存在权值相同的边时，无论采用什么方法得到的最小生成树都是唯一的，但若存在着相同权值的边则得到的最小生成树可能不唯一，当然最小生成树的权是相同的。

8.2　最短路径

8.2.1　最短路径的概念

由图的概念可知，在一个图中，若从一顶点到另一顶点存在着一条路径（本节只讨论无回路的简单路径），则路径长度为该路径上所经过的边的数目，它也等于该路径上的顶点数减 1。由于从一顶点到另一顶点可能存在着多条路径，每条路径上所经过的边数可能不同，即路径长度不同，把路径长度最短（即经过的边数最少）的那条路径叫做**最短路径**，其路径长度叫做**最短路径长度**或**最短距离**。

图的最短路径问题不只是对无权图而言的，若图是带权图，则把从一个顶点 i 到图中其余任一个顶点 j 的一条路径上所经过边的权值之和定义为该路径的**带权路径长度**，从 v_i 到 v_j 可能不止一条路径，把带权路径长度最短（即其值最小）的那条路径也称做**最短路径**，其权值也称做**最短路径长度**或**最短距离**。

如图 8-6 所示，从 v_0～v_4 共有 3 条路径：{0, 4}、{0, 1, 3, 4}和{0, 1, 2, 4}，其带权路径长度分别为 30, 23 和 38，可知最短路径为{0, 1, 3, 4}，最短距离为 23。

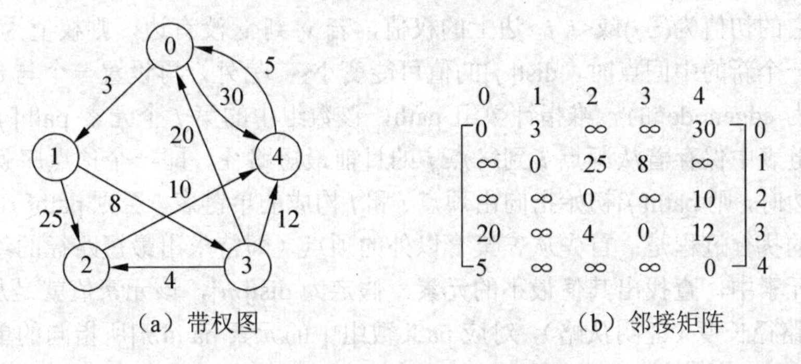

（a）带权图　　（b）邻接矩阵

图 8-6　带权图和对应的邻接矩阵

实际上，这两类最短路径问题可合并为一类，只要把无权图上的每条边标上数值为1的权就归属于有权图了，所以在以后的讨论中，若不特别指明，均认为是求带权图的最短路径问题。

求图的最短路径问题用途很广。例如，若用一个图表示城市之间的运输网，图的顶点代表城市，图上的边表示两端点对应城市之间存在着运输线，边上的权表示该运输线上的运输时间或单位重量的运费，考虑到两城市间的海拔高度不同，流水方向不同等因素，将造成来回运输时间或运费的不同，所以这种图通常是一个有向图。如何能够使从一城市到另一城市的运输时间最短或者运费最省呢？这就是一个求两城市间的最短路径问题。

求图的最短路径问题包括两个方面：求图中一顶点到其余各顶点的最短路径；求图中

每对顶点之间的最短路径。下面分别进行讨论。

8.2.2　从一顶点到其余各顶点的最短路径

对于一个具有 n 个顶点和 e 条边的图 G，从某一顶点 v_i（称此为源点）到其余任一顶点 v_j（称此为终点）的最短路径，可能是它们之间的边(i, j)或$<i, j>$，也可能是经过 k 个（$1 \le k \le n-2$，最多经过除源点和终点之外的所有顶点）中间顶点和 k+1 条边所形成的路径。在图 8-6 中，从 v_0 到 v_1 的最短路径就是它们之间的有向边$<0,1>$，其长度为 3；从 v_0 到 v_4 的最短路径经过两个中间点 v_1 和 v_3 以及 3 条有向边$<0,1>$,$<1,3>$和$<3,4>$，其长度为 23。

那么，如何求出从源点 i 到图中其余每一个顶点的最短路径呢？**狄克斯特拉**（Dijkstra）于 1959 年提出了解决此问题的一般算法，具体做法是按照从源点到其余每一顶点的最短路径长度的升序依次求出从源点到各顶点的最短路径及长度，每次求出从源点 i 到一个终点 m 的最短路径及长度后，都要以该顶点 m 作为新考虑的中间点，用 v_i 到 v_m 的最短路径和最短路径长度对 v_i 到其他尚未求出最短路径的那些终点的当前最短路径及长度作必要地修改，使之成为当前新的最短路径和最短路径长度，当进行 $n-2$ 次（因最多考虑 $n-2$ 个中间点）后算法结束。

狄克斯特拉算法需要设置一个集合，用 S 表示，其作用是保存已求得最短路径的终点序号，它的初值中只有一个元素，即源点 i，以后每求出一个从源点 i 到终点 m 的最短路径，就将该顶点 m 并入 S 集合中，以便作为新考虑的中间点；还需要设置一个具有权值类型的一维数组 dist[n]，该数组中的第 j 个元素 dist[j]用来保存从源点 i 到终点 j 的目前最短路径长度，它的初值为(i, j)或$<i, j>$边上的权值，若 v_i 到 v_j 没有边，则权值为 MaxValue，以后每考虑一个新的中间点时，dist[j]的值可能变小； 另外，再设置一个与 dist 数组相对应的、类型为 edgenode*的一维指针数组 path，该数组中的第 j 个元素 path[j]指向一个单链表，该单链表中保存着从源点 i 到终点 j 的目前最短路径，即一个顶点序列，当 v_i 到 v_j 存在着一条边时，则 path[j]初始指向由顶点 i 和 j 构成的单链表，否则 path[j]的初值为空。

此算法的执行过程是：首先从 S 集合以外的顶点（即待求出最短路径的终点）所对应的 dist 数组元素中，查找出其值最小的元素，假定为 dist[m]，该元素值就是从源点 i 到终点 m 的最短路径长度（证明从略），对应 path 数组中的元素 path[m]所指向的单链表链接着从源点 i 到终点 m 的最短路径，即经过的顶点序列或称边序列；接着把已求得最短路径的终点 m 并入集合 S 中；然后以 v_m 作为新考虑的中间点，对 S 集合以外的每个顶点 j，比较 dist[m]+GA[m][j]（GA 为图 G 的邻接矩阵）与 dist[j]的大小，若前者小于后者，表明加入了新的中间点 v_m 之后，从 v_i 到 v_j 的路径长度比原来变短，应用它替换 dist[j]的原值，使 dist[j]始终保持到目前为止最短的路径长度，同时把 path[m]单链表复制到 path[j]上，并在其后插入 v_j 结点，使之构成从源点 i 到终点 j 的目前最短路径。重复 $n-2$ 次上述运算过程，即可在 dist 数组中得到从源点 i 到其余每个顶点的最短路径长度，在 path 数组中得到相应的最短路径。

为了简便起见，可采用一维数组 s[n]来保存已求得最短路径的终点的集合 S，具体做法是：若顶点 j 在集合 S 中，则令数组元素 s[j]的值为真，否则为假。这样，当判断一个顶点 j 是否在集合 S 以外时，只要判断对应的数组元素 s[j]是否为假即可。

例如，对于图 8-6 来说，若求从源点 v_0 到其余各顶点的最短路径，则开始时 3 个一维数组 s,dist 和 path 的值如表 8-3 所示。

表 8-3　初始状态

	0	1	2	3	4
s	1	0	0	0	0
dist	0	3	∞	∞	30
path		v_0,v_1			v_0,v_4

开始进行第 1 次运算，求出从源点 v_0 到第 1 个终点的最短路径。首先从 s 元素为 0 的对应 dist 元素中，查找出值最小的元素，求得 dist[1]的值最小，所以第 1 个终点为 v_1，最短距离为 dist[1]=3，最短路径为 path[1]={0,1}，接着把 s[1]置为真(1)，表示 v_1 已加入 S 集合中，然后以 v_1 为新考虑的中间点，对 s 数组中元素为假(0)的每个顶点 j（此时 $2\le j\le 4$）的目前最短路径长度 dist[*j*]和目前最短路径 path[*j*]进行必要地修改，因 dist[1]+GA[1][2]=3+25=28，小于 dist[2]=∞，所以将 28 赋给 dist[2]，将 path[1]并上 v_2 后赋给 path[2]，同理因 dist[1]+GA[1][3]=3+8=11，小于 dist[3]=∞，所以将 11 赋给 dist[3]，将 path[1]并上 v_3 后赋给 path[3]，最后再看从 v_0 到 v_4，以 v_1 作为新考虑的中间点的情况，由于 v_1 到 v_4 没有出边，所以 GA[1][4]=∞，故 dist[1]+GA[1][4]不小于 dist[4]，因此 dist[4]和 path[4]无需修改，应维持原值。至此，第 1 次运算结束，3 个一维数组的当前状态如表 8-4 所示。

表 8-4　得到终点 v_1

	0	1	2	3	4
s	1	1	0	0	0
dist	0	3	28	11	30
path		v_0,v_1	v_0,v_1,v_2	v_0,v_1,v_3	v_0,v_4

接着进行第 2 次运算，求出从源点 v_0 到第 2 个终点的最短路径。首先从 s 数组中元素为 0 的对应 dist 元素中，查找出值最小的元素，求得 dist[3]的值最小，所以第 2 个终点为 v_3，最短距离为 dist[3]=11，最短路径为 path[3]={0,1,3}，接着把 s[3]置为 1，然后以 v_3 作为新考虑的中间点，对 s 中元素为 0 的每个顶点 *j*（此时 *j*=2,4）的 dist[*j*]和 path[*j*]进行必要的修改，因 dist[3]+GA[3][2]=11+4=15，小于 dist[2]=28，所以将 15 赋给 dist[2]，将 path[3]并上 v_2 后赋给 path[2]，同理，因 dist[3]+GA[3][4]=11+12=23，小于 dist[4]=30，所以将 23 赋给 dist[4]，将 path[3]并上 v_4 后赋给 path[4]。至此，第 2 次运算结束，3 个一维数组的当前状态如表 8-5 所示。

表 8-5　得到终点 v_3

	0	1	2	3	4
s	1	1	0	1	0
dist	0	3	15	11	23
path		v_0,v_1	v_0,v_1,v_3,v_2	v_0,v_1,v_3	v_0,v_1,v_3,v_4

然后进行第 3 次运算，求出从源点 v_0 到第 3 个终点的最短路径。首先从 s 中元素为

0 的对应 dist 元素中，查找出值最小的元素为 dist[2]，所以求得第 3 个终点为 v_2，最短距离为 dist[2]=15，最短路径为 path[2]={0,1,3,2}，接着把 s[2]置为 1，然后以 v_2 作为新考虑的中间点，对 s 中元素为 0 的每个顶点 j（此时只有 v_4 一个）的 dist[j]和 path[j]进行必要的修改，因 dist[2]+GA[2][4]=15+10=25，大于 dist[4]=23，所以无需修改，原值不变。至此，第 3 次运算结束，3 个一维数组的当前状态如表 8-6 所示。

表 8-6 得到终点 v_2

	0	1	2	3	4
s	1	1	1	1	0
dist	0	3	15	11	23
path		v_0,v_1	v_0,v_1,v_3,v_2	v_0,v_1,v_3	v_0,v_1,v_3,v_4

由于图中有 5 个顶点，只需运算 3 次，即 n–2 次，虽然此时还有一个顶点未加入 S 集合中，但它的最短路径及最短距离已经最后确定，所以整个运算结束。最后在 dist 中得到从源 v_0 到每个顶点的最短路径长度，在 path 中得到相应的最短路径。

如果用图形表示上述过程中每次运算的结果，则对应的图形分别如图 8-7（b）～图 8-7（e）所示，其中实线有向边所指向的顶点为集合 S 中的顶点，虚线有向边所指向的顶点为集合 S 外的顶点；S 集合中的顶点上所标数值为从源点 v_0 到该顶点的最短路径长度，从源点 v_0 到该顶点所经过的有向边为从 v_0 到该顶点的最短路径；S 集合外的顶点上所标数值为从源点 v_0 到该顶点的目前最短路径长度，从 v_0 到该顶点所经过的有向边为从 v_0 到该顶点的目前最短路径。为了便于对照分析，把图 8-6（a）重画于图 8-7（a）中。

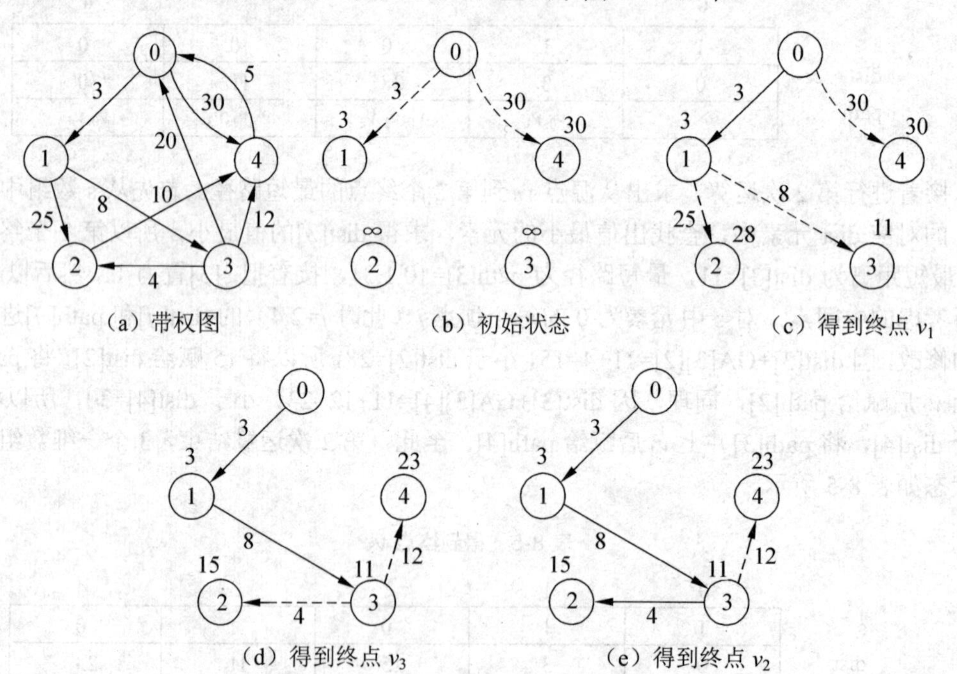

图 8-7 利用狄克斯特拉算法求最短路径的图形说明

根据以上分析和举例，不难给出狄克斯特拉算法的描述如下。

```
void Dijkstra(adjmatrix GA, int dist[],
        edgenode*path[], int i, int n)
    //利用狄克斯特拉算法求图 GA 中从顶点 i 到其余每个顶点间的
    //最短距离和最短路径,它们分别被存于数组 dist 和 path 中
{
  int j,k,w,m;
 //定义作为集合使用的动态数组 s
  bool*s=new bool[n];
 //分别给 s,dist 和 path 数组赋初值
  for(j=0; j<n; j++) {
     if(j==i) s[j]=true; else s[j]=false;
     dist[j]=GA[i][j];
     if(dist[j]<MaxValue && j!=i) {
        edgenode*p1=new edgenode;
        edgenode*p2=new edgenode;
        p1->adjvex=i; p2->adjvex=j; p2->next=NULL;
        p1->next=p2; path[j]=p1;
     }
     else
        path[j]=NULL;
  }
 //共进行 n-2 次循环,每次求出从源点 i 到终点 m 的最短路径及长度
  for(k=1; k<=n-2; k++)
  {
    //求出第 k 个终点 m
     w=MaxValue; m=i;
     for(j=0; j<n; j++)
        if(s[j]==false && dist[j]<w) {
           w=dist[j]; m=j;
     }
    //若条件成立,则把顶点 m 并入集合 S 中,否则退出循环,因为剩余
    //的顶点,其最短路径长度均为 MaxValue,无需再计算下去
     if(m!=i) s[m]=true;
     else break;
    //对 s 元素为 false 的对应 dist 和 path 中的元素作必要修改
     for(j=0; j<n; j++)
        if(s[j]==false && dist[m]+GA[m][j]<dist[j]) {
           dist[j]=dist[m]+GA[m][j];
           PATH(path, m, j);  //调用此函数,由到顶点 m 的最
                //短路径和顶点 j 构成到顶点 j 的目前最短路径
        }
  }
}
```

PATH 函数的定义如下。

```
void PATH(edgenode*path, int m, int j)
{        //由到顶点 m 的最短路径和顶点 j 构成到顶点 j 的目前最短路径
    edgenode *p,*q,*s;
  //把顶点 j 的当前最短路径清除掉
    p=path[j];
    while(p!=NULL) {
        path[j]=p->next;
        delete p;
        p=path[j];
    }
  //把到顶点 m 的最短路径复制过来到顶点 j 的最短路径上
    p=path[m];
    while(p!=NULL) {
        q=new edgenode;
        q->adjvex=p->adjvex;
        if(path[j]==NULL) path[j]=q;
        else s->next=q;
        s=q;
        p=p->next;
    }
  //把顶点 j 加入到 path[j]单链表的最后,形成新的目前最短路径
    q=new edgenode;
    q->adjvex=j;
    q->next=NULL;
    s->next=q;
}
```

*8.2.3 每对顶点之间的最短路径

求图中每对顶点之间的最短路径是指把图中任意两个顶点 v_i 和 $v_j(i\neq j)$之间的最短路径都计算出来。若图中有 n 个顶点，则共需要计算 $n(n-1)$条最短路径。解决此问题有两种方法：第 1 种是分别以图中的每个顶点为源点共调用 n 次狄克斯特拉算法，因狄克斯特拉算法的时间复杂度为 $O(n^2)$，所以此方法的时间复杂度为 $O(n^3)$；第 2 种是采用下面介绍的**弗洛伊德**（Floyed）算法，此算法的时间复杂度仍为 $O(n^3)$，但比较简单。

弗洛伊德算法从图的邻接矩阵开始，按照顶点 $v_0, v_1, \cdots, v_{n-1}$ 的次序，分别以每个顶点 $v_k(0\le k\le n-1)$作为新考虑的中间点，在第 $k-1$ 次运算得到的 $\boldsymbol{A}^{(k-1)}$（$\boldsymbol{A}^{(-1)}$为图的邻接矩阵 $\boldsymbol{GA}$）的基础上，求出每对顶点 v_i 到 v_j 的目前最短路径长度 $\boldsymbol{A}^{(k)}[i][j]$，计算公式为：

$$\boldsymbol{A}^{(k)}[i][j]=\min(\boldsymbol{A}^{(k-1)}[i][j],\ \boldsymbol{A}^{(k-1)}[i][k]+\boldsymbol{A}^{(k-1)}[k][j])\quad (0\le i\le n-1,\ 0\le j\le n-1)$$

其中，min 函数表示取其参数表中的较小值，参数表中的前项表示在第 $k-1$ 次运算后得到的从 v_i 到 v_j 的目前最短路径长度，后项表示考虑以 v_k 作为新的中间点所得到的从 v_i 到 v_j

的路径长度。若后项小于前项，则表明以 v_k 作为中间点（不排除已经以 $v_0, v_1, \cdots, v_{n-1}$ 中的一部分作为其中间点）使得从 v_i 到 v_j 的路径长度变短，所以应把它的值赋给 $\boldsymbol{A}^{(k)}[i][j]$，否则把 $\boldsymbol{A}^{(k-1)}[i][j]$的值赋给 $\boldsymbol{A}^{(k)}[i][j]$。总之，使 $\boldsymbol{A}^{(k)}[i][j]$保存第 k 次运算后得到的从 v_i 到 v_j 的目前最短路径长度。当 k 从 0 取到 $n-1$ 后，矩阵 $\boldsymbol{A}^{(n-1)}$就是最后得到的结果，其中每个元素 $\boldsymbol{A}^{(n-1)}[i][j]$就是从顶点 v_i 到 v_j 的最短路径长度。

对于上面的计算公式，当 $i=j$ 时变为：

$$\boldsymbol{A}^{(k)}[i][i]=\min(\boldsymbol{A}^{(k-1)}[i][i],\ \boldsymbol{A}^{(k-1)}[i][k]+\boldsymbol{A}^{(k-1)}[k][i]) \quad (0 \le i \le n-1)$$

若 $k=0$，则参数表中的前项 $\boldsymbol{A}^{(-1)}[i][i]=\boldsymbol{GA}[i][i]=0$，后项 $\boldsymbol{A}^{(-1)}[i][0]+\boldsymbol{A}^{(-1)}[0][i]$必定大于等于 0，所以 $\boldsymbol{A}^{(0)}$中的对角线元素同 $\boldsymbol{A}^{(-1)}$中的对角线元素一样，均为 0。同理，当 $k=1, 2, \cdots, n-1$ 时，$\boldsymbol{A}^{(k)}$中的对角线元素也均为 0。

对于上面的计算公式，当 $i=k$ 或 $j=k$ 时分别变为：

$$\boldsymbol{A}^{(k)}[k][j]=\min(\boldsymbol{A}^{(k-1)}[k][j],\ \boldsymbol{A}^{(k-1)}[k][k]+\boldsymbol{A}^{(k-1)}[k][j]) \quad (0 \le j \le n-1)$$

$$\boldsymbol{A}^{(k)}[i][k]=\min(\boldsymbol{A}^{(k-1)}[i][k],\ \boldsymbol{A}^{(k-1)}[i][k]+\boldsymbol{A}^{(k-1)}[k][k]) \quad (0 \le i \le n-1)$$

每个参数表中的后一项都由它的前一项加上 $\boldsymbol{A}^{(k-1)}[k][k]$所组成，因 $\boldsymbol{A}^{(k-1)}[k][k]=0$，所以 $\boldsymbol{A}^{(k)}[k][j]$和 $\boldsymbol{A}^{(k)}[i][k]$分别取上一次的运算结果 $\boldsymbol{A}^{(k-1)}[k][j]$和 $\boldsymbol{A}^{(k-1)}[i][k]$的值，也就是说，矩阵 $\boldsymbol{A}^{(k)}$中的第 k 行和第 k 列上的元素均取上一次运算的结果。

下面以求如图 8-8（a）所示中每对顶点之间的最短路径长度为例来说明弗洛伊德算法的运算过程。

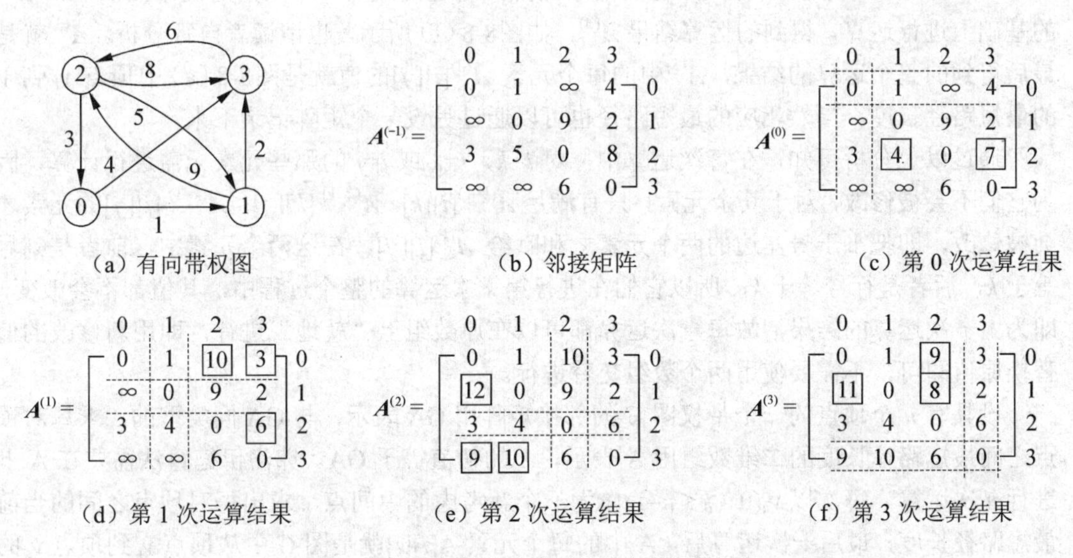

（b）邻接矩阵 $\boldsymbol{A}^{(-1)}$：

	0	1	2	3
0	0	1	∞	4
1	∞	0	9	2
2	3	5	0	8
3	∞	∞	6	0

（c）第 0 次运算结果 $\boldsymbol{A}^{(0)}$：

	0	1	2	3
0	0	1	∞	4
1	∞	0	9	2
2	3	4	0	7
3	∞	∞	6	0

（d）第 1 次运算结果 $\boldsymbol{A}^{(1)}$：

	0	1	2	3
0	0	1	10	3
1	∞	0	9	2
2	3	4	0	6
3	∞	∞	6	0

（e）第 2 次运算结果 $\boldsymbol{A}^{(2)}$：

	0	1	2	3
0	0	1	10	3
1	12	0	9	2
2	3	4	0	6
3	9	10	6	0

（f）第 3 次运算结果 $\boldsymbol{A}^{(3)}$：

	0	1	2	3
0	0	1	9	3
1	11	0	8	2
2	3	4	0	6
3	9	10	6	0

图 8-8　弗洛伊德算法求最短路径的运算过程

（1）令 k 取 0，即以 v_0 作为新考虑的中间点，对图 8-8（b）所示 $\boldsymbol{A}^{(-1)}$中的每对顶点之间的路径长度进行必要的修改后得到第 0 次运算结果 $\boldsymbol{A}^{(0)}$，如图 8-8（c）所示。在 $\boldsymbol{A}^{(0)}$中，第 0 行和第 0 列用虚线框起来表示 $i=k$ 和 $j=k$ 的情况，它们同对角线上的元素一样为 $\boldsymbol{A}^{(-1)}$中的对应值，对于其他 6 个元素，若 v_i 通过新中间点 v_0 然后到 v_j 的路径长度 $\boldsymbol{A}^{(-1)}[i][0]+\boldsymbol{A}^{(-1)}[0][j]$小于原来的路径长度 $\boldsymbol{A}^{(-1)}[i][j]$，则用前者修改之，否则仍保持原值。因 v_2 到 v_1 的路径长度 $\boldsymbol{A}^{(-1)}[2][1]=5$，通过新中间点 v_0 后变短，即为 $\boldsymbol{A}^{(-1)}[2][0]+\boldsymbol{A}^{(-1)}[0][1]=3+1=4$，

所以被修改为 4，对应的路径为{2,0,1}；同样，v_2 到 v_3 的路径长度通过新中间点 v_0 后也由 8 变为 7，所以被修改为 7，对应的路径为{2,0,3}；剩余的 4 对顶点的路径长度，因加入 v_0 作为新中间点后仍不变短，所以保持原值不变。

（2）令 k=1，即以 v_1 作为新考虑的中间点，对 $A^{(0)}$中每对顶点之间的路径长度进行必要的修改后得到第 1 次运算结果 $A^{(1)}$，如图 8-8（d）所示。此时第 1 行和第 1 列同对角线的元素一样，取上一次的值，对于其他 6 个元素，若 v_i 通过新中间点 v_1 然后到 v_j 的路径长度 $A^{(0)}$ [i][1]+ $A^{(0)}$ [1][j]小于原来的路径长度 $A^{(0)}$ [i][j]，则用前者修改之，否则仍保持原值。因 v_0 到 v_2 的路径长度 $A^{(0)}$[0][2]=∞，通过新中间点 v_1 后变短，即为 $A^{(0)}$[0][1]+$A^{(0)}$[1][2]= 1+9=10，所以被修改为 10，对应的路径为{0,1,2}；v_0 到 v_3 的路径长度 $A^{(0)}$ [0][3]=4，通过新中间点 v_1 后变短，即为 $A^{(0)}$ [0][1]+ $A^{(0)}$ [1][3]=1+2=3，所以也被修改为 3，对应的路径为{0,1,3}；v_2 到 v_3 的路径长度 $A^{(0)}$ [2][3]=7，通过新中间点 v_1 后也变短，即为 $A^{(0)}$ [2][1]+ $A^{(0)}$ [1][3]=4+2=6，所以在第一次被修改的基础上又重新被修改为 6，对应的路径为 $A^{(0)}$ [2][1]的路径{2,0,1}并上 $A^{(0)}$ [1][3]的路径{1,3}，即为{2,0,1,3}；剩余 3 对顶点的路径长度，因加入新中间点 v_1 后不变短，所以仍保持原值不变。

（3）令 k=2，即以 v_2 作为新考虑的中间点，对 $A^{(1)}$中每对顶点的路径长度进行必要地修改，得到第 2 次运算的结果，如图 8-8（e）所示。同上两次的分析过程一样，请读者分析这一次结果。

（4）令 k=3，即以 v_3 作为新考虑的中间点，这也是最后一个要考虑的中间点，在 $A^{(2)}$ 的基础上进行运算，得到的运算结果 $A^{(3)}$，如图8-8（f）所示，也请读者自行分析。$A^{(3)}$就是最后得到的整个运算的结果，$A^{(3)}$中的每个元素 $A^{(3)}$[i][j]的值就是图8-8（a）中顶点 v_i 到 v_j 的最短路径长度。当然相应的最短路径也可以通过另设一个矩阵记录下来。

通过以上分析可知，在每次运算中，对 i=k，j=k 或 i=j 的那些元素无需进行计算，因为它们不会被修改，对于其余元素，只有满足 $A^{(k-1)}$[i][k]+ $A^{(k-1)}$ [k][j]＜$A^{(k-1)}$ [i][j]的元素才会被修改，即把小于号左边的两个元素之和赋给 $A^{(k)}$[i][j]，在这两个元素中，前者是列号等于 k，后者是行号等于 k，所以它们在进行第 k 次运算的整个过程中，其值都不会改变，即为上一次运算的结果，故每一次运算都可以在原数组上“就地”进行，即用新修改的值替换原值即可，不需要使用两个数组交替进行。

设具有 n 个顶点的一个带权图 G 的邻接矩阵用 GA 表示，与 GA 同类型的，求每对顶点之间最短路径长度的二维数组用 A 表示，A 的初值等于 GA。弗洛伊德算法需要在 A 上进行 n 次运算，每次以 $v_k(0\le k\le n-1)$作为一个新考虑的中间点，求出每对顶点之间的当前最短路径长度，最后一次运算后，A 中的每个元素 A[i][j]就是图 G 中从顶点 v_i 到顶点 v_j 的最短路径长度。利用 C++语言编写弗洛伊德算法如下，假定在该算法中不需要记录每对顶点之间的最短路径，只需要记录每对顶点之间的最短长度。

```
void Floyed(adjmatrix GA, adjmatrix A, int n)
     //利用弗洛伊德算法求 GA 表示的图中每对顶点之间的最短长度
    //对应保存于二维数组 A 中
{
   int i,j,k;
```

```
                                        //给二维数组 A 赋初值,它等于图的邻接矩阵 GA
  for(i=0; i<n; i++)
     for(j=0; j<n; j++)
        A[i][j]=GA[i][j];
                                        //依次以每个顶点作为中间点,逐步优化数组 A
  for(k=0; k<n; k++)
     for(i=0; i<n; i++)
        for(j=0; j<n; j++) {
           if(i==k || j==k || i==j) continue;
           if(A[i][k]+A[k][j]<A[i][j])
              A[i][j]=A[i][k]+A[k][j];
        }
}
```

用下面程序调试弗洛伊德算法。

```
#include<iostream.h>
#include<stdlib.h>
#include<strstrea.h>                    //使用字符串流所需的系统头文件
#include<string.h>

typedef int VertexType;                 //定义顶点值的类型
typedef int WeightType;                 //定义边上权值的类型

const int MaxVertexNum=10;              //定义图的最多顶点数
const WeightType MaxValue=1000;         //定义无边上的特定权值

typedef VertexType vexlist[MaxVertexNum];
                                        //定义 vexlist 为存储顶点信息的数组类型
typedef int adjmatrix[MaxVertexNum][MaxVertexNum];
                                        // 定义 adjmatrix 为存储邻接矩阵的数组类型

#include"采用邻接矩阵存储的图的常用运算.cpp"

void Floyed(adjmatrix GA, adjmatrix A, int n)
{    弗洛伊德算法,函数定义同上
}

void main()
{
  int n,k1,k2;
  cout<<"输入待处理图的顶点数:";
  cin>>n;
```

```
    cout<<"输入图的有无向和有无权选择(0为无,非0为有):";
    cin>>k1>>k2;
    adjmatrix ga;
    InitMatrix(ga,k2);
    cout<<"输入图的边集:"<<endl;
    char* a=new char[100];
    //cin>>a;                                 //输入一个图的边集
    strcpy(a,"{<0,1>1,<0,3>4,<1,2>9,<1,3>2,<2,0>3,<2,1>5,"};
    strcat(a,"<2,3>8,<3,2>6)");               //字符数组a中保存图8-8 (a) 的边集
    CreateMatrix(ga,n,a,k1,k2);
    cout<<"以二元组形式输出邻接矩阵ga:"<<endl;
    PrintMatrix(ga,n,k1,k2);
    adjmatrix gb;
    InitMatrix(gb,k2);
    Floyed(ga, gb, n);                        //每对顶点的最短路径保存在gb中
    cout<<"以二元组形式输出邻接矩阵gb:"<<endl;
    PrintMatrix(gb,n,k1,k2);
}
```

程序运行结果如下。

```
输入待处理图的顶点数:4
输入图的有无向和有无权选择(0为无,非0为有):1 1
输入图的边集:
以二元组形式输出邻接矩阵ga:
V={0,1,2,3}
E={<0,1>1,<0,3>4,<1,2>9,<1,3>2,<2,0>3,<2,1>5,<2,3>8,<3,2>6,}
以二元组形式输出邻接矩阵gb:
V={0,1,2,3}
E={<0,1>1,<0,2>9,<0,3>3,<1,0>11,<1,2>8,<1,3>2,<2,0>3,<2,1>4,
   <2,3>6,<3,0>9,<3,1>10,<3,2>6,}
```

8.3 拓扑排序

8.3.1 拓扑排序的概念

一个较大的工程经常被分成许多子工程，把这些子工程称做**活动**（activity）。在整个工程中，有些子工程（活动）必须在其他有关子工程完成之后才能开始，也就是说，一个子工程的开始是以它的所有前序子工程的结束为先决条件的，但有些子工程没有先决条件，可以安排在任何时间开始。为了形象地反映出整个工程中各个子工程（活动）之间的先后关系，可用一个有向图来表示，图中的顶点代表活动（子工程），图中的有向边代表活动的

先后关系，即有向边的起点的活动是终点活动的前序活动，只有当起点活动完成之后，其终点活动才能进行。通常，把这种顶点表示活动、边表示活动间先后关系的有向图称做**顶点活动网**（Activity On Vertex network，AOV network）。

例如，一个计算机专业的学生必须完成如图 8-9 所示的全部课程。

课程代号	课程名称	先修课程
C1	高等数学	无
C2	程序设计基础	无
C3	离散数学	C1,C2
C4	数据结构	C3,C5
C5	算法语言	C2
C6	编译技术	C4,C5
C7	操作系统	C4,C9
C8	普通物理	C1
C9	计算机原理	C8

图 8-9　课程表

这里用课程代表活动，学习一门课程就表示进行一项活动，学习每门课程的先决条件是学完它的全部先修课程。学习《数据结构》课程就必须安排在学完它的两门先修课程《离散数学》和《算法语言》之后。学习《高等数学》课程则可以随时安排，因为它是基础课程，没有先修课。用 AOV 网来表示这种课程安排的先后关系，如图 8-10 所示。图中的每个顶点代表一门课程，每条有向边代表起点对应的课程是终点对应课程的先修课。从图中可以清楚地看出各课程之间的先修和后续的关系。如课程 C5 的先修课为 C2，后续课程为 C4 和 C6；C6 的先修课为 C4 和 C5，它无后续课。

一个 AOV 网应该是一个有向无环图，即不应该带有回路，因为若带有回路，则回路上的所有活动都无法进行。如图 8-11 所示是一个具有三个顶点的回路，由<A, B>边可得 B 活动必须在 A 活动之后，由<B, C>边可得 C 活动必须在 B 活动之后，所以推出 C 活动必然在 A 活动之后，但由<C, A>边可得 C 活动必须在 A 活动之前，从而出现矛盾，使每一项活动都无法进行。这种情况若在程序中出现，则称为死锁或死循环，是应该必须避免的。

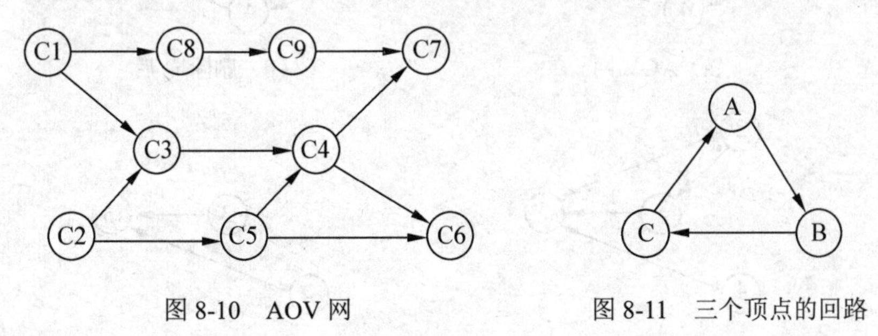

图 8-10　AOV 网　　　　图 8-11　三个顶点的回路

在 AOV 网中，若不存在回路，则所有活动可排列成一个线性序列，使得每个活动的所有前驱活动都排在该活动的前面，把此序列叫做**拓扑序列**（topological order），由 AOV

网构造拓扑序列的过程叫做**拓扑排序**（topological sort）。AOV 网的拓扑序列不是唯一的，满足上述定义的任一线性序列都称做它的拓扑序列。例如，下面的 3 个序列都是图 8-10 的拓扑序列，当然还可以写出许多。

（1）C1,C8,C9,C2,C3,C5,C4,C7,C6。

（2）C2,C1,C3,C5,C4,C6,C8,C9,C7。

（3）C1,C2,C3,C8,C9,C5,C4,C6,C7。

由 AOV 网构造出拓扑序列的实际意义是：如果按照拓扑序列中的顶点次序，在开始每一项活动时，能够保证它的所有前驱活动都已完成，从而使整个工程顺序进行，不会出现冲突的情况。

由 AOV 网构造拓扑序列的拓扑排序算法主要是循环执行以下两步，直到不存在入度为 0 的顶点为止。

（1）选择一个入度为 0 的顶点并输出之。

（2）从网中删除此顶点及所有出边。

循环结束后，若输出的顶点数小于网中的顶点数，则输出“有回路”信息，否则输出的顶点序列就是一种拓扑序列。

如图 8-12（a）所示为例，来说明拓扑排序算法的执行过程。

（1）在图 8-12（a）中 v_0 和 v_1 的入度都为 0，不妨选择 v_0 并输出之，接着删去顶点 v_0 及出边<0,2>，得到的结果如图 8-12（b）所示。

（2）在图 8-12（b）中只有一个入度为 0 的顶点 v_1，输出 v_1，接着删去 v_1 和它的三条出边<1,2>,<1,3>和<1,4>，得到的结果如图 8-12（c）所示。

（3）在图 8-12（c）中 v_2 和 v_4 的入度都为 0，不妨选择 v_2 并输出之，接着删去 v_2 及两条出边<2,3>和<2,5>，得到的结果如图 8-12（d）所示。

（4）在图 8-12（d）上依次输出顶点 v_3、v_4 和 v_5，并在每个顶点输出后删除该顶点及出边，操作都很简单，不再赘述。

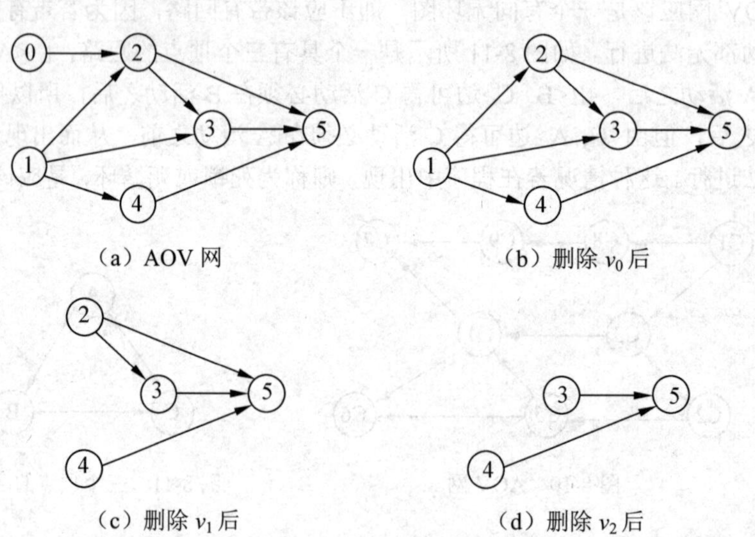

图 8-12　拓扑排序的图形说明

8.3.2　拓扑排序算法

为了利用 C++语言在计算机上实现 AOV 网的拓扑排序，AOV 网采用邻接表表示较方便。如对于图 8-12（a），对应的邻接表，如图 8-13 所示。

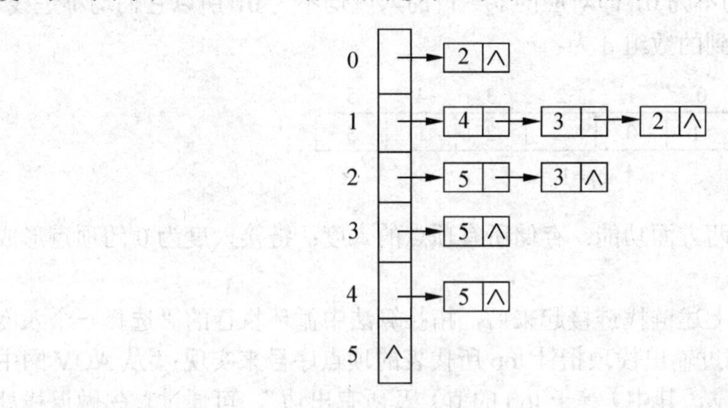

图 8-13　图 8-12（a）的链接表

在拓扑排序算法中，需要设置一个包含 *n* 个元素的一维整型数组，设用 d 表示，用它来保存 AOV 网中每个顶点的入度值。如对于图 8-12（a），得到数组 d 的初始值为：

0	1	2	3	4	5
0	0	2	2	1	3

在进行拓扑排序中，为了把所有入度为 0 的顶点都保存起来，而且又便于插入、删除以及节省存储，最好的方法是把它们链接成一个栈。另外，在保存入度的数组 d 中，当一个顶点 v_i 的入度为 0 时，下标为 i 的元素 d[i]的值为 0，该元素也就空闲下来了，正好可利用它作为链栈中的一个结点使用，保存下一个入度为 0 的顶点的序号，这样就可以把所有入度为 0 的顶点通过数组 d 中的对应元素静态地链接成一个栈。对于被删除入边而新产生的入度为 0 的顶点就压入此栈，输出一个入度为 0 的顶点就是删除栈顶元素。在这个链栈中，栈顶指针 top 指向一个入度为 0 的顶点，其值是数组 d 中下一个入度为 0 的元素的下标，此下标元素的值又是数组 d 中另一个入度为 0 的元素的下标，以此类推，最后一个入度为 0 元素的值为–1，表示为栈底。

根据如图 8-13 所示的邻接表，建立的入度为 0 的初始栈的过程如下。

（1）开始置链栈为空，即给链栈指针 top 赋初值为–1。

```
top=-1;
```

（2）将入度为 0 的元素 d[0]进栈，

```
d[0]=top; top=0;
```

此时 top 指向 d[0]元素，表示顶点 v_0 的入度为 0，而 d[0]的值为–1，表明为栈底。

（3）将入度为 0 的元素 d[1]进栈，即：

```
d[1]=top; top=1;
```

此时 top 指向 d[1]元素，表示顶点 v_1 的入度为 0，而 d[1]的值为 0，表明下一个入度为 0 的元素为 d[0]，即对应下一个入度为 0 的顶点为 v_0，d[0]的值为–1，所以此栈当前有两个元素 d[1]和 d[0]。

（4）因 d[2]～d[5]的值均不为 0，即对应的 v_2～v_5 的入度均不为 0，所以它们均不进栈，至此，初始栈建立完毕，得到的数组 d 为：

0	1	2	3	4	5
–1	0	2	2	1	3

↑ top=1

由此可知，数组 d 具有两方面功能：存储所有顶点的入度；链接入度为 0 的顶点形成链栈。

将入度为 0 的顶点利用上述链栈链接起来后，拓扑算法中循环执行的“选择一个入度为 0 的顶点并输出之”，可通过输出栈顶指针 top 所代表的顶点序号来实现；“从 AOV 网中删除刚输出的顶点（假定为 v_j，其中 j 等于 top 的值）及所有出边”，可通过首先做退栈处理，使 top 指向下一个入度为 0 的元素，然后遍历 v_j 的邻接点表，分别把所有邻接点的入度减 1，若减 1 后的入度为 0 则令该元素进栈等操作来实现。此外，该循环的终止条件“直到不存在入度为 0 的顶点为止”，可通过判断栈空来实现。

对于图 8-12（a），当删除由 top 值所代表的顶点 v_1 及所有出边后，数组 d 变为：

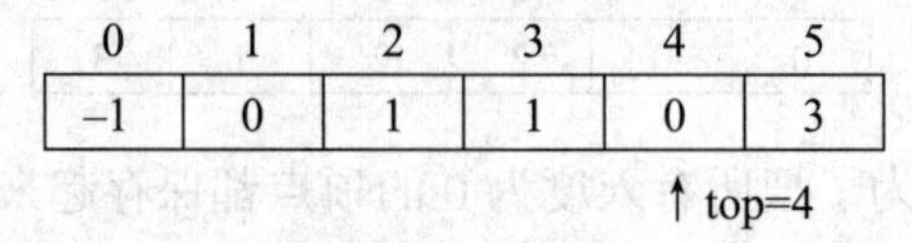

0	1	2	3	4	5
–1	0	1	1	0	3

↑ top=4

当依次删除 top 所表示的每个顶点及所有出边后，数组 d 的变化分别如图 8-14 所示。

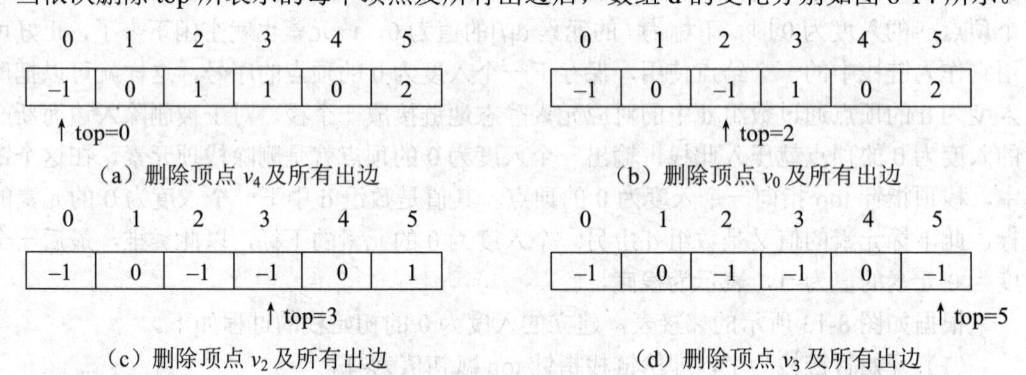

0	1	2	3	4	5
–1	0	1	1	0	2

↑ top=0

（a）删除顶点 v_4 及所有出边

0	1	2	3	4	5
–1	0	–1	1	0	2

↑ top=2

（b）删除顶点 v_0 及所有出边

0	1	2	3	4	5
–1	0	–1	–1	0	1

↑ top=3

（c）删除顶点 v_2 及所有出边

0	1	2	3	4	5
–1	0	–1	–1	0	–1

↑ top=5

（d）删除顶点 v_3 及所有出边

图 8-14　数组 d 变化示意图

当删除顶点 v_5 及所有出边后，top 的值为–1，表示栈空，至此算法执行结束，得到的拓扑序列为：1,4,0,2,3,5。

根据以上分析，给出拓扑排序算法的具体描述如下。

```
void Toposort(adjlist GL, int n)     //对用邻接表 GL 表示的有向图进行拓扑排序
{
```

```
    int i,j,k,top,m=0;      //m 用来统计拓扑序列中的顶点数
    edgenode*p;
  //定义存储图中每个顶点入度的一维整型数组 d
    int*d=new int[n];
  //初始化数组 d 中的每个元素值为 0
    for(i=0; i<n; i++) d[i]=0;
  //利用数组 d 中的对应元素统计出每个顶点的入度
    for(i=0; i<n; i++) {
        p=GL[i];
        while(p!=NULL) {
            j=p->adjvex; d[j]++; p=p->next;
        }
    }
  //初始化用于链接入度为 0 的元素的栈的栈顶指针 top 为-1
    top=-1;
  //建立初始化栈
    for(i=0; i<n; i++)
        if(d[i]==0) { d[i]=top; top=i;}
  //每循环一次删除一个顶点及所有出边
    while(top!=-1) {
        j=top;                  //j 的值为一个入度为 0 的顶点序号
        top=d[top];             //删除栈顶元素
        cout<<j<<' ';           //输出一个顶点
        m++;                    //输出的顶点个数加 1
        p=GL[j];                //p 指向 vj 邻接点表的第 1 个结点
        while(p!=NULL) {
            k=p->adjvex;        //vk 是 vj 的一个出边邻接点
            d[k]--;             //vk 的入度减 1
            if(d[k]==0) {       //把入度为 0 的元素进栈
                d[k]=top; top=k;
            }
            p=p->next;          //p 指向 vj 邻接点表的下一个结点
        }
    }
    cout<<endl;
  //当输出的顶点数小于图中的顶点数时,输出有回路信息
    if(m<n) cout<<"The network has a cycle!"<<endl;
    delete []d;                 //删除动态分配的数组 d
}
```

拓扑排序实际上是对邻接表表示的图 *G* 进行遍历的过程，依次访问入度为 0 顶点的邻接表，若 AOV 图没有回路，则需要扫描邻接表中的所有边结点，加上在算法开始时，为建立入度数组 d 需要访问表头向量中的每个域和单链表中的每个结点，所以此算法的时间复杂度为 $O(n+e)$。

8.4 关键路径

8.4.1 顶点事件的发生时间

与上节 AOV 网相对应的是 **AOE 网**，即边表示活动的网络。它与 AOV 网比较，更具有实用价值，通常用它表示一个工程的计划或进度。

AOE 网是一个有向带权图，图中的边表示**活动**（子工程），边上的权表示该活动的**持续时间**(duration time)，即完成该活动所需要的时间；图中的顶点表示**事件**，每个事件是活动之间的转接点，即表示它的所有入边活动到此完成，所有出边活动从此开始。AOE 网中有两个特殊的顶点（事件），一个称作**源点**，表示整个工程的开始，亦即最早活动的起点，显然它只有出边，没有入边；另一个称作**汇点**，表示整个工程的结束，亦即最后活动的终点，显然它只有入边，没有出边。除这两个顶点外，其余顶点都既有入边，也有出边，是入边活动和出边活动的转接点。在一个 AOE 网中，若包含有 n 个事件，通常令源点为第 0 个事件（假定从 0 开始编号），汇点为第 n–1 个事件，其余事件的编号（即顶点序号）分别从 1～n–2。

如图 8-15 所示是一个 AOE 网，该网中包含有 11 项活动和 9 个事件。如边<0,1>表示活动 a_1，持续时间（即权值）为 6，若以天为单位，即 a_1 需要 6 天完成，它以 v_0 事件为起点，以 v_1 事件为终点；边<4, 6>和<4, 7>分别表示活动 a_7 和 a_8，它们的持续时间分别为 9 天和 7 天，它们均以 v_4 事件为起点，但分别以 v_6 和 v_7 事件为终点。该网中的源点和汇点分别为第 0 个事件 v_0 和最后一个事件 v_8，它们分别表示整个工程的开始和结束。

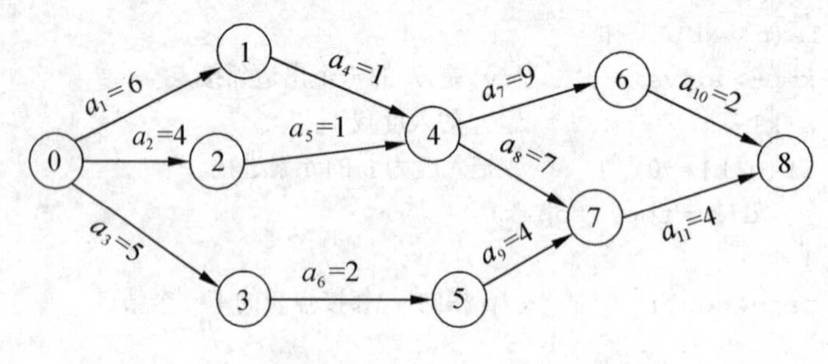

图 8-15 一个 AOE 网

对于一个 AOE 网，待研究的问题是：

（1）整个工程至少需要多长时间完成?

（2）哪些活动是影响工程进度的关键?

在 AOE 网中，一个顶点事件的发生或出现必须在它的所有入边活动（或称前驱活动）都完成之后，也就是说，只要有一个入边活动没有完成，该事件就不可能发生。显然，一个事件的**最早发生时间**是它的所有入边活动，或者说最后一个入边活动刚完成的时间。同样，一个活动的开始必须在它的起点事件发生之后，也就是说，一个顶点事件没有发生时，它的所有出边活动（或称后继活动）都不可能开始。显然一个活动的**最早开始时间**是它的起点事件的最早发生时间。

若用 ve[j]表示顶点 v_j 事件的最早发生时间，用 e[i]表示 v_j 一条出边活动 a_i 的最早开始时间，则有 e[i]=ve[j]。对于 AOE 网中的源点事件来说，因为它没有入边，所以随时都可以发生，整个工程的开始时间就是它的发生时间，亦即最早发生时间，通常把此时间定义为 0，即 ve[0]=0，从此开始推出其他事件的最早发生时间。在图 8-15 所示的 AOE 网中，v_4 事件的发生必须在 a_4 和 a_5 活动都完成之后，而 a_4 和 a_5 活动的开始又必须分别在 v_1 和 v_2 事件的发生之后，v_1 和 v_2 事件的发生又必须分别在 a_1 和 a_2 活动的完成之后，因 a_1 和 a_2 的活动都起于源点，其最早开始时间均为 0，所以 a_1 和 a_2 的完成时间分别为 6 和 4，这也分别是 v_1 和 v_2 的最早发生时间，以及 a_4 和 a_5 的最早开始时间，故 a_4 和 a_5 的完成时间分别为 7 和 5，由此可知，v_4 事件的最早发生时间为 7，即所有入边活动中最后一个完成的时间。

从以上分析可知，一个事件的发生有待于它的所有入边活动的全部完成，而每个入边活动的开始和完成又有待于前驱事件的发生，而每个前驱事件的发生又有待于它们的所有入边活动的完成……。总之，一个事件发生在从源点到该顶点的所有路径上的活动都完成之后，显然，其**最早发生时间应等于从源点到该顶点的所有路径上的最长路径长度**。这里所说的路径长度是指带权路径长度，即等于路径上所有活动的持续时间之和。如从源点 v_0 到顶点 v_4 共有两条路径，长度分别为 7 和 5，所以 v_4 的最早发生时间为 7。从源点 v_0 到汇点 v_8 有多条路径，通过分析可知，其最长路径长度为 18，所以汇点 v_8 的最早发生时间为 18。汇点事件的发生，表明整个工程中的所有活动都已完成，所以完成图 8-15 所对应的工程至少需要 18 天。

现在接着讨论如何从源点 v_0 的最早发生时间 0 出发，求出其余各事件的最早发生时间。求一个事件 v_k 的最早发生时间（即从源点 v_0～v_k 的最长路径长度）的常用方法是：由它的每个前驱事件 v_j 的最早发生时间（即从源点 v_0～v_j 的最长路径长度）分别加上相应入边 $<j, k>$ 上的权，其值最大者就是 v_k 的最早发生时间。由此可知，必须按照拓扑序列中的顶点次序（即拓扑有序）求出各个事件的最早发生时间，才能保证在求一个事件的最早发生时间时，它的所有前驱事件的最早发生时间都已求出。

设 ve[k]表示 v_k 事件的最早发生时间，ve[j]表示 v_k 的一个前驱事件 v_j 的最早发生时间，dut($<j, k>$)表示边 $<j, k>$ 上的权，p 表示 v_k 顶点所有入边的集合，则 AOE 网中每个事件 $v_k(0 \le k \le n-1)$ 的最早发生时间可由下式，按照拓扑有序计算出来。

$$ve[k]=\max\{ve[j]+dut(<j, k>)\} \qquad (1 \le k \le n-1, <j, k> \in p, ve[0]=0)$$

按照此公式和拓扑有序计算出图 8-15 所示的 AOE 网中每个事件的最早发生时间如下。

$$\begin{aligned}
&ve[0]=0\\
&ve[1]=ve[0]+dut(<0,1>)=0+6=6\\
&ve[2]=ve[0]+dut(<0,2>)=0+4=4\\
&ve[3]=ve[0]+dut(<0,3>)=0+5=5\\
&ve[4]=\max\{ve[1]+dut(<1,4>), ve[2]+dut(<2,4>)\}\\
&\qquad=\max\{6+1,4+1\}=7\\
&ve[5]=ve[3]+dut(<3,5>)=5+2=7\\
&ve[6]=ve[4]+dut(<4,6>)=7+9=16
\end{aligned}$$

$$ve[7]=\max\{ve[4]+dut(<4,7>), ve[5]+dut(<5,7>)\}$$
$$=\max\{7+7,7+4\}=14$$
$$ve[8]=\max\{ve[6]+dut(<6,8>), ve[7]+dut(<7,8>)\}$$
$$=\max\{16+2,14+4\}=18$$

最后得到的 ve(8)就是汇点的最早发生时间，从而可知整个工程至少需要 18 天完成。

在不影响整个工程按时完成的前提下，一些事件可以不在最早发生时间发生，而允许向后推迟一些时间发生，把最晚必须发生的时间叫做该事件的**最迟发生时间**。同样，在不影响整个工程按时完成的前提下，一些活动可以不在最早开始时间开始，而允许向后推迟一些时间开始，把最晚必须开始的时间叫做该活动的**最迟开始时间**。AOE 网中的任一个事件若在最迟发生时间仍没有发生或任一项活动在最迟开始时间仍没有开始，则必将影响整个工程的按时完成，使工期拖延。若用 vl[k]表示顶点 v_k 事件的最迟发生时间，用 l[i]表示 v_k 的一条入边<j, k>上活动 a_i 的最迟开始时间，用 dut(<j, k>)表示 a_i 的持续时间，则有

$$l[i]=vl[k]-dut(<j, k>)$$

因 a_i 活动的最迟完成时间也就是它的终点事件 v_k 的最迟发生时间，所以 a_i 的最迟开始时间应等于 v_k 的最迟发生时间减去 a_i 的持续时间，或者说，要比 v_k 的最迟发生时间提前 a_i 所需要的时间开始。

为了保证整个工程的按时完成，所以把汇点的最迟发生时间定义为它的最早发生时间，即 vl[n]=ve[n]。其他**每个事件的最迟发生时间应等于汇点的最迟发生时间减去从该事件的顶点到汇点的最长路径长度**，或者说，每个事件的最迟发生时间比汇点的最迟发生时间所提前的时间应等于从该事件的顶点到汇点的最长路径上所有活动的持续时间之和。求一个事件 v_j 的最迟发生时间的常用方法是：由它的每个后继事件 v_k 的最迟发生时间分别减去相应出边<j, k>上的权，其值最小者就是 v_j 的最迟发生时间。由此可知，必须按照逆拓扑有序求出各个事件的最迟发生时间，这样才能保证在求一个事件的最迟发生时间时，它的所有后继事件的最迟发生时间都已求出。

设 vl[j]表示待求的 v_j 事件的最迟发生时间，vl[k]表示 v_j 的一个后继事件 v_k 的最迟发生时间，dut(<j, k>)表示边<j, k>上的权，s 表示 v_j 顶点的所有出边的集合，则 AOE 网中每个事件 $v_j(0 \le j \le n-1)$的最迟发生时间由下式，按照逆拓扑有序计算出来。

$$vl[j]=\begin{cases} ve[n-1] & (j=n-1) \\ \min\{vl[k]-dut(<j, k>)\} & (0 \le j \le n-2, <j, k> \in s) \end{cases}$$

按照此公式和逆拓扑有序计算出图 8-15 所示的 AOE 网中每个事件的最迟发生时间如下。

$$vl[8]=ve[8]=18$$
$$vl[7]=vl[8]-dut(<7,8>)=18-4=14$$
$$vl[6]=vl[8]-dut(<6,8>)=18-2=16$$
$$vl[5]=vl[7]-dut(<5,7>)=14-4=10$$
$$vl[4]=\min\{vl[7]-dut(<4,7>), vl[6]-dut(<4,6>)\}$$
$$=\min\{14-7,16-9\}=7$$
$$vl[3]=vl[5]-dut(<3,5>)=10-2=8$$

$$vl[2]=vl[4]-dut(<2,4>)=7-1=6$$

$$vl[1]=vl[4]-dut(<1,4>)=7-1=6$$

$$vl[0]=\min\{vl[1]-dut(<0,1>), vl[2]-dut(<0,2>), vl[3]-dut(<0,3>)\}$$

$$=\min\{6-6,6-4,8-5\}=0$$

8.4.2　计算关键路径的方法和算法

AOE 网中每个事件的最早发生时间和最迟发生时间计算出来后，可根据它们计算出每个活动的最早开始时间和最迟开始时间。设事件 v_j 的最早发生时间为 ve[j]，它的一个后继事件 v_k 的最迟发生时间为 vl[k]，则边<j, k>上的活动 a_i 的最早开始时间 e[i]和最迟开始时间 $l[i]$的计算公式重新列出如下。

$$\begin{cases} e[i]=ve[j] \\ l[i]=vl[k]-dut(<j, k>) \end{cases}$$

根据此计算公式可计算出 AOE 网中每一个活动 a_i 的最早开始时间 $e[i]$，最迟开始时间 $l[i]$和开始时间余量 $l[i]-e[i]$。如图 8-16 所示列出了图 8-15 中每一活动的这 3 个时间。

a_i	a_1	a_2	a_3	a_4	a_5	a_6	a_7	a_8	a_9	a_{10}	a_{11}
e[i]	0	0	0	6	4	5	7	7	7	16	14
l[i]	0	2	3	6	6	8	7	7	10	16	14
l[i]–e[i]	0	2	3	0	2	3	0	0	3	0	0

图 8-16　计算出的图 8-15 中每个活动的 3 个时间

其中，有些活动的开始时间余量不为 0，表明这些活动不在最早开始时间开始，至多向后拖延相应的开始时间余量所规定的时间开始也不会延误整个工程的进展。如对于活动 a_5，它最早可以从整个工程开工后的第 4 天开始，至多向后拖延两天，即从第 6 天开始。有些活动的开始时间余量为 0，表明这些活动只能在最早开始时间开始，并且必须在持续时间内按时完成，否则将拖延整个工期。把开始时间余量为 0 的活动称为**关键活动**，由关键活动所形成的从源点到汇点的每一条路径称为**关键路径**。由图 8-15 中的关键活动构成两条关键路径为{0,1,4,6,8}和{0,1,4,7,8}，如图 8-17 所示。

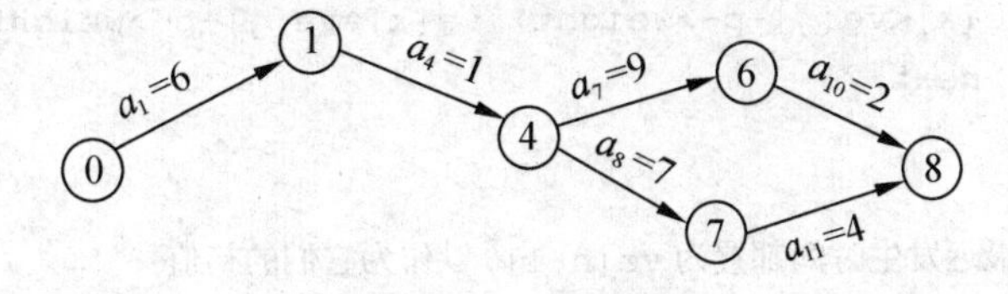

图 8-17　AOE 网的关键路径

关键路径实际上就是从源点到汇点具有最长路径长度的那些路径，即最长路径。这很容易理解，因为整个工程的工期就是按照最长路径长度计算出来的，即等于该路径上所有活动的持续时间之和。当然一条路径上的活动只能串行进行，若最长路径上的任一活动不在最早开始时间开始，或不在规定的持续时间内完成，都必然会延误整个工期，所以每一项活动的开始时间余量为 0，故它们都是关键活动。

求一个 AOE 网的关键路径后，可通过加快关键活动（即缩短它的持续时间）来实现缩短整个工程的工期。但并不是加快任何一个关键活动都可以缩短其整个工程的工期，只有加快那些包括在所有关键路径上的关键活动才能达到这个目的。例如，加快图 8-17 中关键活动 a_{11} 的速度，使之由 4 天完成变为 3 天完成，则不能使整个工程的工期由 18 天变为 17，因为另一条关键路径{0,1,4,6,8}中不包括活动 a_{11}，这只能使它所在的关键路径{0,1,4,7,8}变为非关键路径。而活动 a_1 和 a_4 是包括在所有的关键路径中的，若活动 a_1 由 6 天变为 4 天完成，则整个工程的工期可由 18 天缩短为 16 天。另一方面，关键路径是可以变化的，提高某些关键活动的速度可能使原来的非关键路径变为新的关键路径，因而关键活动的速度提高是有限度的。例如，图 8-15 中关键活动 a_1 由 6 改为 4 后，路径{0,2,4,6,8}和{0,2,4,7,8}都变成了关键路径，此时，再提高 a_1 的速度也不能使整个工程的工期提前。

下面给出用邻接表 GL 表示一个 AOE 网的求关键路径的算法。

```
void Cripath(adjlist GL, int n)  //求邻接表 GL 表示的 AOE 网的关键路径
{
   int i,j,k;
   edgenode*p;
  //动态定义具有 n 个元素的三个一维整型数组 v,ve 和 vl
   int*v=new int[n];        //保存拓扑排序的顶点序列
   int*ve=new int[n];       //保存每个事件的最早发生时间
   int*vl=new int[n];       //保存每个事件的最迟发生时间
  //调用拓扑排序算法,使排序结果存于数组 v 中
   Toposort(GL,v,n);        //需对上一节介绍的此算法做必要的修改,即在
                            //参数表中增加 int v[]一项,把输出语句更换为 v[m]=j 即可
  //给每个事件的最早发生时间置初值 0
   for(i=0; i<n; i++) ve[i]=0;
  //求出每个事件的最早发生时间
   for(i=0; i<n; i++) {
       j=v[i];
       p=GL[j];
       while(p!=NULL) {
           k=p->adjvex;
           if(ve[k]<ve[j]+p->weight) ve[k]=ve[j]+p->weight;
           p=p->next;
       }
   }
  //把每个事件的最迟发生时间都置为 ve[n-1],以作为它们的初值
   for(i=0; i<n;i++) vl[i]=ve[n-1];
  //求出每个事件的最迟发生时间
   for(i=n-1; i>=0; i--) {
       j=v[i];
       p=GL[j];
       while(p!=NULL) {
```

```
            k=p->adjvex;
            if(vl[j]>vl[k]-p->weight) vl[j]=vl[k]-p->weight;
            p=p->next;
        }
    }
//输出 AOE 网中每一个活动的最早开始时间,最迟开始时间以及开始时间余量
    for(i=0; i<n; i++) {
        p=GL[i];                                 //把 vi 邻接点表的表头指针赋给 p
        while(p!=NULL) {
            j=p->adjvex;                         //vj 是 vi 的一个后继事件
            cout<<'<'<<i<<','<<j<<'>';
                //输出有向边<i,j>,用它表示该边上的活动 ak
            cout<<ve[i]<<", ";                   //输出 ak 的最早开始时间
            cout<<vl[j]-p->weight<<", ";         //输出 ak 的最迟开始时间
            cout<<vl[j]-p->weight-ve[i]<<endl;//输出 ak 的开始时间余量
            p=p->next;
        }
    }
}
```

求关键路径算法的时间复杂度同拓扑排序算法一样，也为 $O(n+e)$，n 和 e 分别表示图的顶点数和边数。

利用下面程序调试图的拓扑排序算法和关键路径算法。

```
#include<iostream.h>
#include<stdlib.h>
#include<strstrea.h>

const int MaxVertexNum=20;
typedef int WeightType;
struct edgenode {               //定义邻接表中的边结点类型
    int adjvex;                 //邻接点域
    WeightType weight;          //权值域,对无权图可省去
    edgenode*next;              //指向下一个边结点的链域
};
typedef edgenode*adjlist[MaxVertexNum];
                                //定义 adjlist 为存储 n 个表头指针的数组类型

#include"采用邻接表存储的图的常用运算.cpp"

void Toposort(adjlist GL, int v[], int n)
{                               //对用邻接表 GL 表示的有向图进行拓扑排序
}

void Cripath(adjlist GL, int n)
{  //求邻接表 GL 表示的 AOE 网的关键路径
}
```

```
void main()
{
    int n,k1,k2;
    cout<<"输入待处理图的顶点数:";
    cin>>n;
    cout<<"输入图的有无向和有无权选择(0为无,非0为有):";
    cin>>k1>>k2;
    adjlist gl;
    InitAdjoin(gl);
    cout<<"输入图的边集:";
    char*a=new char[100];
    cin>>a;
    CreateAdjoin(gl,n,a,k1,k2);
    Cripath(gl,n);
}
```

程序的一次输入和运行结果如下。

```
输入待处理图的顶点数:9
输入图的有无向和有无权选择(0为无,非0为有):1 1
输入图的边集:{<0,1>6,<0,2>4,<0,3>5,<1,4>1,<2,4>1,<3,5>2,<4,6>9,<4,7>7,
<5,7>4,<6,8>2,<7,8>4}

<0,3>0,3,3
<0,2>0,2,2
<0,1>0,0,0
<1,4>6,6,0
<2,4>4,6,2
<3,5>5,8,3
<4,7>7,7,0
<4,6>7,7,0
<5,7>7,10,3
<6,8>16,16,0
<7,8>14,14,0
```

习　题　8

【习题 8-1】 运算题。

1．如图 8-18 所示，针对有向图操作如下。

（1）画出最小生成树并求出它的权。

（2）从顶点 v_0 出发，根据普里姆算法求出最小生成树的过程中，把依次得到的各条边按序写出来。

（3）根据克鲁斯卡尔算法求出最小生成树的过程中，把依次得到的各条边按序写出来。

2．如图 8-19 所示，利用狄克斯特拉算法求从顶点 v_0 到其余各顶点的最短路径，并画出对应的图形表示。

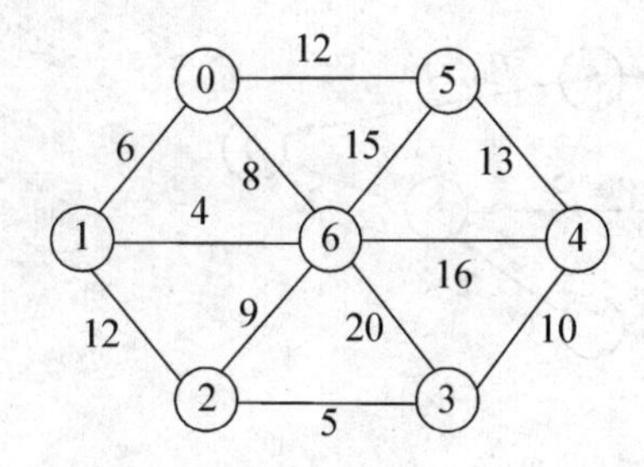

图 8-18　无向带权图

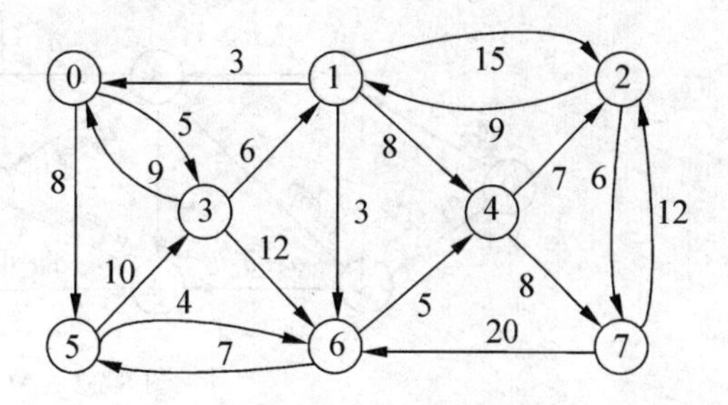

图 8-19　有向带权图

3．已知一个图的二元组表示为：

V={0,1,2,3,4,5,6,7}

E={(0,1)8,(0,3)2,(0,5)10,(1,2)6,(1,4)20,(1,6)12,(2,4)10,
(2,7)15,(3,5)5,(3,6)7,(4,7)4,(5,6)6,(6,7)8}

（1）按照克鲁斯卡尔算法求最小生成树，写出依次得到的各条边。

（2）按照狄克斯特拉算法求从顶点 0 到其余各顶点的最短路径。

4．如图 8-20 所示，利用弗洛伊德算法求每对顶点之间的最短路径，即仿照图 8-8 的运算过程，给出从邻接矩阵出发每加入一个中间点后矩阵的状态。

5．如图 8-21 所示，试给出一种拓扑序列，若在它的邻接表存储结构中，每个顶点邻接表中的边结点都是按照终点序号从大到小链接的，则按此给出唯一一种拓扑序列。

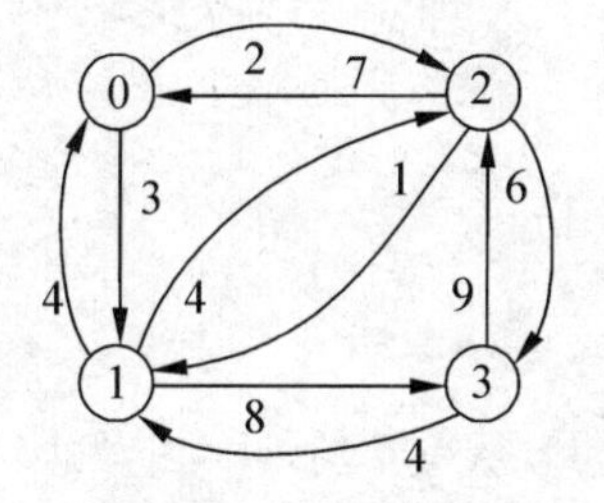

图 8-20　有向带权图

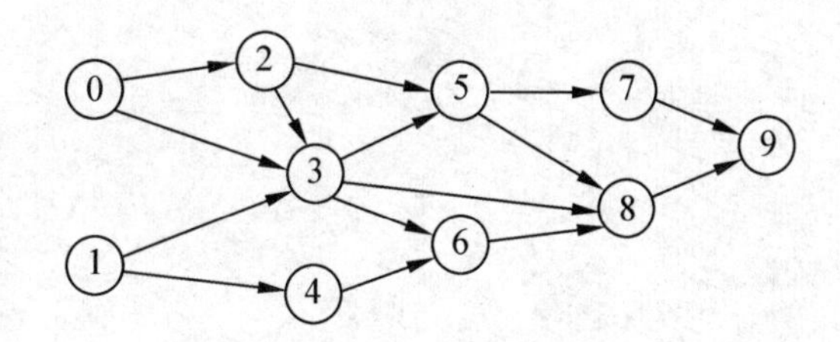

图 8-21　AOV 网

6．一个 AOV 网的二元组表示为：

V={0,1,2,3,4,5,6,7,8,9,10}

E={<0,2>,<0,4>,<1,2>,<1,5>,<2,4>,<3,5>,<4,6>,<4,7>,<5,7>,<6,8>,
<7,6>,<7,8>,<7,9>,<8,10>,<9,10>}

在此 AOV 网的邻接表存储中，若各顶点邻接表中的边结点是按照邻接顶点序号从大到小链接的，请写出按此邻接表和介绍的拓扑排序算法得到的拓扑序列。

提示：先画出图形再运算。

7．如图 8-22 所示的 AOE 网，求：

（1）每个事件的最早发生时间和最迟发生时间。

（2）完成整个工程至少需要多长时间。

（3）每项活动的最早开始时间和最迟开始时间以及开始时间余量。

（4）画出由所有关键活动所构成的图。

（5）哪些活动加速可使整个工程提前完成？

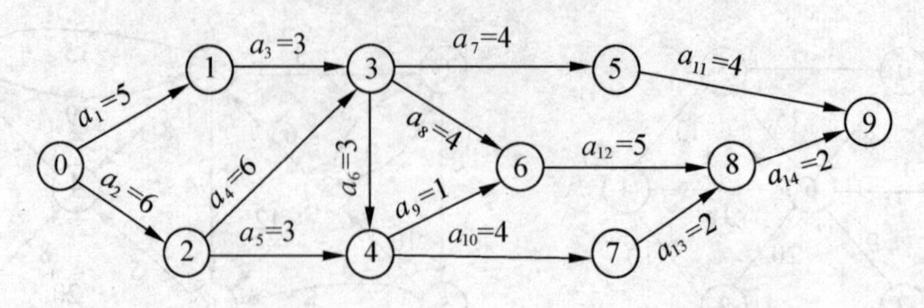

图 8-22　AOE 网

【习题 8-2】 算法设计题。

1．采用简单插入排序方法对图的边集数组 GE 中的所有边，按边的权值的升序进行排序，排序结果仍存于 GE 中。

2．修改 Kruskal 算法，在算法内部使用具有 adjlist 类型的一个邻接表 s 代替二维数组 s，用一个单链表 $s[i]$表示一个集合，若一个顶点属于这个集合，则对应该单链表中的一个结点，该结点的 adjvex 域的值为该顶点序号。

3．编写一个程序调试上面第 1 和第 2 小题的两个算法。

4．编写一个程序，调试一个带权图的狄克斯特拉算法，以及对邻接矩阵常用运算的算法。

第9章　查　找

9.1　查找的概念

查找（search）又称**检索**，它同人们的日常工作和生活有着密切联系。如从字典中查找单词，从工资表中查找工资，从电话号码簿中查找电话，从图书馆中查找图书，从地图上查找路线和地址等。可以说，人们每天都离不开查找。查找手段分为人工和计算机两种，对于少量信息，人工查找是可行的，但对于大量信息来说，人工查找是困难的，有时甚至是无法办到的，现代信息社会只有依靠计算机才能做到不受时间、地域和空间的限制，快速、及时和准确地查找信息。

利用计算机查找首先需要把原始数据整理成一张一张的数据表，它可以具有集合、线性、树、图等任何所需要的逻辑结构，并且数据表和数据表之间也可以具有1对1（线）、1对多（树）和多对多（图）等对应结构；接着把每个数据表按照一定的存储结构存入到计算机中，变为计算机可处理的“表”，如顺序表，链接表等；然后再通过使用有关的查找算法在相应的存储表上查找出必需的信息。集合和线性表的存储结构除了在第2、3章已经介绍的顺序和链接两种存储结构外，还有索引存储结构和散列存储结构，将在本章讨论这两种新的存储结构。本章还要介绍一种特殊的树——B树，它通常用做大型外存数据文件的索引结构。

在计算机上对数据表进行查找，就是根据所给条件查找出满足条件的第1条记录（元素）或全部记录。若没有找到满足条件的任何记录，则返回特定值，表明查找失败；若查找到满足条件的第1条记录，则表明查找成功，通常要求返回该记录的存储位置或记录值本身，以便对该记录做进一步处理；若需要查找到满足条件的所有记录，则可看做在多个区间内连续查找到满足条件的第1条记录的过程，即首先在整个区间内查找到满足条件的第1条记录，接着在剩余的区间内查找到满足条件的第1条记录（对整个区间而言，它是满足条件的第2条记录），以此类推，直到剩余区间为空时止。所以，查找问题就归结为在指定的区间（即表的一部分或全部）内查找满足所给条件的第1条记录，若查找成功，则返回记录的值或存储位置，否则表明查找失败，返回一个特定值。当然，查找运算只是整个数据处理过程的一个环节，它的下一个环节是如何对查找结果进行处理，这可根据实际需要，对查找成功的记录进行观察、计算、输出、修改和删除等，当查找失败时，输出错误信息或插入新记录等。

用于在表上查找记录的条件，情况比较复杂，它由具体应用而定，但其中最具有代表性的条件是：在关键字段（项）上查找关键字等于给定值K所在的记录。由于表中每个记录的关键字都不同，所以这种条件只可能查找到唯一的一条记录。在本章的讨论中，以这种条件为依据给出各种查找的方法和算法，当然读者也不难根据实际需要给出使用其他条件的查找算法。

作为查找对象的表的结构不同，其查找方法一般也不同。但无论哪一种方法，其查找过程都是用给定值 K 同关键项上的关键字按照一定的次序进行比较的过程，比较次数的多少就是相应算法的时间复杂度，它是衡量一个查找算法优劣的重要指标。

对于一个查找算法的时间复杂度，即可以采用数量级的形式表示，也可以采用**平均查找长度**（Average Search Length，ASL），即在查找成功情况下的平均比较次数来表示。平均查找长度的计算公式为：

$$\text{ASL}=\sum_{i=0}^{n} p_i c_i$$

其中，n 为查找表的长度，即表中所含元素的个数，p_i 为查找第 i 个元素的概率，若不特别指明，均认为查找每个元素的概率相同，即 $p_1=p_2=\cdots=p_n$，c_i 是查找第 i 个元素时同给定值 K 所需比较的次数。若查找每个元素的概率相同，即为 $1/n$，则平均查找长度的计算公式可简化为：

$$\text{ASL}=\frac{1}{n}\sum_{i=1}^{n} c_i$$

在具有 n 个元素的线性表上顺序查找其关键字域的值等于 K 的元素时，$c_i=i$，所以平均查找长度为：

$$\sum_{i=1}^{n} p_i c_i=\frac{1}{n}\sum_{i=1}^{n} i=\frac{n+1}{2}$$

对应的时间复杂度为 $O(n)$。

9.2 顺序表查找

顺序表（sequential list）是指集合或线性表的顺序存储结构。在本章讨论中，顺序表采用一维数组 A 表示，其元素类型为 ElemType，它含有关键字 key 域和其他一些数据域，key 域的类型假定用标识符 KeyType 表示，并假定一维数组 A 的大小为整型常量 MaxSize，该数组中所含元素的个数为 n，n 应小于等于 MaxSize，元素的存储位置依次为 0, 1, 2, …, n–1。当然，元素类型 ElemType 也可以是任何简单类型，此时关键字 key 域就是该元素类型本身，元素的关键字域 A[i].key 同给定关键字 K 的比较就变成元素整体值 A[i]同 K 的比较。

在顺序表上进行查找主要有两种方法：顺序查找方法和二分查找方法。

9.2.1 顺序查找

顺序查找（sequential search）又称**线性查找**，它是一种最简单和最基本的查找方法。它从顺序表的一端开始，依次将每个元素的关键字同给定值 K 进行比较，若某个元素的关键字等于给定值 K，则表明查找成功，返回该元素所在的下标，若直到所有元素都比较完毕，

仍找不到关键字为 K 的元素，则表明查找失败，返回特定的值，常用−1表示。

顺序查找的算法描述如下。

```
int Seqsch(ElemType A[], int n, KeyType K)
        //从顺序表A[0]至A[n-1]的n个元素中顺序查找出关键字为K的元素
        //若查找成功返回其下标,否则返回-1
{
        //从表头元素A[0]开始顺序向后查找,查找成功则退出循环
    for(int i=0; i<n; i++)
        if(A[i].key==K) break;
        //查找成功则返回该元素的下标i,否则返回-1
    if(i<n) return i;
    else return -1;
}
```

对该算法的一个改进，可在表的尾端设置一个“岗哨”，即在查找之前把给定值 K 赋给数组A中第 n 个位置的关键字域，这样每循环一次只需要进行元素比较，不需要比较下标是否越界，当比较到第 n 位置时，由于 A[n].key==K 必然成立，将自然退出循环。改进后的算法描述如下。

```
int Seqsch1(ElemType A[], int n, KeyType K)
{
    A[n].key=K;             //设置岗哨
    for(int i=0; ; i++) if(A[i].key==K) break;
    if(i<n) return i;
    else  return -1;
}
```

由于改进后的算法省略了对下标越界的检查，所以必定能够提高算法的执行速度。

顺序查找的缺点是速度较慢，查找成功最多需比较 n 次，平均查找长度为$(n+1)/2$ 次，约为表长度的一半，查找失败也需比较 $n+1$ 次，所以顺序查找的时间复杂性为 $O(n)$。

顺序查找的优点是既适用于顺序表，也适用于单链表，同时对表中元素的排列次序无任何要求，这将给插入新元素带来方便，因为不需要为新元素寻找插入位置和移动原有元素，只要把它加入到表尾（对于顺序表）或表头（对于单链表）即可。

为了尽量提高顺序查找的速度，一种方法是，在已知各元素查找概率不等的情况下，可将各元素按查找概率从大到小排列，从而降低查找的平均比较次数(即平均查找长度)；另一种方法是，在事先未知各元素查找概率的情况下，在每次查找到一个元素时，将它与前驱元素对调位置，这样，过一段时间后，查找频度高（即概率大）的元素就会被逐渐前移，最后形成元素的前后位置按查找概率从大到小排列，从而达到减少平均查找长度的目的。

9.2.2　二分查找

二分查找（binary search）又称**折半查找、对分查找**。作为二分查找对象的数据表必须

是顺序存储的有序表，通常假定有序表是按关键字从小到大有序，即若关键字为数值，则按数值有序，若关键字为字符数据，则按对应的ASCII码有序，若关键字为汉字，则按汉字区位码有序。二分查找的过程是：首先取整个有序表A[0]～A[*n*–1]的中点元素A[mid]（其中mid=(*n*–1)/2）的关键字同给定值*K*比较，若相等，则查找成功，返回该元素的下标mid，否则，若 *K*<A[mid].key，则说明待查元素（即关键字等于 *K* 的元素）只可能落在左子表A[0]～A[mid–1]中，接着只要在左子表中继续进行二分查找即可，若*K*>A[mid].key，则说明待查元素只可能落在右子表A[mid+1]～A[*n*–1]中，接着只要在右子表中继续进行二分查找即可；这样，经过一次关键字的比较，就缩小一半查找空间，如此进行下去，直到找到关键字为*K*的元素，或者当前查找区间为空（即表明查找失败）时止。

二分查找的过程是递归的，其递归的算法描述如下。

```
int Binsch(ElemType A[], int low, int high, KeyType K)
                              //在A[low]～A[high]区间内二分递归查找关键字为K的元素
                              //low和high的初值应分别为0和n-1
{
   if(low<=high) {
      int mid=(low+high)/2;     //求出待查区间内中点元素的下标
      if(K==A[mid].key)         //查找成功返回元素的下标
         return mid;
      else if(K<A[mid].key)     //在左子表上继续查找
         return Binsch(A,low,mid-1,K);
      else                      //在右子表上继续查找
         return Binsch(A,mid+1,high,K);
   }
   else return -1;              //查找区间为空,查找失败返回-1
}
```

二分查找的递归算法也属于末尾递归的调用，很容易把它改写成不使用栈的非递归算法，其算法描述如下。

```
int Binsch(ElemType A[], int n, KeyType K)
{   //在A[0]～A[n-1]区间内二分查找关键字为K的元素
   int low=0, high=n-1;  //给表示待查区间上界和下界的变量赋初值
   while(low<=high) {
      int mid=(low+high)/2;     //求出待查区间内中点元素的下标
      if(K==A[mid].key)         //查找成功返回元素的下标
         return mid;
      else if(K<A[mid].key)
         high=mid-1;            //修改区间上界,使之在左子表上继续查找
      else low=mid+1;           //修改区间下界,使之在右子表上继续查找
   }
   return -1;                   //查找区间为空,返回-1表示查找失败
}
```

若有序表A中10个元素（即*n*=10）的关键字序列为：

12，23，26，37，54，60，68，75，82，96

当给定值 K 分别为23、96和58时，进行二分查找的过程分别如图9-1（a），图9-1（b）和图9-1（c）所示。图中用中括号表示当前查找区间，用“↑”标出当前mid位置，因low和high分别为“[”之后和“]”之前的第1个元素位置，故没有用箭头标出它们。

```
 0     1     2     3     4     5     6     7     8     9
[12    23    26    37    54    60    68    75    82    96]
                         ↑mid
[12    23    26    37]   54    60    68    75    82    96
       ↑mid
```

（a）查找 K=23的过程（二次比较后查找成功）

```
[12    23    26    37    54    60    68    75    82    96]
                         ↑mid
 12    23    26    37    54   [60    68    75    82    96]
                                           ↑mid
 12    23    26    37    54    60    68    75   [82    96]
                                                 ↑mid
 12    23    26    37    54    60    68    75    82   [96]
                                                       ↑mid
```

（b）查找 K=96的过程（四次比较后查找成功）

```
[12    23    26    37    54    60    68    75    82    96]
                         ↑mid
 12    23    26    37    54   [60    68    75    82    96]
                                           ↑mid
 12    23    26    37    54   [60    68]   75    82    96
                               ↑mid
 12    23    26    37    54]  [60    68    75    82    96
                      high↑    ↑low
```

（c）查找 K=58的过程（三次比较后查找失败）

图9-1　二分查找过程

二分查找过程可用一棵二叉树来描述，树中的每个根结点对应当前查找区间的中点元素A[mid]，它的左子树和右子树分别对应该区间的左子表和右子表，通常把此二叉树称为二分查找的**判定树**。由于二分查找是在有序表上进行的，所以其对应的判定树必然是一棵二叉搜索树（排序树）。如图9-2所示是一棵描述图9-1查找过程的判定树，树中每个结点的值为对应元素的关键字，结点上面的数字为对应元素的下标，附加的带箭头虚线表示查找一个元素的路径，其中给出了图9-1（a）、图9-1（b）和图9-1（c）中查找关键字为23、96和58元素的路径。从此图可以清楚地看出，在有序表上二分查找一个关键字等于 K 的元素时，对应着判定树中从树根结点到待查结点的一条路径，同关键字进行比较的次数就等于该路径上的结点数，或者说等于待查结点的层数。

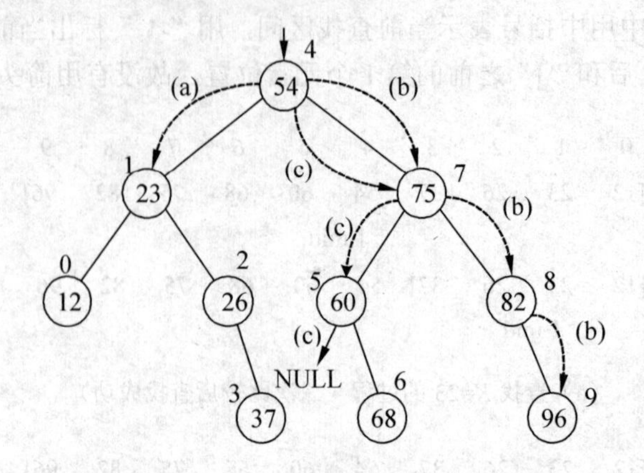

图 9-2 二分查找的判定树及查找路径

进行二分查找的判定树不仅是一棵二叉排序树，而且是一棵理想平衡树，因为它除最后一层外，其余所有层的结点数都是满的，所以判定树的高度 h 和结点数 n 之间的关系为：

$$h=\lfloor \mathrm{lb}n \rfloor+1 \quad 或 \quad h=\lceil \mathrm{lb}(n+1) \rceil$$

这就表明，二分查找成功时，同元素关键字进行比较的次数最多为 h，在等概率的情况下平均比较次数略低于 h，约为 $h-1$（证明从略），所以二分查找算法的时间复杂度为 $O(\mathrm{lb}n)$。显然它比顺序查找的速度要快得多。例如，假定一个有序表含有 1000 个元素，若采用二分查找则至多比较 10 次，若采用顺序查找，则最多需要比较 1000 次，平均也得比较约 500 次。

二分查找的平均查找长度为 $\frac{1}{n}\sum_{i=1}^{n}c_i$，其中，$\sum_{i=1}^{n}c_i$ 为查找所有元素所需的比较次数之和。因为在一棵具有 n 个结点的二分查找判定树中，高度为 $h=\lceil \mathrm{lb}(n+1) \rceil$，前 $h-1$ 层都是满的，所以在前 $h-1$ 层中查找所有元素的比较次数之和为 $\sum_{i=1}^{h-1}(2^{i-1}\times i)$，在第 h 层（即最后一层）中查找所有元素的比较次数之和为 $\left(n-\sum_{i=1}^{h-1}2^{i-1}\right)\times h=(n+1-2^{h-1})\times h$，因此，可得进行二分查找的平均查找长度为：

$$\mathrm{ASL}=\frac{1}{n}\left[\sum_{i=1}^{h-1}(2^{i-1}\times i)+h(n+1-2^{h-1})\right]$$

若一个有序表的长度 $n=20$，则可计算出判定树的高度 $h=5$，由此可得平均查找长度为：

$$\frac{1}{20}\left[\sum_{i=1}^{4}(2^{i-1}\times i)+5(20+1-2^4)\right]$$

$$=\frac{1}{20}[1+2\times2+4\times3+8\times4+5+5]$$

$$=3.7$$ （注：约等于 $h-1=5-1=4$）

在二分查找中，查找失败也对应着判定树中的一条路径，它是从树根结点到相应结点的空子树。当待查区间为空，即区间上界小于区间下界时，比较过程就达到了这个空子树。例如，对于图 9-1（c）的查找过程，其查找路径是从判定树的根结点到关键字为 60 的结点的左空子树，因为待查的关键字为 58 的结点若存在，则只可能落在关键字为 60 的结点的左子树上，此时左子树为空（对应待查区间为空），所以查找失败。由此可知，二分查找失败时，同关键字进行比较的次数也不会超过树的高度，所以不管二分查找成功与失败，其时间复杂度均为 O(lb*n*)。

二分查找的优点是比较次数少，查找速度快，但在查找之前要为建立有序表付出代价，同时对有序表的插入和删除都需要平均比较和移动表中的一半元素，是很浪费时间的操作。所以，二分查找适用于数据被存储和排序后相对稳定，很少进行插入和删除的情况。另外，二分查找只适应于顺序存储的有序表，不适应于链接存储的有序表。

9.3 索引查找

9.3.1 索引的概念

索引查找(index search)又称分级查找。它在日常生活中有着广泛地应用。例如，在汉语字典中查找汉字时，若知道读音，则先在音节表中查找到对应正文中的页码，然后再在正文同音字中查找出待查的汉字；若知道字形，则先在部首表中根据字的部首查找到对应检字表中的页码，再在检字表中根据字的笔画数查找到对应正文中的页码，最后在此页码中查找出待查的汉字。其中，整个字典就是索引查找的对象，字典的正文是字典的主要部分，被称为主表，检字表、部首表和音节表都是为方便查找主表而建立的索引，所以被称为索引表。检字表是以主表作为查找对象，即通过检字表查找主表，而部首表又是以检字表作为查找对象，即通过部首表查找检字表，所以称检字表为一级索引，即对主表的索引，称部首表为二级索引，即对一级索引的索引。若用计算机进行索引查找，则同上面人工查找过程相同，只不过对应的表(包括主表和各级索引表)被存放在计算机的存储器中罢了。

在计算机中为索引查找而建立的主表和各级索引表，其主表只有一个，索引表的级数和数量不受限制，可根据具体需要确定。但在下面的讨论中，为了使读者便于理解，只考虑包含一级索引的情况。当然，对于包含多级索引的情况，也可进行类似地分析。需要特别指出：索引存储结构是数据组织的一项很重要的存储技术，在数据库等领域有着广泛地应用。

在计算机中，索引查找是在集合或线性表的索引存储结构的基础上进行的。索引存储的基本思想是：首先把一个集合或线性表(即主表)按照一定的函数关系或条件划分成若干个逻辑上的**子表**，为每个子表分别建立一个索引项，由所有这些索引项构成主表的一个**索引表**，然后，可采用顺序或链接的方式来存储索引表和每个子表。索引表中的每个索引项通常包含 3 个域(至少包含前两个域)：一是索引值域(index)，用来存储标识对应子表的索引值，它相当于记录的关键字，在索引表中由此索引值来唯一标识一个索引项，亦即唯一标识一个子表；二是子表的开始位置域（start），用来存储对应子表的第一个元素的存储位置，从此位置出发可以依次访问到子表中的所有元素；三是子表长度域（length），用来存储对应子表的元素个数。索引项的类型和顺序存储的索引表的类型可分别定义如下。

```
struct IndexItem {
    IndexKeyType index;  //IndexKeyType 为事先定义的索引值类型
    int start;           //子表中第一个元素所在的下标位置
    int length;          //子表的长度域,有时可省略
};
typedef IndexItem indexlist[ILMaxSize];     //定义 indexlist 为索引表类型
      //其中 ILMaxSize 为事先定义的整型常量,它要大于等于实际索引表的长度
```

若所有子表（合称为主表）被顺序存储或静态链接存储在同一个数组中，则该数组的类型可定义为：

```
typedef ElemType mainlist[MaxSize];          //MaxSize 为事先定义的整型常量,
                                             //它要大于等于主表中元素的个数 n
```

一个学校的教师登记简表，如表 9-1 所示，此表可看做按记录前后位置顺序排列的线性表，若以每个记录的职工号作为关键字，则此线性表（用 LA 表示）可简记为：

LA=(JS001,JS002,JS003,JS004,DZ001,DZ002,DZ003,JJ001,JJ002,HG001,HG002,HG003)

表 9-1　教师登记简表

职 工 号	姓　名	部　门	职　称	工　资	出生日期
JS001	王大明	计算机	教授	2680.00	48/05/13
JS002	吴　进	计算机	讲师	1940.00	69/07/25
JS003	邢怀学	计算机	讲师	2060.00	66/12/08
JS004	朱小五	计算机	副教授	2250.00	54/06/09
DZ001	赵　利	电子	助教	1780.00	74/05/24
DZ002	刘　平	电子	讲师	1980.00	65/05/30
DZ003	张　卫	电子	副教授	2500.00	52/02/24
JJ001	安晓军	机械	讲师	1950.00	68/11/17
JJ002	赵京华	机械	讲师	1840.00	70/04/28
HG001	孙　亮	化工	教授	2820.00	49/06/03
HG002	陆　新	化工	副教授	2280.00	62/02/19
HG003	王　方	化工	助教	1840.00	68/06/20

若按照部门数据项的值（或关键字中的前两位字符）对线性表 LA 进行划分，使得具有相同值的元素在同一个子表中，则得到的 4 个子表分别为：

JS=(JS001,JS002,JS003,JS004)

DZ=(DZ001,DZ002,DZ003)

JJ=(JJ001,JJ002)

HG=(HG001,HG002,HG003)

若使用具有 mainlist 类型的一维数组 a 来顺序存储这四个子表（即整个主表，在每个子表的后面可以预留一些空闲位置，待插入新元素之用，假定在这里不预留空闲位置），同时使用具有 indexlist 类型的一维数组 b1 来顺序存储这种划分所得到的索引表，则 b1 中的内容，如表 9-2 所示。

表 9-2 索引表 b1

	index	start	length
0	JS	0	4
1	DZ	4	3
2	JJ	7	2
3	HG	9	3

对于上面的线性表 LA，若按照职称数据项的值进行划分，使得具有相同职称的记录在同一个子表中，则得到的 4 个子表分别为：

JSH=(JS001,HG001)

FJS=(JS004,DZ003,HG002)

JIA=(JS002,JS003,DZ002,JJ001,JJ002)

ZHU=(DZ001,HG003)

若在上一次划分使用的主表 a 的基础上来链接存储这一次划分所得到的子表，则首先需要在主表 a 的元素类型 ElemType 中增加一个指针域（next），然后利用这个指针域把这一次每个子表中的元素分别链接起来，链接后得到的每个链接子表，如图 9-3 所示，其中每个指针上的数值为该指针的具体值，即所指向结点（元素）的下标位置。

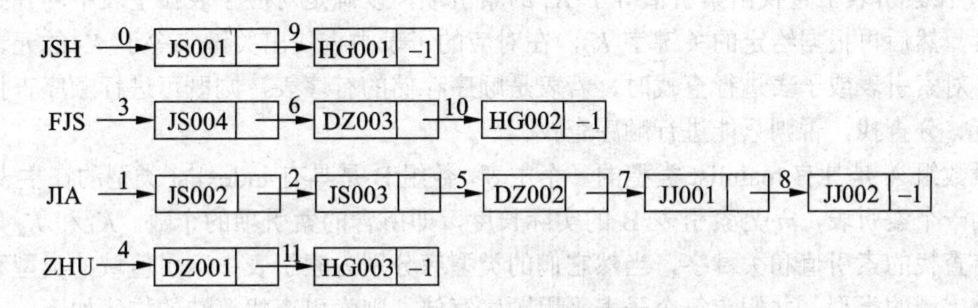

图 9-3 四个子表的链接存储结构示意图

设用具有 indexlist 类型的一维数组 b2 来顺序存储这次划分所得到的索引表（每个子表已在主表 a 中链接存储），则 b2 中的内容，如表 9-3 所示。

对于上面的线性表 LA，若按照记录的关键字进行划分，则每个子表中只有一个记录，也就是说，每个记录对应索引表中的一个索引项，此时每个索引项中的索引值就是对应记录的关键字，每个子表的开始位置就是对应记录的存储位置，因每个子表的长度均为 1，所以完全可以省略子表的长度域。按照此种方法划分得到的索引表，如表 9-4 所示。

表 9-3 索引表 b2

	index	start	length
0	教授	0	2
1	副教授	3	3
2	讲师	1	5
3	助教	4	2

表 9-4 索引表 b3

JS001	0	DZ003	6
JS002	1	JJ001	7
JS003	2	JJ002	8
JS004	3	HG001	9
DZ001	4	HG002	10
DZ002	5	HG003	11

在索引存储中，若索引表中的每个索引项对应多条记录，则称为稀疏索引；若每个索引项唯一对应一条记录，则称为稠密索引。

在一个文件索引系统中，若存储原始数据记录的主文件是无序的，即记录不是按照关键字有序排列的，则一级索引（即对主文件的索引）必须使用稠密索引，并且通常使索引表按关键字有序；若主文件是有序的，则一级索引应采用稀疏索引，每个索引项对应连续若干条记录，每个索引项中的索引值要大于等于所对应一组记录的最大关键字，同时要小于下一个索引项所对应一组记录的最小关键字，显然这种稀疏索引也是按索引值有序的。若在文件索引系统中使用二级或二级以上索引，则相应的索引表均应采用稀疏索引。

在访问一个文件索引系统时，首先是把整个索引表文件读入到内存中，以便能够利用顺序或二分查找方法快速地查找出给定关键字对应记录的存储位置，然后再从主文件中取出整个记录。

9.3.2 索引查找算法

索引查找是在索引表和主表上进行的查找。索引查找的过程是：首先根据给定的索引值 K_1，在索引表上查找出索引值等于 K_1 的索引项，以确定对应子表在主表中的开始位置和长度，然后再根据给定的关键字 K_2，在对应的子表中查找出关键字等于 K_2 的元素（结点）。对索引表或子表进行查找时，若表是顺序存储的有序表，则既可进行顺序查找，也可进行二分查找，否则只能进行顺序查找。

设数组 A 是具有 mainlist 类型的一个主表，数组 B 是具有 indexlist 类型的在主表 A 上建立的一个索引表，m 为索引表 B 的实际长度，即所含的索引项的个数，K_1 和 K_2 分别为给定待查找的索引值和关键字，当然它们的类型应分别为索引表中索引值域的类型和主表中关键字域的类型，并假定每个子表采用顺序存储，则索引查找算法的描述如下。

```
int Indsch(mainlist A, indexlist B, int m, IndexKeyType K1, KeyType K2)
    //利用主表 A 和大小为 m 的索引表 B 索引查找索引值为 K1,关键字为 K2
    //的记录,返回该记录在主表中的下标位置,若查找失败则返回-1
{
    int i,j;
  //在索引表中顺序查找索引值为 K1 的索引项
    for(i=0; i<m; i++)
        if(K1==B[i].index) break; //若 IndexKeyType 被定义为字符串类型
              //则条件应改为 strcmp(K1,B[i].index)==0
```

```
  //若 i 等于 m,则表明查找失败,返回-1
    if(i==m) return -1;
  //在已经查找到的第 i 个子表中顺序查找关键字为 K2 的记录
    j=B[i].start;
    while(j<B[i].start+B[i].length)
        if(K2==A[j].key) break;  //若 KeyType 被定义为字符串类型
                                 //则条件应改为 strcmp(K2,A[j].key)==0
        else j++;
  //若查找成功则返回元素的下标位置,否则返回-1
    if(j<B[i].start+B[i].length) return j;
    else return -1;
}
```

若每个子表在主表 A 中采用的是链接存储，则只要把上面算法中的 while 循环和其后的 if 语句进行如下修改即可。

```
while(j!=-1)
    if(K2==A[j].key) break;
    else j=A[j].next;
return j;
```

若索引表 B 为稠密索引，则算法更为简单，只要在参数表中给出索引表参数 B，索引表长度参数 m 和具有关键字类型的参数 K 即可，而在算法中只需要查找索引表 B，并当查找成功时返回 B[i].start 的值，失败时返回–1 即可。

索引查找的比较次数等于算法中查找索引表的比较次数和查找相应子表的比较次数之和。假定索引表的长度为 m，相应子表的长度为 s，则索引查找的平均查找长度为：

$$\text{ASL}=\frac{1+m}{2}+\frac{1+s}{2}=1+\frac{m+s}{2}$$

因为所有子表的长度之和等于主表的长度 n，所以若每个子表具有相同的长度，即 s 等于 n/m，则平均查找长度为$1+\dfrac{m+n/m}{2}$。由数学知识可知，当 $m=n/m$（即 $m=\sqrt{n}$，此时子表长度 s 也等于 $\sqrt{n}$）时，平均查找长度最小，即为 $1+\sqrt{n}$。可见，索引查找的速度快于顺序查找，但低于二分查找。在主表被等分为 $\sqrt{n}$ 个子表的条件下，其时间复杂度为 $O(\sqrt{n})$。

当 n=10 000 时，若采用顺序查找则平均查找长度约为 5000 次，若采用二分查找约为 13 次，若采用索引查找，则约为 100 次。

虽然二分查找最快，但进行二分查找的表必须是顺序存储的有序表，为建立有序表需要花费时间，而对于顺序查找和索引查找则无此要求。

在索引存储中，不仅便于查找单个元素，而且更便于查找一个子表中的全部元素。当需要对一个子表中的全部元素依次处理时，只要从索引表中查找出该子表的开始位置，接着依次取出该子表中的每一个元素并处理即可。

若在主表中的每个子表后都预留有空闲位置，则索引存储也便于进行插入和删除运算，因为其运算过程只涉及到索引表和相应的子表，只需要对相应子表中的元素进行比较和移动，与其他任何子表无关，不像顺序表那样需涉及到整个表中的所有元素，即牵一发而动全身。

在数据表的索引存储结构上进行插入和删除运算的算法，也同查找算法类似，其过程为：首先根据待插入或删除元素的某个域（子表就是按照此域的值划分的）的值查找索引表，确定出对应的子表，然后再根据待插入或删除元素的关键字，在该子表中做插入或删除元素的操作，由于每个子表不是顺序存储，就是链接存储，所以对它们做插入或删除操作都是很简单的。

*9.3.3 分块查找

分块查找（blocking search）属于索引查找。它要求主表中每个子表（子表又称为块）之间是递增（或递减）有序的，即前块中的最大关键字必须小于后块中的最小关键字，或者说后块中的最小关键字必须大于前块中的最大关键字，但每个块中元素的排列次序可以是任意的；它还要求索引表中每个索引项的索引值域用来存储对应块中的最大关键字。由分块查找对主表和索引表的要求可知：索引表是按索引值递增（或递减）有序的，即索引表是一个有序表；主表中的关键字域和索引表中的索引值域具有相同的数据类型，即为关键字所属的类型。

如图 9-4 所示是一个分块查找的示例，主表被划分为 3 块，每块都占有 5 个记录位置，第 1 块中含有 4 个记录，第 2 块中含有 5 个记录，第 3 块中含有 3 个记录。第 1 块中的最大关键字为 34，它小于第 2 块中的最小关键字 36，第 2 块中的最大关键字为 72，它小于第 3 块中的最小关键字 86，所以，主表中块与块之间是递增有序的。从图中的索引表可以看出：每个索引项中的索引值域保存着对应块中的最大关键字，索引表是按照索引值递增有序的。

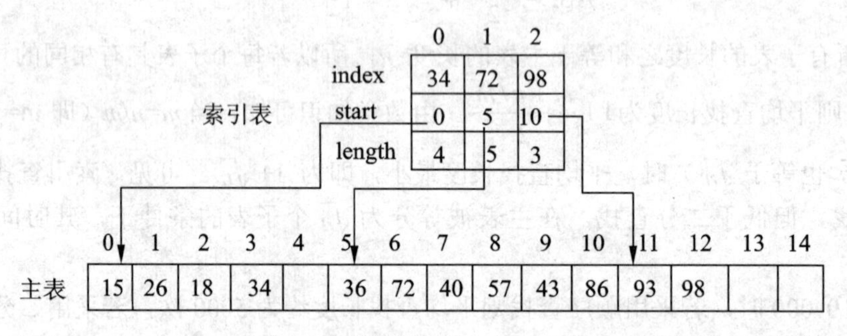

图 9-4 用于分块查找的主表和索引表的示例

当进行分块查找时，应根据所给的关键字首先查找索引表，从中查找出大于等于所给关键字的那个索引项，从而找到待查块，然后再查找这个块，从中找到待查的记录（若存在的话）。由于索引表是有序的，所以在索引表上既可以采用顺序查找，也可以采用二分查找，而每个块中的记录排列是任意的，所以在块内只能采用顺序查找。

如根据图 9-4 查找关键字为 40 的记录时，假定采用顺序的方法查找索引表，首先用 40 同第 1 项索引值 34 比较，因 40>34，则接着同第 2 项索引值 72 比较，因 40≤72，所以查找索引表结束，转而顺序查找主表中从下标 5 开始的块，因关键字为 40 的记录位于该块的第3个位置，所以经过3次比较后查找成功。

分块查找的算法同上面已经给出的索引查找算法类似，其算法描述如下。

```
int Blocksch(mainlist A, indexlist B, int m, KeyType K)
                          //利用主表A和大小为m的索引表B分块查找关键字为K的记录
{
    int i,j;
  //在索引表中顺序查找关键字为K所对应的索引项
    for(i=0; i<m; i++)
        if(K<=B[i].index) break;
  //若i等于m,则表明查找失败,返回-1
    if(i==m) return -1;
  //在已经查找到的第i个子表中顺序查找关键字为K的记录
    j=B[i].start;
    while(j<B[i].start+B[i].length)
        if(K==A[j].key) break;
        else j++;
  //若查找成功则返回元素的下标位置,否则返回-1
    if(j<B[i].start+B[i].length) return j;
    else return -1;
}
```

若在索引表上不是顺序查找，而是二分查找相应的索引项，则需要把算法中的for循环语句更换为如下的程序段。

```
int low=0, high=m-1;
while(low<=high) {
    int mid=(low+high)/2;
    if(K==B[mid].index) {i=mid; break;}
    else if(K<B[mid].index) high=mid-1;
    else low=mid+1;
}
if(low>high) i=low;
```

其中当二分查找失败时，应把low的值赋给i，此时b[i].index是刚大于K的索引值。当然若low的值为m，则表示真正的查找失败。

9.4　散列查找

9.4.1　散列的概念

散列(Hash)同顺序、链接和索引一样，是存储集合或线性表的又一种方法。散列存储的基本思想是：以集合或线性表中的每个元素的关键字K为自变量，通过一种函数$h(K)$计算出函数值，把这个值解释为一块连续存储空间(即数组空间)的单元地址(即下标)，将该元素存储到这个单元中。散列存储中使用的函数 $h(K)$，称为**散列函数**或**哈希函数**，它实现关键字到存储地址的映射（或称转换），$h(K)$的值称为**散列地址**或**哈希地址**；使用的数组空间是线性表进行散列存储的地址空间，所以被称之为**散列表**（Hash list 或 Hash table）或**哈希表**。

在散列表上进行查找时，首先根据给定的关键字 K，用与散列存储时使用的同一散列函数 $h(K)$计算出散列地址，然后按此地址从散列表中取出对应的元素。

【例 9-1】 一个集合为：

$$S=\{18,75,60,43,54,90,46\}$$

其中，每个整数可以是元素本身，也可以仅是元素的关键字，使之代表整个元素。为了散列存储该集合，假定选取的散列函数为：

$$h(K)=K \% m$$

即用元素的关键字 K 整除以散列表的长度 m，取余数（即为 0～m–1 范围内的一个数）作为存储该元素的散列地址，其中，K 和 m 均为正整数，并且 m 要大于等于待散列的集合的长度 n。在此例中，n=7，取 m=13，则得到的每个元素的散列地址为：

$h(18)=18 \% 13=5$　　$h(75)=75 \% 13=10$

$h(60)=60 \% 13=8$　　$h(43)=43 \% 13=4$

$h(54)=54 \% 13=2$　　$h(90)=90 \% 13=12$

$h(46)=46 \% 13=7$

若根据散列地址把元素存储到散列表 H [m]中，则存储映像如下：

	0	1	2	3	4	5	6	7	8	9	10	11	12
H			54		43	18		46	60		75		90

从散列表中查找元素同插入元素一样简单，如从 H 中查找关键字为 60 的元素时，只要利用上面的函数 $h(K)$计算出 K=60 时的散列地址 8，则从下标为 8 的单元中取出该元素即可。

上例中讨论的散列表是一种理想的情况，即插入时根据元素的关键字求出的散列地址，其对应的存储单元都是空闲的，也就是说，每个元素都能够直接存储到它的散列地址所对应的单元中，不会出现该单元已被其他元素占用的情况。在实际应用中，这种理想情况是很少见的，通常可能出现一个待插入元素的散列地址单元已被占用，使得该元素无法直接存入到此单元中，把这种现象叫做**冲突**（collision）。

在散列存储中，冲突是很难避免的，除非关键字的变化区间小于等于散列地址的变化区间，而这种情况当关键字取值不连续时又是非常浪费存储空间的，一般情况是关键字的取值区间大大大于散列地址的变化区间。如在上例中，关键字为两位正整数，其取值区间为 0～99，而散列地址的取值区间为 0～12，远比关键字的取值区间小。这样，当不同的关键字通过同一散列函数计算散列地址时，就可能出现具有相同散列地址的情况，若该地址中已经存入了一个元素，则具有相同散列地址的其他元素就无法直接存入进去，从而引起冲突，通常把这种具有不同关键字而具有相同散列地址的元素称做**同义词**，由同义词引起的冲突称做**同义词冲突**。

如再向上例的散列表 H 中插入一个关键字为 70 的新元素时，该元素的散列地址为 5，就同已存入的关键字为 18 的元素发生冲突，致使关键字为 70 的新元素无法存入到下标为 5 的单元中。因此，如何尽量避免冲突和冲突发生后如何解决冲突（即为发生冲突的待插入元素找到一个空闲单元、使之存储起来）就成了散列存储的两个关键问题。

在散列存储中，虽然冲突很难避免，但发生冲突的可能性却有大有小，这主要与 3 个因素有关。首先是与**装填因子** α 有关，所谓装填因子是指散列表中已存入的元素数 n 与散列表空间大小 m 的比值，即 $\alpha=n/m$，当 α 越小时，冲突的可能性就越小，α 越大（最大取 1）时，冲突的可能性就越大；这很容易理解，因为 α 越小，散列表中空闲单元的比例就越大，所以待插入元素同已存元素发生冲突的可能性就越小，反之，α 越大，散列表中空闲单元的比例就越小，所以待插入元素同已存元素冲突的可能性就越大；另一方面，α 越小，存储空间的利用率也就越低，反之，存储空间的利用率也就越高。为了既兼顾减少冲突的发生，又兼顾提高存储空间的利用率这两个方面，通常使最终的 α（即待散列存储的元素总个数 n 同散列表的长度 m 之比）控制在 0.6～0.9 范围内为宜。其次与所采用的散列函数有关，若散列函数选择得当，就能够使散列地址尽可能均匀地分布在散列空间上，从而减少冲突的发生，否则，若散列函数选择不当，就可能使散列地址集中于某些区域，从而加大冲突的发生。最后是与解决冲突的方法有关，方法选择的好坏也将减少或增加发生冲突的可能性。后面将陆续讨论影响冲突发生的这 3 个因素。

在散列存储中，每个散列地址对应的存储空间称为一个**桶**，一个桶可以为一个单元，对应存储一个元素，也可以为若干个单元，对应存储若干个元素。当一个桶为多个单元时，只有都被占满后才发生冲突。本书讨论的是每个桶只有一个单元的情况，它是散列存储中的最简单情况。当散列存储方法用于文件组织时，通常把外存中的一个页面（大致为 1k～4k 字节大小）作为一个存储桶使用。

9.4.2 散列函数

构造散列函数的目标是使散列地址尽可能均匀地分布在散列空间上，同时使计算尽可能简单，以节省计算时间。根据关键字的结构和分布不同，可构造出与之适应的各不相同的散列函数，这里只介绍较常用的几种，其中又以介绍除留余数法为主。在下面的讨论中，关键字均为整型数，若不是则要设法把它转换为整型数后再进行运算。

1. 直接定址法

直接定址法是以关键字 K 本身或关键字加上某个数值常量 C 作为散列地址的方法。对应的散列函数 $h(K)$ 为：

$$h(K)=K+C$$

若 C 为 0，则散列地址就是关键字本身。

这种方法计算最简单，并且没有冲突发生，若有冲突发生，则表明是关键字错误。它适应于关键字的分布基本连续的情况，若关键字分布不连续，空号较多，将造成存储空间的浪费。

2．除留余数法

除留余数法是用关键字 K 除以散列表长度 m 所得余数作为散列地址的方法。对应的散列函数 $h(K)$为：

$$h(K)=K \% m$$

这种方法在上面的例子中已经使用过。除留余数法计算较简单，适用范围广，是一种最常使用的方法。这种方法的关键是选好 m，使得每一个关键字通过该函数转换后映射到散列空间上任一地址的概率都相等，从而尽可能减少发生冲突的可能性。例如，取 m 为奇数，比取 m 为偶数要好，因为当 m 为偶数时，它总是把关键字为偶数的元素散列到偶数单元中，把关键字为奇数的元素散列到奇数单元中，即把一个元素只散列到一半的存储空间中；当 m 为奇数时就不会出现这种问题，它能够把一个元素散列到整个存储空间中。结合处理冲突时对 m 的要求，最好取散列表的长度 m 为一个素数（即除 1 和本身之外，不能被任何数整除的数）。当然，要确保 m 的值大于等于待散列的数据表的长度 n。根据装填因子 α 最好为在 0.6～0.9 之间，所以 m 应取 $1.1n$～$1.7n$ 之间的一个素数为好。若 n=100，则 m 最好取 113、127、139、143 等素数。

另外，当关键字 K 为一个字符串时，需要把它设法转换为一个整数，然后再用这个整数整除以 m 得到余数，即散列地址。下面的 Hash(K,m)函数就能够求出关键字 K 为字符串时的散列地址。其中，采用的把字符串 K 转换为整数的过程是：首先求出 K 的长度，即所含的字符个数，接着把每个字符的 ASCII 码（即该字符的整数值）累加到无符号整型量 h 上，并在每次累加之前把 h 的值左移 3 个二进制位，即扩大 8 倍。

```
int Hash(char*K,int m)
    //把字符串 K 转换为 0～m-1 之间的一个值作为对应记录的散列地址
{
    int len=strlen(K);                  //求出字符串 K 的长度
    unsigned int h=0;                   //给累加变量 h 赋初值 0
    for(int i=0; i<len; i++) {          //采用一种方法计算 K 所对应的整数
        h<<=3;                          //h 的值左移 3 位
        h+=K[i];                        //把 K[i]字符的整数值累加到 h 上
    }
    return h%m;                         //返回这个整数整除以 m 的余数
}
```

例如，一个记录的关键字 K 为 ab1，则调用上述函数时最后计算得到的 h 值为：

$$h=97\times2^6+98\times2^3+49=7041$$

若 m 为 127，则返回的散列地址为 56。

3．数字分析法

数字分析法是取关键字中某些取值较分散的数字位作为散列地址的方法。它适合于所有关键字已知，并对关键字中每一位的取值分布情况作出了分析。例如，有一组关键字为

{92317602，92326875，92739628，92343634，92706816，92774638，92381262，92394220}，通过分析可知，每个关键字从左到右的第1、2、3位和第6位取值较集中，不宜作散列地址，剩余的第4、5、7和8位取值较分散，可根据实际需要取其中的若干位作为散列地址。若取最后两位作为散列地址，则散列地址的集合为{2,75,28,34,16,38,62,20}。

4．平方取中法

平方取中法是取关键字平方的中间几位作为散列地址的方法，具体取多少位视实际要求而定。一个数的平方值的中间几位和数的每一位都有关。从而可知，由平方取中法得到的散列地址同关键字的每一位都有关，使得散列地址具有较好的分散性。平方取中法适应于关键字中的每一位取值都不够分散或者较分散的位数小于散列地址所需要的位数的情况。

5．折叠法

折叠法是首先将关键字分割成位数相同的几段（最后一段的位数可少一些），段的位数取决于散列地址的位数，由实际需要而定，然后将它们的叠加和（舍去最高位进位）作为散列地址的方法。例如一个关键字 K=68242324，散列地址为3位，则将此关键字从左到右每3位一段进行划分，得到的三段为682,423和24，叠加和为682+423+24=129，此值就是存储关键字为68242324元素的散列地址。折叠法适应于关键字的位数较多，而所需的散列地址的位数又较少，同时关键字中每一位的取值又较集中的情况。

9.4.3 处理冲突的方法

处理冲突的方法可分为开放定址法和链接法两类。

1．开放定址法

开放定址法就是从发生冲突的那个单元开始，按照一定的次序，从散列表中查找出一个空闲的存储单元，把发生冲突的待插入元素存入到该单元中的一类处理冲突的方法。在开放定址法中，散列表中的空闲单元（假定下标为 d）不仅向散列地址为 d 的同义词元素开放，即允许它们使用，而且向发生冲突的其他元素开放，因它们的散列地址不为 d，所以称为**非同义词**元素。总之，在开放定址法中，空闲单元既向同义词元素开放，也向发生冲突的非同义词元素开放，此方法的名称也由此而来。在使用开放定址法处理冲突的散列表中，下标为 d 的单元究竟存储的是同义词中的一个元素，还是其他元素，就看谁先占用它。

在使用开放定址法处理冲突的散列表中，查找一个元素的过程是：首先根据给定的关键字 K，利用与插入时使用的同一散列函数 $h(K)$ 计算出散列地址（假定为下标 d），然后，用 K 同 d 单元的关键字进行比较，若相等则查找成功，否则按照插入时处理冲突的相同次序，依次用 K 同所查单元的关键字进行比较，直到查找成功或查找到一个空单元（表明查找失败）为止。

在开放定址法中，从发生冲突的散列地址为 d 的单元起进行查找有多种方法，每一种都对应着一定的查找次序或称查找路径，都产生一个确定的探查序列（即待比较元素的地址序列）。在查找的多种方法中，主要有线性探查法，平方探查法和双散列函数探查法等。

（1）线性探查法。

线性探查法是用开放定址法处理冲突的一种最简单的探查方法，它从发生冲突的 d 单元起，依次探查下一个单元（当达到下标为 $m-1$ 的表尾单元时，下一个探查的单元是下标为 0 的表首单元，即把散列表看作首尾相接的循环表），直到碰到一个空闲单元或探查完所有单元为止。这种方法的探查序列为 d，$d+1$，$d+2$，…，或表示为$(d+i)\%m$ $(0\le i\le m-1)$。若使用递推公式表示，则为：

$$\begin{cases} d_0=h(K) \\ d_i=(d_{i-1}+1)\ \%\ m\ (1\le i\le m-1) \end{cases}$$

其中，i 在最坏的情况下才能取值到 $m-1$，一般只需取前几个值就可能找到一个空闲单元。找到一个空闲单元后，把发生冲突的待插入元素存入该单元即可。

【例 9-2】 向例 9-1 中构造的 H 散列表中再插入关键字分别为 31 和 58 的两个元素，若发生冲突则使用线性探查法处理。

先看插入关键字为 31 的元素的情况。关键字为 31 的散列地址为 $h(31)=31\ \%\ 13=5$，因 H[5]已被占用，接着探查下一个即下标为 6 的单元，因该单元空闲，所以关键字为 31 的元素被存储到下标为 6 的单元中，此时对应的散列表 H 为：

	0	1	2	3	4	5	6	7	8	9	10	11	12
H			54		43	18	31	46	60		75		90

再看插入关键字为 58 的元素的情况。关键字为 58 的散列地址为 $h(58)=58\ \%\ 13=6$，因 $H[6]$已被占用，接着探查下一个即下标为 7 的单元，因 $H[7]$仍不为空，再接着探查下标为 8 的单元，这样当探查到下标为 9 的单元时，才查找到一个空闲单元，所以把关键字为 58 的元素存入该单元中，此时对应的散列表 H 为：

	0	1	2	3	4	5	6	7	8	9	10	11	12
H			54		43	18	31	46	60	58	75		90

利用线性探查法处理冲突容易造成元素的“**堆积**”（或称“**聚集**”），这是因为当连续 n 个单元被占用后，再散列到这些单元上的元素和直接散列到后面一个空闲单元上的元素都要占用这个空闲单元，致使该空闲单元很容易被占用，造成更大的堆积，从而大大地增加查找下一个空闲单元的路径长度。如在例 9-2 最后得到的散列表中，下标为 11 的空闲单元均可被散列地址为 4～11 的元素所占用，从而造成 4～12 单元的堆积现象，若此时再插入散列地址为 4 的元素，则需要经过 10 次比较才能查找到空闲单元，此为下标 0 的单元，同样，当查找该元素时，也必须经过 10 次比较才能成功。

在线性探查中，造成堆积现象的根本原因是探查序列过分集中在发生冲突的单元的后面，没有在整个散列空间上分散开。下面介绍的双散列函数探查法和平方探查法可以在一定程度上克服堆积现象的发生。

（2）平方探查法。

平方探查法的探查序列为 d，$d+1^2$，$d+2^2$，…，或表示为$(d+i^2)\%m$ $(0\le i\le m-1)$。若使用递推公式表示，则为：

$$\begin{cases} d_0=h(K) \\ d_i=(d_{i-1}+2i-1)\ \%\ m \quad (1\le i\le m-1) \end{cases} \quad //因为\ d+i^2\ 可分解为\ d+(i-1)^2+2i-1$$

平方探查法是一种较好的处理冲突的方法，它能够较好地避免堆积现象。它的缺点是不能探查到散列表上的所有单元，但至少能探查到一半单元（证明从略）。例如，当 $d_0=5$，$m=17$ 时，则至少能探查到下标依次为 5,6,9,14,4,13,7,3,1 的单元。不过在实际应用中，能探查到一半单元也就可以了，若探查到一半单元仍找不到一个空闲单元，表明此散列表太满，应该重新建立。

（3）双散列函数探查法。

这种方法使用两个散列函数 $h1$ 和 $h2$，其中 $h1$ 和前面的 $h(K)$一样，以关键字为自变量，产生一个 0～m–1 之间的数作为散列地址；$h2$ 也以关键字为自变量，产生一个 1～m–1 之间的、并和 m 互素的数（即 m 不能被该数整除）作为探查序列的地址增量（即步长）。双散列函数的探查序列为：

$$\begin{cases} d_0=h1(K) \\ d_i=(d_{i-1}+h2(K))\ \%\ m \quad (1\le i\le m-1) \end{cases}$$

由以上可知，对于线性探查法，探查序列的步长值是固定值1；对于平方探查法，探查序列的步长值是探查次数 i 的两倍减 1；对于双散列函数探查法，其探查序列的步长值是同一关键字的另一散列函数的值。

2．链接法

链接法就是把发生冲突的同义词元素（结点）用单链表链接起来的方法。在这种方法中，散列表中的每个单元（即下标位置）不是存储相应的元素，而是存储相应单链表的表头指针，单链表中的每个结点由动态分配产生，同时由于每个元素被存储在相应的单链表中，在单链表中可以任意的插入和删除结点，所以填充因子α既可以小于等于 1，也可以大于 1。

当向采用链接法解决冲突的散列表中插入一个关键字为 K 的元素时，首先根据关键字 K 计算出散列地址 d，接着把由该元素生成的动态结点插入到下标为 d 的单链表的表头（可插入到单链表中的任何位置，但插入表头最方便）。查找过程也与插入类似，首先计算出散列地址 d，然后从下标为 d 的单链表中顺序查找关键字为 K 的元素，若查找成功则返回该元素的存储地址，若查找失败则返回空指针。

【例 9-3】 一个数据表 B 为：

$$B=(18,75,60,43,54,90,46,31,58,73,15,34)$$

为了进行散列存储，假定采用的散列函数为：

$$h(K)=K\ \%\ 13$$

当发生冲突时，若采用链接法处理，则得到的散列表，如图 9-5 所示。

用链接法处理冲突，虽然比开放定址法多占用一些存储空间用做链接指针，但它可以减少在插入和查找过程中同关键字平均比较的次数（即平均查找长度）。这是因为，在链接法中待比较的结点都是同义词结点，而在开放定址法中，待比较的结点不仅包含有同义

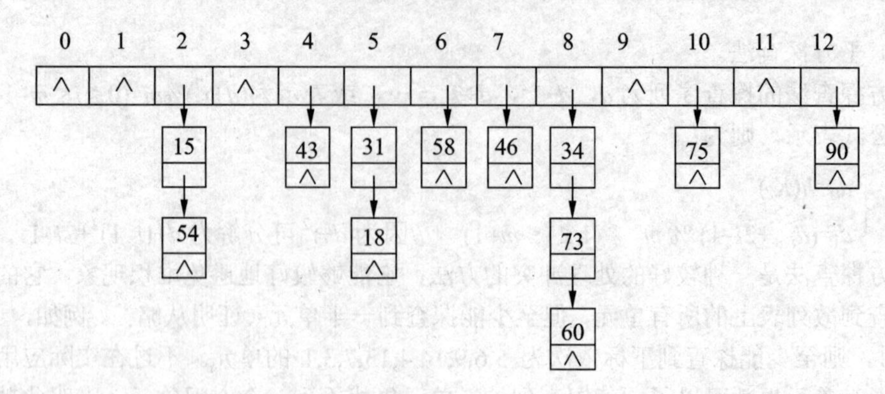

图 9-5 采用链表法处理冲突的散列表

词结点，而且包含有非同义词结点，往往非同义词结点比同义词结点还要多。

对于一个具体的散列表来说，要求出在插入或查找过程中的平均查找长度很容易，在随机插入或在查找每个元素概率相等的情况下，它等于每个元素的查找长度（即比较次数）之和除以所有元素的个数。如在例 9-3 的散列表中，查找成功时平均查找长度为：

$$ASL=(8\times1+3\times2+1\times3)/12=17/12$$

若将例 9-3 中的线性表 B 采用线性探查法处理冲突进行散列存储，则得到的散列表为：

0	1	2	3	4	5	6	7	8	9	10	11	12
34		54	15	43	18	31	46	60	58	75	73	90

查找成功时的平均查找长度为：

$$ASL=(7\times1+2\times2+2\times4+1\times6)/12=25/12$$

其中，18,75,60,43,54,90,46 等 7 个元素无存储冲突，31 和 15 两个元素各有一次存储冲突，即各自的查找长度为 2，58 和 73 的查找长度均为 4，34 的查找长度为 6。

由以上分析可知，开放定址法处理冲突的平均查找长度要高于链接法处理冲突的平均查找长度，但它们都比以前所有查找方法的平均查找长度要短。这里虽然是对具体的散列表进行的分析，但其分析结果具有普遍意义。

9.4.4 散列表的运算

在数据的散列存储中，处理冲突的方法不同，其散列表的类型定义也不同，设使用 HashMaxSize 常量表示待定义的散列表类型的长度，它要大于等于实际使用的散列表的长度 m，下面分别给出与采用开放定址法和链接法对应的散列表的类型定义。

若采用开放定址法，其顺序存储的散列表的类型用 ArrayHashList 表示，该类型定义为：

```
typedef ElemType ArrayHashList[HashMaxSize];
```

若采用链接法，其链接存储的散列表的类型用 LinkHashList 表示，则类型定义为：

```
typedef LNode*LinkHashList[HashMaxSize];
```

其中，LNode*为指向LNode结点类型的指针类型，LNode结点类型在第二章已经定义过，如下所示：

```
struct LNode {ElemType data; LNode*next;};
```

对散列表的运算主要有：散列表的初始化、清除散列表、向散列表插入元素、查找散列表、从散列表中删除元素等，下面分两种散列表类型进行讨论。

1．在类型为ArrayHashList的顺序存储的散列表上进行的运算

（1）初始化散列表。

```
void InitHashList(ArrayHashList HT)
{ //把散列表HT中每一单元的关键字key域都置为空标志
    for(int i=0; i<HashMaxSize; i++)
    HT[i].key=NullTag;
}
```

其中，NullTag常量表示空记录标志，当关键字类型为字符串时它为特定字串，如空串"\0"，当为数值型时它为一个非关键字的特定数值，如–1。另外，对于字符串类型应采用字符串函数进行比较或赋值。

（2）清空一个散列表。

```
void ClearHashList(ArrayHashList HT)
{ //把散列表HT中每一单元的关键字key域都置为空标志
    for(int i=0; i<HashMaxSize; i++)
        HT[i].key=NullTag;
}
```

若散列表存储空间采用动态分配，则在初始化散列表的函数中包含着动态存储空间分配的操作，在清空散列表的函数中包含着释放动态存储空间分配的操作。

（3）向散列表插入一个元素。

```
bool Insert(ArrayHashList HT, int m, ElemType item)
{ //向长度为m的散列表HT中插入一个元素item
    int d=H(item.key,m);                //可选用任一种散列函数计算散列地址
    int temp=d;                         //用temp变量暂存散列地址d
    while (HT[d].key!=NullTag && HT[d].key!=DeleteTag)
    {  //继续向后查找空元素位置或被删除元素的位置
        d=(d+1)%m;                      //假定采用线性探查法处理冲突
        if(d==temp) return false;       //查找所有位置后返回假表示无法插入
    }
    HT[d]=item;                         //将新元素插入到下标为d的位置
    return true;                        //返回真表示插入成功
}
```

（4）从散列表中查找一个元素。

```
int Search(ArrayHashList HT, int m, ElemType item)
```

```
{ //从长度为m的散列表HT中查找元素,返回该元素的下标位置
    int d=H(item.key,m);                          //计算散列地址
    int temp=d;                                   //保存初始散列地址到temp
    while (HT[d].key!=NullTag) {                  //当散列地址中的关键字域不为空则循环
        if(HT[d].key==item.key) return d; //查找成功返回下标d
        else d=(d+1)%m;
        if(d==temp) return -1;                    //查找失败返回-1
    }
    return -1;  //查找失败返回-1
}
```

（5）从散列表中删除一个元素。

```
bool Delete(ArrayHashList HT, int m, ElemType& item)
{ //从长度为m的散列表HT中删除元素,由item带回该元素的完整值
    int d=H(item.key,m);                    //计算散列地址
    int temp=d;                             //保存散列地址的初始值
    while (HT[d].key!=NullTag) {            //不为空记录则循环
        if(HT[d].key==item.key) {
            item=HT[d];                     //由item带回被删除元素的完整值
            HT[d].key=DeleteTag;            //设置删除标记
            return true;                    //删除成功返回真
        }
        else d=(d+1)%m;                     //继续向后查找被删除的元素
        if(d==temp) return false;           //循环一周后返回假表示删除失败
    }
    return false;  //没有找到被删除的元素,表明删除失败返回假
}
```

算法中的 DeleteTag 为一个事先定义的标识符常量，用它作为一个删除标记，表明该记录已被删除，它与记录的关键字具有相同的数据类型，应为关键字取值范围以外的一个特定值。若不是这样，而是把被删除元素所占用的单元置为空记录，则就割断了以后查找元素的路径，致使该路径上的后面元素无法被查到，显然是不行的。另外，该位置同空记录位置一样，都可为以后插入元素使用。

2．在类型为 LinkHashList 的链接存储的散列表上进行的运算

（1）初始化散列表。

```
void InitHashList(LinkHashList HT)
{ //把散列表HT中每一元素均置为空指针
    for(int i=0; i<HashMaxSize; i++)
        HT[i]=NULL;
}
```

（2）清空一个散列表。

```
void ClearHashList(LinkHashList HT)
```

```
{ //清除HT散列表，即回收每个单链表中的所有结点
    LNode*p;
    for(int i=0; i<HashMaxSize; i++) {
        p=HT[i];
        while(p!=NULL) {
            HT[i]=p->next; delete p; p=HT[i];
        }
    }
}
```

（3）向散列表插入一个元素。

```
bool Insert(LinkHashList HT, int m, ElemType item)
{ //向长度为m的带链接的散列表HT中插入一个元素item
    int d=Hash(item.key,m);          //得到新元素的散列地址
    LNode*p=new LNode;               //为新元素分配存储结点
    if(p==NULL) return false;        //内存空间用完,返回假表示插入失败
    p->data=item;                    //为新结点赋值
    p->next=HT[d]; HT[d]=p;          //把新结点插入到d单链表的表头
    return true;                     //返回真表示插入成功
}
```

（4）从散列表中查找一个元素。

```
ElemType*Search(LinkHashList HT, int m, ElemType item)
{ //从长度为m的带链接的散列表HT中查找元素
    int d=Hash(item.key,m);          //得到待查元素的散列地址
    LNode*p=HT[d];                   //得到对应单链表的表头指针
    while(p!=NULL) {                 //顺序查找元素,查找成功返回元素地址
        if(p->data.key==item.key)
            return &(p->data);
        else p=p->next;
    }
    return NULL;                     //查找失败返回空指针
}
```

（5）从散列表中删除一个元素。

```
bool Delete(LinkHashList HT, int m, ElemType item)
{ //从长度为m的带链接的散列表HT中删除元素
    int d=Hash(item.key,m);          //求出待删除元素的散列地址
    LNode*p=HT[d],*q;                //p指向对应单链表的表头指针
    if(p==NULL) return false;        //若单链表为空,返回假表示删除失败
    if(p->data.key==item.key) {      //删除表头结点,返回真表示删除成功
        HT[d]=p->next;
        delete p;
        return true;
    }
```

```
    q=p->next;              //q指向d单链表的第二个结点
    while(q!=NULL) {        //从第二个结点起查找被删除的元素
        if(q->data.key==item.key) {
            p->next=q->next;
            delete q; return true;
        }
        else {p=q; q=q->next;}
    }
    return false;          //返回假表示删除失败
}
```

在散列表的插入和查找算法中，平均查找长度与表的大小 m 无关，只与所选取的散列函数、α 的值和处理冲突的方法有关。若所选取的散列函数能够使任一关键字等概率地映射到散列空间的任一地址上，则理论上已经证明，当采用线性探查法处理冲突时，平均查找长度为 $\frac{1}{2}\left(1+\frac{1}{1-\alpha}\right)$；当用链接法处理冲突时，平均查找长度为 $1+\frac{\alpha}{2}$；当用开放定址法中的平方探查法、双散列函数探查法处理冲突时，平均查找长度为 $-\frac{1}{\alpha}\ln(1-\alpha)$。

如表 9-5 所示，当 α 取不同值时，各种处理冲突的方法理论上所对应的平均查找长度，实际应用中比理论值要大些。

表 9-5　各种处理冲突的方法所对应的平均查找长度

α	线性	链接	其他	α	线性	链接	其他
0.1	1.06	1.05	1.05	0.75	2.50	1.38	1.85
0.25	1.17	1.13	1.15	0.90	5.50	1.45	2.56
0.5	1.50	1.25	1.39	0.95	10.50	1.50	3.15

在散列存储中，插入和查找的速度是相当快的，它优于前面介绍过的任一种方法，特别是当数据量很大时更是如此。散列存储的缺点如下。

- 根据关键字计算散列地址需要花费一定的计算时间，若关键字不是整数，则首先要把它转换为整数，为此也要花费一定的转换时间。
- 占用的存储空间较多，因为采用开放定址法解决冲突的散列表总是取 α 值小于 1，采用链接法处理冲突的散列表同线性表的链接存储相比多占用一个具有 m 个位置的指针数组空间。
- 在散列表中只能按关键字查找元素，而无法按非关键字查找元素。
- 数据中元素之间的原有逻辑关系无法在散列表中体现出来。

9.5　B 树查找

9.5.1　B_树定义

B 树包括 B_树和 B^+树两种，本节主要讨论 B_树，对 B^+树只作简要介绍。B_树是由 R.Bayer 和 E.Maccreight 于 1970 年提出的，它是一种特殊的多元树（多支树或多叉树），它在外存文件系统中常用作动态索引结构。B_树或者是一棵空树，或者是一棵具有如下结点结构的树。

n	par	P_0	K_1	P_1	K_2	P_2	…	K_n	P_n	…	K_m	P_m

B_树中每个结点的大小都相同，其中 m 称为 B_树的阶，其值要大于等于 3。par 为指向父亲结点的指针域，由它可以找到父亲结点。$K_1,K_2,\cdots,K_n$ 为 n 个按从小到大顺序排列的关键字，n 是变化的，对于非树根结点，n 值的变化范围规定为 $\lceil m/2\rceil-1 \le n \le m-1$，对于树根结点，$n$ 值的变化范围规定为 $1 \le n \le m-1$。$P_0, P_1, P_2, \cdots,P_n$ 为 $n+1$ 个指针，用于分别指向该结点的 $n+1$ 棵子树，其中 P_0 所指向子树中的所有关键字均小于 K_1，P_n 所指向子树中的所有关键字均大于 K_n，$P_i(1 \le i \le n-1)$所指向子树中的所有关键字均大于 K_i 且小于 K_{i+1}。由 n 的取值范围可知，对于树根结点，它最少有两棵子树，最多有 m 棵子树，对于非树根结点，它最少有$\lceil m/2\rceil$棵子树，最多有 m 棵子树。当然树叶结点中的子树均为空树。在 B_树的结点结构中，每个关键字域的后面还应包含一个指针域，用以指向该关键字所属记录（元素）在主文件中的存储位置，在此省略未画。

B_树中除了结点结构与一般树不同外，还有一个特点就是所有叶子结点均在同一层上。

如图 9-6 所示是一棵由 13 个关键字组成的四阶 B_树的示意图，当然同二叉搜索树一样，关键字的插入次序不同，将可能生成不同结构的 B_树。该树共有 3 层，所有叶子结点均在第 3 层上。为了简化起见，每个结点的后面尚未利用的关键字域和指针域未画出，同时也未画出指向父亲结点的指针域（在以后其关键字个数 n 的域也将不被画出）。每个结点上标出的字母是为后面叙述查找过程方便而添加的。

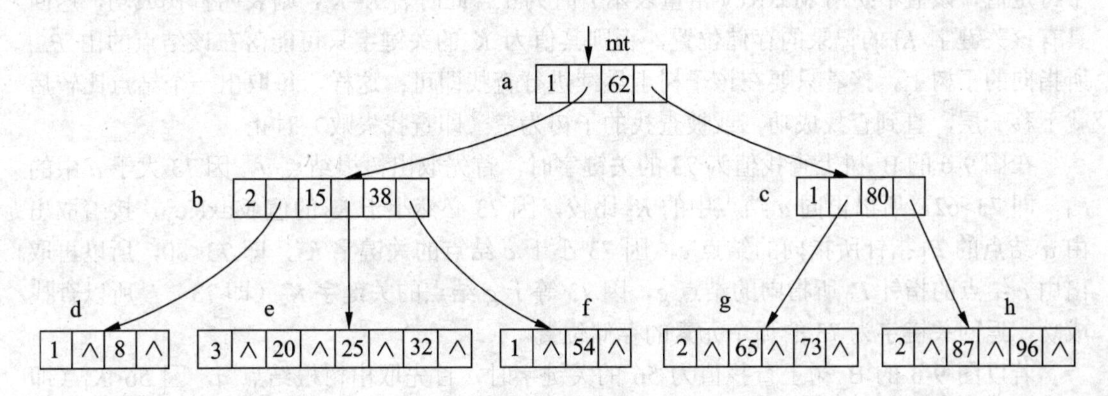

图 9-6 一棵四阶的 B_树

在一棵四阶的 B_树中，每个结点的关键字个数最少为$\lceil m/2\rceil-1=\lceil 4/2\rceil-1=1$，最多为 $m-1=4-1=3$；每个结点的子树数目最少为$\lceil m/2\rceil=\lceil 4/2\rceil=2$，最多为 $m=4$。当然不管每个结点中实际使用了多少关键字域和指针域，它都包含有 4 个关键字域、4 个指向记录位置的指针域、5 个指向子树结点的指针域、一个指向父亲结点的指针域和一个保存关键字个数 n 的域。

在一棵七阶的 B_树中，树根结点的关键字个数最少为 1，最多为 $m-1=6$，子树个数最少为 2，最多为 $m=7$；每个非树根结点的关键字个数最少为$\lceil m/2\rceil-1=\lceil 7/2\rceil-1=3$，最多为 $m-1=6$，子树个数最少为$\lceil m/2\rceil=\lceil 7/2\rceil=4$，最多为 $m=7$。

B_树中的结点类型定义如下。

```
const int m={B_树的阶数};
struct MBNode {
    int keynum;                  //关键字个数域
    MBNode*parent;               //指向父结点的指针域
    KeyType key[m+1];            //保存 n 个关键字的域,下标 0 位置未用
    MBNode*ptr[m+1];             //保存 n+1 个指向子树的指针域
    int recptr[m+1];             //保存每个关键字对应记录的存储位置
};
```

若所有记录被存储在外存上一个文件中，其中的 recptr[i]保存 key[i]对应记录在文件中的记录位置序号，所以被定义为整型。同样该数组的下标为 0 的位置未用。

9.5.2 B_树查找

根据 B_树的定义，在 B_树上进行查找的过程与在二叉搜索树上类似，都是经过一条从树根结点到待查关键字所在结点的查找路径，不过对路径中每个结点的比较过程比在二叉搜索树的情况下要复杂一些，通常需要经过同多个关键字比较后才能处理完一个结点，因此，又称 B_树为**多路查找树**。在 B_树中查找一个关键字等于给定值 K 的具体过程可叙述为：若 B_树非空，首先取出树根结点，使给定值 K 依次同该结点中的每一个关键字进行比较，直到 $K\le K_i$（$1\le i\le n+1$，假定用 K_{n+1} 作为终止标志，保存比所有关键字都大的一个特定值，该值不妨用 MaxKey 常量表示）时为止，此时若 $K=K_i$，则表明查找成功，返回具有该关键字 K_i 的记录的存储位置，否则其值为 K 的关键字只可能落在该结点的由 P_{i-1} 所指向的子树上，接着只要在该子树上继续进行查找即可；这样，每取出一个结点比较后就下移一层，直到查找成功，或被查找的子树为空（即查找失败）时止。

在图 9-6 的 B_树上查找值为 73 的关键字时，首先取出树根结点 a，因 73 大于 a 中的 K_1，即 73>62，所以再同 a 结点中的 K_2 比较，因 73 必然小于 K_2 的值 MaxKey，接着取出由 a 结点的 P_1 指针所指向的结点 c，因 73 小于 c 结点的关键字 K_1，即 73<80，所以再取出由 c 结点的指针 P_0 所指向的结点 g，因 73 等于 g 结点的关键字 K_2（即 73），所以查找成功，返回关键字为 73 的那个元素的存储位置。

若以图 9-6 的 B_树上查找值为 56 的关键字时，首先取出树根结点 a，因 $56<K_1$（即 62），所以再取出由指针 P_0 所指向的结点 b，因 56 大于 b 结点的所有关键字，但必然小于终止标志 K_3（即 MaxKey），所以再取出由 b 结点的指针 P_2 所指向的结点 f，因 56 大于该结点的 K_1，小于终止标志 K_2，所以接着向 P_1 子树查找，因 P_1 指针为空，所以查找失败，返回特定值（用−1 表示）。

设指向 B_树根结点的指针用 MT 表示，待查的关键字用 K 表示，则在 B_树上进行查找的算法描述为：

```
int SearchMBTree(MBNode*MT, KeyType K)
```

```
{        //从树根指针为MT的B_树上查找关键字为K的对应记录的存储位置
    int i;
    MBNode*p=MT;
    while(p!=NULL) {                    //从树根结点起依次向下一层查找
       i=1;                             //用i表示待比较的关键字序号,初值为1
       while(K>p->key[i]) i++;          //用K顺序同结点关键字比较
       if(K==p->key[i])
          return p->recptr[i];          //查找成功返回记录的存储位置
       else p=p->ptr[i-1];              //继续向子树查找
    }
    return -1;                          //查找失败返回-1
}
```

在 B_树上进行查找需比较的结点数最多为 B_树的高度。B_树的高度与 B_树的阶 m 和关键字总数 N 有关，下面就来讨论它们之间的关系。

在一棵 B_树中，第 1 层结点（即树根结点）的子树数至少为 2 个，第 2 层结点的子树数至少为 $2\times\lceil m/2\rceil$个，第 3 层结点的子树数至少为 $2\times\lceil m/2\rceil^2$，以此类推，若 B_树的高度用 h 表示，则最低层（即树叶层）的空子树（即空指针）数至少为 $2\times\lceil m/2\rceil^{(h-1)}$。另一方面，B_树中的空指针数 C_1 应等于总指针数 C_2 减去非空指针数 C_3，而总指针数又等于关键字的总数 N 加上所有结点数 C_4，因为每个结点中的指针数等于其关键字数加 1，所以，所有结点的指针数就等于所有结点的关键字数加上结点数。除树根结点外，每个结点都由 B_树中的一个非空指针所指向，所以 $C_4=C_3+1$，从而得到：

$$C_1=C_2-C_3=(N+C_4)-C_3=(N+C_3+1)-C_3=N+1$$

即 B_树中的空指针数等于关键字总数加 1，这与二叉树中的空指针数与关键字总数的关系相同。

综上所述，可列出如下不等式：

$$N+1\geq 2\times\lceil m/2\rceil^{(h-1)}$$

即空指针数应大于等于它所具有的最小值，求解后得：

$$h\leq 1+\log_{\lceil m/2\rceil}(\frac{N+1}{2})$$

又因为具有高度为 h 的 m 阶 B_树的最后一层结点的所有空子树个数不会超过 m^h 个，即：

$$N+1\leq m^h$$

求解后得：

$$h\geq \log_m(N+1)$$

由以上分析可知，m 阶 B_树的高度 h 为：

$$\log_m(N+1)\leq h\leq 1+\log_{\lceil m/2\rceil}\left(\frac{N+1}{2}\right)$$

若当 N=10 000，m=10 时，B_树的高度在 5～6 之间，若由 N=10 000 个记录构成一棵二叉搜索树时，则树的高度至少为 14，即为对应的理想平衡树的高度。由此可见，在 B_树上查找所需比较的结点数比在二叉搜索树上查找所需比较的结点数要少得多。这意味着若 B_树和二叉排序树都被保存在外存上，若每读取一个结点需访问一次外存，则使用 B_树可以大大地减少访问外存的次数，从而大大地提高处理数据的速度。

9.5.3 B_树插入

在 B_树上插入一个元素的关键字 K 也同在二叉排序树上类似，都首先要经过一个从树根结点到叶子结点的查找过程，查找出 K 的插入位置，然后再进行插入。不过在 B_树中不是添加新的叶子结点，而是直接把关键字 K 按序插入到对应的叶子结点（假定用 a 表示）中，并需要进行插入后的处理。关键字 K 插入 a 结点后，使得该结点的关键字个数 n 增加 1，此时若 a 结点中的关键字个数 $n \le m-1$，则插入完成，否则因 a 结点中的关键字个数 $n=m$，超过了规定的范围，所以要进行结点的“分裂”，具体分裂过程如下。

（1）执行 new 运算，产生一个新结点 a'。

（2）将 a 结点中的原有信息：

$$m, P_0, (K_1, P_1), (K_2, P_2), \cdots, (K_m, P_m)$$

除 $K_{\lceil m/2 \rceil}$之外分为前后两个部分，分别存于 a 和 a' 结点中，a 结点中保留的信息为：

$$\lceil m/2 \rceil-1, P_0, (K_1, P_1), \cdots, (K_{\lceil m/2 \rceil-1}, P_{\lceil m/2 \rceil-1})$$

a' 结点中的信息为：

$$m-\lceil m/2 \rceil, P_{\lceil m/2 \rceil}, (K_{\lceil m/2 \rceil+1}, P_{\lceil m/2 \rceil+1}), \cdots, (K_m, P_m)$$

其中 a 结点中含有$\lceil m/2 \rceil-1$ 个索引项，a' 结点中含有 $m-\lceil m/2 \rceil$个索引项，每个索引项包含一个关键字 K_i、该关键字所对应记录的存储位置 R_i 和一个子树指针 P_i。

（3）将关键字 $K_{\lceil m/2 \rceil}$和指向 a' 结点的指针（假定用 p 表示）作为新结点 a' 的索引项（$K_{\lceil m/2 \rceil}$，p）插入到 a 结点在前驱结点（即父亲结点）中的索引项的后面（特别地，若 a 结点是由前驱结点中的 P_0 指针指向的，则插入到 K_1 和 P_1 的位置上）。

当 a 结点的前驱结点被插入一个索引项后，其关键字个数又有可能超过 $m-1$，若超过又使得该结点分裂为两个结点，其分裂过程同上。在最坏的情况下，这种从叶子结点开始产生的分裂，要一直传递到树根结点，使根结点产生分裂，从而导致一个新的根结点的诞生。该新的根结点应包含有一个关键字和左、右两棵子树，其中关键字为原树根结点的中项关键字 $K_{\lceil m/2 \rceil}$，左子树是以原树根结点为根的子树，右子树是由原树根结点分裂出的一个新结点为根的子树。在 B_树中通过插入关键字可能最终导致的树根结点的分裂从而产生新的树根结点是 B_树增长其高度的唯一途径。

如图 9-7(a)所示是一个 3 阶 B_树的简图，若在此树上依次插入关键字 65,24,50 和 38，则 B_树的变化过程如图 9-7（b）～ 图 9-7（h）所示。

在 3 阶 B_树中，每个结点的关键字个数最少为 1，最多为 2，当插入后关键字的个数为 3 时，就得分裂成两个结点，让原有结点只保留第 1 个关键字和它前后的两个指针，让新结点保存原有结点中的最后一个（即第 3 个）关键字和它前后的两个指针，让原有结点的第 2 个关键字和指向新结点的指针作为新结点的索引项插入到原有结点的前驱结点中，若没有前驱结点，则就生成一个新的树根结点，并将原树根结点和分裂出的结点作为它的两棵子树。请读者自行分析插入过程中的 B_树变化。

下面给出 B_树的插入算法，请读者结合注释自行分析。

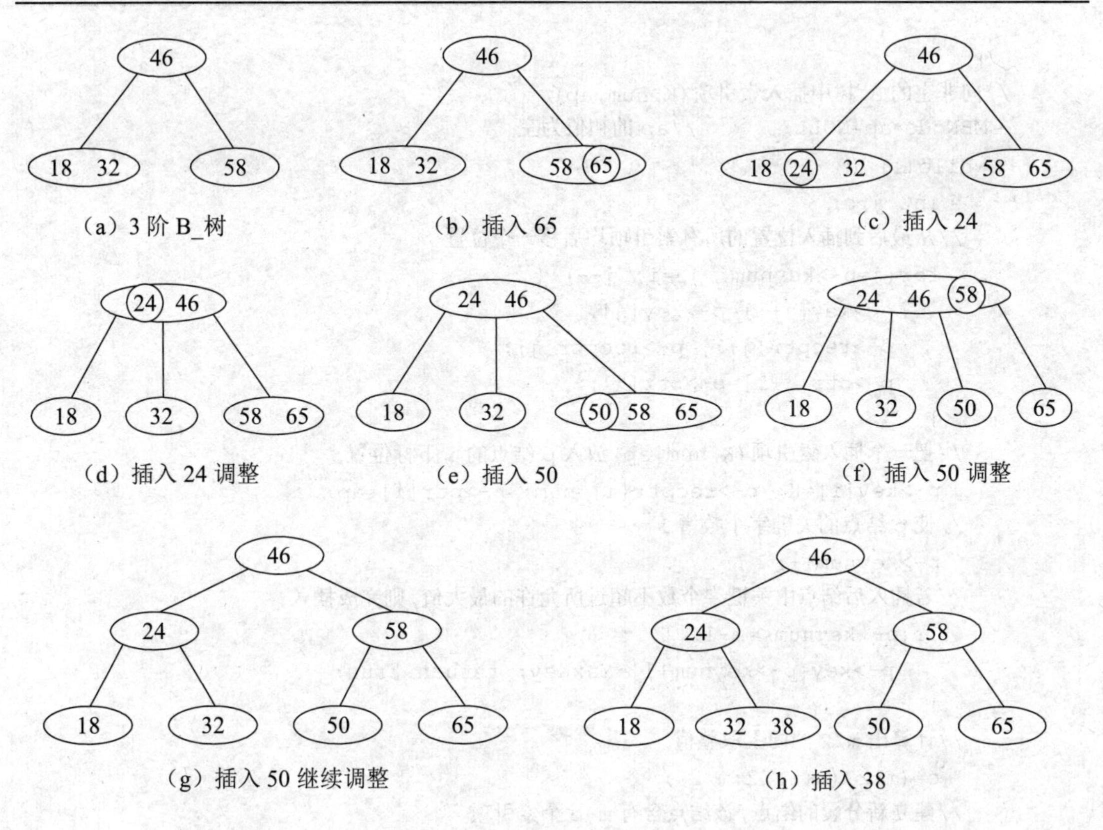

图 9-7　3 阶 B_树的插入过程

```
bool InsertMBTree(MBNode*& MT, KeyType K, int num)
{                                //向树根指针为MT的B_树插入索引项(K,num,NULL)
  //当B_树为空时的处理情况
    if(MT==NULL) {
        MT=new MBNode;
        MT->keynum=1; MT->parent=NULL;
        MT->key[1]=K; MT->key[2]=MaxKey;
        MT->recptr[1]=num;
        MT->ptr[0]=MT->ptr[1]=NULL;
        return true;
    }
  //从B_树上查找插入位置
    int i;
    MBNode*xp=MT,*p=NULL;                    //xp和p分别指向当前结点和父结点
    while(xp!=NULL) {
        i=1;
        while(K>xp->key[i]) i++;
        if(K==xp->key[i]) return false;   //关键字已存在,插入失败
        else {
            p=xp; xp=xp->ptr[i-1];           //下移一层查找
        }
```

```
  }
//向非空的B_树中插入索引项(K,num,ap)
  MBNode*ap=NULL;         //ap的初值为空
  while(1) {
      int j,c;
    //从最后到插入位置的所有索引项均后移一个位置
      for(j=p->keynum; j>=i; j--) {
          p->key[j+1]=p->key[j];
          p->recptr[j+1]=p->recptr[j];
          p->ptr[j+1]=p->ptr[j];
      }
    //把一个插入索引项(K,num,ap)放入p结点的i下标位置
      p->key[i]=K; p->recptr[i]=num; p->ptr[i]=ap;
    //使p结点的关键字个数增1
      p->keynum++;
    //若插入后结点中关键字个数不超过所允许的最大值,则完成插入
      if(p->keynum<=m-1) {
          p->key[p->keynum+1]=MaxKey; return true;
      }
    //计算出m/2的向上取整值
      c=(m%2?(m+1)/2:m/2);
    //建立新分裂的结点,该结点含有m-c个索引项
      ap=new MBNode;
      ap->keynum=m-c; ap->parent=p->parent;
      for(j=1; j<=ap->keynum; j++) {            //复制关键字和记录位置
          ap->key[j]=p->key[j+c];
          ap->recptr[j]=p->recptr[j+c];
      }
      for(j=0; j<=ap->keynum; j++) {            //复制指针
          ap->ptr[j]=p->ptr[j+c];
          if(ap->ptr[j]!=NULL) ap->ptr[j]->parent=ap;
      }
      ap->key[m-c+1]=MaxKey;                    //最大值放入所有关键字之后
    //修改p结点中的关键字个数
      p->keynum=c-1;
    //建立新的待向双亲结点插入的索引项(K,num,ap)
      K=p->key[c]; num=p->recptr[c];
    //在p结点的所有关键字最后放入最大关键字
      p->key[c]=MaxKey;
    //建立新的树根结点
      if(p->parent==NULL) {
          MT=new MBNode;
          MT->keynum=1; MT->parent=NULL;
          MT->key[1]=K; MT->key[2]=MaxKey;
          MT->recptr[1]=num;
```

```
            MT->ptr[0]=p; MT->ptr[1]=ap;
            p->parent=ap->parent=MT;
            return true;
        }
      //求出新的索引项(K,num,ap)在双亲结点的插入位置
        p=p->parent;
        i=1;
        while(K>p->key[i]) i++;
    }
}
```

9.5.4 B_树删除

在 B_树上删除一个关键字 K 也和在二叉搜索树上类似，都首先经过一个从树根结点到待删除关键字所在结点的查找过程，然后再分情况进行删除。若被删除的关键字在叶子结点中则直接从该叶子结点中删除之，若被删除的关键字在非叶子结点中，则首先要将被删除的关键字同它的中序前驱关键字（即它的左边指针所指子树的最右下叶子结点中的最大关键字）或中序后继关键字（即它的右边指针所指子树的最左下叶子结点中的最小关键字）进行对调（当然要连同对应记录的存储位置一起对调），然后再从对应的叶子结点中删除之。例如，若从图 9-7（h）中删除关键字 46 时，首先要将它与中序前驱关键字 38 或中序后继关键字 50 对调，然后再从对调后的叶子结点中删除关键字 46。从 B_树上一个叶子结点中删除一个关键字后，使得该结点的关键字个数 n 减 1，此时应分以下 3 种情况进行处理。

（1）若删除后该结点的关键字个数 $n \geq \lceil m/2 \rceil -1$，则删除完成。如从图 9-7（a）中删除关键字 18 或 32 时就属于这种情况。

（2）若删除后该结点的关键字个数 $n < \lceil m/2 \rceil -1$，而它的左兄弟（或右兄弟）结点中的关键字个数 $n > \lceil m/2 \rceil -1$，则首先将双亲结点中的指向该结点指针的左边(或右边)一个关键字下移至该结点中，接着将它的左兄弟（或右兄弟）结点中的最大关键字(或最小关键字)上移至它们的双亲结点中刚空出的位置上，然后再将左兄弟(或右兄弟)结点中的 P_n 指针（或 P_0 指针）赋给该结点的 P_0 指针域(或 P_n 指针域)。

如从图 9-7(a)中删除关键字 58 后，需首先把 46 下移至被删除关键字 58 的结点中，接着把它的左兄弟结点中的最大关键字 32 上移至原 46 的位置上，然后把左兄弟结点中的原 P_2 指针(即为空)赋给被删除关键字 58 结点的 P_0 指针域，得到的 B_树如图 9-8（a）所示。再如从图 9-7（d）中删除关键字 32 后，需首先把双亲结点中的 46 下移至该结点中，接着把右兄弟结点中的最小关键字 58 上移至双亲结点中刚空出的位置上，然后把右兄弟结点中的原 P_0 指针(即为空)赋给被删除关键字 32 结点的 P_1 指针域，删除结果如图 9-8（b）所示。

(3) 若删除后该结点的关键字个数 $n < \lceil m/2 \rceil -1$，同时它的左兄弟和右兄弟（若有的话）结点中的关键字个数均等于 $\lceil m/2 \rceil -1$。在这种情况下，就无法从它的左、右兄弟中通过双亲结点调剂到关键字以弥补自己的不足，此时就必须进行结点的“合并”，即将该结点中

的剩余关键字和指针连同双亲结点中指向该结点指针的左边（或右边）一个关键字一起合并到左兄弟（或右兄弟）结点中，然后回收（即删除）该结点。

如从图 9-8（b）所示的 3 阶 B_树中删除关键字 46 后，该结点（即被删除关键字为 46 的结点）中剩余的关键字个数为 0，低于规定的下限 1，但它的左兄弟和右兄弟中的关键字个数都只有一个（即为最低限），所以只能将该结点中剩余的关键字（在此没有）和指针（在此为空）连同双亲结点中的关键字 24 一起合并到左兄弟结点中，然后将包含被删除关键字 46 的结点回收掉，删除 46 后得到的 B_树，如图 9-8（c）所示。

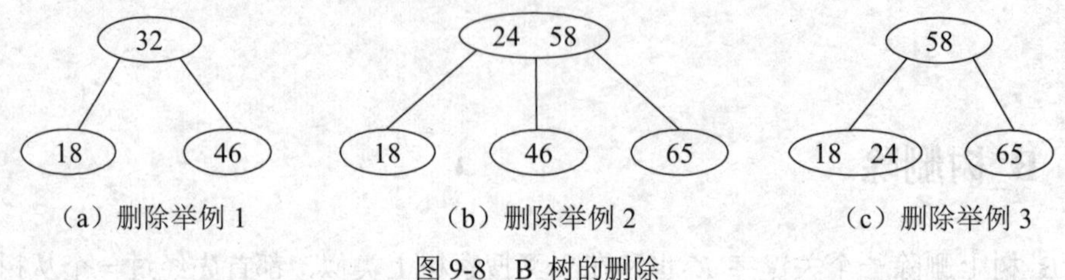

（a）删除举例 1　（b）删除举例 2　（c）删除举例 3

图 9-8　B_树的删除

当从一棵 B_树的叶子结点中删除一个关键字后，可能出现上面所述的第 3 种情况，此时需要合并结点，在合并结点的同时，实际上又从它们的双亲结点中删除（即因合并而被下移）了一个关键字，而双亲结点被删除一个关键字（实际为所在的索引项）后，同从叶子结点中删除一个关键字一样，又可分为上面所述的 3 种情况处理，当属于第 3 种情况时，又需要进行合并，以此类推。在最坏的情况下，这种从叶子结点开始的合并要一直传递到树根结点，使只包含有一个关键字的根结点同它的两个孩子结点合并，形成以一个孩子结点为根结点的 B_树，从而使整个 B_树的高度减少 1，这也是 B_树减少其高度的唯一途径。

如图 9-9（a）所示是一棵 5 阶的 B_树，则树中每个结点（除树根结点外）的关键字个数应最少为 2，最多为 4。当从该树中删除关键字 26 时，因它不在叶子结点上，所以应首先把它与中序前驱关键字 20 对调位置，然后再从对应的叶子结点 *e* 中删除之，删除 26 后得到的中间结果如图 9-9（b）所示；*e* 结点被删除一个关键字后只剩下一个关键字，低于下限值 2，它的左、右兄弟结点中正好只有最低的关键字个数 2，所以必须把该结点中的一个关键字 15 和左、右两个空指针同 *b* 结点中的关键字 12（或 20）一起合并到 *d* 结点（或 *f* 结点）中，得到的中间结果如图 9-9（c）所示（*e* 结点已被回收）；*b* 结点被删除一个关键字 12 后只剩下一个关键字 20，同时它的右兄弟（没有左兄弟）结点中只含有两个关键字，所以又得继续合并，即把 *b* 结点中的一个关键字和两个指针同根结点 *a* 的一个关键字一起合并到 *c* 结点中，使 *c* 结点成为新的树根结点，导致整个 B_树减少一层，最后得到的结果如图 9-9（d）所示，其中 *b* 结点和 *a* 结点都已回收。

B_树的删除算法比插入算法更复杂，在删除时，首先要查找出待删除的关键字 *K* 所在的位置，若它不在叶子结点上，则把它同其中序前驱或后继关键字对调位置，接着按照顺序表的删除方法从对应的叶子结点中删除其关键字 *K* 所在的索引项，然后再进行删除后的循环处理，直到不需要合并结点为止。关于 B_树的删除算法这里不具体给出，有兴趣者可参考本人编著的、清华大学出版社出版的《数据结构课程实验》一书。

若一棵 B_树的高度为 *h*，B_树的阶数为 *m*，则 B_树查找、插入和删除算法的时间复杂度均相同，大致为 $O(h\times m)$。

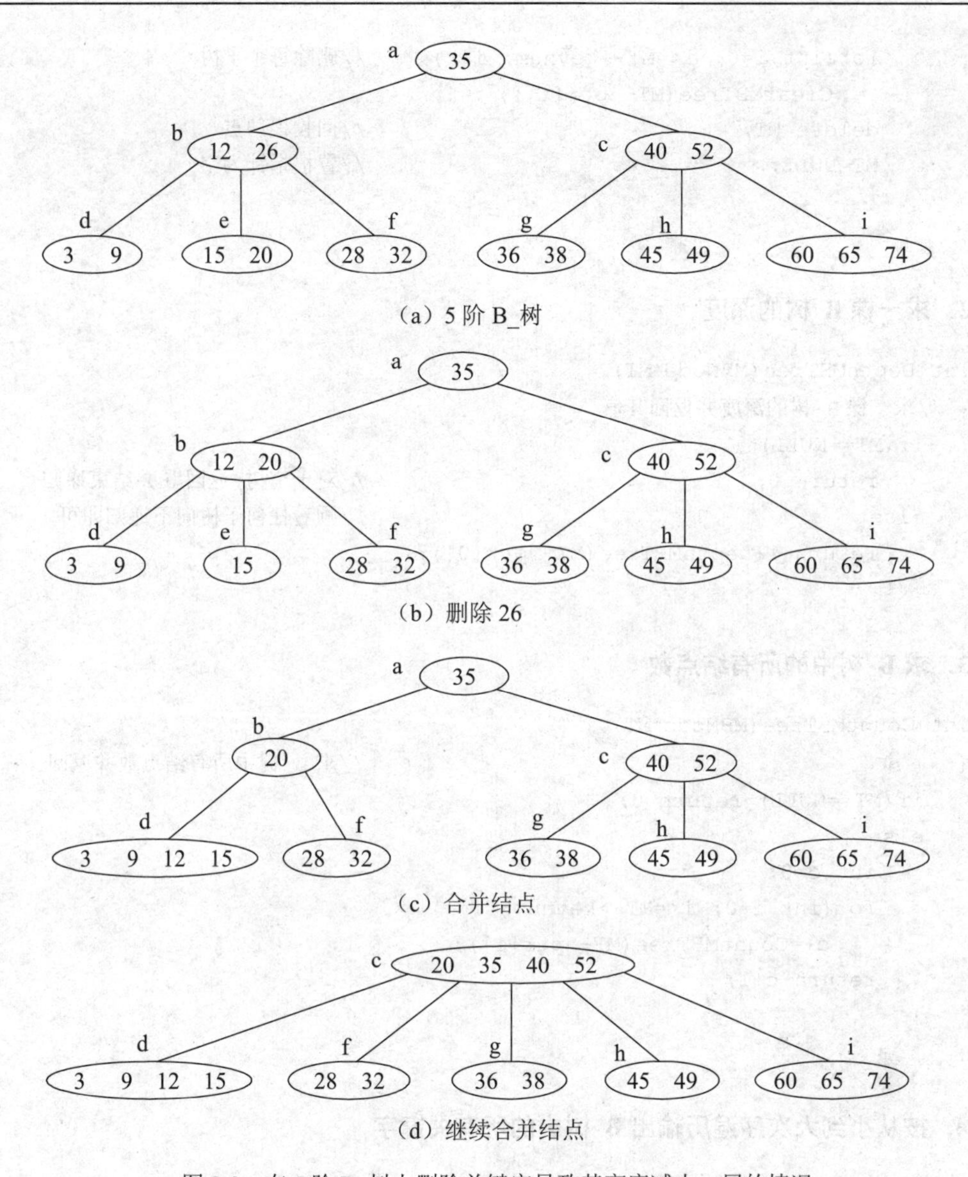

图 9-9 在 5 阶 B_树上删除关键字导致其高度减少一层的情况

*9.5.5 对 B_树的其他运算

除了上面介绍的对 B_树的查找、插入和删除运算外，还有清空 B_树、求 B_树深度、求 B_树结点数、按关键字从小到大次序遍历 B_树等运算。这些运算的算法同对普通树进行相应运算的算法类似，都比较简单。

1. 回收 B_树中的所有结点并置树根指针为空

```
void ClearMBTree(MBNode*& MT)
{                                              //清除 B_树,使之变为一棵空树
    if(MT!=NULL) {
```

```
        for(int i=0; i<=MT->keynum; i++)          //删除每个子树
            ClearMBTree(MT->ptr[i]);
        delete MT;                                //回收根结点
        MT=NULL;                                  //置根指针为空
    }
}
```

2．求一棵 B_树的深度

```
int DepthMBTree(MBNode*MT)
{ //求一棵B_树的深度并返回其值
    if(MT==NULL)
        return 0;                                 //对于空树,返回0并结束递归
    else                                          //顺着任何子树向下递归即可
        return 1+DepthMBTree(MT->ptr[0]);
}
```

3．求 B_树中的所有结点数

```
int CountMBTree(MBNode*MT)
{                                                 //求B_树中所有结点数并返回
    if(MT==NULL) return 0;
    else {
        int c=0;
        for(int i=0; i<=MT->keynum; i++)
            c+=CountMBTree(MT->ptr[i]);
        return c+1;
    }
}
```

4．按从小到大次序遍历输出 B_树中的所有关键字

```
void PrintMBTree(MBNode*MT)
{                                                 //中序遍历输出B_树中的所有关键字
    if(MT!=NULL) {
        PrintMBTree(MT->ptr[0]);
        for(int i=1; i<=MT->keynum; i++) {
            cout<<MT->key[i]<<' ';
            PrintMBTree(MT->ptr[i]);
        }
    }
}
```

利用下面程序调试 B_树的各种运算的算法。

```
#include<iostream.h>
```

```
#include<stdlib.h>

const int m=4;                  //定义 B_树的阶数
const int MaxKey=9999;          //定义作标记的最大关键字

typedef int KeyType;            //定义关键字类型

struct MBNode {                 //定义 B_树结点类型
    int keynum;                 //关键字个数域
    MBNode*parent;              //指向父结点的指针域
    KeyType key[m+1];           //保存 n 个关键字的域,下标 0 位置未用
    MBNode*ptr[m+1];            //保存 n+1 个指向子树的指针域
    int recptr[m+1];            //保存每个关键字对应记录的存储位置
};

#include"B_树运算.cpp"          //含有对 B_树的常用运算的 C++算法描述

void main()
{
    int a[16]={18,46,58,32,65,24,50,38,35,47,82,93,20,33,48,15};
    MBNode*mt=NULL;
    for(int i=0; i<16; i++)
        InsertMBTree(mt,a[i],i);
    cout<<"中序遍历 B_树结果:";
    PrintMBTree(mt); cout<<endl;
    cout<<"B_树深度:"<<DepthMBTree(mt)<<endl;
    cout<<"B_树结点数:"<<CountMBTree(mt)<<endl;
    while(1) {
        cout<<"输入待查的关键字,直到输入-1 时结束查找!";
        int x; cin>>x;
        if(x==-1) break;
        cout<<"记录位置:"<<SearchMBTree(mt,x)<<endl;
    }
    ClearMBTree(mt);
}
```

该程序运行结果如下。

```
中序遍历 B_树结果:15 18 20 24 32 33 35 38 46 47 48 50 58 65 82 93
B_树深度:3
B_树结点数:9
输入待查的关键字,直到输入-1 时结束查找!46
记录位置:1
输入待查的关键字,直到输入-1 时结束查找!24
记录位置:5
```

输入待查的关键字，直到输入-1时结束查找！-1

*9.5.6　B⁺树简介

B 树分为 B_树和 B^+树两种，它们的树结构大致相同。一棵 m 阶的 B^+树和一棵 m 阶的 B_树的差异如下。

（1）在 B_树中，每个结点含有 n 个关键字和 n+1 棵子树，而在 B^+树中，每个结点含有 n 个关键字和 n 棵子树，即每个关键字对应一棵子树。

（2）在 B_树中，每个结点（除树根结点外）中的关键字个数 n 的取值范围是：$\lceil m/2\rceil-1\le n\le m-1$，而在 B^+树中，每个结点（除树根结点外）中的关键字个数 n 的取值范围是：$\lceil m/2\rceil\le n\le m$，树根结点的关键字个数的取值范围是 $1\le n\le m$。

（3）B^+树中的所有叶子结点包含了全部关键字及指向对应记录的指针，且所有叶子结点按关键字从小到大的顺序依次链接。

（4）B^+树中所有非叶子结点仅起到索引的作用，即结点中的每个索引项只含有对应子树的最大关键字和指向该子树的指针，不含有该关键字对应记录的存储地址。

如图 9-10 所示为一棵三阶的 B^+树，其中叶子结点的每个关键字下面的指针表示指向对应记录的存储位置。通常在 B^+树上有两个头指针，一个指向根结点，用于从根结点起对树进行插入、删除和查找等操作，另一个指向关键字最小的叶子结点，用于从最小关键字起进行顺序查找和处理每一个叶子结点中的关键字及记录。

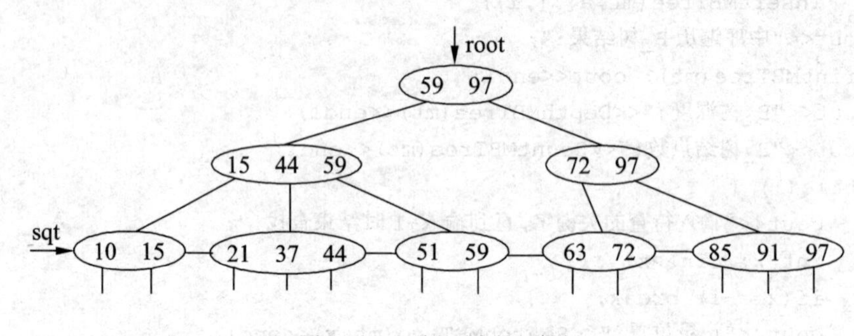

图 9-10　一棵 3 阶的 B^+树

在 B^+树上进行随机查找、插入和删除的过程基本上与 B_树相同。在查找时，若非叶子结点上的关键字等于给定值 K，并不终止，而要继续向下查找直到叶子结点，此时若查找成功，则按所给指针取出对应记录即可。因此，在 B^+树中，不管查找成功与否，每次查找都要走过一条从树根结点到叶子结点的路径。B^+树的插入也从叶子结点开始，当插入后结点中的关键字个数大于 m 时应分裂为两个结点，它们所含关键字个数分别为$\lfloor (m+1)/2\rfloor$和$\lceil (m+1)/2\rceil$，同时要使得它们的双亲结点中包含有这两个结点的最大关键字和指向它们的指针，若双亲结点的关键字数目因此而大于 m，应继续分裂，以此类推。B^+树的删除也从叶子结点开始，若叶子结点中的最大关键字被删除，则在非叶子结点中的值可以作为一个“分界关键字”存在；若因删除而使叶子结点中的关键字个数少于$\lceil m/2\rceil$，则从兄弟结点中调剂关键字或同兄弟结点合并的过程也同 B_树类似。

习　题　9

【习题 9-1】 运算题。

1．若查找有序表 *A*[30]中每一元素的概率相等，试分别求出进行顺序、二分和分块（若被分为 5 块，每块 6 个元素）查找每一元素时的平均查找长度。

2．一个待散列存储的数据集合为{32,75,29,63,48,94,25,46,18,70,56}，散列地址空间为 HT[13]，若采用除留余数法构造散列函数和线性探查法处理冲突，试求每一元素的散列地址，画出最后得到的散列表，求平均查找长度。

3．一个待散列存储的数据集合为{32,75,29,63,48,94,25,46,18,70,56}，散列地址空间为 HT[13]，若采用除留余数法构造散列函数和链接法处理冲突，试求每一元素的散列地址，画出最后得到的散列表，求平均查找长度。

4．设有一个含有 200 个元素的表待散列存储，用线性探查法处理冲突，按关键字查询时找到一个元素的平均查找长度（即平均探查次数）不能超过 1.5，则散列表的长度应至少为多少？

5．已知一组关键字为{26,38,12,45,73,64,30,56}，试依次插入关键字生成一棵 3 阶的 B_树，画出每次插入一个关键字后 B_树的结构。

6．已知一棵 4 阶 B_树如图 9-11 所示，依次从中删除关键字 46,24,52,8,93,80，试画出每删除一个关键字后 B_树的结构。

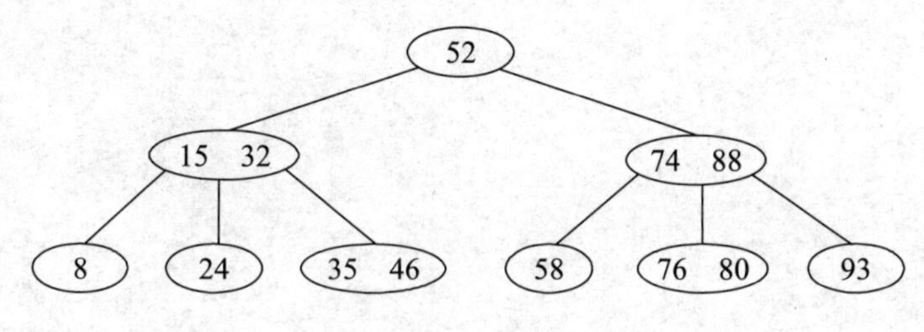

图 9-11　4 阶 B_树

【习题 9-2】 算法设计题。

1．编写一个非递归算法，在长度为 *m* 的稀疏有序索引表 *B* 中二分查找出给定值 *K* 所对应的索引项，即索引值刚好大于等于 *K* 的索引项，返回该索引项的 start 域的值，若查找失败则返回–1。

2．有一个 100×100 的稀疏矩阵，其中 1%的元素为非零元素，现要求对其非零元素进行散列存储，使之能够按照元素的行、列值存取矩阵元素(即元素的行、列值联合为元素的关键字)，试采用除留余数法构造散列函数和线性探查法处理冲突，分别编写建立散列表和查找散列表的算法。

3．编写求一棵 B_树深度的非递归算法。

*4．假定一种记录类型如下。

```
struct workers {            //职工记录类型
    int key;                //职工号,作为关键字域
    char depart[13];        //部门名称,作为产生索引值的域
    int next;               //链接域,链接同一部门的职工记录
};
```

它就是索引存储中主表 *A* 的元素类型。

（1）根据下面函数声明编写算法，在已经包含 *n* 个记录的顺序存储的主表 *A* 上建立具有 *m* 个索引值

的索引表 *B*，要求同时把主表 *A* 中同一部门的记录依次链接起来。

```
void CreateIndexList(mainlist A, int n, indexlist B, int m);
```

（2）根据下面给出的函数声明，编写出在数据的索引存储结构上插入元素 *x* 的算法，其中 *A* 为存储 *n* 个数据记录的主表，记录类型为 workers，*B* 为具有 *m* 个索引项的索引表。

```
void InsertIndexList(mainlist A, int& n, indexlist B, int& m, ElemType x);
```

（3）根据下面给出的函数声明，编写从数据的索引存储结构中删除元素 x 的算法，其中，*A* 为存储 *n* 个数据记录的主表，记录类型为 workers，*B* 为具有 *m* 个索引项的索引表，带删除元素的索引值为 x.depart、关键字为 x.key。

```
bool DeleteIndexList(mainlist A, int& n, indexlist B, int& m, ElemType& x);
```

*5．编写一个完整程序，调试对数组散列表进行各种运算的算法。

*6．编写一个完整程序，调试对链接散列表进行各种运算的算法。

第 10 章　排　　序

10.1　排序的基本概念

排序（sorting）是数据处理领域一种最常用的运算。排序的主要目的是方便查找。由第 9 章可知，对于一个顺序存储的集合或线性表，若不经过排序而查找，则时间复杂度为 $O(n)$，若在排序的基础上进行二分查找，则时间复杂度可提高到 $O(\mathrm{lb}n)$，效果是相当显著的。

排序就是把一组记录（元素）按照某个域的值的递增（即由小到大）或递减（即由大到小）的次序重新排列的过程。通常把用于排序的域称为**排序域**或**排序项**，把该域中的每一个值（它与一个记录相对应）称为**排序码**。为了以后讨论方便，排序域的域名用标识符 stn 表示。对于具有 ElemType 类型的一条记录 x 来说，x.stn 为它的排序码。

设待排序的一组 n 个记录的集合为 $\{R_0, R_1, \mathrm{L}\ , R_{n-1}\}$，对应的排序码为 $\{S_0, S_1, \mathrm{L}\ , S_{n-1}\}$，若排序码的递增次序为 $\{S'_0, S'_1, \mathrm{L}\ , S'_{n-1}\}$，即 $S'_0 \le S'_1 \le \mathrm{L}\ \le S'_{n-1}$，则排序后的记录次序为 $\{R'_0, R'_1, \mathrm{L}\ , R'_{n-1}\}$，其中 R'_i 的排序码为 S'_i $(0 \le i \le n-1)$；若排序码的递减次序为 $\{S''_0, S''_1, \mathrm{L}\ , S''_{n-1}\}$，即 $S''_0 \ge S''_1 \ge \mathrm{L}\ \ge S''_{n-1}$，则排序后的记录次序为 $\{R''_0, R''_1, \mathrm{L}\ , R''_{n-1}\}$，其中 R''_i 的排序码为 S''_i $(0 \le i \le n-1)$。

如表 10-1 所示，若以每个记录的职工号为关键字，以基本工资为排序码，则所有 8 条记录可简记为：

{(100,2100),(101,2250),(102,1960),(103,1850),(104,2530),(105,2100),
(106,1740),(107,1960)}

表 10-1　职工登记表

职 工 号	姓　名	性　别	出 生 日 期	基本工资（元）
100	王大明	男	1961/04/25	2100
101	吴进	男	1971/03/12	2250
102	邢怀学	男	1963/06/28	1960
103	王亚兰	女	1951/03/26	1850
104	赵利	女	1974/05/03	2530
105	刘小平	男	1965/12/18	2100
106	李小敏	女	1980/03/26	1740
107	卢明	男	1969/12/20	1960

若按排序码的递增次序对记录进行重排，则得到的排序结果为：

{(106,1740),(103,1850),(102,1960),(107,1960),(100,2100),(105,2100),
(101,2250),(104,2530)}

若以每个记录的出生日期为排序码（出生日期为 10 位字符串，其中前 4 位数字代表出生年份，中间两位数字代表月份，最后两位数字代表月内日号），并按出生日期从前到后的次序（即递增次序）对记录进行重新排列，则得到的排序结果为：

{(103,1951/03/26),(100,1561/04/25),(102,1963/06/28),(105,1965/12/18),
(107,1969/12/20),(101,1971/03/12),(104,1974/05/03),(106,1980/03/26)}

一组记录按排序码的递增或递减次序排列得到的结果称之为**有序表**，相应地，把排序前的状态称为**无序表**。递增次序又称为**升序**或**正序**，递减次序又称为**降序**、**逆序**或**反序**。若有序表是按排序码升序排列的，则称为**升序表**或**正序表**，若按相反次序排列，则称为**降序表**或**逆序表**。因为将无序表排列成正序表或逆序表的方法相同，只是排列次序正好相反而已，所以通常均按正序讨论之，并且若不特别指明，所说的有序均指正序，所说的有序表均指正序表。

记录的排序码可以是记录的关键字，也可以是任何非关键字，所以排序码相同的记录可能只有一个，也可能有多个。对于具有同一排序码的多个记录来说，若采用的排序方法使排序后记录的相对次序不变（即前面的仍在前面，后面的仍在后面，当然由远邻变相邻），则称此排序方法是**稳定**的，否则称为**不稳定**的。如假定一组记录的排序码为（23,15,72,18,23,40），其中排序码同为 23 的记录有两个，为了加以区别，后一个记录的排序码 23 带有下画线。若一种排序方法使排序后的结果必然为（15,18,23,23,40,72），则称此方法是稳定的；若一种排序方法使排序后的结果可能为（15,18,23,23,40,72），则称此方法是不稳定的。

按照排序过程中所使用的内、外存情况不同，可把排序分为内排序和外排序两大类。若排序过程全部在内存中进行，则称为内排序；若排序过程需要不断地进行内存和外存之间的数据交换，并且排序的原始数据和结果都为外存文件，则称为外排序。显然，外排序速度比内排序速度要慢得多。对于一些较大的文件，由于内存容量的限制，不能一次装入内存进行内排序，只得采用外排序来完成。内排序和外排序各有许多不同的排序方法，本书主要对内排序的各种方法进行讨论，对外排序仅介绍适应于磁盘文件的二路归并排序算法。内排序方法有许多种，按所用策略不同，可归纳为 5 类：插入排序、选择排序、交换排序、归并排序和分配排序。分配排序使用较少，本章将讨论前 4 类中的一些常用的排序方法。

在内排序中，待排序的 n 个记录或 n 个记录的索引项（每个记录的索引项通常包括该记录的排序码和记录的存储地址两个部分）通常是从外存文件中读入到内存一维数组中的，排序过程就是对记录的排序码进行比较和记录的移动过程，排好后再写到外存。当一种排序方法使排序过程在最坏或平均情况下所进行的比较和移动次数越少，则说明该方法的时间复杂度（度）就越好，否则就越坏。分析一种排序方法，不仅要分析它的时间复杂度，而且要分析它的空间复杂度、稳定性和简单性等因素。

10.2　插入排序

插入排序主要包括直接插入排序和希尔排序两种。

10.2.1 直接插入排序

直接插入排序（straight insertion sorting）是一种简单的排序方法，在第 2 章已经做了详细讨论，这里不再赘述，下面只给出相应的 C++语言算法描述。

```
void InsertSort(ElemType A[], int n)
{      //对数组 A 中的 n 个元素进行直接插入排序
    ElemType x;
    int i,j;
    for(i=1; i<n; i++) {                       //i 表示插入次数,共进行 n-1 次插入
      x=A[i];                                  //暂存待插入有序表中的元素 A[i]的值
       for(j=i-1; j>=0;j--)
          if(x.stn<A[j].stn) A[j+1]=A[j];//进行顺序比较和移动
          else break;                          //查询到 j+1 位置时离开 j 循环
     A[j+1]=x;                                 //把原 A[i]的值插入到下标为 j+1 的位置
    }
}
```

若在程序中定义有如下对小于运算符重载的函数，则上述算法中所使用的条件 x.stn<A[j].stn 应修改为 x<A[j]。另外，若排序码 stn 域不是简单类型，而是字符指针（即字符串）类型，则重载函数中的返回表达式应改为 strcmp(x1.stn,x2.stn)<0。

```
bool operator<(ElemType& x1, ElemType& x2)
{
    return x1.stn<x2.stn;
}
```

直接插入排序的时间复杂度为 $O(n^2)$。

在直接插入排序中，若采用二分查找而不是顺序查找待插入元素的插入位置，则可减少记录的最大和平均比较的总次数，使排序速度有所提高，但提高不会太大，因为移动记录的总次数不受改变，其时间复杂度仍为 $O(n^2)$。

由上面对直接插入排序的时间复杂度的分析可知，当待排序记录为正序或接近正序时，所用的比较和移动次数较少，当待排序记录为逆序或接近逆序时，所用的比较和移动次数较多，所以直接插入排序更适合于原始数据基本有序（即正序）的情况。

在直接插入排序中，只使用一个临时工作单元 x，暂存待插入的元素，所以其空间复杂度为 $O(1)$。另外，直接插入排序算法是稳定的，因为具有同一排序码的后一元素必然插在具有同一排序码的前一元素的后面，即相对次序保持不变。但若采用二分查找插入位置时，则算法的排序结果就是不稳定的。

最后还需要指出，直接插入排序的方法不仅适用于顺序表（即数组），而且适用于单链表，不过在单链表上进行直接插入排序时，不是移动记录的位置，而是修改相应的指针。

*10.2.2 希尔排序

希尔（Shell）排序又称缩小增量排序（diminishing increment sort），它是对直接插入排序的一种改进方法，是由希尔（D.L.Shell，有的书上翻译成“谢尔”）于1959年提出的。希尔排序的过程是：首先以 $d_1(0<d_1<n-1$ 为步长，把数组A中 n 个元素分为 d_1 个组，使下标距离为 d_1 的元素在同一组中，即 $A[0], A[d_1], A[2d_1], \cdots$ 为第1组，$A[1], A[1+d_1], A[1+2d_1], \cdots$ 为第2组，…，$A[d_1-1], A[2d_1-1], A[3d_1-1], \cdots$ 为最后一组（即第 d_1 组），接着在每个组内进行直接插入排序；然后再以 $d_2(d_2<d_1)$为步长，在上一步排序的基础上，把A中的 n 个元素重新分为 d_2 个组，使下标距离为 d_2 的元素在同一组中，接着再在每个组内进行直接插入排序；以此类推，直到 $d_t=1$，把所有 n 个元素看作为一组，进行直接插入排序为止。

在希尔排序中，开始步长（增量）较大，分组较多，每个组内的记录条数较少，因而记录的比较和移动次数都较少，且移动距离较远，越到后来步长越小（最后一步为1），分组越少，每个组内的记录条数也越多，但同时记录次序也越来越接近有序，因而记录的比较和移动次数也都较少。从理论上和实验上都已证明，在希尔排序中，记录的总的比较次数和总的移动次数比直接插入排序时要少得多，特别是当 n 越大时效果越明显。

对希尔排序的理论分析提出了许多困难的数学问题，特别是如何选择增量（步长）序列才能产生最快的排序效果，至今没有得到解决。希尔本人最初提出取 $d_1=\lfloor n/2\rfloor$、$d_{i+1}=\lfloor d_i/2\rfloor$、$d_t=1$，其中 $1\leq i\leq t-1$，$t=\lfloor \text{lb}n\rfloor$；后来有人提出取 $d_1=\lfloor n/3\rfloor$、$d_{i+1}=\lfloor d_i/3\rfloor$、$d_t=1$，其中 $1\leq i\leq t-1$，$t=\lfloor \log_3 n\rfloor$ 等。一般选取增量序列的规则是：取 d_{i+1} 在$\lfloor d_i/3\rfloor\sim\lfloor d_i/2\rfloor$之间，其中 $0\leq i\leq t-1$，$d_t=1$，并假定 $d_0=n$；同时要使得增量序列中的每两个或多个值之间没有除1之外的公因子。若按照这种规则选取增量序列，希尔排序的时间复杂度在 $O(n\text{lb}n)$和 $O(n^2)$之间。

若有10个待排序元素的排序码为：

(36，25，48，12，65，$\underline{25}$，43，58，76，32)

若按 $d_{i+1}=\lfloor d_i/2\rfloor$，选取增量序列，则取 $d_1=5$、$d_2=2$ 和 $d_3=1$。如图10-1所示给出了取每一增量时所得到的排序结果。首先 $d_1=5$，把10个元素分为5组，每组均有两个元素，对每一组分别进行直接插入排序；接着 $d_2=2$，在上一步分组排序结果的基础上，重新把10个元素分为2组，每组均有5个元素，其中下标为偶数的元素为一组，下标为奇数的元素为另一组，对每一组再分别进行直接插入排序；最后 $d_3=1$，在 $d_2=2$ 分组排序结果的基础上，把所有10个元素看作为一组进行直接插入排序，得到的结果就是希尔排序的最后结果。

希尔排序是不稳定的，如图10-1所示。

希尔排序的算法描述如下，按 $d_{i+1}=\lfloor d_i/2\rfloor$选择增量序列，直到最后一个增量值为1止。

```
void ShellSort(ElemType A[], int n)
{      //利用希尔排序的方法对数组A中的n的元素进行排序
   ElemType x;
```

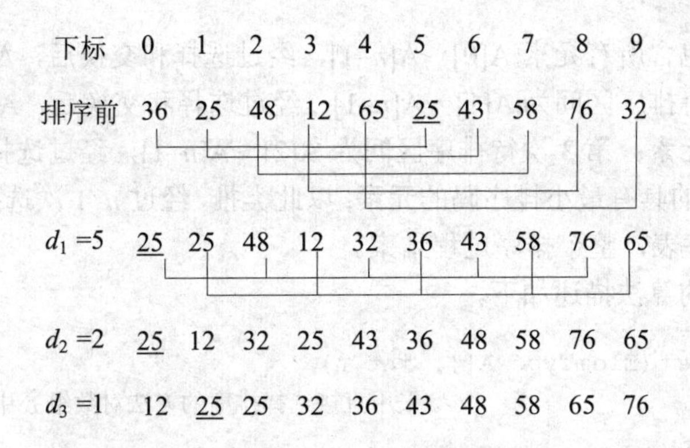

图 10-1　希尔排序的过程示例

```
    int i,j,d;
    for(d=n/2; d>=1; d/=2)
    {                                     //按不同分量进行排序
        for(i=d; i<n; i++)
        {                                 //将 A[i]元素直接插入到对应分组的有序表中
            x=A[i];
            for(j=i-d; j>=0; j-=d)
            {                             //在组内向前顺序进行比较和移动
                if(x.stn<A[j].stn) A[j+d]=A[j];
                else break;               //查找到合适位置就退出 j 循环
            }
            A[j+d]=x;                     //将 A[i]的值放入到合适位置
        }
    }
}
```

虽然希尔排序的算法是三重循环，但只有中间 for 循环是 n 数量级的，外 for 循环为 lb$n$ 数量级，内 for 循环也远远低于 n 数量级，因为当分组较多时，组内元素较少，所以此循环的次数就较少，当分组逐渐减少时，组内元素也逐渐增多，但由于记录也逐渐接近有序，所以循环次数不会随之增加。总之，希尔排序的时间复杂度在 $O(n\text{lb}n)$和 $O(n^2)$之间，大致为 $O(n\sqrt{n})$。

10.3　选择排序

选择排序主要包括直接选择排序和堆排序两种。

10.3.1　直接选择排序

直接选择排序（straight select sorting）是一种简单的排序方法。它每次从待排序的区间中选择出具有最小排序码的元素，把该元素与该区间的第 1 个元素交换位置。第 1 次（即开始）待排序区间包含所有元素 A[0]～A[n–1]，经过选择和交换后，A[0]为具有最小排序码的元素；第 2 次待排序区间为 A[1]～A[n–1]，经过选择和交换后，A[1]为仅次于 A[0]的具有最小排序码的元素；第 3 次待排序区间为 A[2]～A[n–1]，经过选择和交换后，A[2]为仅次于 A[0]和 A[1]的具有最小排序码的元素；以此类推，经过 n–1 次选择和交换后，A[0]～A[n–1]就成为了有序表，整个排序过程结束。

直接选择排序的算法描述如下。

```
void SelectSort(ElemType A[], int n)
{                               //采用直接选择排序的方法对数组 A 中的 n 的元素排序
    ElemType x;
    int i,j,k;
    for(i=1; i<=n-1; i++) {     //i 表示次数,共进行 n-1 次选择和交换
        k=i-1;                  //用 k 保存当前最小排序码元素的下标,初值为 i-1
        for(j=i; j<=n-1; j++)
        {                //从当前排序区间中顺序查找出具有最小排序码的元素 A[k]
            if(A[j].stn<A[k].stn) k=j;
        }
        if(k!=i-1)
        {                //把 A[k]对调到该排序区间的第 1 个位置,即 i-1 位置
            x=A[i-1]; A[i-1]=A[k]; A[k]=x;
        }
    }
}
```

在直接选择排序中，共需要进行 n–1 次选择和交换，每次选择需要比较 n–i 次，其中 $1 \le i \le n-1$，每次交换最多需移动 3 次记录，故

总比较次数 $$C=\sum_{i=1}^{n-1}(n-i)=\frac{1}{2}(n^2-n)$$

总移动次数（即最大值） $$M=\sum_{i=1}^{n-1}3=3(n-1)$$

可见，直接选择排序的时间复杂度为 $O(n^2)$，但由于它移动记录的总次数为 $O(n)$数量级，所以当记录占用的字节数较多时通常比直接插入排序的执行速度要快一些。

由于在直接选择排序中存在着不相邻元素之间的互换，因而可能会改变具有相同排序码元素的前后位置，所以此方法是不稳定的。

10.3.2 堆排序

堆排序（heap sorting）是利用堆的特性进行排序的过程。堆排序包括构成初始堆和利用堆排序这两个阶段。堆分为小根堆和大根堆两种，在堆排序中需要按大根堆进行讨论。

构成初始堆就是把待排序的元素序列$\{R_0, R_1, \cdots, R_{n-1}\}$，按照堆的定义调整为堆$\{R'_0, R'_1, \mathrm{L}\ , R'_{n-1}\}$，其中对应的排序码$S'_i \ge S'_{2i+1}$和$S'_i \ge S'_{2i+2}$，$0 \le i \le \lfloor n/2 \rfloor -1$。为此需从对

应的完全二叉树中编号最大的分支结点（即编号为$\lfloor n/2 \rfloor-1$ 的结点）起，至整个树根结点（即编号为0的结点）止，依次对每个分支结点进行“筛”运算，以便形成以每个分支结点为根的堆，当最后对树根结点进行筛运算后，整个树就构成了一个初始堆。

下面讨论如何对每个分支结点$R_i(0 \le i \le \lfloor n/2 \rfloor-1)$进行筛运算，以便构成以$R_i$为根的堆。因为，当对$R_i$进行筛运算时，比它编号大的分支结点都已进行过筛运算，即已形成了以各个分支结点为根的堆，其中包括以R_i的左、右孩子结点R_{2i+1}和R_{2i+2}为根的堆，当然若孩子结点为叶子结点，则认为叶子结点自然成为一个堆。所以，对R_i进行筛运算是在其左、右子树均为堆的基础上实现的。

对R_i进行筛运算的过程可叙述为：首先把R_i的排序码S_i与两个孩子中排序码较大者S_j (j =2i+1 或 2i+2)进行比较，若$S_i \ge S_j$，则以S_i为根的子树成为堆，筛运算完毕，否则R_i与R_j互换位置，互换后可能破坏以R_j（此时的R_j的值为原来的R_i的值）为根的堆，接着再把R_j与它的两个孩子中排序码较大者进行比较，以此类推，直到父结点的排序码大于等于孩子结点中较大的排序码或者孩子结点为空时止。这样，以R_i为根的子树就被调整为一个堆。在对R_i进行的筛运算中，若它的排序码较小，则会被逐层下移，就像过筛子一样，小的被漏下去，大的被留下，所以把构成堆的过程形象地称为筛运算。

如图10-2所示为对待排序元素的排序码序列（45, 36, 18, 53, 72, 30, 48, 93, 15, <u>36</u>）构成初始堆的全过程。因结点数n=10，所以从编号为4的结点起至树根结点止，依次对每个结点进行筛运算。图10-2（a）所示为按照原始排序码序列所构成的完全二叉树，图10-2（b）～图10-2（f）为依次对每个分支结点进行筛运算后所得到的结果，其中图10-2（f）所示为最后构成的初始堆。

若待排序的n个元素存放于一维数组A中，以A[i+1]～A[n–1]的每一个元素为根的子树均已成为堆，则对A[i]进行筛运算使以A[i]为根的子树成为堆的算法描述如下。

```
void Sift(ElemType A[], int n, int i)
{      //对A[n]数组中的A[i]元素进行筛运算,形成以A[i]为根的堆
    ElemType x=A[i];       //把待筛结点的值暂存于x中
    int j;
    j=2*i+1;               //A[j]是A[i]的左孩子
    while(j<=n-1) {        //当A[i]的左孩子不为空时执行循环
      //若右孩子的排序码较大,则把j修改为右孩子的下标
        if(j<n-1 && A[j].stn<A[j+1].stn) j++;
      //将A[j]调到双亲位置上,修改i和j的值,以便继续向下筛
        if(x.stn<A[j].stn) {
            A[i]=A[j]; i=j; j=2*i+1;
        }
      //查找到x的最终位置,终止循环
        else break;
    }
    A[i]=x;                //被筛结点的值放入最终位置
}
```

根据堆的定义和上面建堆的过程可以知道，编号为0的结点A[0]（即堆顶）是堆中n

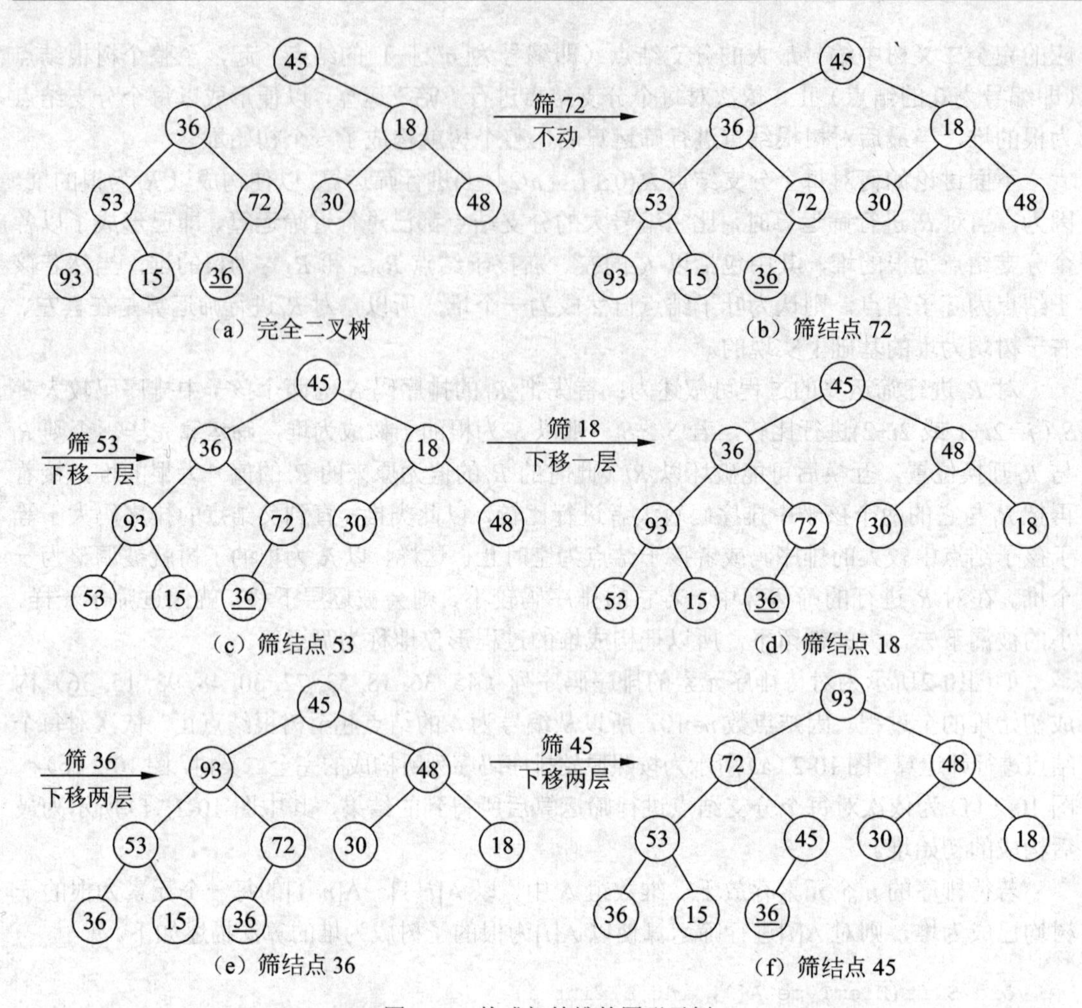

图 10-2 构成初始堆的图形示例

个结点中排序码最大的结点。所以利用堆排序的过程比较简单，首先把 A[0]与 A[n–1]对换，使 A[n–1]为排序码最大的结点，接着对 A[0]（即对调前的 A[n–1]）在前 n–1 个结点中进行筛运算，又得到 A[0]为当前区间 A[0]～A[n–2]内具有最大排序码的结点，再接着把 A[0]同当前区间内的最后一个结点 A[n–2]对换，使 A[n–2]为次最大排序码结点，这样经过 n–1 次对换和筛运算后，所有结点成为有序，排序结束。

若在图10-2（f）已构成堆的基础上进行堆排序，则前 3 次对换和筛运算的过程如图 10-3 所示，剩余 6 次对换和筛运算的过程请读者自行完成。

堆排序的算法描述如下。

```
void HeapSort(ElemType A[],int n)
{                                    //利用堆排序的方法对数组 A 中的 n 个元素进行排序
    ElemType x;
    int i;
    for(i=n/2-1; i>=0; i--) Sift(A,n,i);         //建立初始堆
    for(i=1; i<=n-1;i++) {                       //进行 n-1 次循环,完成堆排序
      //将树根结点的值同当前区间内最后一个结点的值对换
```

```
        x=A[0]; A[0]=A[n-i]; A[n-i]=x;
      //筛A[0]结点,得到n-i个结点的堆
        Sift(A,n-i,0);
    }
}
```

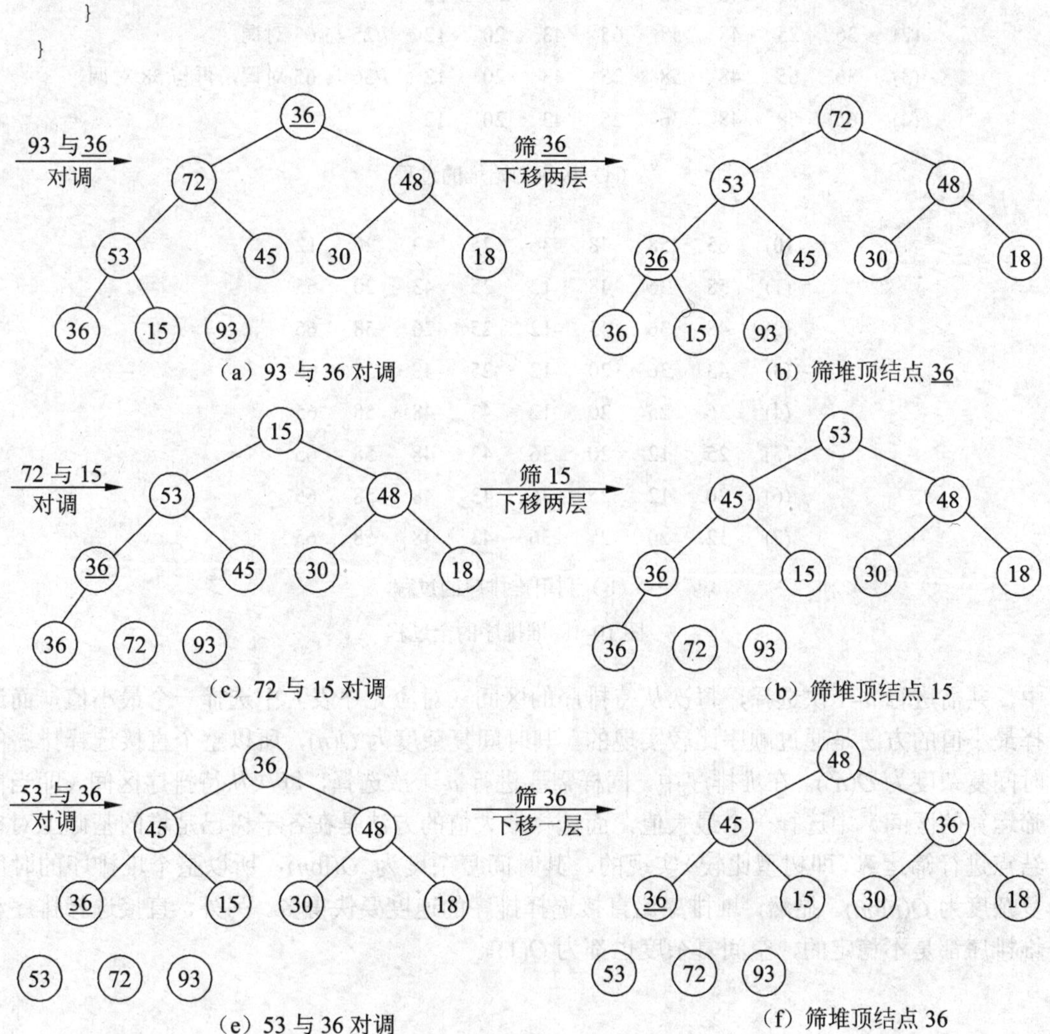

图10-3 利用堆排序的图形示例

假定 n=8，数组A中8个元素的排序码为（36,25,48,12,65,43,20,58），如图10-4（a）和图10-4（b）所示分别为在构成初始堆和利用堆排序的过程中，每次筛运算后数组A中各元素排序码变动的情况。

在整个堆排序中，共需要进行 $n+\lfloor n/2\rfloor-1$ 次（约 $3n/2$ 次）筛运算，每次筛运算进行父子或兄弟结点的排序码的比较次数和记录的移动次数都不会超过完全二叉树的高度，所以每次筛运算的时间复杂度为 $O(\mathrm{lb}n)$，故整个堆排序过程的时间复杂度为 $O(n\mathrm{lb}n)$。另外，由于在堆排序中需要进行不相邻位置间元素的移动和交换，所以它也是一种不稳定的排序方法。

直接选择排序和堆排序都属于选择排序，下面比较一下它们的差别。在直接选择排序

下标	0	1	2	3	4	5	6	7	
(0)	36	25	48	12	65	43	20	58	//12 与 58 对调
(1)	36	25	48	58	65	43	20	12	
(2)	36	25	48	58	65	43	20	12	//25 与 65 对调
(3)	36	65	48	58	25	43	20	12	//36 与 65 对调，再与 58 对调
(4)	65	58	48	36	25	43	20	12	

（a）构成初始堆的过程

(0)	65	58	48	36	25	43	20	12
(1)	58	36	48	12	25	43	20	65
(2)	48	36	43	12	25	20	58	65
(3)	43	36	20	12	25	48	58	65
(4)	36	25	20	12	43	48	58	65
(5)	25	12	20	36	43	48	58	65
(6)	20	12	25	36	43	48	58	65
(7)	12	20	25	36	43	48	58	65

（b）利用堆排序的过程

图 10-4　堆排序的全过程

中，共需进行 $n-1$ 次选择，每次从待排序的区间（对应无序表）中选择一个最小值，而选择最小值的方法是通过顺序比较实现的，其时间复杂度为 $O(n)$，所以整个直接选择排序的时间复杂度为 $O(n^2)$。在堆排序中，同样需要进行 $n-1$ 次选择，每次从待排序区间（即当前筛运算的区间）中选择一个最大值，而选择最大值的方法是在各子树已是堆的基础上对根结点进行筛运算（即树型比较）实现的，其时间复杂度为 $O(\text{lb}n)$，所以整个堆排序的时间复杂度为 $O(n\text{lb}n)$。显然，堆排序比直接选择排序的速度要快得多。另外，直接选择排序和堆排序都是不稳定的，空间复杂度也都为 $O(1)$。

10.4　交换排序

交换排序包括气泡排序和快速排序两种。

10.4.1　气泡排序

气泡排序（bubble sorting）又称冒泡排序，它也是一种简单的排序方法。其基本思想是通过相邻元素之间的比较和交换使排序码较小的元素逐渐从底部移向顶部，即从下标较大的单元移向下标较小的单元，就像水底下的气泡一样逐渐向上冒。当然，随着排序码较小的元素逐渐上移，排序码较大的元素也逐渐下移。气泡排序过程可具体叙述为：首先将 A[$n-1$]元素的排序码同 A[$n-2$]元素的排序码进行比较，若 A[$n-1$].stn<A[$n-2$].stn，则交换两

元素的位置，使轻者（即排序码较小的元素）上浮，重者（即排序码较大的元素）下沉，接着比较 A[n–2]同 A[n–3]元素的排序码，同样使轻者上浮，重者下沉，以此类推，直到比较 A[1]同 A[0]元素的排序码，并使轻者上浮重者下沉后，第 1 趟排序结束，此时 A[0]为具有最小排序码的元素；然后在 A[n–1]～A[1]排序区间内进行第 2 趟排序，使次最小排序码的元素被上浮到第 1 单元中；重复进行 n–1 趟后，整个气泡排序结束。

例如，有 8 个元素的排序码为（36,25,48,12,65,43,20,58），如图 10-5 所示为进行气泡排序的过程，其中中括号为下一趟排序的区间，中括号前面的一个排序码为本趟排序上浮出来的最小排序码，箭头表示在本趟排序中较小排序码最终上浮的位置。在此过程中，从第 4 趟排序起，没有出现排序码的交换，表明元素已经有序，以后各趟的排序无须进行。

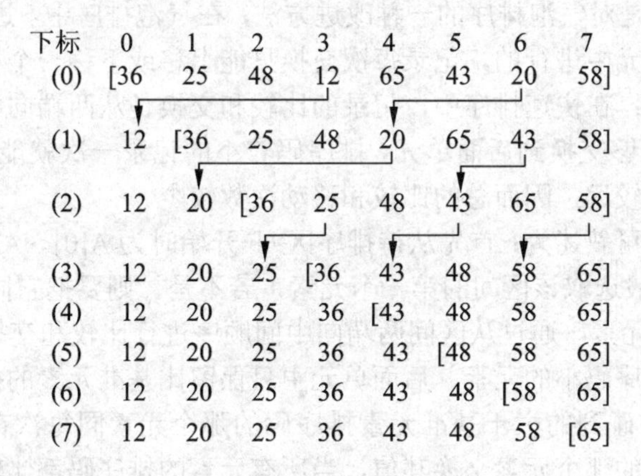

图 10-5 气泡排序的过程示例

气泡排序的算法描述如下。

```
void BubbleSort(ElemType A[], int n)
{         //采用气泡排序的方法对数组 A 中的 n 的元素排序
    ElemType x;
    int i,j,flag;
    for(i=1; i<=n-1;i++) {              //i 表示趟数,最多进行 n-1 趟
        flag=0;                         //flag 表示每一趟是否有交换
        for(j=n-1; j>=i; j--)           //进行第 i 趟排序
            if(A[j].stn<A[j-1].stn) {
                x=A[j-1]; A[j-1]=A[j]; A[j]=x;
                flag=1;                 //置 1 表示有交换
            }
        if(flag==0) return;             //进行一趟后若无交换则排序完成应返回
    }
}
```

从气泡排序算法可以看出，若待排序元素为有序（即正序，最好情况），则只需进行一趟排序，其记录（元素）的比较次数为 n–1 次，且不移动记录；反之，若待排序元素为逆序（最坏情况），则需进行 n–1 趟排序，其比较次数为 $\sum_{i=1}^{n-1}(n-i)=\frac{1}{2}(n^2-n)$ 次，移动次数为

$\sum_{i=1}^{n-1}3(n-i)=\frac{3}{2}(n^2-n)$次，因为每次交换需移动3次记录；在平均情况下，比较和移动记录的总次数大约为最坏情况下的一半。因此，气泡排序算法的时间复杂度为$O(n^2)$。由于气泡排序通常比直接插入排序和直接选择排序需要移动较多次数的记录，所以它是3种简单排序方法中速度最慢的一个。另外，气泡排序是稳定的。

10.4.2　快速排序

快速排序（quick sorting）又称划分排序。顾名思义，它是目前所有排序方法中速度最快的一种。快速排序是对气泡排序的一种改进方法，在气泡排序中，进行元素（记录）的比较和交换是在相邻单元中进行的，记录每次交换只能上移或下移一个相邻位置，因而总的比较和移动次数较多；在快速排序中，记录的比较和交换是从两端向中间进行的，排序码较大的记录一次就能够交换到后面单元，排序码较小的记录一次就能够交换到前面单元，记录每次移动的距离较远，因而总的比较和移动次数较少。

快速排序的过程可叙述为：首先从待排序区间（开始时为A[0]～A[n–1]）中选取一个元素（为方便起见，一般选取该区间的第一个元素，若不是，则要把它同第1个元素交换其值）作为比较的基准元素，通过从区间两端向中间顺序进行比较和交换，使前面单元中只保留比基准元素的排序码小的元素，后面单元中只保留比基准元素的排序码大的元素，而把每次在前面单元中碰到的大于基准元素排序码的那个元素同每次在后面单元中碰到的小于基准元素排序码的那个元素交换其值，当所有元素的排序码都比较过一遍后，把基准元素交换到前后两部分单元的交界处，这样，前面单元中所有元素的排序码均小于等于基准元素的排序码，后面单元中所有元素的排序码均大于等于基准元素的排序码，基准元素的当前位置就是排序后的最终位置，然后再对基准元素的前后两个子区间分别进行快速排序，即重复上述过程，当一个区间为空或只包含一个元素时，就结束该区间上的快速排序过程。

在快速排序中，把待排序区间按照第1个元素（即基准元素）的排序码分为前后（或称左右）两个子区间的过程叫做一次划分。设待排序区间为A[s]～A[t]，其中s为区间下限，t为区间上限，$s<t$，A[s]为该区间的基准元素，为了实现一次划分，首先让i从s+1开始，依次向后取值，并使每一元素A[i]的排序码同x的排序码（x暂存基准元素A[s]的值）进行比较，当碰到A[i].stn大于x.stn或者i大于j时止，再让j从t开始，依次向前取值，并使每一元素A[j]的排序码同x的排序码进行比较，当碰到A[j].stn小于x.stn或者j小于i时止，若i小于j则交换A[i]与A[j]的值，再接着让i继续向后取值，让j继续向前取值，继续从两边向中间比较，直到i大于j为止，此时i等于j加1，而A[s]～A[j]元素的排序码必然小于等于基准元素A[s]的排序码，A[j+1]～A[t]元素的排序码必然大于等于基准元素A[s]的排序码，把A[s]同A[j]交换其值后，就完成了一次划分，得到了前后两个子区间，分别为A[s]～A[j–1]和A[j+1]～A[t]，其中前一区间元素的排序码均小于等于基准元素的排序码，后一区间元素的排序码均大于等于基准元素的排序码。

例如，设待排序的区间为A[0]～A[9]，10个元素的排序码序列为：

(45, 53, 18, 36, 72, 30, 48, 93, 15, 36)

按照 A[0]元素的排序码 45 进行一次划分的过程，如图 10-6 所示。

```
 0   1   2   3   4   5   6   7   8   9
[45  53  18  36  72  30  48  93  15  36]     移动比较
     ↑i                              ↑j
[45  36  18  36  72  30  48  93  15  53]     交换位置
     ↑i                              ↑j
[45  36  18  36  72  30  48  93  15  53]     移动比较
                 ↑i              ↑j
[45  36  18  36  15  30  48  93  72  53]     交换位置
                 ↑i              ↑j
[45  36  18  36  15  30  48  93  72  53]     移动比较
                     ↑j  ↑i
[30  36  18  36  15  45  48  93  72  53]     交换 A[s]与 A[j]
                     ↑j  ↑i
[30  36  18  36  15] 45 [48  93  72  53]     完成一次划分
```

图 10-6　在快速排序中进行一次划分的过程示例

根据以上分析，编写出快速排序的递归算法如下。

```
void QuickSort(ElemType A[], int s, int t)
{                                   //采用快速排序方法对数组 A 中 A[s]～A[t]区间进行排序
                                    //开始进行非递归调用时 s 和 t 的初值应分别为 0 和 n-1
  //对当前排序区间进行一次划分
    int i=s+1, j=t;                 //给 i 和 j 赋初值
    ElemType x=A[s];                //把基准元素的值暂存 x 中
    while(i<=j) {
        while(A[i].stn<=x.stn && i<=j) i++;         //从前向后顺序比较
        while(A[j].stn>=x.stn && j>=i) j--;         //从后向前顺序比较
        if(i<j) {                   //当条件成立时交换 A[i]和 A[j]的值
            ElemType temp=A[i]; A[i]=A[j]; A[j]=temp;
            i++; j--;
        }
    }
  //交换 A[s]和 A[j]的值,得到前后两个子区间 A[s]～A[j-1]和 A[j+1]～A[t]
    if(s!=j) {A[s]=A[j]; A[j]=x;}
  //在当前左区间内超过一个元素的情况下递归处理左区间
    if(s<j-1) QuickSort(A,s,j-1);
  //在当前右区间内超过一个元素的情况下递归处理右区间
    if(j+1<t) QuickSort(A,j+1,t);
}
```

以图 10-6 所示第 1 行元素的排序码为例，如图 10-7 所示为在调用快速排序算法的过程中，对每个区间划分后排序码（代表各自元素）的排列情况，其中加重括号区间为当前待

排序区间。

```
[45   53   18   36   72   30   48   93   15   36]
[30   36   18   36   15]  45  [48   93   72   53]
[18   15]  30  [36   36]  45  [48   93   72   53]
 15   18   30  [36   36]  45  [48   93   72   53]
 15   18   30   36   36   45  [48   93   72   53]
 15   18   30   36   36   45   48  [93   72   53]
 15   18   30   36   36   45   48  [53   72]  93
 15   18   30   36   36   45   48   53   72   93
```

图 10-7　快速排序的过程示例

因为在快速排序方法中存在着不相邻元素之间的交换，所以快速排序也是一种不稳定的排序方法。

在快速排序中，若把每次划分所用的基准元素看作为根结点，把划分得到的左区间和右区间看作为根结点的左子树和右子树，那么整个排序过程就对应着一棵具有 n 个元素的二叉搜索树，所需划分的层数就等于对应二叉搜索树的高度减 1，所需划分的所有区间数（它包括开始非递归调用使用的区间和每次递归调用所使用的区间的总和）就等于对应二叉搜索树中分支结点数。图 10-7 的快速排序过程所对应的二叉搜索树，如图 10-8（a）所示。该树的高度为 5，分支结点数为 7，所以该排序过程需要进行 4 层划分，共包含有 7 个划分区间，其中每层包含的划分区间数依次为 1、2、3 和 1。

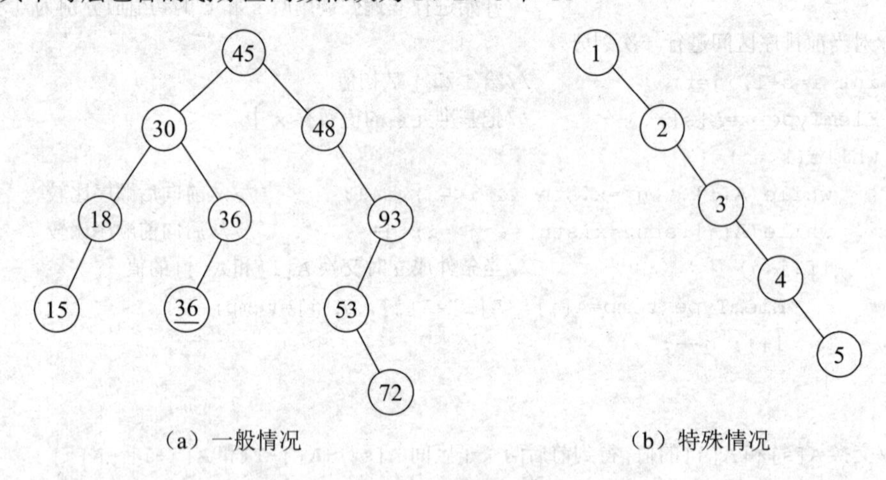

（a）一般情况　　（b）特殊情况

图 10-8　快速排序示例所对应的二叉搜索树

在快速排序中，记录的移动次数通常小于记录的比较次数，因为只有当记录出现逆序（即 A[i].stn>A[s].stn 或 A[j].stn<A[s].stn）时才需要把 A[i]同 A[j]交换其值，即移动记录。因此，讨论快速排序算法的时间复杂度只要按它的比较次数讨论即可。为了讨论方便，假定由快速排序过程得到的二叉搜索树是一棵理想平衡树。在理想平衡树中，结点数 n 同高度 h 的关系为 $\mathrm{lb}n<h\le\mathrm{lb}n+1$，且前 $h-1$ 层都是满的，最后一层为叶子结点。由快速排序算法可知，进行每一层所有区间的划分时，需要比较记录的总次数小于等于 n 次，所以快速

排序过程中比较记录的总次数 C 小于等于 $n\times(h-1)$，因 $h-1\le \text{lb}n$，故总次数 $C\le n\times \text{lb}n$。

由以上分析可知，在快速排序过程得到的是一棵理想平衡树的情况下，其算法的时间复杂度为 $O(n\text{lb}n)$。当然这是最好的情况，在一般情况下，由快速排序得到的是一棵随机的二叉搜索树，树的具体结构与每次划分时选取的基准元素有关。理论上已经证明，在平均情况下，快速排序的比较次数是最好情况下的 2ln2 倍，约 1.39 倍。所以在平均情况下快速排序算法的时间复杂度仍为 $O(n\text{lb}n)$，并且系数比其他同数量级的排序方法要小。大量的实验结果已经证明：当 n 较大时，它是目前为止在平均情况下速度最快的一种排序方法。另外，在平均和最好情况下快速排序算法的空间复杂度为 $O(\text{lb}n)$，显然它比前面讨论过的所有排序方法要多占用一些辅助存储空间。

快速排序的最坏情况是得到的二叉搜索树为一棵单支树，如待排序区间上的记录已为正序或逆序时就是如此，图 8-8（b）给出了对为正序的 5 个元素（1,2,3,4,5）时的情况。在这种情况下共需要进行 n–1 层，同时也是 n–1 次划分，每次划分得到一个子区间为空，另一个子区间包含有 $n-i$ 个记录，i 代表层数，取值范围为 $1\le i\le n-1$，每层划分需要比较（$n-i+1$）次，所以总的比较次数为 $\sum_{i=1}^{n-1}(n-i+1)=\frac{1}{2}(n^2+n-2)$，即时间复杂度为 $O(n^2)$。在这种情况下需要递归处理 $n-1$ 次（含第 0 次递归调用），所以其空间复杂度为 $O(n)$。换言之，在最坏情况下，快速排序就退化为像简单排序方法那样的“慢速”排序了，而且比简单排序还要多占用一个具有 n 个单元的栈空间，从而使快速排序成为最差的排序方法。

为了避免快速排序最差的情况发生，一是若事先知道待排序的记录已基本有序（包括正序和逆序），则采用其他排序方法，而不要采用快速排序方法；二是修改上面的快速排序算法，使得在每次划分之前比较当前区间的第 1 个元素、最后一个元素和中间一个元素的排序码，取排序码居中的一个元素作为基准元素并调换到第 1 个元素位置。

10.5 归并排序

在讨论归并排序之前，首先给出归并的概念。**归并**（merge）就是将两个或多个有序表合并成一个有序表的过程。若将两个有序表合并成一个有序表则称为**二路归并**，同理，有三路归并、四路归并等。二路归并最为简单和常用，既适应于内排序，也适应于外排序，所以本节只讨论二路归并。例如有两个有序表（7,12,15,20）和（4,8,10,17），归并后得到的有序表为（4,7,8,10,12,15,17,20）。以后若不特别指明，所提的归并均指二路归并。

二路归并算法很简单，假定待归并的两个有序表分别存于数组 A 中从下标 s 到下标 m 的单元和从下标 m+1 到下标 t 的单元（$s\le m$，$m+1\le t$），结果有序表存于数组 R 中从下标 s 到下标 t 的单元，并令 i、j、k 分别指向这些有序表的第 1 个单元。归并过程为：比较 A[i].stn 和 A[j].stn 的大小，若 A[i].stn ≤ A[j].stn，则将第 1 个有序表中的元素 A[i]复制到 R[k]中，并令 i 和 k 分别加 1，使之分别指向后一单元（位置），否则将第 2 个有序表中的元素 A[j]复制到 R[k]中，并令 j 和 k 分别加 1；如此循环下去，直到其中的一个有序表比较和复制完，然后再将另一个有序表中剩余的元素复制到 R 中从下标 k 到下标 t 的单元。

二路归并算法描述如下。

```
void TwoMerge(ElemType A[], ElemType R[], int s, int m, int t)
{       //把A数组中两个相邻的有序表A[s]～A[m]和A[m+1]～A[t]
        //归并为R数组中对应位置上的一个有序表R[s]～R[t]
    int i,j,k;
    i=s; j=m+1; k=s;   //分别给指示每个有序表元素位置的指针赋初值
  //两个有序表中同时存在未归并元素时的处理过程
    while(i<=m && j<=t)
        if(A[i].stn<=A[j].stn) {
            R[k]=A[i]; i++; k++;
        }
        else {
            R[k]=A[j]; j++; k++;
        }
  //对第一个有序表中存在的未归并元素进行处理
    while(i<=m) {
        R[k]=A[i]; i++; k++;
    }
  //对第二个有序表中存在的未归并元素进行处理
    while(j<=t) {
        R[k]=A[j]; j++; k++;
    }
}
```

归并排序（merge sorting）就是利用归并操作把一个无序表排列成一个有序表的过程。若利用二路归并操作则称为**二路归并排序**。二路归并排序的过程是：首先把待排序区间（即无序表）中的每一个元素都看作一个有序表，则 n 个元素构成 n 个有序表，接着两两归并，即第 1 个表同第 2 个表归并，第 3 个表同第 4 个表归并……若最后只剩下一个表，则直接进入下一趟归并，这样就得到了$\lceil n/2 \rceil$个长度为 2（最后一个表的长度可能小于 2）的有序表，称此为一趟归并；然后再两两有序表归并，得到$\lceil \lceil n/2 \rceil /2 \rceil$个长度为 4（最后一个表的长度可能小于 4）的有序表；如此进行下去，直到归并第$\lceil \mathrm{lb}n \rceil$趟后得到一个长度为 n 的有序表为止。

例如，有 10 个元素的排序码为：

(45, 53, 18, 36, 72, 30, 48, 93, 15, 36)

则进行二路归并排序的过程，如图 10-9 所示。

```
(0) [45]  [53]  [18]  [36]  [72]  [30]  [48]  [93]  [15]  [36]
(1) [45    53]  [18    36]  [30    72]  [48    93]  [15    36]
(2) [18    36    45    53]  [30    48    72    93]  [15    36]
(3) [18    30    36    45    48    53    72    93]  [15    36]
(4) [15    18    30    36    36    45    48    53    72    93]
```

图 10-9　二路归并排序的过程示例

要给出二路归并的排序算法，首先要给出一趟归并排序的算法。设数组 A[n]中每个有序表的长度为 len（但最后一个表的长度可能小于 len），进行两两归并后的结果存于数组 R[n]中。进行一趟归并排序时，对于 A 中可能除最后一个（当 A 中有序表个数为奇数时）或两个（当 A 中有序表个数为偶数，但最后一个表的长度小于 len 时）有序表，共剩有偶数个长度为 len 的有序表，由前到后对每两个假定从下标 p 单元开始的有序表调用。

TwoMerge(A,R,p,p+len–1,p+2*len–1)过程即可完成归并；对可能剩下的最后两个有序表(后一个长度小于 len，否则不会剩下)，假定是从下标 p 单元开始的，则调用 TwoMerge(A,R,p,p+len–1,n–1)过程即可完成归并；对可能剩下的最后一个有序表(其长度小于等于 len)，则把它直接复制到 R 中对应区间。至此，一趟归并完成。

进行一趟二路归并的算法描述如下。

```
void MergePass(ElemType A[], ElemType R[], int n, int len)
{         //把数组 A[n]中每个长度为 len 的有序表两两归并到数组 R[n]中
   int p=0;                    //p 为每一对待合并表的第一个元素的下标,初值为 0
   while(p+2*len-1<=n-1) {  //两两归并长度均为 len 的有序表
      TwoMerge(A,R,p,p+len-1,p+2*len-1);
      p+=2*len;
   }
   if(p+len-1<n-1)            //归并最后两个长度不等的有序表
      TwoMerge(A,R,p,p+len-1,n-1);
   else
      for(int i=p; i<=n-1; i++)
         R[i]=A[i];            //把剩下的最后一个有序表复制到 R 中
}
```

二路归并排序的过程需要进行$\lceil \mathrm{lb}n \rceil$趟，第 1 趟 len 等于 1，以后每进行一趟将 len 加倍。设待排序的 n 个记录保存在数组 A[n]中，归并过程中使用的辅助数组为 R[n]，第 1 趟由 A 归并到 R，第 2 趟由 R 归并到 A；如此反复进行，直到 n 个记录成为一个有序表为止。

在归并过程中，为了将最后的排序结果仍置于数组 A 中，需要进行的趟数为偶数，如果实际只需奇数趟（即$\lceil \mathrm{lb}n \rceil$为奇数）完成，那么最后还要进行一趟，正好此时 R 中的 n 个有序元素为一个长度不大于 len（此时 len$\geq n$）的表，将会被直接复制到 A 中。

二路归并排序的算法描述如下。

```
void MergeSort(ElemType A[], int n)
{    //采用归并排序的方法对数组 A 中的 n 个记录进行排序
   ElemType* R=new ElemType[n];     //定义长度为 n 的辅助数组 R
   int len=1;                       //从有序表长度为 1 开始
   while(len<n) {
   //从 A 归并到 R 中,得到每个有序表的长度为 2*len
      MergePass(A,R,n,len);
   //修改 len 的值为 R 中的每个有序表的长度
      len*=2;
   //从 R 归并到 A 中,得到每个有序表的长度为 2*len
      MergePass(R,A,n,len);
   //修改 len 的值为 A 中的每个有序表的长度
```

```
        len*=2;
    }
    delete [] R;  //释放R数组所占用的动态存储空间
}
```

二路归并排序的时间复杂度等于归并趟数与每一趟时间复杂度的乘积。归并趟数为$\lceil \mathrm{lb}n \rceil$（当$\lceil \mathrm{lb}n \rceil$为奇数时，则为$\lceil \mathrm{lb}n \rceil+1$）。因为每一趟归并就是将两两有序表归并，而每一对有序表归并时，记录的比较次数均小于等于记录的移动次数（即由一个数组复制到另一个数组中的记录个数），而记录的移动次数等于这一对有序表的长度之和，所以每一趟归并的移动次数均等于数组中记录的个数 n，即每一趟归并的时间复杂度为 $O(n)$。因此，二路归并排序的时间复杂度为 $O(n\mathrm{lb}n)$。

二路归并排序时需要利用同待排序数组一样大小的一个辅助数组，所以其空间复杂度为 $O(n)$。显然它高于前面所有排序算法的空间复杂度。

二路归并排序是稳定的，因为在每两个有序表归并时，若分别在两个有序表中出现有相同排序码的元素，TwoMerge 算法能够使前一有序表中同一排序码的元素先被复制，后一有序表中同一排序码的元素后被复制，从而确保它们的相对次序不会改变。

*10.6 各种内排序方法的比较

各种内排序方法之间的比较，主要从时间复杂度、空间复杂度、稳定性、算法简单性、待排序记录数 n 的大小和记录本身信息量的大小等方面综合考虑。

下面先从每个方面进行比较和分析，然后再给出综合结论。

1. 时间复杂度

从时间复杂度看，直接插入排序、直接选择排序和气泡排序这 3 种简单排序方法属于一类，其时间复杂度为 $O(n^2)$；堆排序、快速排序和归并排序这 3 种排序方法属于第 2 类，其时间复杂度为 $O(n\mathrm{lb}n)$；希尔排序介于这两者之间。这种分类只是就平均情况而言，若从最好情况考虑，则直接插入排序和气泡排序的时间复杂度最好，为 $O(n)$，其他算法的最好情况同相应的平均情况相同。若从最坏情况考虑，则快速排序的时间复杂度为 $O(n^2)$，直接插入排序、希尔排序和气泡排序虽然同相应的平均情况下相同，但系数大约增加一倍，所以运行速度将降低一半，最坏情况对直接选择排序、堆排序和归并排序影响不大。若再考虑各种排序算法的时间复杂度的系数，则在第 1 类算法中，直接插入排序的系数最小，直接选择排序次之（但它的移动次数最小），气泡排序最大，所以直接插入排序和直接选择排序比气泡排序速度快；在第 2 类算法中，快速排序的系数最小，堆排序和归并排序次之，所以快速排序比堆排序和归并排序速度快。由此可知，在最好情况下，直接插入排序和气泡排序最快；在平均情况下，快速排序最快；在最坏情况下，堆排序和归并排序最快。

2. 空间复杂度

从空间复杂度看，所有排序方法可归为 3 类，归并排序单独属于一类，其空间复杂

度为 $O(n)$；快速排序也单独属于一类，其空间复杂度为 $O(\text{lb}n)$；其他排序方法归为第3类，其空间复杂度为 $O(1)$。由此可知，第3类算法的空间复杂度最好，第2类次之，第1类最差。

3. 排序稳定性

从排序方法的稳定性看，所有排序方法可分为两类：一类是稳定的，它包括直接插入排序、气泡排序和归并排序；另一类是不稳定的，它包括希尔排序、直接选择排序、快速排序和堆排序。

4. 算法简单性

从算法简单性看，一类是简单算法，它包括直接插入排序、直接选择排序和气泡排序，这些算法都比较简单和直接，易于理解；另一类是改进后的算法，它包括希尔排序、堆排序、快速排序和归并排序（归并排序可看作对直接插入排序的另一种改进，它把记录分组排序，但分组方法同希尔排序不同，另外，它把记录的插入和移动改为向另一个数组的复制），这些算法都比较复杂。

5. 数据集中的记录数

从待排序数据集中的记录数 n 的大小看，n 越小，采用简单排序方法越合适，n 越大采用改进排序方法越合适。因为 n 越小，n^2 同 $n\text{lb}n$ 的差距越小，并且简单算法的时间复杂度的系数均小于1（除气泡排序中最坏情况外），改进算法的时间复杂度的系数均大于1，因而也使得它们的差距变小，另外，输入和调试简单算法比输入和调试改进算法要少用许多时间，若把此时间也考虑进去，当 n 较小时，选用简单算法比选用改进算法要少花时间。当 n 越大时选用改进算法的效果就越显著，因为 n 越大，n^2 和 $n\text{lb}n$ 的差距就越大。例如，当 n=1000时，$n\text{lb}n$ 只是 n^2 的约1/100。

6. 记录长度的大小

从记录本身长度的大小看，记录本身的长度越大，表明占用的存储字节数就越多，移动记录时所花费的时间就越多，所以对记录的移动次数较多的算法不利。例如，在3种简单排序算法中，直接选择排序移动记录的次数为 n 数量级，其他两种为 n^2 数量级，所以当记录本身的信息量较大时，对直接选择排序算法有利，而对其他两种算法不利。在4种改进算法中，记录本身长度（信息量）的大小，对它们的影响区别不大。

以上从6个方面对各种排序方法进行了比较和分析，那么如何在实际的排序问题中分主次地考虑它们呢？首先考虑排序对稳定性的要求，若要求稳定，则只能在稳定方法中选取，否则可以从所有方法中选取；其次要考虑待排序记录数 n 的大小，若 n 较大，则在改进方法中选取，否则在简单方法中选取；然后再考虑其他因素。

综合考虑以上6个方面所得出的大致结论如下，供读者选择内排序方法时参考。

（1）当待排序记录数 n 较大，排序码分布较随机，且对稳定性不做要求时，则采用快速排序为宜。

（2）当待排序记录数 n 较大，内存空间允许，且要求排序稳定时，则采用归并排序为宜。

（3）当待排序记录数 n 较大，排序码分布可能会出现正序或逆序的情况，且对稳定性不作要求时，则采用堆排序或归并排序为宜。

（4）当待排序记录数 n 较小，记录或基本有序或分布较随机，且要求稳定时，则采用直接插入排序为宜。

（5）当待排序记录数 n 较小，对稳定不作要求时，则采用直接选择排序为宜，若排序码不接近逆序，也可采用直接插入排序。

*10.7 外排序

10.7.1 外排序的概念

外排序就是对外存文件中的记录进行排序的过程，排序结果仍然被放到原有文件中。

外存文件排序包括磁盘文件排序和磁带文件排序两种，本节只讨论磁盘文件排序的问题。

每个磁盘文件的存储空间逻辑上是按字节从 0 开始顺序编址的。若一个文件中存放有 n 个记录，每个记录占有 b 个字节，则每个记录的首字节地址为$(i-1)\times b$，其中 $1\le i\le n$。此文件按字节计算出的大小为 $n\times b$，按记录计算出的大小为 n，通常文件的长度是指文件中所含的记录数，所以该文件的大小为 n。

当用文件流对象打开一个磁盘文件后，系统就为其分配一个文件指针，通过调用文件流类中的移动文件指针的成员函数可以使文件指针指向文件中的任何字节位置，该位置就是对文件进行信息存取操作的首字节地址。当向文件中存取一个具有 b 个字节的信息块后，其文件指针自动由原来位置向后移动 b 个字节的位置，以便用户存取下一个信息块。当然若在进行下一次文件存取前，用户把文件指针移向了其他位置，接着存取信息就会从这个新位置开始。当文件指针移动到最后一个字节位置之后时，若再从文件中读出信息，则就读到了文件的结束标记（每个文件的最后都会存在有这个结束标记），此时用于读出信息的文件流对象将返回 0。

以二进制（binary）方式打开的磁盘文件是通过 read 和 write 成员函数按信息块传送方式存取文件信息的，每个信息块通常包含一个或若干个实际记录的内容。信息块在内存中对应着一个记录对象或具有记录类型的数组对象。内存中的一个信息块可以一次写入到磁盘文件中，磁盘文件中的一个信息块也可以一次读入到内存中具有同样大小的变量或数组空间中。

外存文件同内存信息块之间的信息交换实际上是通过内存文件缓冲区实现的。当打开每个文件时，系统在内存中至少为其分配一个缓冲区，每个缓冲区的大小（即所含的字节数）为外存中一个物理记录块的大小，对于一般的计算机而言，其大小为 1KB～4KB 之间。当向文件中写入信息时，首先是把它写入到对应的文件缓冲区中，待文件缓冲区写满后，系统才一次性地把整个缓冲区的内容写入到外存上。当从文件中读出信息时，首先在该文件所对应的内存缓冲区中查找，若找到则不需要访问外存，直接从缓冲区中取出使用即可，否则访问一次外存，把包含访问信息的整个物理记录块全部读入到内存文件缓冲区中，然后再从文件缓冲区中读出使用，即读入到内存变量或数组中。

因为进行一次外存访问操作，即把一个物理信息块从磁盘读入内存或从内存写入磁盘，与在内存中传送同样大小的信息量操作相比，从时间上要高出2～3个数量级，所以在进行文件操作时要使得设计出的算法能够尽量减少访问外存的次数。因此在文件操作中要尽量读写文件中相邻位置上的信息，从而达到减少外存访问次数的目的。

对于外存磁盘文件，由于能够随机存取任何字节位置或记录位置上的信息，所以逻辑结构及操作同使用内存数组相类似，在数组上采用的各种内排序方法都能够用于外排序中，考虑到要尽量减少访问外存的次数，尽量存取相邻位置上的数据，所以在外排序中最合适使用归并排序方法。

内存归并排序在开始时是把数组中的每个元素均看作为长度为1的有序表（又称归并段），也就是说，在进行归并排序过程中，归并段的长度从1开始，依次为2, 4, 8,…，直到归并段的长度 len 大于等于待排序的记录数 n 为止。在对外存文件的归并排序中，初始归并段的长度通常不是从1开始，而是从一个确定的长度（如100）开始，这样能够有效地减少归并趟数和访问外存的次数，提高外排序速度。这要求在对磁盘文件归并排序之前首先要利用一种内排序方法，按照初始归并段确定的长度在原文件上依次建立好每个有序表，然后再调用对文件的归并排序算法完成排序。

在对磁盘文件进行二路归并排序时，有两种方法：一种是采用两个文件，交替把一个文件中的数据归并到另一个文件中，每次使归并段的长度翻番；另一种是采用4个文件，交替把两个文件中的对应有序子表（归并段）的数据归并到另两个文件中，同样每次使归并段的长度翻番。

这里采用的使用4个文件的第2种方法对磁盘文件进行二路归并排序。首先把原始数据文件 f_1 中的所有记录，依次按初始归并段的长度进行内排序，随时把排序好的每个初始归并段交替写入到两个数据文件 f_2 和 f_3 中，接着对 f_2 和 f_3 中的每两个对应位置上的归并段进行两两归并，交替写入到数据文件 f_4 和 f_5 中，同样，在把 f_4 和 f_5 中的每两个对应位置上的归并段进行两两归并，交替写入到 f_2 和 f_3 中，以此循环，每归并一趟，其归并段的长度就增加一倍，直到 f_2 中只含有一个归并段为止，此时 f_3 中也只含有一个归并段，并且该归并段可能为空，最后把 f_2 和 f_3 二路归并到原始数据文件 f_1 中即可。

例如，f_1 中含有105个记录，初始归并段的长度为10，则归并过程中各文件所含的归并段个数及大小，如图10-10所示。

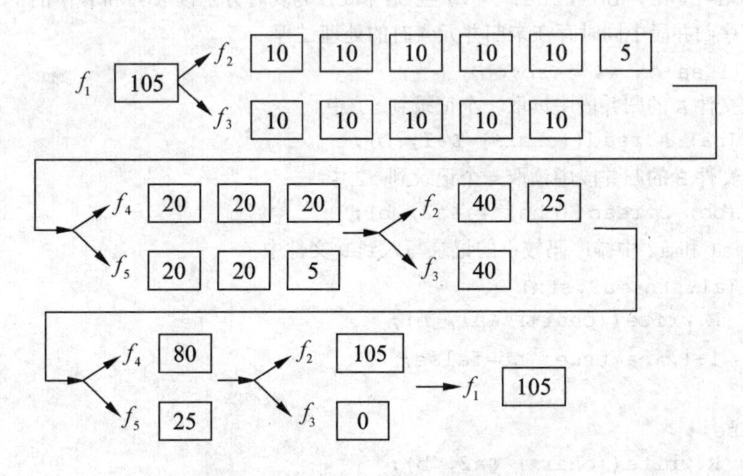

图10-10 文件归并排序过程示意图

其中，对于f_1中的105个原始数据记录，依次按10个一组在数组中排成初始归并段，并交替写入到f_2和f_3文件中；接着把f_2和f_3中各自第1个归并段归并到f_4文件中，把f_2和f_3中各自第2个归并段归并到f_5文件中，把f_2和f_3中各自第3个归并段归并到f_4文件中，以此类推；再接着把f_4和f_5中各自第1个归并段归并到f_2文件中，把f_4和f_5中各自第2个归并段归并到f_3文件中，把f_4和f_5中各自第3个归并段归并到f_2文件中，至此f_2中含有两个归并段，其长度依次为40和25，f_3中含有一个归并段，其长度为40；由于f_2和f_3中的归并段长度40仍小于f_2文件的最初长度55，所以仍需要归并，接着在f_4中得到长度为80的一个归并段，在f_5中得到长度为25的一个不足长度的归并段(此趟归并长度为80)；再接着要求最后归并到f_2和f_3中，此次归并使f_2中的归并段长度为105，f_3中的归并段长度为0；最后再把f_2和f_3归并到原始数据文件f_1中。

10.7.2 外排序算法

设数据文件中每个记录的长度用标识符b表示，文件A中当前归并段的记录序号和记录个数分别用sa和ca表示，文件B中当前归并段的记录序号和记录个数分别用sb和cb表示，归并结果被写入文件R中，则实现A和B中两个对应归并段（有序子表）归并到R的二路归并算法描述如下。

```
void FTwoMerge(fstream &A, fstream &B, fstream &R,
               int sa, int ca, int sb, int cb)
{                   //把文件A和B中对应位置上的两个有序表(归并段)归并到文件R中
                    //其中文件A中归并段的开始位置和长度分别为sa和ca
                    //文件B中归并段的开始位置和长度分别为sb和cb
  int i,j;          //用i和j分别指示A、B中当前待处理的元素位置
  ElemType a1,a2;
  i=sa; j=sb;       //分别给i和j赋初值,指向各自归并段的开始位置
  A.seekg(i*b);     //移动文件A中的文件指针,使之指向i位置的记录
  B.seekg(j*b);     //移动文件B中的文件指针,使之指向j位置的记录
  bool ba=true, bb=true;   //当ba和bb为真时分别读取A和B中的下一记录
 //两个有序归并段中同时存在未归并元素时的处理过程
  while(i<sa+ca && j<sb+cb) {
   //从文件A的归并段中读取一个记录到a1中
     if(ba) A.read((char*) &a1, b);
   //从文件B的归并段中读取一个记录到a2中
     if(bb) B.read((char*) &a2, b);
   //将a1和a2中排序码较小的记录写入到R文件中
     if(a1.stn<=a2.stn) {
        R.write((char*) &a1, b);
        i++; ba=true; bb=false;
     }
     else {
        R.write((char*) &a2, b);
        j++; bb=true; ba=false;
```

```
        }
    }
  //对任一归并段为空的情况应读取另一个归并段的记录
    if(ca==0) B.read((char*) &a2, b);  //实际上ca不可能为0
    if(cb==0) A.read((char*) &a1, b);  //cb可能为0
  //对文件A的当前归并段中未归并元素进行处理
    if(i<sa+ca) {R.write((char*) &a1, b); i++;}
    while(i<sa+ca) {
        A.read((char*) &a1, b);
        R.write((char*) &a1, b);
        i++;
    }
  //对文件B的当前归并段中未归并元素进行处理
    if(j<sb+cb) {R.write((char*) &a2, b); j++;}
    while(j<sb+cb) {
        B.read((char*) &a2, b);
        R.write((char*) &a2, b);
        j++;
    }
}
```

对文件A1和A2进行一趟二路归并，并将两两有序表归并结果交替存入R1和R2中。若A1和A2中每个有序表的长度为len，则进行一趟归并后，在R1和R2中得到的有序表的长度为2×len。此一趟归并算法描述如下。

```
void FMergePass(fstream &A1, fstream &A2, fstream &R1, fstream &R2, int len)
{     //把归并段长度为len的文件A1和A2,进行对应归并段归并到文件R1和
      //R2中,使它们的归并段长度均为2*len,当然末尾段长度可能短些
    A1.seekg(0,ios::end);   //移动文件指针到A1的末尾
    int n1=A1.tellg()/b;    //求出文件A1中的记录个数并赋给n1
    A2.seekg(0,ios::end);   //移动文件指针到A2的末尾
    int n2=A2.tellg()/b;    //求出文件A2中的记录个数并赋给n2
    ElemType x;
    int p=0;                //p用于指向对应两个归并段的首记录位置,初值为0
  //两两归并长度(即记录个数)均为len的有序表
    while(p+len<=n1 && p+len<=n2)
    {                       //对应为偶数序号的归并段被归并到R1中,否则被归并到R2中
        if(p%(2*len)==0) FTwoMerge(A1,A2,R1,p,len,p,len);
        else FTwoMerge(A1,A2,R2,p,len,p,len);
        p+=len;
    }
  //归并各自最后两个对应长度不等的有序表
    if(p<n1 && p<n2)
        if(p%(2*len)==0) FTwoMerge(A1,A2,R1,p,n1-p,p,n2-p);
        else FTwoMerge(A1,A2,R2,p,n1-p,p,n2-p);
```

```
    //把只可能在A1中剩下的最后一个有序表复制到R1或R2中
      else {
          for(int i=p; i<n1; i++) {
              A1.read((char*) &x, b);
              if(p%(2*len)==0) R1.write((char*) &x, b);
              else R2.write((char*) &x, b);
          }
      }
}
```

若初始归并段的长度为BlockSize，文件A1和A2中保存着个数相等，或者A1至多比A2多1的初始归并段。若A1和A2中的归并段数量相等，则A2的最后一个归并段可能不是整归并段，即它的长度可能小于BlockSize；若A1比A2中的归并段数量大1，则A1的最后一个归并段可能不是整归并段。对文件A1和A2进行二路归并排序，最后使得A1和A2中只含有一个归并段，并且A2可能为空，其算法描述如下。

```
void FMergeSort(fstream &A1,fstream &A2, int BlockSize)
{               //采用归并排序的方法对文件A1和A2中的、每个初始归并段
                //(有序子表)长度为BlockSize的记录进行二路归并排序
   //定义能够按块随机存取的辅助文件R1和R2
    fstream R1(f4,ios::in|ios::out|ios::binary);      //f4为字符指针
    fstream R2(f5,ios::in|ios::out|ios::binary);      //f5为字符指针
    if(!R1 || !R2) {
        cerr<<"辅助数据文件没有建立,退出运行!"<<endl;
        exit(1);
    }
   //从归并段长度为给定值BlockSize开始归并
    int len=BlockSize;
   //求出文件A1中的记录个数并赋给n1
    A1.seekg(0,ios::end);
    int n1=A1.tellg()/b;
   //当归并段长度小于A1中记录总数时,说明A1中至少仍存在着两个归并段
   //应继续归并,直到A1中只存在一个归并段为止,此时A2中至多有一个
    while(len<n1) {
      //重新关闭和打开R1和R2文件,并置为空文件
        R1.close(); R2.close();
        R1.open(f4,ios::in|ios::out|ios::trunc|ios::binary);
        R2.open(f5,ios::in|ios::out|ios::trunc|ios::binary);
      //从A1和A2归并到R1和R2中,使R1和R2中每个有序表的长度为2*len
        FMergePass(A1,A2,R1,R2,len);
        len*=2;
      //重新关闭和打开A1和A2文件,并置为空文件
        A1.close(); A2.close();
        A1.open(f2,ios::in|ios::out|ios::trunc|ios::binary);
        A2.open(f3,ios::in|ios::out|ios::trunc|ios::binary);
```

```
    //从R1和R2归并到A1和A2中,使A1和A2中每个有序表的长度为2*len
      FMergePass(R1,R2,A1,A2,len);
      len*=2;
    }
  //关闭辅助文件R1和R2,从磁盘上删除R1和R2所对应的物理文件
    R1.close(); R2.close();
    remove(f4); remove(f5);
}
```

一个进行外排序的完整程序如下，该程序首先调用 LoadFile 函数，在 E 盘 temp 子目录下建立一个具有 *n* 个记录的磁盘文件 file1.dat，接着调用 Print 函数顺序打印出该文件中的所有记录，然后对该文件进行二路归并排序（通过 4 个中间文件进行），最后再调用 Print 函数向屏幕输出排序后的结果。

```
#include<iostream.h>
#include<iomanip.h>
#include<stdio.h>
#include<stdlib.h>
#include<string.h>
#include<fstream.h>
struct ElemType {                          //文件中的记录类型
   int num;
   int stn;                                //排序码域
   char bir[12];
};

const int b=sizeof(ElemType);              //用全局常量b保存记录长度

const char*f1="e:\\temp\\file1.dat";       //串中双反斜线代表一个反斜线
const char*f2="e:\\temp\\file2.dat";
const char*f3="e:\\temp\\file3.dat";
const char*f4="e:\\temp\\file4.dat";
const char*f5="e:\\temp\\file5.dat";

void Print(fstream &ff)
{        //顺序打印出ff文件中每个记录,实际上只打印其排序码
   ElemType x;
   ff.seekg(0,ios::end);                   //将文件指针移至文件未
   int n=ff.tellg()/b;                     //用n表示文件所含的记录数
   ff.seekg(0);                            //将文件指针移至文件首
   for(int i=0; i<n; i++) {
      ff.read((char*) &x, b);              //从文件中读一记录到x中
      cout<<setw(4)<<x.stn;                //每个数据占4个字符显示位置
      if((i+1)%15==0) cout<<endl;          //每行显示15个数据后换行
   }
```

```
    cout<<endl;
}

void FTwoMerge(fstream &A, fstream &B, fstream &R,
            int sa, int ca, int sb, int cb)
{           //把文件 A 和 B 中对应位置上的两个有序表(归并段)归并到文件 R 中
            //其中文件 A 中归并段的开始位置和长度分别为 sa 和 ca
            //文件 B 中归并段的开始位置和长度分别为 sb 和 cb
}           //函数体同上

void FMergePass(fstream &A1,fstream &A2,fstream &R1,fstream &R2,intlen)
{           //把归并段长度为 len 的文件 A1 和 A2,进行对应归并段归并到文件 R1 和
            //R2 中,使它们的归并段长度均为 2*len,当然末尾段长度可能短些
}           //函数体同上

void FMergeSort(fstream &A1,fstream &A2, int BlockSize)
{           //采用归并排序的方法对文件 A1 和 A2 中的、每个初始归并段
            //(有序子表)长度为 BlockSize 的记录进行二路归并排序
}           //函数体同上

void InsertSort(ElemType A[], int n)
{           //对数组 A 中的 n 个元素进行直接插入排序
    ElemType x;
    int i,j;
    for(i=1; i<n; i++) {                    //i 表示插入次数,共进行 n-1 次插入
        x=A[i];                             //暂存待插入有序表中的元素 A[i]的值
        for(j=i-1; j>=0; j--)
            if(x.stn<A[j].stn) A[j+1]=A[j];//进行顺序比较和移动
            else break;                     //查询到 j+1 位置时离开 j 循环
      A[j+1]=x;                             //把原 A[i]的值插入到下标为 j+1 的位置
    }
}

void LoadFile(const char*fname, int n)
{           //向物理文件名为 fname 指针所指字符串的文件中输入 n 个记录
  //定义一个输出文件流对象 f,它是与物理文件相对应的逻辑文件
    fstream f(fname,ios::out|ios::binary);
    if(!f) {
        cerr<<fname<<' '<<"not open!"<<endl;
        exit(1);
    }
  //假定只向每个记录的排序码域输入数据,并由随机产生
    for(int i=0; i<n; i++) {
        ElemType x;
        x.stn=rand()%500;                   //每个排序码为 0～499 之间的整数
```

```
        f.write((char*) &x, sizeof(ElemType));
                                //把记录 x 顺序写入到文件流 f 所对应的物理文件中
    }
    f.close();                  //关闭逻辑文件 f
}

void main()
{
    int n;
    cout<<"输入存于文件的记录数: ";
    cin>>n;
    int BlockSize=10;       //规定初始归并段的大小,假定为 10
    LoadFile(f1,n);         //建立含有 n 个记录的无序的数据文件
  //定义所给的文件为能够进行随机存取的逻辑文件 ff1
    fstream ff1(f1,ios::in|ios::out|ios::nocreate|ios::binary);
                                //定义两个能够随机存取的逻辑文件 ff2 和 ff3
    fstream ff2(f2,ios::in|ios::out|ios::binary);
    fstream ff3(f3,ios::in|ios::out|ios::binary);
    if(!ff1 || !ff2 || !ff3) {
        cerr<<"File not open!"<<endl; exit(1);
    }
  //顺序打印出原数据文件 ff1 中的所有记录
    cout<<"排序前文件中的数据为:"<<endl;
    Print(ff1);
    cout<<endl;
  //求出文件 ff1 中的记录个数并赋给 n,接着将文件指针移至文件开始
    ff1.seekg(0,ios::end);
    n=ff1.tellg()/b;
    ff1.seekg(0);
  //当文件长度小于等于初始归并段的长度时,无须进行外排序,只要
  //将文件内容一次读入内存数组,进行内排序后再写入外存文件即可
    if(n<=BlockSize)
    {
      //定义与文件大小相同的数组 A
        ElemType*A=new ElemType[n];
        if(A==NULL) {
            cerr<<"memory allocation failure!"<<endl;
            exit(1);
        }
      //将文件内容整块读入数组 A 中
        ff1.read((char*) A, n*b);
      //任选一种内排序方法对数组 A 进行内排序,此处采用插入排序方法
        InsertSort(A,n);
      //使文件指针指向开始位置,把已排序过的数组内容重新写回文件中
        ff1.seekg(0);
```

```
        ff1.write((char*) A, n*b);
        delete [] A;      //删除临时数组A
    }
//当文件长度大于初始归并段长度时须进行外排序,首先要对文件建立好
//两个保存初始归并段的文件ff2和ff3,然后再调用文件归并排序算法
    else
    {
      //动态分配具有初始归并段长度的数组A
        ElemType* A=new ElemType[BlockSize];
        if(A==NULL) {
            cerr<<"memory allocation failure!"<<endl;
            exit(1);
        }
      //求出文件中的初始归并段的整个数并赋给k
        int k=n/BlockSize;
      //求出最后一个不足长度的归并段的长度并赋给m
        int m=n%BlockSize;
      //依次建立好k个初始归并段,并相间地写入到ff2和ff3中
        for(int i=0; i<k; i++)
        {
            ff1.read((char*) A, BlockSize*b);
            InsertSort(A,BlockSize);     //对数组A排序
            if(i%2==0) ff2.write((char*) A, BlockSize*b);
            else ff3.write((char*) A, BlockSize*b);
        }
      //建立好最后一个不足BlockSize长度的归并段
        if(m>0) {
            ff1.read((char*) A, m*b);
            InsertSort(A,m);
            if(k%2==0) ff2.write((char*) A, m*b);
            else ff3.write((char*) A, m*b);
        }
        delete [] A;                         //删除动态数组A
      //对文件ff2和ff3进行外归并排序,ff2中初始归并段的个数或者与
      //ff3中的个数相等,或者多一个,可能存在着一个末尾归并段较短
        FMergeSort(ff2,ff3,BlockSize);
      //求出只含有一个归并段的文件ff2中的记录个数并赋给n2
        ff2.seekg(0,ios::end);
        int n2=ff2.tellg()/b;
      //关闭并重新打开ff1文件并置为空
        ff1.close();
        ff1.open(f1,ios::in|ios::out|ios::trunc|ios::binary);
      //把ff2和ff3中的各一个归并段归并到ff1中,此时ff3可能为空
        FTwoMerge(ff2,ff3,ff1,0,n2,0,n-n2);
      //关闭辅助文件ff2和ff3,从磁盘上删除它们对应的物理文件
```

```
        ff2.close(); ff3.close();
        remove(f2); remove(f3);
      }
    //顺序打印出以排序好的文件 ff1 中的所有记录
      cout<<"排序后文件中的数据:"<<endl;
      Print(ff1);
      cout<<endl;
      ff1.close();
  }
```

要求对96个记录进行外排序，每个记录的排序码为0～499之间随机产生的整数，则该程序的运行结果如下。

```
输入存于文件的记录数：96
排序前文件中的数据为：
  41 467 334   0 169 224 478 358 462 464 205 145 281 327 461
 491 495 442 327 436 391 104 402 153 292 382 421 216 218 395
 447 226 271  38 369 412 167 299  35 394 203 311 322 333 173
 164 141 211 253 368  47 144 162 257  37 359 223 241  29 278
 316  35 190 342 288 106  40 442 264 148 446 305 390 229 370
 350   6 101 393  48 129 123  84 454 256 340 466 376 431 308
 444 439 126 323  37  38
排序后文件中的数据：
   0   6  29  35  35  37  37  38  38  40  41  47  48  84 101
 104 106 123 126 129 141 144 145 148 153 162 164 167 169 173
 190 203 205 211 216 218 223 224 226 229 241 253 256 257 264
 271 278 281 288 292 299 305 308 311 316 322 323 327 327 333
 334 340 342 350 358 359 368 369 370 376 382 390 391 393 394
 395 402 412 421 431 436 439 442 442 444 446 447 454 461 462
 464 466 467 478 491 495
```

习 题 10

【习题10-1】 运算题。

已知一组元素的排序码为：

(46, 74, 16, 53, 14, 26, 40, 38, 86, 65, 27, 34)

1. 利用直接插入排序的方法写出每次向前面有序表插入一个元素后的排列结果。
2. 利用直接选择排序方法写出每次选择和交换后的排列结果。
3. 利用堆排序的方法写出在构成初始堆和利用堆排序的过程中，每次筛运算后的排列结果，并画出初始堆所对应的完全二叉树。
4. 利用快速排序的方法写出每一层划分后的排列结果，并画出由此快速排序得到的二叉搜索树。
5. 利用归并排序的方法写出每一趟二路归并排序后的结果。

【习题10-2】 算法设计题。

1．已知奇偶转换排序方法如下所述：第 1 趟对所有偶数 *i*，将 a[*i*]和 a[*i*+1]进行比较，第 2 趟对所有偶数 *i*，将 a[*i*]和 a[*i*+1]进行比较，每次比较时若 a[*i*]>a[*i*+1]，则将两者交换，重复以上过程，直到整个数组有序。

（1）试问：排序结束的条件是什么？

（2）编写一个实现上述排序过程的算法，函数原型如下。

```
void oeSort(int a[], int n);
```

2．一个集合中的元素为正整数或负整数，设计一个算法，将正整数和负整数分开，使集合的前部为负整数，后部为正整数，不要求对它们排序，但要求尽量减少交换次数。函数原型如下。

```
void Separate(int s[], int n);
```

3．编写一个对整型数组 A[*n*]中的 A[0]～A[*n*–1]元素进行选择排序的算法，要求首先从待排序区间中选择出一个最小值并同第 1 个元素交换，再从待排序区间中选择出一个最大值并同最后一个元素交换，反复进行直到待排序区间中元素的个数不超过 1 为止。算法原型如下。

```
void SelectSort1(int A[], int n);
```

*4．按照下面函数声明编写在直接插入排序中使用二分查找方法查找出插入位置的排序算法。

```
void InsertSort1(ElemType A[], int n);
```

*5．按照下面叙述编写一个快速排序算法。

对于快速排序的方法和算法，各种教材的说法可能有差别，但基本思想是相同的。有一种说法是：在对当前区间 A[*s*]～A[*t*]进行一次划分时，用 *i* 和 *j* 分别暂存区间开始和结束位置，用 *x* 暂存基准元素 A[*s*]的值，首先让 *j* 从后向前取值，若碰到小于 *x* 的元素 A[*j*]，同时 *j* 大于 *i*，则把 A[*j*]的值赋给 A[*s*]位置（此时该位置已空闲），接着让 *i* 从前向后取值，若碰到大于 *x* 的元素 A[*i*]，同时 *i* 小于 *j*，则把 A[*i*]的值赋给 A[*j*]位置（此时该位置已空闲）；以此循环进行，直到 *i* 等于 *j* 为止，此时的 *i* 或 *j* 的位置就是基准元素 *x* 的最终位置（此时该位置已空闲），把 *x* 的值赋给 A[*i*]后就完成了一次划分，得到左区间为 A[*s*]～A[*i*–1]，右区间为 A[*i*+1]～A[*t*]。按照这种比较和交换元素的方法写出相应的算法。

*6．编写出对数组 A 中 *n* 个元素进行快速排序的非递归算法。

图书资源支持

感谢您一直以来对清华版图书的支持和爱护。为了配合本书的使用,本书提供配套的资源,有需求的读者请扫描下方的“书圈”微信公众号二维码,在图书专区下载,也可以拨打电话或发送电子邮件咨询。

如果您在使用本书的过程中遇到了什么问题,或者有相关图书出版计划,也请您发邮件告诉我们,以便我们更好地为您服务。

我们的联系方式:

地　　址:北京市海淀区双清路学研大厦 A 座 701

邮　　编:100084

电　　话:010－62770175－4608

资源下载:http://www.tup.com.cn

客服邮箱:tupjsj@vip.163.com

QQ:2301891038(请写明您的单位和姓名)

资源下载、样书申请

书圈

扫一扫,获取最新目录

用微信扫一扫右边的二维码,即可关注清华大学出版社公众号“书圈”。

普通高等院校计算机专业（本科）实用教程系列

主教材

信息技术基础实用教程（樊孝忠　等编著）
数字逻辑实用教程（王玉龙　编著）
计算机组成原理实用教程（第二版）（幸云辉　等编著）
C++语言基础教程（徐孝凯　编著）
数据结构实用教程（第二版）（徐孝凯　编著）
面向对象程序设计实用教程（张海藩　等编著）
操作系统实用教程（第二版）（任爱华　等编著）
数据库实用教程（第二版）（丁宝康　等编著）
计算机网络实用教程（第二版）（刘云　等编著）
微机接口技术实用教程（艾德才　等编著）
JAVA 2 实用教程（第二版）（耿祥义　等编著）
离散数学结构（王家廞　编著）
微型计算机技术实用教程（Pentium 版）（艾德才　等编著）
编译原理实用教程（温敬和　等编著）
JAVA 2 实用教程（修订版）（耿祥义　等编著）
Java 语言最新实用案例教程（杨树林　等编著）
信息技术英语阅读（王栋　等编著）

辅助教材

数据结构课程实验（徐孝凯　编著）
数据结构实用教程（第二版）习题参考解答（徐孝凯　编著）
数据库实用教程（第二版）习题解答（丁宝康　等编著）
面向对象程序设计实用教程习题解答与应用实例（配光盘）（牟永敏　等编著）
操作系统实验指导（任爱华　等编著）
离散数学结构习题与解答（王家廞　编）
JAVA 2 实用教程（第二版）实验指导与习题解答（耿祥义　等编著）
Java 课程设计（耿祥义　等编著）

选修教材

JSP 实用教程（耿祥义　等编著）